"十二五"江苏省高等学校重点教材（编号：2015-1-031）

新编大学化学实验

（上册）

高桂枝　陈敏东　主　编

高　俊　朱　清　肖　琼　副主编

科学出版社

北　京

内 容 简 介

《新编大学化学实验》(上册)教材精选了无机化学、有机化学、分析化学和物理化学实验等经典内容，注重基础性、实用性、可操作性、完整性和启发性。本书共分 4 章，第 1 章介绍了实验安全、要求、数据处理等必备知识。第 2 章综合了各学科代表性常数和物理化学性能测定内容，实用性强。第 3 章重点编写了四大学科常用基础实验内容，重点突出各类实验技能训练。第 4 章为物质化学性质鉴定实验，注重实验与理论的结合。附录编写了常用常数及试剂配制方法等，便于参考。

本教材可供本科、专科基础化学实验教学使用，适用于应用化学、化工、环境、医药、材料、农学、生物、大气等相关专业学生，也可供相关专业研究生、科技工作者参考。

图书在版编目(CIP)数据

新编大学化学实验. 上册/高桂枝，陈敏东主编. —北京: 科学出版社, 2016.11
"十二五"江苏省高等学校重点教材

ISBN 978-7-03-050589-7

Ⅰ.① 新… Ⅱ.① 高… ② 陈… Ⅲ.① 化学实验—高等学校—教材
Ⅳ.① O6-3

中国版本图书馆 CIP 数据核字 (2016) 第 268378 号

责任编辑: 胡 凯 许 蕾 曾佳佳/责任校对: 张凤琴
责任印制: 张 伟/封面设计: 许 瑞

科学出版社 出版
北京东黄城根北街 16 号
邮政编码: 100717
http://www.sciencep.com

北京凌奇印刷有限责任公司 印刷
科学出版社发行 各地新华书店经销

*

2016 年 11 月第 一 版 开本: 787×1092 1/16
2022 年 1 月第四次印刷 印张: 18
字数: 425 000
定价: 49.00 元
(如有印装质量问题，我社负责调换)

前　言

　　《新编大学化学实验》分上、下两册，根据目前大学化学实验教学改革和发展的新趋势，编者在多年教学实践经验积累的基础上进行了撰写和修订。教材自成体系，力求内容的新颖性和适用性，所选实验项目旨在进一步强化基础，兼顾综合性、研究性和应用性技能训练，同时也加强了对学生进行实验前的资料查阅、讨论、思考等方面的引导，充分发挥学生主动性，力求学生有更多的收获。教材与教师的科研相结合，有利于拓宽学生视野，培养学生创新能力和探索精神。

　　上册主要是经典基础实验，内容涵盖了无机化学、有机化学、分析化学、物理化学实验的基本操作，重点对常数和物理性质测定、基础化学实验、物质鉴定等作了修订和完善，并适当增加了新知识和近现代实验技术。附录为有关常数的汇总，书后有主要参考书目。

　　本教材适应于化学专业、应用化学专业、化工专业、环境科学专业、环境工程专业、大气化学专业、海洋学专业、资源与环境专业、生态学专业、医学专业、药学专业和材料学专业等本科生使用，也可作为高等院校教师、科技工作者、研究生等的参考书籍。

　　本教材由陈魁、陈苏敏、陈敏东、高俊、高桂枝、郭照冰、孔庆刚、何刚、李俊、陆建刚、王正梅、肖琼编写。参加本书修订工作的还有：南京信息工程大学李英、陶涛、周永慧；东南大学成贤学院李玲、张亚安、朱清。由高桂枝、陈敏东任主编并统稿，由高俊、朱清、肖琼任副主编。

　　在本教材的编写和修订过程中，南京大学化学化工学院邱金恒教授给予了富有建设性的修改建议，南京信息工程大学教务处、滨江学院、环境科学与工程学院，以及东南大学成贤学院给予了大力支持和帮助，在此向所有提供帮助的领导、同仁表示衷心的感谢！

　　本教材由 2015 年江苏省高等学校重点教材立项建设项目、江苏高校优势学科建设工程（PAPD）、江苏省高校品牌专业建设工程（ppzy 2015c222）项目资助。

　　由于编者水平有限，书中难免有疏漏和不当之处，恳请读者批评指正。

编　者

2016 年 6 月于南京信息工程大学

目　　录

第1章 绪 论

化学学科是以实验为基础的科学，化学实验是培养学生实践能力的重要手段，是进行科学研究的重要步骤，也是科学发现和科学研究的起点，是解决科学问题、生产问题的主要途径。因此，化学实验教学在化学学科的学习中占有重要的地位。

1.1 如何做好化学实验并写好实验报告

1.1.1 掌握实验学习方法

第一，实验前必须预习。认真阅读实验教材、教科书和参考资料有关内容，明确实验目的，理解实验原理，了解实验内容、步骤及注意事项，并做好预习提纲。预习内容应包括：实验名称、实验目的、实验原理、相关公式或反应方程式；了解试剂性质、仪器的构造及使用方法；用图示法表示操作步骤、注意事项、实验记录内容等。

第二，实验操作。 在实验过程中要严格遵守实验规则。认真操作，细心观察实验现象，及时做好记录。如出现与理论不符现象，应首先尊重实验事实，再进行分析和检查原因，也可通过对照或重做，得出科学结论。如遇到问题，首先应分析，力争自己解决，当自己难以解决时，可请教师指导。

第三，要养成良好的记录实验习惯。实验记录和预习可用同一个本，建议装订好并编页码，不得用活页纸或散纸。空出前几页，留作编目用。每做一个实验应从新的一页开始，记录试剂的规格和用量，仪器名称、规格、型号，实验日期，实验所用的时间，实验现象和数据。对于实验操作步骤，只详细记录实验操作有变化的部分，无变化的不必记录。对于观察到的实验现象和数据应忠实、详细地记录，不得虚假。好的记录本应是：记录完整，应用科学语言和缩写，书写层次清楚、内容全面，不仅自己当时能看懂，要数年后也能看懂，而且使他人也能看懂。记录时要详细，不要漏记，在整理实验报告时从中精选，否则难以补上。

预习和记录用同一个本，预习提纲要留有足够的空间（特别是实验操作、现象、数据），以满足实验过程中的记录。

第四，数据处理。实验数据、所用公式、参数、计算过程、方法、讨论、问题等都要详细记录。

第五，思考与讨论题解答。题目与所答内容要一一对应。详细注明所用参考书名和资料及页码等。

第六，切忌不预习、不明白原理、不知道注意事项，机械地、被动地照方抓药式操作或不按实验要求操作，不能看别人做自己不动手；切忌书写实验报告时抄书或抄袭别人的，草草几句，没结果、没想法、没讨论，实验做完后，什么也不明白。如果是这样，那你所修的实验课是很失败的。

1.1.2　掌握实验报告写作方法

实验报告内容包括实验名称、目的要求、实验原理、试剂、仪器、装置图、步骤、现象、数据处理过程及结果、图表、讨论分析、思考与讨论题解答等。要如实填写实验报告，文字要精炼，图表要准确，结果讨论要认真，抓住该实验的主要环节或发现的问题进行详细、深入的讨论，有理有据，有自己的见解，最好能提出新建议和改进方法、思考问题等。其实只要认真做了实验，并详细总结归纳了内容，就可以写出好的实验报告。

实验不一定全部都是成功的，有时也有失败的情况，只要实事求是，认真分析、讨论和总结，找到原因，同样可以有收获和提高。

实验结果讨论与分析是实验报告的重要部分，可写的方面很多，罗列起来有以下几方面：①实验中遇到的问题、解决的方法、解决后的效果或对解决该问题的想法。②对实验教材中所述的与实际实验结果不符或很难控制的操作步骤进行分析、讨论，提出建议或改进等相关内容。③对操作过程进行分析讨论，如提高制备、提纯实验产率和纯度问题，物性测定实验误差问题，个别性质实验现象不明显等。参照相关参考数据或标准，对实验结果进行评价。④分析实验应用价值、环保价值，可提出对实验的改进建议等。⑤实验后的收获、体会建议等。在实验报告中，讨论分析是一个难点，需要在实验的整个过程中积极思考，认真观察，及时发现问题，积极寻求解决问题的途径，并养成善于总结的习惯，才能写好讨论分析。这部分内容是实验者综合能力的体现，须认真对待，循序提高。⑥注意实验中的讨论分析不要写成实验者对实验过程的检讨，也不要写成几条枯燥的结论，要客观地进行评价。

1.1.3　实验成绩评定方法

化学实验课可分为基础实验、综合实验、设计和研究实验三大部分，成绩的评定目前无统一标准，根据多年教学实践，拟定基础实验成绩评定方法、内容及参考标准，见表1-1。在本书中规定：平时成绩占40%，报告成绩占30%（每次实验报告按100分评定成绩，期末平均），考试成绩占30%。

综合性、设计性、开放性、研究性实验内容一般比较复杂，实验涉及的知识领域宽、时间长，主要目的是训练综合化学实验能力。需要学生组合成2人或2人以上小组完成，考核项目及成绩评定参考表1-2。

表 1-1 基础实验成绩评分参考

项目	内 容	成绩/分
平时成绩 (40%)	预习：了解原理、方法、操作步骤及预期的目标，有笔记	10
	考勤：不迟到，不早退，不中途离去，不大声喧哗，遵守实验室纪律	2
	操作：独立按要求认真、正确操作，细心观察，并正确记录、回答相关问题，无事故，仪器完好清洁	28
报告成绩 (30%)	目的明确，原理简明扼要，有相关的反应方程式或公式，书写工整	2
	操作步骤：完整、符合实际、正确，文字叙述或图示清晰	4
	数据完整、真实，处理过程较详细，并与文献值比较，有图或表	4
	讨论：能抓住关键或重点，分析有理有据、透彻，提出建议	15
	思考与讨论题解答正确、全面，书写规范、工整	5
考试成绩 (30%)	分两种形式：操作考试，笔试（可选其中一种方法）	30

表 1-2 综合性、设计性、开放性、研究性实验成绩评分参考

项目	内 容
资料查阅 (10%)	能根据实验内容，通过查阅有关书籍、论文以及资料等，了解实验的科学意义及国内外研究进展。明白实验的特点或创新点、目标、意义等。清楚实验原理、方法、操作步骤及预期的结果
制定方案 (10%)	根据不同实验方法制定方案，明确所选方法特点、预期的结果。对实验所用仪器及使用方法、试剂及配制方法等详细考察。操作步骤详细、完整、符合实际、正确，有预测实验过程中可能出现的问题及补救措施，教师审查
实验操作 (30%)	按照方案进行实验准备，熟悉方法。能正确操作，实验过程中细心观察，认真、全面记录，及时处理出现的问题，获得预期的效果。遵守实验室规章制度，无事故，仪器完好清洁。协作能力良好
结果测定 (15%)	掌握大型分析仪器的性能、原理、使用注意事项等，能正确使用仪器进行测定。根据理论知识及资料，正确分析谱图，评价实验结果
数据处理 (5%)	应用某些数学方法处理分析数据，得出结果，不弄虚作假
实验报告 （论文） (25%)	格式规范，文字叙述或图表清晰，书写工整。实验过程及方法详细、正确。数据完整、真实，处理过程较详细。能根据实验结果进行详细的分析及讨论，并与文献值比较，进行评价，提出建议。结论正确、简明扼要。并附参考资料及测试报告、谱图等
文章(5%)	如果条件成熟，撰写文章，投稿

1.2　遵守实验规则

实验规则是人们由长期的实验室工作中归纳总结出来的，它是防止意外事故发生、保持正常从事实验的环境和工作秩序、做好实验的一个重要前提，人人必须做到，必须遵守。

(1) 实验前一定要做好预习和实验准备工作，检查实验所需的药品、仪器是否齐全，装置是否正确稳妥。做规定以外的实验，应先经教师允许。

(2) 实验时要集中精力，认真操作，仔细观察，积极思考，如实地详细做好记录。

(3) 实验中必须保持肃静，不准大声喧哗，不得到处乱走离开岗位，要经常注意反应进行的情况和装置有无漏气、破裂等现象。不得无故缺席，因故缺席未做的实验应该补做。

(4) 爱护国家财物，小心使用仪器和实验室设备，注意节约水、电和煤气。每人应取用自己的仪器，不要使用他人的仪器；仪器用毕应洗净，并立即放回原处，如有损坏，必须及时登记补领。

(5) 实验台上的仪器应整齐地放在一定的位置上，并经常保持台面的清洁。废纸、火柴梗和破碎玻璃等扔入垃圾箱内。废液倒入指定的废液缸内，切勿倒入水槽，以防堵塞或锈蚀下水管道，造成环境污染。

(6) 按规定的量取用药品，注意节约。称取药品后，及时盖好原瓶盖。放在指定地方的药品不得擅自拿走。

(7) 使用精密仪器时，必须严格按照操作规程进行操作，细心谨慎，避免粗枝大叶而损坏仪器。如发现仪器有故障，应立即停止使用，报告教师，及时排除故障。

(8) 实验后，应将所用仪器洗净并整齐地放回实验柜内。实验台及试剂架必须擦净，最后关好电、门、水和煤气龙头。实验柜内仪器应存放有序，清洁整齐。

(9) 发生意外事故应保持镇静，不要惊慌失措，按照实验情况采取必要的安全措施。遇有烧伤、烫伤、割伤时应立即进行急救和采取措施。

(10) 使用易燃、易爆药品时，应远离火源。实验试剂不得入口，严禁在实验室内吸烟或吃饮食物，实验结束后要细心洗手。

(11) 熟悉安全用具如灭火器材、砂箱以及急救药箱的放置地点和使用方法，并妥善爱护。安全用具和急救药品不准移作他用。

1.3　实验安全及事故处理常识

1.3.1　实验室安全守则

(1) 不要用湿的手、物接触电源。水、电、煤气一经使用完毕，立即关闭水龙头、煤气开关、电闸等。点燃的火柴用后立即熄灭，不得随意丢弃。

(2) 绝对不允许随意混合各种化学药品，以免发生意外事故。

(3) 钾、钠和白磷等暴露在空气中易燃烧。所以钾、钠应保存在煤油中，白磷保存在水中，要用镊子取用。一些有机溶剂(如乙醚、乙醇、丙酮、苯等)极易引燃，使用时必须远离明火，用毕立即盖紧瓶塞。

(4) 不纯的氢气遇火易爆炸，操作时必须严禁接近明火。在点燃前，必须先检查并确保氢气纯度。银氨溶液不能留存，因其久置后会变成氮化银易爆炸。某些强氧化剂(如氯酸钾、硝酸钾、高锰酸钾等)或其混合物不能研磨，否则将引起爆炸。

(5) 应配备必要的防护眼镜。倾注药剂或加热液体时，不要俯视容器，以防溅出。尤其是浓酸、浓碱具有强腐蚀性，切勿使其溅在皮肤或衣服上，眼睛更应注意防护。稀释它们时(特别是浓 H_2SO_4)，应将其慢慢倒入水中，而不能相反进行，以避免溅出。试管加热时，切记不要使试管口向着自己或别人。

(6) 不要俯向容器去嗅放出的气体。面部应远离容器，用手把逸出容器的气流慢慢地扇向自己的鼻孔。能产生有刺激性或有毒气体(如 H_2S、HF、Cl_2、CO、NO_2、SO_2、Br_2 等)的实验必须在通风橱内进行。

(7)有毒药品(如重铬酸钾、钡盐、铅盐、砷的化合物、汞的化合物,特别是氰化物)不得进入口内或接触伤口,剩余的废液也不能随便倒入下水道。

(8)金属汞容易挥发,并通过呼吸道而进入人体内,逐渐积累会引起慢性中毒。所以做金属汞的实验应特别小心,不要洒落在桌上或地上。一旦洒落,必须尽可能收集起来,并用硫黄粉盖在洒落的地方,使汞转变成不挥发的硫化汞而除去。

(9)实验室所有药品不得携出室外,用剩的有毒药品交还给教师。

1.3.2　事故的预防及处理

(1) 创伤:伤处不能用手抚摸,也不能用水洗涤,若有碎玻璃应先挑出。轻伤可涂以紫药水(或红汞、碘酒),必要时撒些消炎粉或敷些消炎膏,用绷带包扎。

(2) 烫伤:不要用冷水洗涤伤处。伤处皮肤未破时可涂擦饱和 $NaHCO_3$ 溶液或用 $NaHCO_3$ 粉调成糊状敷于伤处,也可抹獾油或烫伤膏;如果伤处皮肤已破,可涂些紫药水或 10% $KMnO_4$ 溶液。

(3) 受酸腐蚀致伤:先用大量水冲洗,再用饱和 $NaHCO_3$ 溶液(或稀氨水、肥皂水)洗,最后用水冲洗。如果酸溅入眼内,用大量水冲洗后,送校医院诊治。

(4) 受碱腐蚀致伤:先用大量水冲洗,再用 2%乙酸溶液或饱和硼酸溶液洗,最后用水冲洗。如果碱溅入眼内,用硼酸溶液洗。

(5) 受溴腐蚀致伤:用苯或甘油洗濯伤口,再用水洗。

(6) 受磷灼伤:用 1%硝酸银,5%硫酸铜或浓高锰酸钾溶液洗濯伤口,然后包扎。

(7) 吸入刺激性或有毒气体:吸入氯、氯化氢气体时,可吸入少量酒精和乙醚的混合蒸气使之解毒。吸入硫化氢或一氧化碳而感到不适时,应立即到室外呼吸新鲜空气。但应注意氯、溴中毒不要进行人工呼吸,一氧化碳中毒不可使用兴奋剂。

(8) 中毒的预防:①剧毒药品应妥善保管,不许乱放,实验中所用的剧毒物质应有专人负责收发,并向使用毒物者提出必须遵守的操作规程。实验后的有毒残渣必须作妥善而有效的处理,不准乱丢。②有些剧毒物质会渗入皮肤,因此,接触这些物质时必须戴橡皮手套,操作后立即洗手,切勿让毒品沾及五官或伤口。例如,氰化钠沾及伤口后会随血液循环至全身,严重者会造成中毒死亡事故。③在反应过程中可能生成有毒或有腐蚀性气体的实验应在通风橱内进行,使用后的器皿应及时清洗。在使用通风橱时,实验开始后不要把头部伸入橱内。④毒物进入口内或刺激性及神经性中毒,先喝牛奶或鸡蛋白使之缓和,再把 5~10mL 稀硫酸铜溶液加入一杯温水中,内服后,用手指伸入咽喉部,促使呕吐,吐出毒物,然后立即送医院。⑤如果是腐蚀性毒物,对于强酸,先饮大量的水,再服氢氧化铝膏、鸡蛋白;对于强碱,也要先饮大量的水,然后服用醋、酸果汁、鸡蛋白。不论酸或碱中毒都需灌注牛奶,不要吃呕吐剂。⑥吸入气体中毒。将中毒者移至室外,解开衣领及钮扣,吸入少量氯气和溴气者,可用碳酸氢钠溶液漱口。

(9) 触电的预防：使用电器时，防止人体与电器导电部分直接接触，不能用湿手或用手握湿的物体接触电插头。装置和设备的金属外壳等都应连接地线，实验后应切断电源，再将连接电源插头拔下。如遇触电，首先切断电源，然后在必要时进行人工呼吸。

(10) 起火：起火后，要立即一面灭火，一面防止火势蔓延(如采取切断电源、移走易燃药品等措施)。灭火要针对起因选用合适的方法。一般的小火可用湿布、石棉布或砂子覆盖燃烧物，即可灭火。火势大时可使用泡沫灭火器、干粉灭火器，拉断细金属线，拔掉铁丝，对准火源，按开关即可。但电器设备所引起的火灾，只能使用二氧化碳或四氯化碳灭火器，不能使用泡沫灭火器，以免触电。实验人员衣服着火时，切勿惊慌乱跑，应赶快脱下衣服，或用石棉布覆盖着火处，伤势较重者，应立即送医院。

实验室中使用的有机溶剂大多数是易燃的，着火是有机实验室常见的事故之一，应尽可能避免使用明火。在操作易燃的溶剂时要特别注意：①应远离火源。②勿将易燃液体放在敞口容器如烧杯中直接加热。③加热必须在水浴中进行，切勿使容器密闭，否则会造成爆炸。当附近有露置的易燃溶剂时，切勿点火。④蒸馏易燃有机物时，装置不能漏气，如发现漏气时，应立即停止加热，检查原因。若因塞子被腐蚀而漏气，则待冷却后，才能换掉塞子。接收瓶不宜用敞口容器如广口瓶、烧杯等，而应用窄口容器如三角烧瓶。从蒸馏装置接收瓶出来的尾气出口应远离火源，最好用橡皮管引到下水道口或室外。⑤回流或蒸馏低沸点易燃液体时应注意放入石英海砂，以防止暴沸。若在加热后才发觉未放入石英海砂时，绝不能急燥，不能立即揭开瓶塞补放，而应停止加热，待被蒸馏的液体冷却后才能加入，否则，会因暴沸而发生事故。严禁直接加热。瓶内液体量最多只能装至一半。加热速度宜慢，不能快，以避免局部过热。总之，蒸馏或回流易燃低沸点液体时，一定要谨慎从事，不能粗心大意。⑥用油浴加热蒸馏或回流时，必须十分注意避免冷凝用水溅入热油中使其外溅到热源上引起火灾。通常发生危险主要是由于橡皮管套进冷凝管不紧密，开动水阀过快，水流过猛把橡皮管冲出来，或者由于套不紧而漏水。所以，要求橡皮管套入侧管时要很紧密，开动水阀时也要动作慢，使水流慢慢通入冷凝管中。⑦当处理大量的可燃性液体时，应在通风橱中或在指定地方进行，室内应无火源。⑧不得把燃着或者带有火星的火柴梗或纸条等乱抛乱掷，也不得丢入废物缸中，否则，会发生危险。

为预防火灾，必须切实遵守以下几点：①严禁在开口容器或密闭体系中用明火加热有机溶剂；②无机废液和有机废液分类收集，严禁混用，量大时应回收利用或集中处理；③金属钠严禁与水接触，废钠通常用乙醇销毁；④不得在烘箱内存放、干燥、烘焙有机物；⑤使用氧气钢瓶时，不得让氧气大量逸入室内。在含氧量约为 25% 的大气中，物质燃烧所需的温度要比在空气中低得多，且燃烧剧烈，不易扑灭。

(11) 爆炸的预防：①蒸馏装置必须安装正确，不能造成密闭体系，应使装置与大气相连通，减压蒸馏时，要用圆底烧瓶或抽滤瓶作接收器，不可用三角烧瓶。否则，往往会发生爆炸。②切勿使易燃、易爆的气体接近火源，有机溶剂如乙醚和汽油一类的蒸气与空气相混时极为危险，可能会由一个热的表面或者一个火花、电花而引起爆炸。③使用乙醚时，必须检查有无过氧化物存在，如发现有过氧化物存在时，应立即用硫酸亚铁除去过氧化物，才能使用。同时使用乙醚时应在通风较好的地方或在通风橱内进行。④对于易爆炸的固体，如重金属乙炔化物、苦味酸金属盐、三硝基甲苯等都不能重压或撞击，以免引起爆炸，对于这些危险的残渣，必须小心销毁。可用 HCl 或 HNO₃ 使金属炔化物分解，加水煮沸使重氮化合物分解等。⑤卤代烷勿与金属钠接触，因其反应太猛往往会发生爆炸。

1.3.3　实验室急救药箱

为了对实验室内意外事故进行紧急处理，应该在每个实验室内都准备一个急救药箱。

急救药箱一般包括：红药水、碘酒(3%)、獾油或烫伤膏、药用蓖麻油、碳酸氢钠溶液(饱和)、饱和硼酸溶液、乙酸溶液(2%)、氨水(5%)、硫酸铜溶液(5%)、高锰酸钾晶体(需要时再制成溶液)、氯化铁溶液(止血剂)、甘油、磺胺药粉、双氧水(5%)、酒精(70%)、硼酸膏或凡士林。消毒纱布、消毒棉(均放在玻璃瓶内，磨口塞紧)、棉花棍、胶布、硼带、剪刀、镊子、橡皮管等。

消防器材：泡沫灭火器、四氯化碳灭火器(弹)、二氧化碳灭火器、干粉灭火器、砂箱、石棉布、毛毡、棉胎和淋浴用的水龙头。

化学实验室是学习、研究化学的重要场所之一。在化学实验中使用的化学药品、玻璃仪器、设备和电器等都具有潜在的危险性，有些化学反应本身也十分剧烈。如果在实验过程中稍不注意，就会发生割伤、触电、中毒、烫伤、着火甚至爆炸等意外事故。这些事故危及个人安全及他人安全，造成国家财产损失。必须认真学习、培养安全实验的良好习惯。要求认真做好实验前的预习，听从教师的安全指导，并在实验过程中严格执行操作规范，事故是完全可以避免的。即使万一发生事故，采取一些救护措施，及时妥善处理，也可避免造成严重后果。

1.4　常用玻璃仪器及洗涤和使用方法介绍

1.4.1　有机标准接口玻璃仪器

1. 标准接口玻璃仪器

标准接口玻璃仪器是具有标准磨口或磨塞的玻璃仪器。由于口塞尺寸的标准化、系列化，磨砂密合，凡属于同类型规格的接口，均可任意互换，各部件能组装成各种配套仪器。当不同类型规格的部件无法直接组装时，可使用变颈接头使之连起来。使用标准接口玻璃仪器既可免去配塞子的麻烦手续，又能避免反应物或产物被塞子沾污的危险；口塞磨砂性能良好，可使密合性达较高真空度，对蒸馏尤其减压蒸馏有利，对于毒物或挥发性液体的实验较为安全。

标准接口玻璃仪器均是按国际通用的技术标准制造的，我国已普遍生产。当某个部件损坏时，可以选购。标准接口仪器的每个部件在其口、塞的上或下显著部位均具烤印白色标志，即表明规格。常用的有 10、12、14、16、19、24、29、34、40 等。

下面是标准接口玻璃仪器的编号与大端直径：

编号	10	12	14	16	19	24	29	34	40
大端直径／mm	10	12.5	14.5	16	18.8	24	29.2	34.5	40

有的标准接口玻璃仪器有两个数字，如 10／30，10 表示磨口大端的直径为 10mm，30 表示磨口的高度为 30mm。

2. 标准接口玻璃仪器简介

常用标准接口玻璃仪器如图 1-1 所示。

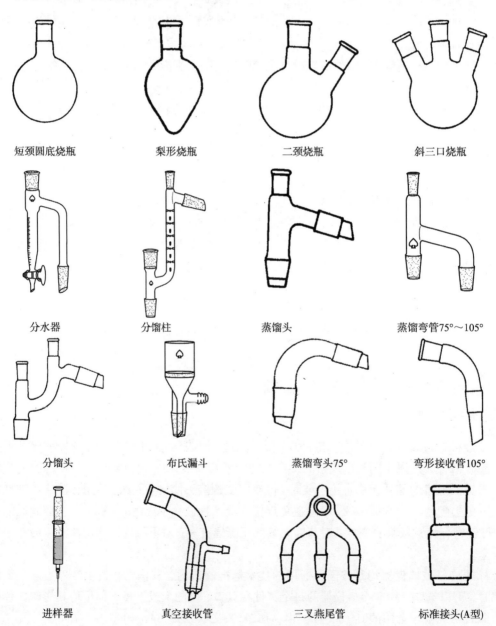

短颈圆底烧瓶	梨形烧瓶	二颈烧瓶	斜三口烧瓶
分水器	分馏柱	蒸馏头	蒸馏弯管75°～105°
分馏头	布氏漏斗	蒸馏弯头75°	弯形接收管105°
进样器	真空接收管	三叉燕尾管	标准接头(A型)

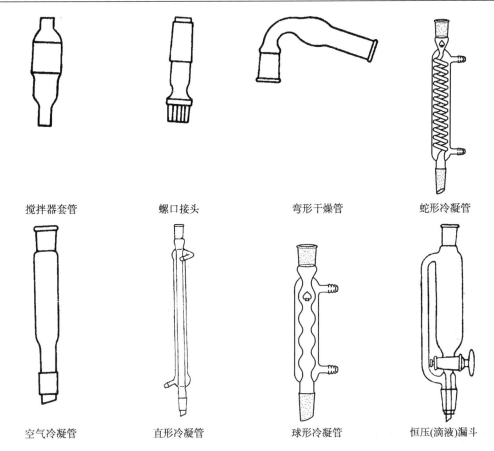

搅拌器套管　　　　螺口接头　　　　弯形干燥管　　　　蛇形冷凝管

空气冷凝管　　　　直形冷凝管　　　　球形冷凝管　　　　恒压(滴液)漏斗

图 1-1　有机化学实验制备常用标准接口玻璃仪器

使用标准接口玻璃仪器注意事项：

(1) 标准口塞应保持清洁，使用前宜用软布揩拭干净，但不能附着上棉絮。

(2) 使用前在磨砂口塞表面涂以少量真空油脂或凡士林，以增强磨砂接口的密合性，避免磨面的相互磨损，同时也便于接口的装拆。

(3) 装配时，把磨口和磨塞轻微地对旋连接，不宜用力过猛。不能装得太紧，只要达到润滑密闭要求即可。

(4) 用后应立即拆卸洗净，否则，对接处常会粘牢，以致拆卸困难。

(5) 装拆时应注意相对的角度，不能在角度偏差时进行硬性装拆，否则，极易造成破损。

(6) 磨口套管和磨塞应该是由同种玻璃制成的，迫不得已时，才用膨胀系数较大的磨口套管。

3. 有机化学实验常用装置

有机化学实验常用装置如图 1-2 所示。

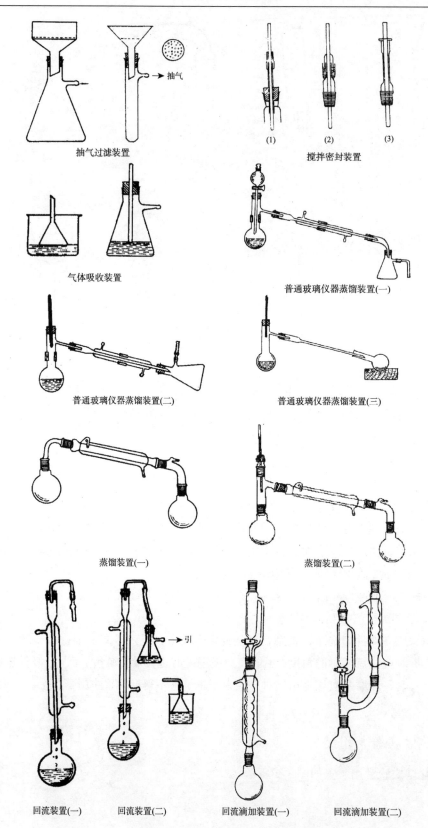

抽气过滤装置

搅拌密封装置

(1)　　(2)　　(3)

气体吸收装置

普通玻璃仪器蒸馏装置(一)

普通玻璃仪器蒸馏装置(二)

普通玻璃仪器蒸馏装置(三)

蒸馏装置(一)

蒸馏装置(二)

回流装置(一)　　回流装置(二)　　回流滴加装置(一)　　回流滴加装置(二)

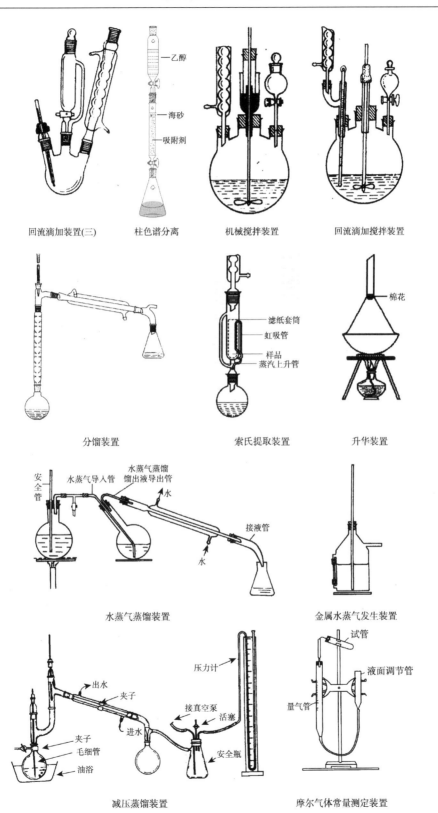

回流滴加装置(三)　　柱色谱分离　　机械搅拌装置　　回流滴加搅拌装置

乙醇

海砂

吸附剂

分馏装置　　　　　　　索氏提取装置　　　　　升华装置

滤纸套筒

虹吸管

样品

蒸汽上升管

棉花

水蒸气导入管　　水蒸气蒸馏馏出液导出管

安全管　　　　　　　　　　　　　　　水

接液管

水

水蒸气蒸馏装置　　　　　　　　　金属水蒸气发生装置

压力计

出水

夹子

接真空泵　　活塞

进水

夹子

毛细管

油浴

安全瓶

试管

液面调节管

量气管

减压蒸馏装置　　　　　　　　　摩尔气体常量测定装置

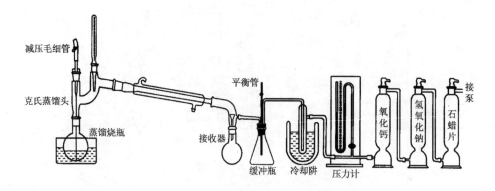

高真空度蒸馏装置

图 1-2　有机化学实验常用装置

4. 有机化学实验常用仪器的装配

第一，仪器装配得正确与否，对于实验的成败有很大关系。在装配一套装置时，所选用的玻璃仪器和配件都要干净。否则，往往会影响产物的产量和质量。

第二，所选用的器材要恰当。例如，在需要加热的实验中，如需选用圆底烧瓶时，应选用坚固的，其容积大小应使所盛的反应物占其容积的 1/2 左右，最多也不超过 2/3。

第三，装配时，应首先选好主要仪器的位置，按照一定的顺序逐个装配起来，先下后上，从左到右。在拆卸时，按相反的顺序逐个拆卸。

仪器装配要求做到严密、正确、整齐和稳妥。在常压下进行反应的装置，应与大气相通，不能密闭。铁夹的双钳应贴有橡皮或绒布，或缠上石棉绳、布条等。否则，容易将仪器夹坏。总之，使用玻璃仪器时，最基本的原则是切忌对玻璃仪器的任何部分施加过度的压力或扭力，实验装置的马虎安装不仅看上去使人感觉到不舒服，而且也存在潜在的危险。例如，扭歪的玻璃仪器在加热时会破裂，有时甚至在放置时也会崩裂。

1.4.2　常用玻璃器皿的洗涤和保养

1. 洗涤

必须使用清洁的玻璃仪器进行实验。实验用过的玻璃器皿必须立即洗涤，应该养成这个习惯。刚产生的污垢用适当的方法进行洗涤是容易办到的，若日子久了，会增加洗涤的困难。

洗涤的一般方法是用水、洗衣粉、去污粉刷洗，刷子是特制的，如瓶刷、烧杯刷、冷凝管刷等。但用腐蚀性洗液时则不用刷子。洗涤玻璃器皿时不应该用砂子，因为它能擦伤玻璃甚至使之龟裂。若难以洗净时，则可根据污垢的性质用适当的洗液进行洗涤。例如，酸性(或碱性)的污垢用碱性(或酸性)洗液洗涤；有机污垢用碱液或有机溶剂洗涤。

(1) 铬酸洗液。这种洗液氧化性很强，对有机污垢破坏力很强。倾去器皿内的水，慢慢倒入洗液，转动器皿，使洗液充分浸润不干净的器壁，数分钟后把洗液倒回洗液瓶中，用自来水冲洗。若壁上粘有少量碳化残渣，可加入少量洗液，浸泡一段时间后在小火上加热，直至冒出气泡，碳化残渣可被除去。但当洗液颜色变绿，表示其已失效，应该弃去，不能倒回洗液瓶中。

(2) 盐酸。用盐酸可以洗去附着在器壁上的二氧化锰或碳酸盐等污垢。

(3) 肥皂、肥皂液、洗衣粉、去污粉，用于可以用刷子直接刷洗的仪器，如烧杯、三角瓶、试剂瓶等。

(4) 有机溶剂洗涤液。当胶状或焦油状的有机污垢用上述方法不能洗去时，可选用丙酮、乙醚、苯浸泡，要加盖以免溶剂挥发，或用 NaOH 乙醇溶液亦可。由于有机溶剂价值较高，只有在特殊情况下才使用。若用于精制或有机分析的器皿，除用上述方法处理外，还须用蒸馏水刷洗。器皿是否清洁的标志是：加水倒置，水顺着器壁流下，内壁被水均匀润湿，有一层既薄又均匀的水膜，不挂水珠。

2. 干燥

每次实验后马上把玻璃仪器洗净和倒置使之干燥，以便下次实验时使用。干燥玻璃仪器的方法有下列几种：

(1) 自然风干。自然风干是指把已洗净的仪器在干燥架上自然风干，但注意，如玻璃仪器洗得不够干净时，水珠便不易流下，干燥就会较为缓慢了。

(2) 烘干。把玻璃器皿按照从上层往下层顺序放入烘箱烘干。器皿口向上，带有磨砂口玻璃塞的仪器，必须取出活塞后才能烘干，烘箱内的温度保持 100~105℃，约 0.5h，待烘箱内的温度降至室温时才能取出。切不可把很热的玻璃仪器取出，以免破裂。当烘箱已开始工作时则不能往上层放入湿的器皿，以免水滴下落，使热的器皿骤冷而破裂。不能把带有塑料组件的仪器烘干，要将之取下来，以防高温下塑料软化变形。

(3) 吹干。有时仪器洗涤后需立即使用，可用压缩空气或电吹风把仪器吹干。将水尽量沥干后，加入少量丙酮或乙醇摇洗，倾出溶剂，先通入冷风吹 1~2min，待大部分溶剂挥发后，再吹入热风至完全干燥，再吹入冷风使仪器逐渐冷却。

3. 常用仪器的使用与维护

化学实验的各种玻璃仪器的性能是不同的。必须掌握它们的性能、保养和洗涤方法，才能正确使用，提高实验效果，避免不必要的损失。下面介绍几种常用玻璃仪器的保养和清洗方法。

(1) 温度计。温度计水银球部位的玻璃很薄，容易打破，使用时要特别小心，不能用温度计当搅拌棒使用；不能测定超过温度计最高刻度的温度；不能把温度计长时间放在高温的溶剂中，否则，会使水银球变形，读数不准。温度计用后要让它慢慢冷却，特别在测量高温之后，切不可立即用水冲洗，否则，温度计会破裂，或水银柱断裂。应悬挂在铁架台上，待冷却后把它洗净抹干，放回温度计盒内，盒底要垫上一小块棉花。如果是纸盒，放回温度计时要检查盒底是否完好。

(2) 冷凝管。冷凝管通水后很重，所以安装冷凝管时应将夹子夹在冷凝管重心的地方，以免翻倒。如内外管部是玻璃质的则不适用于高温蒸馏。洗刷冷凝管时要用特制的长毛刷，如用洗涤液或有机溶液洗涤时，则需用软木塞塞住一端。不用时，<u>应直立放置，使之易干</u>。直形冷凝器使用时，既可倾斜安装，又可直立使用；而球形或蛇形冷凝器只能直立使用，否则会因球内积液或冷凝液形成断续液柱而造成局部液封，致使冷凝液不能从下口流出。冷凝水的走向要从低处流向高处，千万不能将进水口与出水口接反（注意：冷水的流向要与蒸气流向相反）。

(3) 分液漏斗。分液漏斗的活塞和盖子都是磨砂口的，若非原配的，就可能不严密，所以使用时要注意保护它。各个分液漏斗之间也不要相互调换，用后一定要在活塞和盖子的磨砂口间垫上纸片，以免日久难以打开。

(4) 砂芯漏斗。砂芯漏斗在使用后应立即用水冲洗，否则将难以洗净。滤板不太稠密的漏斗可用强烈的水流冲洗，如果是较稠密的，则用抽滤的方法冲洗。

(5) 应接管或称接收器，又名牛角管。它与冷凝器配套使用，将蒸馏液导入承接容器。使用时，应接管的下口部分直接伸入锥形瓶等承接容器内。

(6) 干燥器又称保干器，它是保持物质干燥的一种仪器。干燥器有常压干燥器和真空干燥器两种。真空干燥器的盖顶的抽气支管与抽气机相连。两种干燥器的器体均分为上下两层。下层（又称座底）放干燥剂，中间放置有孔瓷板，上层（又称座身）放置欲干燥的物质。一般使用常压干燥器，其规格以座身上口直径表示，常用的有 100～400mm 多种。

干燥器的盖子和座身上口磨砂部分需涂少量凡土林，使盖子滑动数次以保证涂抹均匀，当盖住后严密而不漏气。干燥器在开启、合盖时，左手按住器体，右手握住盖顶"玻球"，沿器体上沿轻推或拉动，切勿用力上提。盖子取下后要仰放桌上，使玻球在下，但要注意防止盖子滚动。要干燥的物质首先盛在容器中，再放置于有孔瓷板上面，盖好盖子。根据干燥物的性质和干燥剂的干燥效率选择适宜的干燥剂放在瓷板下面的容器中，所盛量约为容器容积的一半。搬动干燥器时，必须两手同时拿住盖子和器体，以免打翻器中物质和滑落器盖。

(7) 研钵，是用来研磨硬度不大的固体的仪器。研钵有普通型（浅型）和高型（深型）两种，其质料也因用途和研磨固体的硬度不同有铁质、氧化铝、玛瑙、瓷质和玻璃等数种。各种研钵都附有配套的研杵。常用瓷质或玻璃研钵，其规格以口径表示，常用 60mm 和 90mm 两种。研磨时，应使研杵在钵内缓慢而稍加压力地转动，不能用研杵上下或左右敲击，禁止用研钵研磨撞击易燃易爆的氧化剂等。

1.4.3　灭菌方法

(1) 高压蒸汽灭菌法。压力蒸汽灭菌是在专门的压力蒸汽灭菌器中进行的，是热力灭菌中使用最普遍、效果最可靠的一种方法，穿透力强，灭菌效果可靠，能杀灭所有微生物。目前使用的压力灭菌器可分为两类：下排气式压力灭菌器和预真空压力灭菌器。适用于耐高温、耐水物品的灭菌。

(2) 红外线。红外线辐射是一种 0.77～1000μm 波长的电磁波，有较好的热效应，尤以 1～10μm 波长的热效应最强，也被认为是一种干热灭菌。红外线由红外线灯泡产生，不需要经空气传导，所以加热速度快，但热效应只能在照射到的表面产生，因此不能使一个物体的前后左右均匀受热。红外线的杀菌作用与干热相似，利用红外线烤箱灭菌所需温度和时间也同于干烤，多用于医疗器械的灭菌。

(3) 微波。微波是一种波长为 0.001～1m 的电磁波，频率较高，可穿透玻璃、塑料薄膜与陶瓷等物质，但不能穿透金属表面。微波能使介质内杂乱无章的极性分子在微波场的作用下，按波的频率往返运动，互相冲撞和摩擦而产生热，介质的温度可随之升高，因而在较低的温度下能起到消毒作用。一般认为其杀菌机理除热效应以外，还有电磁共振效应、场致力效应等的作用。消毒中常用的微波频率有 2450MHz 与 915MHz 两种。

1.5 误差与数据处理

1.5.1 误差及数据表达

由于实验方法的可靠程度、所用仪器的精密度、实验条件的控制和实验者感官的限度等条件限制，任何实验都不可能测得一个绝对准确的数值，测量值和真实值之间必然存在着一个差值，称为测量误差。必须对误差产生的原因及其规律进行研究，才能了解结果的可靠性，以便决定该结果对科学研究和应用是否有价值，进而研究如何改进实验方法、技术以及考虑仪器的正确选用和搭配等问题。再通过实验数据的列表、作图、建立数学模型等处理步骤，就可使实验结果变为有参考价值的资料。

1.5.2 误差的分类

误差与准确度：准确度是指测量结果与真实值相符合的程度，通常用误差大小表示，误差越小，准确度越高。测量误差可分为系统误差、过失误差(粗差误差)和偶然误差(随机误差)三类。

系统误差：由某种固定原因所造成的，有重复、单相的特点。系统误差的大小、正负，在理论上讲是可以测定的，故又称为可测误差。包括：①方法误差。实验方法本身的缺陷造成的，如滴定中反应进行不完全、干扰离子的影响、滴定终点与化学计量点不符等。②仪器和试剂误差。由仪器、试剂等原因带来的误差。③操作误差和主观误差等。由操作者主观原因造成的。

偶然误差：由某些难以控制的偶然原因（如测定时环境温度、湿度、气压等外界条件的微观变化、仪器性能的微小波动等）造成的，又称随机误差。这种误差在实验中无法避免，时大、时小，时正、时负，故又称不可测误差。

过失误差：一种结果与实验明显不符的误差。是因读错、记错或实验者的过失和实验错误所致。发生此类误差，所得实验数据应予以删除。

误差的表示：误差常用绝对误差和相对误差表示。绝对误差表示测量值与真实值之差。相对误差表示绝对误差占真实值的百分数。绝对误差与被测量值的大小无关，而相对误差却与被测量值的大小有关。若被测量值越大，则相对误差越小，因此，用相对误差来表示测量结果的准确度更确切。

绝对误差=测定值−真实值

$$相对误差 = \frac{绝对误差}{真实值} \times 100\%$$

绝对误差和相对误差都有正、负值。正值表示测量结果偏高，负值表示测量结果偏低。

真实值往往是未知的，无法计算准确度。理论值，如一些理论设计值、理论共识表达值等。计量学约定值，如国际大会上约定的长度、质量、物质的量等。

偏差与精密度：精密度是指测量值与平均值相接近的程度，即指各次测量值相互接近的程度，通常用偏差来表示，偏差越小，精密度越高。为了表达测量的精密度，偏差的表达方法常有三种：①平均偏差。$\delta = \dfrac{\sum_i |d_i|}{n}$，其中，$d_i$ 为测量值 x_i 与算术平均值 $\bar{x}$ $\left(\bar{x} = \dfrac{\sum_i x_i}{n}\right)$ 之差，n 为测量次数。②标准偏差(均方根偏差)。$\sigma = \sqrt{\dfrac{\sum_i d_i^2}{n-1}}$。③偶然偏差。$P=0.675\sigma$。一般用前面两种表达方法表示测量的精密度。

测量结果用绝对偏差表示为 $\bar{x} \pm \delta$ 或 $\bar{x} \pm \sigma$，其中平均偏差 δ 和标准偏差 σ 一般以一位数字(最多两位)表示。相对偏差表示为：平均相对偏差 $= \pm \dfrac{\delta}{\bar{x}} \times 100\%$，标准相对偏差 $= \pm \dfrac{\sigma}{\bar{x}} \times 100\%$。必须指出，测量结果精密度高并不一定表示准确度高，而准确度高一定需要精密度高。

1.5.3　有效数字

当对一个量进行记录时，所记数字的位数必须与仪器的精密度相符合，即所记数字的最后一位为仪器最小刻度以内的估计值，称为可疑值，其他几位为准确值，这样的数字称为有效数字，它的位数不可随意增减，否则，就分别夸大和缩小了仪器的精密度。为了方便地表达有效数字位数，一般用科学记数法记录数字。例如，0.000 048 2 可写为 4.82×10^{-5}，有效数字为 3 位；13 460 可写为 1.3460×10^4，有效数字为 5 位。用以表达小数点位置的零不计入有效数字位数。

在间接测量中，需通过一定公式将直接测量值进行运算，运算中对有效数字位数的取舍应遵循如下规则：

(1) 误差一般只取 1 位有效数字，最多 2 位。

(2) 有效数字的位数越多，数值的精确度也越大，相对误差越小：①(1.35±0.01)m，3 位有效数字，相对误差 0.7%；②(1.3500±0.0001)m，5 位有效数字，相对误差 0.007%。

(3) 若第一位的数值等于或大于 8，则有效数字的总位数可多算 1 位，如 9.23 虽然只有 3 位，但在运算时，可以看作 4 位。

(4) 运算中舍弃过多不定数字时，应用"4 舍 6 入，逢 5 尾留双"的法则。例如，有下列两个数值：9.435 与 4.685，整化为 3 位数，根据上述法则，整化后的数值为 9.44 与 4.68。

(5) 在加减运算中，各数值小数点后所取的位数，以其中小数点后位数最少者为准。如 56.38+17.889+21.6=56.4+17.9+21.6=95.9。

(6) 在乘除运算中，各数保留的有效数字应以其中有效数字最少者为准。例如，1.368×0.041 375÷87。其中 87 的有效数字最少，由于首位是 8，所以可以看成 3 位有效数字，其余两个数值也应保留 3 位，最后结果也只保留 3 位有效数字，即 $\dfrac{1.37 \times 0.0414}{87} = 6.52 \times 10^{-4}$。

(7) 在乘方或开方运算中，结果可多保留 1 位。

(8) 对数运算时，对数中的首数不是有效数字，对数的尾数的位数，应与各数值的有效数字相当。例如，

$$a_{H^+} = 6.7 \times 10^{-4} \qquad\qquad pH=3.17$$
$$K_a = 5.6 \times 10^7 \qquad\qquad \lg K_a = 7.75$$

(9) 算式中，常数 π，e 和某些取自手册的常数，如阿伏伽德罗常量、普朗克常量等，不受上述规则限制，其位数按实际需要取舍。

1.5.4 列表法数据处理

化学实验中，数据表达和处理的内容较多，是学习和训练的重点之一。数据的表示法主要有如下三种方法：列表法、作图法和数学方程式法。作图可以人工绘制，也可以计算机处理。

列表法将实验数据列成表格，排列整齐，一目了然。这是数据处理中最简单的方法，列表时应注意以下几点：

(1) 表格要有名称，按序编号，表内内容表达要清楚，表格具有独立性。

(2) 每行(或列)的开头一栏都要列出物理量的名称和单位，并把二者表示为相除的形式。因为物理量的符号本身是带有单位的，除以它的单位即等于表中的纯数字。

(3) 数字要排列整齐，小数点要对齐，公共的乘方因子应写在开头一栏与物理量符号相乘的形式，并为异号。

(4) 表格中表达的数据顺序为：由左到右，由自变量到因变量，可以将原始数据和处理结果列在同一表中，但应以一组数据为例，在表格下面列出算式，写出计算过程。

1.6 提高实验结果准确度的方法

1.6.1 减小分析过程中的误差

讨论误差产生及其传递的目的是更有效地减小误差，提高分析结果的准确度，下面讨论如何减小分析过程中的误差。

1) 选择合适的分析方法

各种分析方法的准确度和灵敏度是不同的，应该根据分析要求、组分含量，选择适当的分析方法。

2) 保证足够大的测量值，减小相对测量误差

一般天平称量误差为±0.0001g，每份样品需称量两次，因此总误差为两次误差之和，即为±(2×0.0001)g。若要求称量的相对误差<0.1%，则被称量样品的质量必须在 0.2g 以上。

3) 对于体积测量，由于滴定管通常有±0.01mL 的误差，要得到一个体积数需读两次，故为±0.02mL。

与称量类似，为了减小体积测量引起的相对误差，应保证体积的测量值足够大。

增加平行测定次数，减小偶然误差。偶然误差呈正态分布，正负出现的概率相等，理论上讲，平行测量次数 n 越大，则历次测量值的平均值中偶然误差就越小。若 $n \to \infty$，偶然误差趋于 0。一般要求平行测定次数为 2～3。

4) 消除测量过程中的系统误差

(1) 对照实验。它是检验系统误差的有效方法。包括：

a. 用已知结果(标样，人工合成)的试样与被测试样在同一条件下进行分析。

b. 用其他可靠方法(国家颁布的标准方法)分析。

c. 内检：不同人员对同一试样进行分析。

d. 外检：不同单位对同一试样进行分析。

e. 加入回收法：在对试样组成不完全清楚的情况下，向其中加入已知量的被测组分，进行对照实验，看加入的被测组分能否被定量回收。

(2) 空白实验。所谓空白实验是在不加试样的情况下，在同等条件下进行分析，实验所得结果为空白值。从试样分析结果中扣除空白值后，就可得到比较可靠的分析结果，主要消除由试剂、器皿带进杂质引起的系统误差。

(3) 校正仪器。仪器不准确引起的系统误差，可以通过校准仪器来减小其影响。

(4) 分析结果校正。分析过程中的系统误差有时可采用适当的方法进行校正。例如，比色法测定钢中钨时，钒干扰引起正系统误差，根据实验结果，1%钒引起 0.2%的误差，在最后测得的结果中要扣除钒的影响。

1.6.2　常用仪器精度估计

化学实验中，常按所用仪器的规格估计出测量值的可靠程度。表 1-3、表 1-4 是仪器类化学实验中常用仪器的估计精度。

1) 容量仪器

表 1-3　容量瓶

规格	一等	二等
1mL	±0.30mL	±0.60mL
500mL	±0.15mL	±0.30mL
250mL	±0.10mL	±0.20mL
100mL	±0.10mL	±0.20mL
50mL	±0.05mL	±0.10mL
25mL	±0.03mL	±0.06mL

表 1-4 其他容量仪器

规格	一等	二等
50mL	±0.05mL	±0.12mL
25mL	±0.04mL	±0.10mL
10mL	±0.02mL	±0.04mL
5mL	±0.01mL	±0.03mL
2mL	±0.006mL	±0.02mL
1mL	±0.003mL	±0.01mL

2) 其他测量仪器

分析天平：一等 0.0001g，二等 0.0004g。

物理天平：0.001g。

温度计：一般取其最小分度值的 1/10 或 1/5 作为其精度。

电表：一般来说，精度=级数×最大量程(%)。

1.6.3 实验结果的正确表示

实验所得的结果，除需对数据进行误差处理外，还必须对实验结果进行正确的表示。表示方法主要有三种：列表法、图解法和数学方程式法。下面介绍列表法。

用表格将自变量 x 与因变量 y 一个一个地对应排列起来，以便从表格上能清楚而迅速地看出二者之间关系的方法称为列表法。表格的组成：表号、表题、项目、量纲、数据等。列表时须注意以下几点：

(1) 表格组成中的五项内容不可缺少，每一变量、项目应占一行。

(2) 有效数字的位数应以各量的精度为准。为简便起见，常将指数放在行名旁，但此时指数上的正、负号应慎重填写。

(3) 通常选较简单、均匀变化的变量作为自变量。

1.7 显著性实验

1.7.1 显著性差异

实际工作中常常遇到这样几种情况：①对标准试样进行分析，得到的平均值与标准值不完全一致；②采用两种不同方法对同一试样进行分析，得到的两组数据的平均值不完全相符；③不同人员或不同实验室对同一样品进行分析时，两组数据的平均值存在较大的差异。这些情况的分析结果存在差异，那么这差异是偶然误差引起的，还是它们之间存在系统误差？若为显著性差异，就是分析结果之间存在明显的系统误差；如无显著性差异，则分析结果之间的差异纯属由偶然误差引起的。

1.7.2 显著性差异检验方法

1) t 检验法——用于检查是否存在系统误差

(1) 平均值与标准值之间比较一定置信度时的置信区间为

$$\mu = \overline{x} \pm \frac{t_{\alpha,f}s}{\sqrt{n}}$$

式中，μ 为标准值；$t_{\alpha,f}$ 由表 1-5 中查得。如果这一区间能将标准值包括其中，即使 $\overline{x}$ 与 μ 不完全一致，也只能得出 $\overline{x}$ 与 μ 之间不存在显著性差异的结论，它们之间的差异是由于偶然误差引起的，不属于系统误差。

$t = \dfrac{|\overline{x} - \mu|}{s} > t_{\alpha,f}$，存在显著性差异。

$t < t_{\alpha,f}$，无显著性差异，说明所用方法未引起系统误差。

表 1-5 $t_{\alpha,f}$ 值

f	置信度，显著性水准		
	$P=0.90$；$\alpha = 0.10$	$P=0.95$；$\alpha=0.05$	$P=0.99$；$\alpha=0.01$
1	6.31	12.71	63.66
2	2.92	4.30	9.92
3	2.35	3.18	5.84
4	2.13	2.78	4.60
5	2.02	2.57	4.03
6	1.94	2.45	3.71
7	1.90	2.36	3.50
8	1.86	2.31	3.36
9	1.83	2.26	3.25
10	1.81	2.23	3.17
20	1.72	2.09	2.84
∞	1.64	1.96	2.58

(2) 两组平均值之间：

n_1 s_1 $\overline{x_1}$ μ_1

n_2 s_2 $\overline{x_2}$ μ_2

n_1、n_2 为两组数据测量次数；s_1、s_2 为两组数据的标准偏差；$\overline{x_1}$、$\overline{x_2}$ 为两组数据的平均值；μ_1、μ_2 为两组数据的标准值。

此方法先假设两组数据来自同一总体，$\mu_1 = \mu_2$ 即说明它们之间无系统误差，得一判断条件，如符合这一条件，即 $\mu_1 = \mu_2$ 无显著性差异，但由于存在偶然误差，则 $\overline{x_1} \neq \overline{x_2}$。

$$t = \frac{|\overline{x_1} - \overline{x_2}|}{s}\sqrt{\frac{n_1 n_2}{n_1 + n_2}}$$

式中，s 为根据两组数据由下式求得，n_1、n_2 分别为两组数据测量次数。

$$s = \sqrt{\frac{\sum\left(x_{1i} - \overline{x_1}\right)^2 + \sum\left(x_{2i} - \overline{x_2}\right)^2}{(n_1 - 1) + (n_2 - 1)}}$$

$t \leqslant t_{\alpha,f}$ 时，两组数据属于同一总体，即无显著性差异；$t > t_{\alpha,f}$ 时，两组数据不属于同一总体，即存在显著性差异。可以这样理解：要使得两组数据间不存在显著性差异，则两组数据波动的最大范围为 $\pm t_{\alpha,f}$。

2）F 检验法

F 检验法主要通过比较两组数据的方差 s^2，以确定它们的精密度是否存在显著性差异。

$F = \dfrac{s^2_{大}}{s^2_{小}}$，一定置信度时，$F > F_{表}$，存在差异。

使用 $F_{表}$ 的注意事项：

(1) 表 1-6 列出的是置信度为 95%时 F 的单边值。

用 F 检验法检验两组数据的精密度是否存在显著性差异时，必须首先确定它是属于单边检验还是双边检验。单边检验是指一组数据的方差 s^2 只能大于另一组，不可能小于另一组。双边检验是指一组数据的方差 s^2 可能大于、等于或小于另一组数据的 s^2。

表 1-6　置信度为 95%时 F 值（单边）

$f_{小}$ ＼ $f_{大}$	2	3	4	5	6	7	8	9	10	∞
2	19.0	19.16	19.25	19.30	19.33	19.36	19.37	19.38	19.30	19.50
3	9.55	9.28	9.12	9.01	8.94	8.88	8.84	8.81	8.78	8.53
4	6.94	6.59	6.30	6.26	6.16	6.09	6.04	6.00	5.96	5.63
5	5.79	5.41	5.19	5.05	4.95	4.88	4.82	4.78	4.74	4.36
6	5.14	4.76	4.53	4.39	4.28	4.21	4.15	4.10	4.06	3.67
7	4.74	4.35	4.12	3.97	3.87	3.79	3.73	3.68	3.63	3.23
8	4.46	4.07	3.84	3.69	3.58	3.50	3.44	3.39	3.34	2.93
9	4.26	3.86	3.63	3.48	3.37	3.29	3.23	3.18	3.13	2.71
10	4.10	3.71	3.48	3.33	3.22	3.14	3.07	3.02	2.97	2.54
∞	3.00	2.60	2.37	2.21	2.10	2.01	1.94	1.88	1.83	1.00

(2) 如检验的数据为双边检验，这时查得的 F 值数值不变，但显著性水准由 5%变为 2×5%=10%，所以此时 $P = 90\%$。即 f_1、f_2、n_1、n_2 一定时，单边与双边从表中查得 F 相同，但显著性水准双边为单边的一倍。

3）t 检验法和 F 检验法的不同用途

(1) t 检验法用于检查分析结果或操作过程是否存在系统误差。

(2) F 检验法只能用来检查两组数据精密度是否存在显著性差异。

4）测量数据检验步骤

在实际处理测量数据时，通常有几个步骤：①可疑值取舍；②用 F 检验法检验是否存在精密度之间的显著性差异，如无差异，再继续用 t 检验；③用 t 检验法检验是否存在准确度之间的显著性差异。

1.8　绿色化学实验介绍

化学是一门重要的实验科学，化学对人类生活质量有着重要影响。然而化学实验要消耗大量的化学药品，有酸、碱、盐和有机物，其中相当数量的药品是有毒有害物质，随着高校规模的不断扩大，化学药品的消耗量不断增加，各种新物质在实验中产生，实验中的废气、废水、废渣(简称"三废")对人和环境的危害也日益增大。为了使科学发展与环境保护相互协调，迫切需要改进传统的化学实验方法，化学实验教学中需要渗入可持续发展观和协调发展理念，化学实验需要逐渐绿色化，才有利于培养未来国家经济建设的劳动者。

1.8.1　绿色化学实验的主要内容

①选择无毒、低毒试剂或利用可再生资源试剂（如生物质作试剂），化学实验所需试剂量在满足反应所需的前提下应尽量最小化；②选择水、超临界流体或离子液体作溶剂，避免有毒害的挥发性有机溶剂的使用；③选择无毒害、无腐蚀的催化剂或生物催化剂及高效催化剂，减少污染环境的催化剂的使用量；④尽量选择无毒害、废弃物产生量最小、能耗最低或可利用再生能源的反应条件进行化学实验；⑤选择无"三废"产生的原子经济型反应，反应的生成物是环境友好产品，副产物少或不产生副产物；⑥对实验过程中产生的"三废"进行无害化处理，不造成环境影响。总之，化学实验的全过程均采用环境友好的方法。

1.8.2　实现绿色化学实验的途径

(1) 选择环保型实验项目。本着从源头上制止污染的理念，选择低污染又具有代表性的实验内容。例如，选择有代表性的实验训练学生的基本操作技能；选择与环境保护密切相关的实验，如有机、无机合成实验产品的回收再利用，废旧电池的回收利用，水硬度的测定实验等。

(2) 选择符合环境保护的分析方法。如工业废水中挥发酚的测定，一种方法是在水中测定，另一种方法是用有机溶剂三氯甲烷萃取后再测定，选择前一种方法既可避免有毒溶剂污染，又可减少实验成本。

(3) 寻找替代性试剂。如在阳离子鉴定实验中，用硫代乙酰胺替代硫化氢沉淀阳离子，避免了硫化氢的危害。用"溴乙烷实验"替代"溴苯实验"，避开了苯、溴、吡啶等有毒试剂污染。即便是无毒害试剂也尽量减少用量，因为任何化学物质过多使用都会对环境造成污染。

(4) 部分实验使用密封仪器进行实验。如酯的合成反应，如果用 H_2SO_4 作催化剂，会产生废酸和酸气，可以设计封闭实验。

(5) 设计组联实验。如在合成苯甲酸实验中得到了粗产品苯甲酸，可作为基本操作"重结晶"的材料，重结晶实验之后得到的纯苯甲酸产品又变成了熔点测定的材料。既可以节省实验时间和原料，实验者还能亲自检验自己产品的纯度。

(6) 推广微型、半微型化学实验。微型化学实验是绿色化学实验的重要组成部分。微型化学实验是以尽可能少的试剂，来获取所需要的化学信息的实验原理与技术，而不一定在微型仪器中进行。试剂用量仅为常规实验的 $1/100\sim1/10$，减少了相关辅助材料、水、电的消耗，降低了实验成本，也提高了实验的安全性。可以在实践中采用"性质实验点滴化，分析实验减量化，合成实验微型化"的方法。例如，滴定实验中，将标准液浓度由 $0.1mol\cdot L^{-1}$ 降到 $0.01\sim0.02mol\cdot L^{-1}$，滴定管使用 25mL，锥形瓶改用 100mL，有利于培养实验者严谨的科学态度。

(7) 使用微波、超声波等现代化仪器。微波作为一种新型的能量形式可用于许多有机化学反应，其优点是：条件温和，能耗低，反应速度快；可瞬时达到反应温度，时间短，有机合成中可实现分子水平意义的搅拌；微波输出功率可调，便于自动控制和连续操作；加热时微波设备本身几乎不辐射能量，可避免影响环境温度，改进工作环境等。超声波化学利用超声波的空化作用，可提高许多反应的速率，改善目的产物的选择性，改善催化剂的表面形态，提高催化活性组分在载体上的分散性等，这些现代技术手段具有广阔的发展前景，是实现绿色化学的一条绿色通道。

(8) 开展课外化学创新实验来处理废液、废渣。实验中收集的废液、废渣，如果长期请回收公司来处理，需要很多费用，而且学生不知道处理方法。可以在教师的指导下，让学生来亲自处理，将学生分为几组，针对不同的废液、废渣查阅资料，自行设计实验路线和方法，然后组织学生进行讨论，教师审查方案并认可后，学生进行回收实验和无害化处理，有助于培养学生解决实际问题的能力和科研能力。

(9) 利用多媒体技术进行仿真化学实验。利用多媒体仿真技术，可模拟原子、原子团、分子等结构和变化机理，使化学反应过程生动形象，帮助学生理解基本原理。学生可以先在计算机上预演练习，再到实验室中去实际操作，这样可以提高实验的成功率，减少试剂的浪费，降低实验事故的发生率，预防污染的产生。教师还可利用计算机模拟违规操作，将产生的后果展示给学生，使学生看到错误操作的严重性，有效地防止错误操作的发生。同时，学生在计算机前自由操作，反复模拟实验过程，对实验中的各种实验技术和实验条件进行比较，从而得到最佳反应途径。对一些因设备复杂、危险性大、反应周期长、操作条件苛刻、常规实验条件无法进行但又是很重要的实验，可采用多媒体实验演示，以生动、逼真的形式展现，这样既有利于学生掌握知识，又减少了"三废"的产生。

总之，"绿色化学实验"是为了适应人类可持续发展的要求而提出的全新理念，具有重大的社会、环境和经济效益。绿色化学在基础化学实验中的实施，重在提高化学反应的原子经济性，从源头上消除其对环境的污染，抛弃了"先发展，后治理"的理念。可以通过多种手段和方法来达到化学实验中"绿色"的目的。当然，还可开发新的催化剂，采用高活性、高选择性的生物催化剂，充分利用生物之间的可再生原料，使用安全有效的反应介质等实验技术来实现基础化学实验的绿色化。但是，要全面实行基础化学实验绿色化的道路还很漫长，需要化学工作者不断地探索研究，来推动我国的绿色化学教育事业的发展，共创人类美好家园。

第2章　常数和物理化学性能测定

2.1　液体饱和蒸气压的测定

【实验目的】

　　(1) 掌握用动态法测定不同温度下乙醇的饱和蒸气压和克劳修斯–克拉贝龙方程式。

　　(2) 了解真空体系的设计、安装和操作等基本方法。

【实验原理】

　　在一定温度下，与纯液体处于平衡态时的蒸气压力，称为该温度下的饱和蒸气压。这里的平衡状态是指动态平衡。在某一温度下，被测液体处于密闭真空容器中，液体分子表面逃逸出蒸气，同时蒸气分子因碰撞而凝结成液相，当两者的速率相等时，就达到了动态平衡，此时气相中的蒸气密度不再改变，因而具有一定的饱和蒸气压。

　　纯液体的蒸气压是随温度变化而变化的，它们之间的关系可用克劳修斯–克拉贝龙 (Clausius-Clapeyron)方程来表示：

$$\frac{d(\ln p^*)}{dT} = \frac{\Delta_v H_m}{RT^2} \tag{2-1}$$

式中，p^* 为纯液体温度 T 时的饱和蒸气压；T 为热力学温度；$\Delta_v H_m$ 为液体摩尔气化热；R 为摩尔气体常量。如果温度变化的范围不大，$\Delta_v H_m$ 可视为常数，可当作平均摩尔气化热。将式(2-1)积分得

$$\ln p^* = -\frac{\Delta_v H_m}{RT} + C \tag{2-2}$$

式中，C 为积分常数，此数与压力 p^* 有关。

　　由式(2-2)可知，在一定温度范围内，测定不同温度下的饱和蒸气压，以 $\ln p^*$ 对 $1/T$ 作图，可得一条直线。由该直线的斜率可求得实验范围内液体的平均摩尔气化热。当外压为 101.325kPa 时，液体的蒸气压与外压相等时的温度称为该液体的正常沸点。从图中也可求得其正常沸点。

　　测定饱和蒸气压常用的方法有动态法、静态法和饱和气流法等。本实验采用静态法，即将被测物质放在一个密闭的体系中，在不同温度下直接测量其饱和蒸气压，在不同外压下测量相应的沸点。此法适用于蒸气压比较大的液体。

　　本实验用动态法测定乙醇的饱和蒸气压与温度的关系，实验装置见图 2-1。通常一套真空体系装置由三部分构成：机械泵、安全瓶部分，用于产生真空；U 形压力计部分，用于真空的测量；蒸馏瓶部分，被测液体处于真空瓶内，使自身的蒸气压达到饱和。

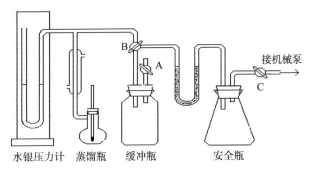

图 2-1　动态法测蒸气压的装置

【试剂及仪器】

无水乙醇(AR)，石英海砂。

蒸气压测定装置，抽气泵，气压计，电加热器(300W)，温度计(分度值 0.1℃及 1℃)，精密真空管表(0.25 级)，磁力搅拌器。

【操作步骤】

(1) 蒸馏瓶内装入约 150mL 的无水乙醇，加入几粒石英海砂。安装减压蒸馏装置。

(2) 检查体系是否漏气，旋开放空活塞 A，使缓冲瓶与大气相通，分别旋转三通活塞 B 与 C，使体系、安全瓶与机械泵相通，接通机械泵的电源，待机械泵正常运转后，关闭活塞 A，此时使体系内抽空，压力计两臂水银面高度差为 30～40cm 时，旋转三通活塞 B，保持体系与缓冲瓶相通，且断开缓冲瓶与机械泵的通路，观察 U 形管压力计。如果在 5min 内两水银面高度差没有变化，则表明体系不漏气，此时旋转安全瓶上的活塞 C 与大气相通，断开机械泵的电源。

(3) 加热液体使之沸腾，待沸腾温度已定，记录沸腾温度及辅助温度计的读数和压力计两臂水银的高度。

(4) 缓缓旋开放空活塞 A，使外界空气进入体系，增加体系内的压力约 6cm，关闭活塞 A 与外界隔离。用上述方法测定乙醇在另一个压力下的沸点。以后每增加 6cm 压力测定一次，直至达到一个大气压为止。

(5) 记录大气压及室温。记下温度露茎校正公式中的起点，即蒸馏瓶外水银温度计的读数。

【数据记录及处理】

(1) 自行设计实验数据记录表，正确记录全套原始数据并填入演算结果。

(2) 将温度、压力数据列表，算出不同温度的饱和蒸气压。

(3) 作蒸气压–温度的光滑曲线。

(4) 以 $\lg p$-$1/T$ 作图，并由斜率计算乙醇的摩尔气化热。

(5) 由曲线求得样品的正常沸点，并与文献值比较。

有关数据填入表 2-1～表 2-3，并插入实验报告中适当的位置。

表 2-1 相关数据

数据	室温/℃	气压计读数/Pa	校正后大气压力/Pa
测定开始时			
测定结束时平均值			

（6） U 形水银压力计读数 Δh_t 的校正。

大气压力已校正到 0℃时的数值，Δh_t 也应由室温校正到 0℃时的数值，可按下式进行校正：

$$\Delta h_0 = \Delta h_t \frac{\rho_t}{\rho_0}$$

式中，ρ_t、ρ_0 分别为室温 t 及 0℃时水银的密度。$\frac{\rho_t}{\rho_0}$ 的数值见表 2-2。

表 2-2 $\frac{\rho_t}{\rho_0}$ 数值

室温/℃	0	10	15	20	25	30	35
$\frac{\rho_t}{\rho_0}$	1.0000	0.9880	0.9773	0.9964	0.9955	0.9946	0.9937

（7） 计算乙醇在各温度下的蒸气压，并把有关数据填入表 2-3。

表 2-3 乙醇蒸气压

恒温槽温度		$\frac{10^3}{T/K}$	U 形水银压力计读数/mm		Δh_t/mm	Δh_0/mm	异丙醇的蒸气压/Pa	
t/℃	T/K		左边	右边			$\frac{p}{10^4 p_a}$	$\lg \frac{p}{p_a}$
20								
25								
30								
35								
40								
45								
50								

【注意事项】

(1) 本实验数据处理较为复杂，可用微机拟合处理，并与上述作图计算所得结果进行比较。

(2) 旋转真空活塞一定要双手操作，以免活塞处漏气。

(3) 断开机械泵的电源前，一定要先将安全瓶接通大气，否则机械泵内的油会倒吸入安全瓶中。

【思考与讨论题】

(1) 压力和温度的测量都有随机误差，试导出 $\Delta_v H_m$ 的误差传递表达式。

(2) 用此装置可以很方便地研究各种液体，如苯、二氯乙烯、四氯化碳、水、正丙醇、异丙醇、丙酮和乙醇等，这些液体中很多是易燃的，在加热时应该注意什么问题？

(3) 总结安装和使用本实验的装置需注意的方面，并分析相关操作的依据。

本实验约需 4h。

2.2　摩尔气体常量的测定

【实验目的】

(1) 熟悉一种测定摩尔气体常量的方法及其操作步骤。

(2) 掌握理想气体状态方程式和分压定律的应用。

【实验原理】

根据理想气体状态方程式 $pV=nRT$，可求得摩尔气体常量 R 的表达式，即 $R=pV/nT$，其数值可以通过实验来确定。本实验通过金属镁和稀硫酸反应置换出氢气来测定 R 的数值。准确称取一定质量的镁条 m_{Mg}，使之与过量的稀硫酸作用，在一定温度和压力下可测出被置换出来氢气的体积 V_{H_2}，氢气的物质的量 n_{H_2} 可由反应镁条的质量求得。由于在水面上收集氢气，氢气分压 $p_{H_2}=p-p_{H_2O}$。其中，p 是实验时大气压，p_{H_2} 是该温度下的饱和水蒸气压(查附录)。将数据代入理想气体状态方程式得 $R=p_{H_2} \cdot V_{H_2}/n_{H_2}T$，求出 R 值。

【试剂及仪器】

镁条，锌铝合金，H_2SO_4($2mol \cdot L^{-1}$)，HCl($6mol \cdot L^{-1}$)。

分析天平(0.01g)，测定摩尔气体常量的装置(参照图 1-2 中"摩尔气体常量测定装置")。

【操作步骤】

1. 摩尔气体常量的测定

(1) 准确称取 3 份已擦去表面氧化膜的镁条，每条质量为 0.025～0.03g(准至 0.0001g)。

(2) 按图 1-2 将实验装置连好，打开试管的胶塞，由液面调节管往量气管内装水至略低于"0"刻度位置，上下移动液面调节管以赶尽胶管和量气管内的气泡，然后将试管接上并塞紧塞子。

(3) 对装置作气密性检查，把液面调节管下移一段距离，并固定在一定位置上，如果量气管内液面只在初始时稍有下降，以后维持不变(观察 3～5min)，即表明装置不漏气。如有液面不断下降，应检查各接口处是否严密，直至确认不漏气为止。

(4) 把液面调节管上移回原位，取下试管，把镁条用水稍微湿润后贴于试管壁一边合适的位置上，确保镁条既不与酸接触又不触及试管塞。然后用小量筒小心沿着试管的另一边注入 4mL 2mol·L⁻¹ H_2SO_4，注意切勿玷污镁条一边的管壁。检查量气管内液面是否处于"0"刻度以下，再次检查装置的气密性。

(5) 将液面调节管靠近量气管右侧，使两管内液面保持同一水平。记下量气管液面位置。将试管底部略微提高，让硫酸与镁条接触，这时反应产生的氢气进入量气管中，管中的水被压入液面调节管内。为避免量气管内压力过大，可适当下移液面调节管，使两管液面大体保持同一水平。

(6) 反应完毕后，待试管冷至室温，然后使液面调节管与量气管内液面处于同一水平，记录液面位置。1～2min 后，再记录液面位置，直至两次读数一致，即表明管内气体温度已与室温相同。记下室温和大气压。

取下反应管，洗净后换另一片镁条，重复实验一次。

2. 锌铝合金组成的测定

(1) 准确称取 Al-Zn 合金片 0.15～0.25g，操作方法同操作步骤 1 所述。

(2) 将 H_2SO_4 改为 3mL 6mol·L^{-1} HCl，若开始反应太慢可微热之。

(3) 自己设计数据记录及结果处理的方法，计算 Al、Zn 的百分含量。

【数据记录及处理】

将所得数据记录在表 2-4 中，并根据前面的公式计算出测定结果。

表 2-4　实验数据

室温/℃		氢气摩尔量/mol	
镁条的质量/g		摩尔气体常量/(J·mol^{-1}·K^{-1})	
氢气的体积/mL		百分误差	
大气压/Pa			

【注意事项】

(1) 本实验装置必须严密不漏气，因此，要细心检查，一定要使装置的气密性很好。

(2) 在试管中贴镁条时，其位置在加入 4mL 2mol·L^{-1} H_2SO_4 后，刚好浸不到镁条的地方，不可以太高。加酸要慢点细流，确保不沾到镁条，如果酸沾到镁条，反应就会立即开始，需要重做。

(3) 反应完毕后，一定要待试管冷至室温，然后使液面调节管与量气管内液面处于同一水平，记录液面位置。否则，测量不准。

【思考与讨论题】

(1) 检查实验装置是否漏气的原理是什么？

(2) 实验测得的摩尔气体常量应有几位有效数字？

(3) 本实验产生误差的主要原因有哪些？

(4) 建议自己设计氧气或氮气制备实验装置，并测定摩尔气体常量。

本实验约需 4h。

【知识拓展】常用气体介绍与干燥和纯化

实验室里还可以使用气体钢瓶直接得到各种气体。气体钢瓶是储存压缩气体的特制耐压钢瓶。钢瓶的内压很大，且有些气体易燃或有毒，所以操作要特别小心，使用时应注意以下几点：①钢瓶应存放在阴凉、干燥、远离热源(如阳光、暖气、炉火)的地方，可燃性气体钢瓶与氧气瓶分开存放；②不让油或其他易燃性有机物沾在气瓶上(特别是气门嘴和减压器)，不得用棉、麻等物堵漏，以防燃烧引起事故；③使用时，要用减压器(气压表)有控制地放出气体，可燃性气体钢瓶的气门螺纹是反扣的(如氢气、乙炔气)，不燃或助燃性气体钢瓶的气门螺纹是正扣的，各种气体的气压表不得混用。

为了避免混淆各种气瓶，通常在气瓶外面涂以特定的颜色以利区分，并在瓶上写明瓶内气体的名称，表 2-5 为中国气瓶常用的标记。

表 2-5　中国气瓶常用标记

气体类别	瓶身颜色	标记颜色	气体类别	瓶身颜色	标记颜色
氮	黑	黄	氯	黄绿	黄
氢	深绿	红	乙炔	白	红
氧	天蓝	黑	二氧化碳	黑	黄
氨	黄	黑	其他一些可燃气体	红	白
空气	黑	白	其他一些不可燃气体	黑	黄

气体的干燥与纯化：由于制得的气体常带有酸雾和水汽，有时要进行净化和干燥。酸雾可用水或玻璃棉除去，水汽可选用 H_2SO_4、$CaCl_2$ 或硅胶等干燥剂吸收。通常使用洗气瓶 (图 2-2)、干燥塔(图 2-3)或 U 形管(图 2-4)等进行净化。液体(如水、H_2SO_4)装在洗气瓶内，$CaCl_2$ 和硅胶装在干燥塔或 U 形管内，玻璃棉装在 U 形管内。气体中如还有其他杂质，可根据具体情况分别用不同的洗涤液或固体吸收。

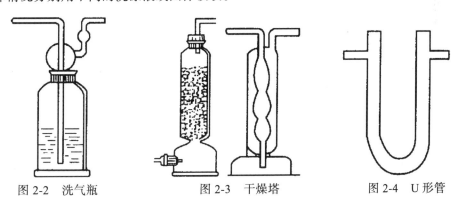

图 2-2　洗气瓶　　　　　图 2-3　干燥塔　　　　　图 2-4　U 形管

2.3　乙酸解离平衡常数和解离度测定

【实验目的】

(1) 学习 pH 法测定乙酸解离平衡常数的基本原理，加深对解离平衡和解离度概念的理解。

(2) 掌握酸度计的使用方法。

【实验原理】

乙酸(CH_3COOH，简写为 HAc)是弱电解质，在水溶液中存在如下解离平衡：

$$HAc \Longrightarrow H^+ + Ac^-$$

其解离常数的表达式为

$$K = \frac{c_{H^+} \cdot c_{Ac^-}}{c_{HAc}} \tag{2-3}$$

设乙酸的起始浓度为 c，因平衡时 $c_{HAc}= c-c_{H^+}$，所以式(2-3)变为

$$K = \frac{c_{H^+}^2}{c-c_{H^+}} \tag{2-4}$$

而 HAc 的解离度可表示为

$$\alpha = c_{H^+}/c \tag{2-5}$$

$$pH=-\lg c_{H^+}$$

在一定温度下，用酸度计测定一系列已知浓度的 HAc 溶液的 pH。根据 pH 求出 c_{HAc}，代入式(2-4)、式(2-5)，可求出一系列的 K 和 α，取其平均值，即为该温度下乙酸的解离常数和解离度。

缓冲溶液 pH 计算公式：

$$pH = pK_a^\ominus + \lg\frac{C_{盐}V}{C_{酸}V} = pK_a^\ominus + \lg\frac{n_{盐}}{n_{酸}}$$

【试剂及仪器】

HAc($0.1\text{mol} \cdot \text{L}^{-1}$)，NaAc($0.1\text{mol} \cdot \text{L}^{-1}$)，NaOH($0.1\text{mol} \cdot \text{L}^{-1}$)，酚酞指示剂(1%乙醇溶液)，未知浓度 HAc 溶液，缓冲溶液(pH=4)。

pHS-25B 型酸度计，滴定管，烧杯，锥形瓶，容量瓶。

【操作步骤】

(1) 不同浓度乙酸溶液的配制。在酸式滴定管中加入一定量已知浓度的 HAc 溶液。取三支 50mL 容量瓶，分别从滴定管中放出 5.00mL、10.00mL、25.00mL HAc 溶液加入其中，用蒸馏水稀释至刻度，摇匀。另取一支容量瓶，装入未稀释的 HAc 溶液。将四瓶不同浓度的溶液按从稀到浓分别编为 1～4 号。

再取一支 50mL 容量瓶，加入 25mL HAc 溶液，再加入 $0.1\text{mol} \cdot \text{L}^{-1}$ NaAc 溶液 5mL，稀释至刻度，摇匀，编为 5 号。

(2) 不同浓度乙酸溶液 K 和 α 的测定。从上述 5 支容量瓶中分别倒出约 30mL 溶液于 5 支干燥的 50mL 烧杯中，按顺序使用 pHS-25B 型酸度计(使用方法见"知识拓展")测定它们的 pH。数据记录于表 2-6，计算 K 和 α。

(3) 未知弱酸解离常数的测定。取 10.00mL 未知一元弱酸的稀溶液，用 $0.1\text{mol} \cdot \text{L}^{-1}$ NaOH 溶液滴定到终点。再加入 10.00mL 该弱酸溶液，摇匀，测定 pH。计算一元弱酸的解离常数。

【数据记录及处理】

表 2-6　实验数据和计算　　　　　　　　　温度：＿＿＿℃

编号	c /(mol $\cdot$ L^{-1})	pH	c_{H^+} /(mol $\cdot$ L^{-1})	c_{Ac^-} /(mol $\cdot$ L^{-1})	K	α
1						
2						
3						
4						
5						

【注意事项】

(1) 酸度计的玻璃电极的主要传感部分为下端的玻璃泡。此球泡极薄,切勿与硬物接触,一旦破裂则完全失效,使用时应特别小心。

(2) 每一个样品测定时,需反复读数 2～3 次。

【思考与讨论题】

(1) 测定 HAc 溶液的 pH 时,为什么要按 HAc 浓度由小到大的顺序测定?

(2) 本实验用酸度计测定溶液的 pH 时,使用什么标准溶液定位?

(3) 本实验的关键是溶液的浓度要配准,pH 要读准,为什么?

(4) 若改变 HAc 溶液的温度,其解离度和解离常数有无变化?

(5) 本实验中,测定 HAc 的解离常数时,溶液的浓度必须精确测定;而测定未知酸的解离常数时,酸和碱的浓度都不必测定,只要正确掌握滴定终点即可,为什么?

本实验约需 4h。

【知识拓展】pHS-25B 型酸度计的使用方法

酸度计是用来测定溶液酸度的仪器,新型酸度计常见的型号有 pHS-25B 型、pHS-2 型、pHS-3 型,它们的原理相同,只是结构稍有不同,使用步骤有一定的差别。下面主要介绍 pHS-25B 型酸度计的使用方法。

1. 用前的准备

1) 电极的准备

(1) 参比电极。如果使用甘汞电极作参比电极,首先要检查 KCl 溶液的量,如果液面太低要补充,并将电极底部和侧口的胶帽去掉,备用。

(2) 玻璃电极。使用新的玻璃电极时,应先用纯水浸泡 48h 以上,不用时也将其泡在纯水中。使用时要注意使玻璃电极略高于甘汞电极,以免破坏玻璃电极。另外,尽量不要用玻璃电极测量强碱性溶液的 pH,如必须使用也要操作迅速,测量完毕后立刻用纯水冲洗电极。玻璃电极使用两年以上就必须更换。

2) 电极的安装

将参比电极和测量电极安装在 pHS-25B 型酸度计上,注意电极的插头要保持清洁,以确保接触良好。注意夹电极的夹子要夹紧,位置要合适,使甘汞电极比玻璃电极高。

2. 酸度计的准备和定位

(1) 把仪器的三芯插头插在 220V 交流电源上,并确保地线接地。

(2) 仪器开关选择在“pH”或“mV”挡上,如果测定酸度则使用 pH 挡。开启电源,预热几分钟。

(3) 校正。①仪器斜率调节在 100%位置。②温度补偿:调节温度补偿调节开关,使指示的温度和被测液相同。③选择一种和被测液 pH 相近的标准缓冲溶液,将电极浸入溶液中,待读数稳定后,如果读数和标准液的 pH 不同,则调节定位调节器使之相同。这是所谓的一点校正法。之后就可以测定待测溶液了。④如果测量要求较高，可以用二点校正法定位。即在③步骤中，用两种标准缓冲溶液，在两个 pH 点上校正仪器。只不过在第一点上用定位调节器调整读数,在第二点上用斜率调节器调整读数。校正好的仪器在使用中一般不用再调整。

3. 测定待测溶液的 pH

(1) 每次测量前要用吸水纸擦干玻璃电极泡上的水，和参比电极一同夹在电极夹上放入待测液中。

(2) 在电极放入待测液前，先用温度计测定溶液温度，以便调节温度补偿器。

(3) 将电极放入待测液，轻轻晃动盛待测液的烧杯，以使溶液均匀，测定数值稳定。

(4) 每次测量完后要用洗瓶冲洗电极，将玻璃电极泡在纯水中。测量完毕后冲洗电极，整理仪器。

2.4　化学反应速率和活化能的测定

【实验目的】

(1) 了解浓度、温度及催化剂对化学反应速率的影响。

(2) 测定过二硫酸铵$(NH_4)_2S_2O_8$ 与 KI 的反应速率，并计算该反应在一定温度下的反应速率常数、反应的活化能和反应级数。

【实验原理】

$(NH_4)_2S_2O_8$ 与 KI 在水溶液中发生如下反应：

$$S_2O_8^{2-} + 3I^- \rule[0.5ex]{2em}{0.4pt} 2SO_4^{2-} + I_3^- \tag{2-6}$$

此反应的速率方程式为

$$v = k[S_2O_8^{2-}]^{\alpha}[I^-]^{\beta}$$

式中，α 和 β 为反应物 $S_2O_8^{2-}$ 和 I^- 的反应级数；$(\alpha+\beta)$ 为该反应的总级数。

用 $\Delta[S_2O_8^{2-}]$ 表示 Δt 时间内 $S_2O_8^{2-}$ 浓度的改变值，则 Δt 时间内平均反应速率为

$$\bar{v} = -\frac{\Delta[S_2O_8^{2-}]}{\Delta t}$$

近似地用平均速度代替起始速度，即 $v = -\dfrac{\Delta[S_2O_8^{2-}]}{\Delta t} = k[S_2O_8^{2-}]^{\alpha}[I^-]^{\beta}$。

为了测出 $\Delta[S_2O_8^{2-}]$，在反应液中同时加入一定体积的已知浓度的 $Na_2S_2O_3$ 溶液和作为指示剂的淀粉溶液，这样在反应(2-6)进行的同时，还有以下反应发生：

$$2S_2O_3^{2-} + I_3^- \rule[0.5ex]{2em}{0.4pt} S_4O_6^{2-} + 3I^- \tag{2-7}$$

$$I_3^- \rule[0.5ex]{2em}{0.4pt} I_2 + I^-$$

由于反应(2-7)的速率比反应(2-6)大得多,由反应(2-6)生成的 I_3^- 会立即与 $S_2O_3^{2-}$ 反应生成无色的 $S_4O_6^{2-}$ 和 I^-。所以在反应开始的一段时间内,溶液呈无色,一旦 $S_2O_3^{2-}$ 耗尽,由反应(2-6)生成的 I_3^- 就会立即生成 I_2 与淀粉作用,使溶液呈蓝色。所以可用溶液中蓝色的出现作为 $S_2O_3^{2-}$ 反应完全的标志。

由式(2-6)和式(2-7)的化学计量关系可以看出,$S_2O_8^{2-}$ 减少的量为 $S_2O_3^{2-}$ 减少量的 $1/2$,又由于在 Δt 时间内 $S_2O_3^{2-}$ 已全部耗尽,故 $\Delta[S_2O_3^{2-}]$ 实际上就是 $S_2O_3^{2-}$ 的起始浓度。所以,由 $Na_2S_2O_3$ 的起始浓度可求得 $\Delta[S_2O_8^{2-}]=0.5\,\Delta[S_2O_3^{2-}]$,又由时间 Δt,就可以近似算出一定温度下该反应的起始反应速率。对速率方程式两边取对数,可得

$$\lg v = \alpha \lg[S_2O_8^{2-}] + \beta \lg[I^-] + \lg k$$

根据此方程设计实验,保持$[I^-]$不变,改变 $S_2O_8^{2-}$,测定 v,以 $\lg v$ 对 $S_2O_8^{2-}$ 作图,可得一直线,斜率即为反应级数 α,同理亦可测得反应级数 β。代入速率方程,即可求出速率常数 k。由阿伦尼乌斯方程得

$$\ln\{k\} = -\frac{E_a}{RT} + B$$

测得不同温度时的 k 值后,以 $\ln\{k\}$ 对 $\dfrac{1}{T}$ 作图,所得直线的斜率即为 $-\dfrac{E_a}{R}$,由此可求得反应的活化能 E_a。加入 Cu^{2+} 可以加快$(NH_4)_2S_2O_8$ 与 KI 反应的速率,Cu^{2+}的加入量不同,加快的反应速率也不同。

【试剂及仪器】

$(NH_4)_2S_2O_8(0.20\text{mol·L}^{-1})$,$KI(0.20\text{mol·L}^{-1})$,$Na_2S_2O_3(0.010\text{mol·L}^{-1})$,淀粉$(0.2\%)$,$KNO_3(0.20\text{mol·L}^{-1})$,$(NH_4)_2SO_4(0.20\text{mol·L}^{-1})$,$Cu(NO_3)_2(0.20\text{mol·L}^{-1})$。

恒温水浴锅,秒表,烧杯,量筒,温度计(100℃),锥形瓶(250mL)。

【操作步骤】

1. 浓度对反应速率的影响

在室温下,按照表 2-7 所列各反应物用量,用量筒准确量取各试剂,除$(NH_4)_2S_2O_8$外,其余各试剂均按用量混合在对应编号的 250mL 锥形瓶中,摇匀。然后准确量取$(NH_4)_2S_2O_8$溶液,快速加入锥形瓶中,同时按下秒表并不断摇晃溶液。当溶液刚出现蓝色时立即停止计时,将反应时间记入表 2-8 中。反应中加入 KNO_3 或$(NH_4)_2SO_4$的目的是保持反应溶液总体积和离子强度相同。离子强度表达了溶液中离子电性的强弱程度。在稀溶液中,影响强电解质离子平均活度系数的决定因素是浓度和离子价数,而不是离子本身的性质。

2. 温度对反应速率的影响

按表 2-7 中实验 4 的试剂用量分别在室温、高于室温 10℃ 和高于室温 20℃ 的温度下进行实验。将 KI、$Na_2S_2O_3$、KNO_3 和淀粉溶液加入锥形瓶中,$(NH_4)_2S_2O_8$ 溶液加入大试管中,并将它们一起放入对应温度的冰水浴或温水浴中恒温,待温度达到所需温度时,按步骤 1

的方法进行实验，记录时间，连同室温可得到三个温度下的反应时间，将数据记录于表 2-9。

表 2-7　浓度对反应速率的影响　　　　　　　　　　室温：＿＿℃

	实验编号	1	2	3	4	5
试剂用量/mL	0.20mol·L^{-1} (NH$_4$)$_2$S$_2$O$_8$	20	10	5	20	20
	0.20mol·L^{-1} KI	20	20	20	10	5
	0.010mol·L^{-1} Na$_2$S$_2$O$_3$	8	8	8	8	8
	0.2% 淀粉	2	2	2	2	2
	0.20mol·L^{-1} (NH$_4$)$_2$SO$_4$		10	15		
	0.20mol·L^{-1} KNO$_3$				10	15

表 2-8　反应级数和速率常数的计算

	实验编号	1	2	3	4	5
反应物起始浓度/(mol·L^{-1})	(NH$_4$)$_2$S$_2$O$_8$					
	KI					
	Na$_2$S$_2$O$_3$					
Δt 反应时间/s						
$\Delta[S_2O_8^{2-}]$/(mol·L^{-1})						
v						
lg$v$						
lg[S$_2$O$_8^{2-}$]						
lg[I$^-$]						
α						
β						
k						
平均反应速率常数 $\bar{k}$						

表 2-9　活化能的计算

实验编号	4(室温)	6(比室温高 10℃)	7(比室温高 20℃)
反应温度/K			
反应时间/s			
反应速率(v)			
速率常数(k)			
ln$k$			
1/T			
活化能/(kJ·mol^{-1})			

3. 催化剂对反应速率的影响

　　在室温下，按表 2-7 中实验编号为 4 的试剂用量，在 KI，Na$_2$S$_2$O$_3$，KNO$_3$ 和淀粉的溶液中先加入 2 滴 0.02mol·L^{-1} 的 Cu(NO$_3$)$_2$ 溶液，然后迅速加入(NH$_4$)$_2$S$_2$O$_8$溶液，同时记录反

应时间。与实验 4 的时间相比可得到什么结论？

【数据记录及处理】

(1) 求反应级数和速率常数。计算实验 1~5 对应的反应速率，利用实验 1、2、3 的数据作图求出 α；利用实验 1、4、5 的数据作图求出 β。最后将 α，β 代入速率方程求出 k，记录于表 2-8。

(2) 求活化能。利用实验 4、6、7 的数据作图求出活化能 E_a，记录于表 2-9。

【注意事项】

(1) 本实验对试剂有一定的要求。KI 溶液应为无色透明溶液，不能使用有 I^- 析出的浅黄色溶液，$(NH_4)_2S_2O_8$ 溶液久置会分解，因此要用新配制的。如所配制的 $(NH_4)_2S_2O_8$ 溶液的 pH 小于 3，表明 $(NH_4)_2S_2O_8$ 已有分解，不适合本实验使用。

(2) 在做温度对化学反应速率影响的实验时，如室温低于 10℃，可将温度条件改为室温、高于室温 10℃、高于室温 20℃ 三种情况进行。

【思考与讨论题】

(1) 根据反应方程式，是否能确定反应级数？为什么？试用本实验的结果加以说明。

(2) 本实验为什么可以由反应溶液出现蓝色的时间长短来计算反应速率？实验中当蓝色出现后，反应是否就终止了？

(3) 本实验中，加 $Na_2S_2O_3$ 溶液的目的是什么？$Na_2S_2O_3$ 的用量过多或过少对实验的结果有何影响？

(4) 反应过程中，温度不恒定对实验结果有无影响？

(5) 为什么本实验中量取 $(NH_4)_2S_2O_8$ 溶液的量筒要和量取其他试剂的量筒分开？

本实验约需 4h。

2.5　过氧化氢分解速率常数和活化能的测定

【实验目的】

(1) 通过本实验理解化学反应速率的含义。

(2) 掌握化学分析法测定过氧化氢的分解反应速率常数和活化能的原理和方法。

(3) 掌握氧化还原滴定($KMnO_4$ 法)的原理和方法。

【实验原理】

1. H_2O_2 的分解反应以及一级反应的速率方程

凡是反应速率只与反应物浓度的一次方成正比的反应称为一级反应。

$$H_2O_2 \text{分解反应：} H_2O_2 =\!\!=\!\!= H_2O + 1/2O_2 \qquad \text{(一级反应)}$$

速率方程：

$$-\frac{dc}{dt} = kc \quad \text{或} \quad -\frac{dc}{c} = kdt$$

积分得

$$\ln c = -kt + \ln c_0$$

上式为一级反应中反应物浓度随时间变化的关系。如果从实验中测得反应时间 $t=0$ 时的 H_2O_2 的起始浓度 c_0 和时间 t 时的 H_2O_2 浓度 c_t，即可通过以上公式计算出反应的速率常数 k。如果以 $\ln c_t$ 对时间 t 作图得到一条直线，则证明该反应为一级反应，从该直线的斜率 $-k$ 中，也可求得速率常数 k。这就是一级反应所遵循的基本规律。

2. 求得反应的速率常数 k

反应物浓度随时间变化的关系如下：

$$\ln[H_2O_2] - \ln[H_2O_2]_0 = -kt$$

用常用对数的关系式为

$$\lg[H_2O_2] = \lg[H_2O_2]_0 - kt/2.303 \tag{2-8}$$

实验中用高锰酸钾法测定 H_2O_2 反应液的瞬时浓度，根据 H_2O_2 与 $KMnO_4$ 在酸性溶液中反应的计量关系，可知：

$$2\,MnO_4^- + 5H_2O_2 + 6H^+ \Longrightarrow 2Mn^{2+} + 8H_2O + 5O_2(\text{确定浓度 } c)$$

等物质的量关系：

$$n(2KMnO_4) = n(5H_2O_2)$$

即

$$\frac{1}{2}(cV)_{KMnO_4} = \frac{1}{2}n(KMnO_4) = \frac{1}{5}n(H_2O_2) = \frac{1}{5}(cV)_{H_2O_2}$$

$$c(H_2O_2) = \frac{5}{2}c(KMnO_4) \qquad \frac{V(KMnO_4)}{V(H_2O_2)} = \text{常数} \times V(KMnO_4)$$

根据实验方法，式中 $c(KMnO_4)$、$V(H_2O_2)$ 为定值，$c(H_2O_2)$ 与 $V(KMnO_4)$ 成正比，代入式 (2-8) 合并常数项与 $\lg[H_2O_2]_0(A)$ 得

$$\lg V = A - kt/2.303$$

$\ln V(KMnO_4)$ 与 t 成正比，用 $\lg V$ 对 $t(\min)$ 作图，直线的斜率为 $-k/2.303$，因此从斜率可求得反应的速率常数 k。

3. 反应速率和温度的关系(阿伦尼乌斯经验式)

温度对反应速率的影响，随具体反应的不同而各异。在大量实验事实的基础上，1889 年阿伦尼乌斯证明，当 $\ln k(\lg k)$ 对 $1/T$ 作图时可得一直线，很多反应的速率常数与温度之间都具有这样的关系。这个关系可写为

$$\ln k = -\frac{E_a}{RT} + B \quad \text{或} \quad \lg k = -E_a/2.303RT + B \tag{2-9}$$

式中，B 为常数；R 为摩尔气体常量；T 为热力学温度；E_a 为活化能(或实验活化能，其单位为 $J \cdot mol^{-1}$)，对某一给定反应来说，E_a 为一定值，当反应的温度区间变化不大时，E_a 不随温度而改变。$\ln k$-$1/T$ 呈线性关系：直线斜率为 $-E_a/R$。如果实验测得不同温度时的速率常数 k，以 $\lg k$ 对 $1/T$ 作图，由该直线的斜率 $(-E_a/2.303R)$ 即可求得活化能 E_a。

【试剂及仪器】

$H_2O_2(0.2mol \cdot L^{-1})$，$H_2SO_4(3mol \cdot L^{-1})$，$KMnO_4\ (0.004mol \cdot L^{-1})$，$H_2O_2(AR)$，$H_2SO_4\ (3mol \cdot L^{-1})$，

$NH_4Fe(SO_4)_2(0.1mol\cdot L^{-1})$，$MnSO_4(0.05mol\cdot L^{-1})$。

移液管(10mL，25mL)，水浴锅，容量瓶，锥形瓶，滴定管。

【实验步骤】

1. 样品溶液的配制

用移液管移取 25mL $0.2mol\cdot L^{-1}H_2O_2$ 水溶液，加入到 200mL 容量瓶中，用新鲜纯净水稀释至刻度，塞上塞子，在室温下，置于水浴中恒温 10min，充分摇匀，得 H_2O_2 稀释溶液，备用。

用移液管移取 H_2O_2 稀释溶液 25mL 于 250mL 锥形瓶中，加 5mL $3mol\cdot L^{-1}$ H_2SO_4，用 $0.002mol\cdot L^{-1}$ $KMnO_4$ 溶液滴定至微红色，30s 内不消失即为终点。平行测定三次，根据 $KMnO_4$ 的浓度和消耗的体积，计算试样中 H_2O_2 的含量和 $KMnO_4$ 标准溶液体积相对平均偏差。

2. 反应

在室温下，取配制好的 H_2O_2 稀释溶液 100mL 于 250mL 锥形瓶中，加入 20mL $0.1mol\cdot L^{-1}NH_4Fe(SO_4)_2$ 溶液到反应液中，同时计时，摇匀，放在水浴中。H_2O_2 分解反应每进行 10min，取该反应溶液 10mL，依次加入到 6 个已加入酸溶液的锥形瓶中。以后每隔 10min 取出 10mL 反应液加入到酸溶液里，记录反应液加到酸液中的时间。

3. 溶液浓度的影响

依次给 6 个 250mL 锥形瓶编号，各加 15mL $3mol\cdot L^{-1}H_2SO_4$ 以及 1mL $0.05mol\cdot L^{-1}MnSO_4$ 溶液。并加入上述 H_2O_2，分解反应中 H_2O_2 每分解 10min 溶液，将溶液混匀。用 $0.004mol\cdot L^{-1}KMnO_4$ 溶液滴定，直到稍过量的 $KMnO_4$ 溶液的粉红色在 10s 内不褪即可。相关实验数据记录到表 2-10 中。

表 2-10 实验数据记录

$T=$＿＿K，反应时间/min		10	20	30	40	50	60
$KMnO_4$ 滴定	初读数/mL						
	终读数/mL						
	净体积/mL						
$\ln V(KMnO_4)$							
$\ln V(KMnO_4)$-t 回归方程							
线性相关系数							
速率常数 k							

4. 温度对反应的影响

调节 2 中反应液恒温浴的温度为：室温+5K，室温+10K，室温+15K，重复上述操作，分别测出在该温度下每次滴定用的 $KMnO_4$ 溶液体积和反应时间，记录到表 2-11 中。

表 2-11　实验数据记录

$T=$＿＿K	室温+5K	室温+10K	室温+15K
KMnO$_4$初读数/mL			
KMnO$_4$终读数/mL			
KMnO$_4$净体积/mL			
$1/T$			
ln$k$			
ln$k$-1/T 回归方程			
线性相关系数			
活化能 E_a/(J·mol^{-1})			

【数据记录及处理】

(1) 建立 ln$V$(KMnO$_4$)-t 回归方程，求 k。

(2) 建立 ln$k$-1/T 回归方程，求 E_a。

【思考与讨论题】

(1) 本实验需要知道高锰酸钾的准确浓度吗？为什么？

(2) 在本实验中 NH$_4$Fe(SO$_4$)$_2$溶液、H$_2$SO$_4$溶液、MnSO$_4$溶液分别起什么作用？

(3) 通过本实验结果，分析速率常数与活化能的关系。

本实验约需 4h。

2.6　可逆电池电动势的测定

【实验目的】

(1) 测定 Cu-Zn 电池的电动势和电极的电极电势。

(2) 学会一些电极的制备和处理方法。

(3) 掌握对消法的测量原理和电位差计正确的使用方法。

(4) 掌握检流计的使用方法和盐桥、参比电极的制备方法。

【实验原理】

原电池是化学能变为电能的装置，它由两个"半电池"组成，每个半电池中有一个电极和相应的电解质溶液。电池的电动势为组成该电池的两个半电池的电极电势的代数和。常用盐桥来降低两溶液之间的电势。

可逆电池必须满足两个条件：①电池放电时的反应和充电时的反应必须互为逆反应，即化学反应可逆；②电池充、放电时所通过的电流必须无限小，使电池在接近平衡态的条件下工作，充、放电时能量变化可逆。测量可逆电池的电动势要在接近热力学可逆条件下进行，即在无电池通过的情况下测定，不能用伏特计直接测量，因为在测量过程中有电流通过，溶液浓度就会改变，电极上还会发生极化，电池就不是可逆电池了。用对消法可达到测量原电池电动势的目的，如图 2-5 所示。

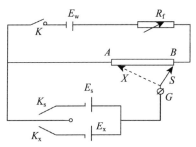

图 2-5　可逆电池电路图

E_W、E_S、E_X 分别为工作电池、标准电池、待测电池

可逆电池工作原理为：当 K_S 接通时，调节 R_f 及滑动头至 S，使检流计中无电流通过。此时有 $E_S=U_{CA}$，工作回路电流 $I=U_{SA}/R_{SA}=E_S/R_{SA}$；当 K_S 断开，K_X 接通，调节滑头至 X，使检流计中无电流通过，此时有 $E_X=U_{HA}$，工作回路电流 $I=U_{XA}/R_{XA}=E_X/R_{XA}$。

因此，$E_S/R_{SA}=E_X/R_{XA}$，即 $E_X=R_{XA}\cdot(E_S/R_{SA})$。但由于 E_S 随温度而变，所以在测量过程中要调节 R_{SA} 来调节(E_S/R_{SA})的恒定(即通过标准电池温度补偿按钮调节)。

【试剂及仪器】

Hg_2Cl_2(饱和溶液)，KCl(饱和溶液)，$ZnSO_4$(0.1000mol·L^{-1})，$CuSO_4$(0.1000mol·L^{-1})。

UJ-25 型高电势电位差计(图 2-6)，HSS-1B 数字式超级恒温热浴槽，标准电池(惠斯通电池)，直流检流计，钾电池，铜锌电极，甘汞电极，盐桥，温度计。

图 2-6　UJ-25 型电位差计

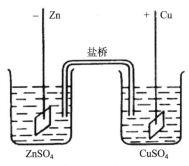

图 2-7　原电池

【操作步骤】

1. 半电池的制备

(1) 锌电极的制备：将锌电极用砂纸磨光，除掉锌电极上的氧化层，用蒸馏水冲洗，然后

浸入饱和氯化亚汞溶液中 3～5s，取出后再用蒸馏水淋洗，使锌电极表面有一层均匀的汞齐(防止电极表面副反应的发生，保证电极可逆)。将处理好的锌电极直接插入盛有 $0.1000 mol \cdot L^{-1}$ 硫酸锌溶液的电极管中。

(2) 铜电极的制备：将铜电极用砂纸打光，再用蒸馏水淋洗，插入盛有 $0.1000 mol \cdot L^{-1}$ 硫酸铜溶液的电极管中。

2. 电池组合

将盐桥两个半电池组成下述电池：

$$Zn \mid ZnSO_4(0.1000 mol \cdot L^{-1}) \parallel KCl(饱和) \mid Hg_2Cl_2(s) \mid Hg(l)$$
$$Zn \mid ZnSO_4(0.1000 mol \cdot L^{-1}) \parallel CuSO_4(0.1000 mol \cdot L^{-1}) \mid Cu$$

3. 连接电路

首先将电位差计的转换开关置于"断"位置，按钮(粗、细、断)全部松开，然后将标准电池、工作电池、待测电池及检流计分别用导线连接在"标准"、"工作"、"未知1"或"未知2"及"电计"接线柱上，注意正负极(仅检流计无极性要求)。恒温浴槽预设为 25.0℃，开始加热，并将电极插入孔中。

4. 检流计调零

将检流计的转换开关从"短路"调至"X"挡，电压选择开关置于220V，用调零旋钮调节检流计的机械零点，即光标调零。

5. 标准电池温度补偿

读取标准电池上所附温度计的温度值，根据 $E_t = E_{20℃} - 4.06 \times 10^{-5}(t-20) - 9.5 \times 10^{-7}(t-20)^2$，$E_{20℃} = 1.018\ 45V$，求出标准电池在实际温度 t 下的电动势 $E_t = 1.018\ 45V$。调节标准电池温度补偿旋钮至该电动势。

6. 标定电位差计

将电位差计的转换开关转到"N"挡，R_f 调节旋钮(粗、中、细、微)均调到最小，分别按下电位差计"粗""细"按钮，记录最初光标偏移方向；再分别按下电位差计"粗""细"按钮，并按由"粗"到"微"顺序调节可变电阻旋钮，使检流计光标指零(在零点左右两小格内偏移即认为光标已指零)。

7. 测量未知电动势

将电位差计的转换开关转到"X1"(或"X2")位置，将1个电动势的测量按钮调到最小，同步骤6，观察光标的初始偏移方向。然后分别按下电位差计的"粗""细"按钮，并按由大到小的顺序调节前4个电动势的测量按钮，使检流计光标至零(指零标准同步骤6)。从4个旋钮下的小孔内读取待测电动势的数值。由于工作电池电动势会发生变化，在测量第二组电池电动势前，观察电位差计是否处于已标定位置，若否，则要求重新标定。实验完成之后，关掉所有电源开关，将检流计量程旋钮调到"短路"处，撤除所有接线，清洗电极、电极管。

【数据记录及处理】

$E_n = 1.018\,318\mathrm{V}$。

表 2-12 数据记录

(T=300.1K)	实测电动势/V	电动势理论值/V
Cu-Zn 电极	1.110 100	1.099 800
甘汞-Zn 电极	1.007 998	0.987 100

误差分析：

Cu-Zn 电极：

$$D_r=[E_x(理论)-E_x(平均)]/E_x(理论)\times100\%$$

甘汞-Zn 电极：

$$D_r=[E_y(理论)-E_y(平均)]/E_y(理论)\times100\%$$
$$=(1.099\,800-1.110\,100)/1.099\,800\times100\%=0.94\%$$
$$=(0.987\,100-1.007\,988)/0.987\,100\times100\%=2.12\%$$

分析误差可能原因：

(1) 恒温池温度不稳定。

(2) 检流计灵敏度由于经常使用而降低。

(3) 电极打磨时不能保证完全光亮，使电阻增大。

【注意事项】

(1) 按"粗"旋钮观察检流计光标旋转方向时，按一下立即松开，不可长时间按住不放。

(2) 使用检流计时光标不可晃动太大，如晃太快可按电位差计上"短路"键让光标迅速停止摆动，注意要一下一下地按。

(3) 连接电路时注意正、负极不能接错。

(4) 标准电压调好后，不可以再改变。

(5) 当检流计显示不出电流时，可按"细"按钮或者增大检流计灵敏度，剩下两个按钮时可将"细"按钮一直按住迅速调节。

(6) 检流计不使用时将灵敏度旋钮置于"短路"位置。

【思考与讨论题】

(1) 通过本实验，论述对消法测电动势的原理。

(2) 如何使用和维护标准电池及检流计？否则会有什么情况？

(3) 如何选用盐桥以适合不同体系？理论依据是什么？

本实验约需 4h。

2.7 差热法分析 $CuSO_4\cdot5H_2O$ 的热稳定性

【实验目的】

(1) 学习利用差热分析仪绘制 $CuSO_4\cdot5H_2O$ 等样品的差热图。

(2) 熟悉差热分析仪的工作原理、使用方法及注意事项。

(3) 了解热电偶的测温原理和如何利用热电偶绘制差热图。

【实验原理】

物质在受热或冷却过程中，当达到某一温度时，往往会发生熔化、凝固、晶型转变、分解、化合、吸附、脱附等物理或化学变化，并伴随着焓的改变，因而产生热效应，其表现为物质与环境(样品与参比物)之间有温度差。差热分析(differential thermal analysis, DTA)就是通过温差测量来确定物质的物理化学性质的一种热分析方法。

差热分析仪的结构原理图如图2-8所示。它包括带有控温装置的加热炉、放置样品和参比物的坩埚、用于盛放坩埚并使其温度均匀的保持器、测温热电偶、差热信号放大器和信号接收系统(记录仪或微机)。差热图的绘制是通过两支型号相同的热电偶，分别插入样品和参比物中，并将其相同端连接在一起(即并联，见图2-8)。A、B两端引入记录笔1，记录炉温信号。若炉子等速升温，则笔1记录下一条倾斜直线，如图2-9中 MN 所示；A、C端引入记录笔2，记录差热信号。若样品不发生任何变化，样品和参比物的温度相同，两支热电偶产生的热电势大小相等，方向相反，所以 $\Delta V_{AC} = 0$，笔2划出一条垂直直线，如图2-9中 ab、de、gh 段，是平直的基线。反之，样品发生物理化学变化时，$\Delta V_{AC} \neq 0$，笔2发生左右偏移(视热效应正、负而异)，记录下差热峰值，如图2-9中 bcd、efg 所示。两支笔记录的时间–温度(温差)图就称为差热图，也称为热谱图。

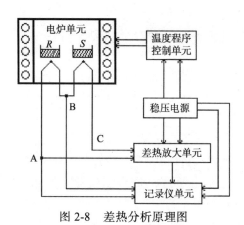

图 2-8　差热分析原理图

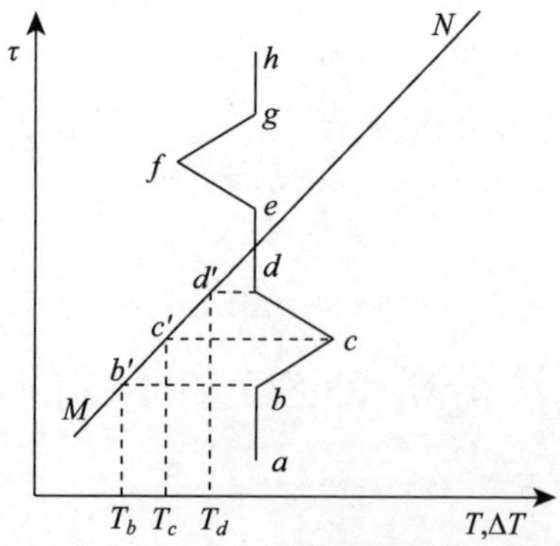

图 2-9　典型的差热图

从差热图上可清晰地看到差热峰的数目、位置、方向、宽度、高度、对称性以及峰面积等。峰的数目表示物质发生物理化学变化的次数；峰的位置表示物质发生变化的转化温度(如图 2-9 中 T_b)；峰的方向表明体系发生热效应的正负性；峰面积说明热效应的大小，相同条件下，峰面积大的表示热效应也大。在相同的测定条件下，许多物质的热谱图具有特征性：即一定的物质就有一定的差热峰的数目、位置、方向、峰温等，因此，可通过与已知的热谱图比较来鉴别样品的种类、相变温度、热效应等物理化学性质。因此，差热分析广泛应用于化学、化工、冶金、陶瓷、地质和金属材料等领域的科研和生产部门。理论上讲，可通过峰面积的测量对物质进行定量分析。

样品的相变热 ΔH 可按下式计算：

$$\Delta H = \frac{K}{m} \int_b^d \Delta T \mathrm{d}\tau$$

式中，m 为样品质量；b、d 分别为峰的起始、终止时刻；ΔT 为时间 τ 内样品与参比物的温差；$\int_b^d \Delta T \mathrm{d}\tau$ 为峰面积；K 为仪器常数，可用数学方法推导，但较麻烦，本实验用已知热效应的物质进行标定。已知纯锡的熔化热为 $59.36 \times 10^{-3} \mathrm{J} \cdot \mathrm{mg}^{-1}$，可由锡的差热峰面积求得 K 值。

【试剂及仪器】

$BaCl_2 \cdot 2H_2O(AR)$，$CuSO_4 \cdot 5H_2O(AR)$，$NaHCO_3(AR)$，$Sn(AR)$。

差热分析仪(CDR 型或简易差热分析仪) 等。

【操作步骤】

1. 方法一 CDR 系列差热仪

1) 准备工作

(1) 取两只空坩埚放在样品杆上部的两只托盘上。

(2) 通水和通气。接通冷却水，开启水源使水流畅通，保持冷却水流量为 200～300mL·min^{-1}；根据需要在通气口通入一定流量的保护气体。

(3) 开启仪器电源开关，然后开启计算机和打印机电源开关。

(4) 零位调整。将差热分析仪的放大器单元的量程选择开关置于"短路"位置，转动"调零"旋钮，使"差热指示"表头指在"0"位。

(5) 将升温速度设定为 5℃·min^{-1} 或 10℃·min^{-1}。

(6) 斜率调整。将差热分析仪的放大单元量程选择开关置于±50μV 或±100μV 挡，然后开始升温，同时记录温差曲线，该曲线应为一条直线，称为"基线"。如发现基线漂移，则可用"斜率调整"旋钮来进行校正。基线调好后，一般不再调整。

2) 差热的测量

(1) 将待测样品放入一只坩埚中精确称量(约 5mg)，在另一只坩埚中放入质量基本相等的参比物，如 α-Al_2O_3。然后将其分别放在样品托的两个托盘上，盖好保温盖。

(2) 微伏放大器量程开关置于适当位置，如±50μV 或±100μV。

(3) 在一定的气氛下，将升温速度设定为 5℃·min^{-1} 或 10℃·min^{-1}，开始升温。

(4) 记录升温曲线和差热曲线,直至温度升至发生要求的相变且基线变平后,停止记录。

(5) 打开炉盖,取出坩埚,待炉温降至 50℃以下时,换上另一样品,按上述步骤操作。

2. 方法二 自装差热仪

(1) 仪器预热。放大器(微瓦功率计)放大倍数选择 300μW;记录仪走纸速度为 300mm · h^{-1}。待仪器预热 20min 后,调节放大器粗调旋钮,使记录笔 2(蓝笔)处于记录纸左边适当位置。

(2) 装样品。在干净的坩埚内装入 1/2～2/3 坩埚高度的 $CuSO_4·5H_2O$ 粉末,并将其颠实,放入保持器的样品孔中;另一装 Al_2O_3 的坩埚放入保持器的参比物孔中,盖上保持器盖,套上炉体,盖好炉盖。

(3) 测量。开启程序升温仪,开始测量。待 $CuSO_4·5H_2O$ 的三个脱水峰记录完毕,关闭程序升温仪,取下加热炉;待保持器温度降至 50℃时,将装有纯 Sn 样品的坩埚放入样品孔中。另换一台加热炉(冷的),同法测定锡熔化的差热图。实验完毕关闭仪器电源。

换用微机记录显示重复做 $CuSO_4·5H_2O$ 的差热图。

【数据记录及处理】

(1) 由所测样品的差热图,求出各峰的起始温度和峰温,将数据列表记录。

(2) 求出所测样品的热效应值。

(3) 样品 $CuSO_4·5H_2O$ 的三个峰各代表什么变化? 写出反应方程式。根据实验结果,结合无机化学知识,推测 $CuSO_4·5H_2O$ 中 5 个 H_2O 的结构状态。

【注意事项】

(1) 坩埚一定要清理干净,否则埚垢不仅影响导热,杂质在受热过程中也会发生物理化学变化,影响实验结果的准确性。

(2) 样品必须研磨得很细,否则差热峰不明显,但也不宜太细。一般差热分析样品研磨到 200 目为宜。

(3) 双笔记录仪的两支笔并非平行排列,为防二者在运动中相碰,制作仪器时,二者位置上下平移一段距离,称为笔距差。因此,求解转化温度时应加以校正。

【思考与讨论题】

(1) DTA 实验中如何选择参比物? 常用的参比物有哪些?

(2) 差热曲线的形状与哪些因素有关? 影响差热分析结果的主要因素有哪些?

(3) DTA 和简单热分析(步冷曲线法)有何异同? 各有什么特点?

本实验约需 4h。

【知识拓展】

(1) 从理论上讲,差热曲线峰面积(S)的大小与试样所产生的热效应(ΔH)大小成正比,即 $\Delta H=KS$, K 为比例常数。将未知试样与已知热效应物质的差热峰面积相比,就可求出未知试样的热效应。实际上,由于样品和参比物之间往往存在着比热、导热系数、粒度、装填紧密程度等方面的不同,在测定过程中又由于熔化、分解转晶等物理、化学性质的改变,未知物试样和参比物的比例常数 K 并不相同,所以用它来进行定量计算误差较大。但差热分析可用于鉴别物质，与 X 射线衍射、质谱、色谱、热重法等方法配合可确定物质的组成、结构及动力学等方面的研究。

(2) 在自装差热仪上，信号记录部分可用微机接收。加热炉部分在保持器中添加一根热电偶，接上专用 K 型热偶温度放大器将微弱的电信号放大，由采集数据程序接收，在微机屏幕上显示出差热图。

(3) 在微机屏幕上，时间为横坐标，温度和温差为纵坐标，差热图上出现三条不同颜色的线：其中两条线与双笔记录仪的两条线相同；第三条线是样品温度线(在一般双笔记录仪上见不到这一条线)，它显示了样品在实验过程中的实际温度。样品发生脱水反应时温度比参比物温度略低，其差值可从右边纵坐标上读出；有热效应时的温差也可以从右边纵坐标上读出(左边纵坐标上显示的为温度)。

2.8　固体比表面积的测定——BET 色谱法

【实验目的】

(1) 熟悉 BET 公式的基本假定、适用范围以及如何应用 BET 公式求算多孔固体的比表面积。

(2) 掌握连续流动色谱法测定固体比表面积的基本原理和方法。

【实验原理】

在多孔吸附剂和催化剂的理论研究和生产设备中，比表面积是一个重要的结构参数。

1g 多孔固体所具有的总表面积(包括外表面积和内表面积)定义为比表面积，以 m^2/g 表示。在气固多相催化反应机理的研究中，大量的事实证明，气固多相催化反应是在固体催化剂表面上进行的。某些催化剂的活性与其比表面积有一定的对应关系。因此测定固体的比表面积，对多相反应机理的研究有着重要意义。

测定多孔固体比表面积的方法很多，而 BET 气相吸附法则是比较有效、准确的方法，其特点是设备简单，操作及计算迅速、简易，能自动记录。目前以连续流动法应用较广。

BET 吸附理论的基本假设是：在物理吸附中，吸附质与吸附剂之间的作用力是范德瓦尔斯力，而吸附分子之间的作用力也是范德瓦尔斯力。所以当气相中的吸附质分子被吸附在多孔固体表面上之后，它们还可能从气相中吸附同类分子。因此吸附是多层的，但同一层吸附分子之间无相互作用，吸附平衡是吸附和解吸附的动态平衡；第二层及其以后各层分子的吸附热等于气体的液化热，根据这个假设，推导得到 BET 方程式如下：

$$\frac{p/p_0}{(1-p/p_0)V_d} = \frac{1}{V_mC} + \frac{(C-1)}{V_mC} \times \frac{p}{p_0} \tag{2-10}$$

式中，p 为 N_2 的分压；p_0 为吸附平衡温度下吸附质的饱和蒸气压；V_m 为吸附剂上铺满单分子层所需的气体体积；C 为与第一层吸附热及凝聚热有关的常数；V_d 为不同分压下所对应的固体样品吸附量(标准状态下)。

求出 V_m，再应用式(2-11)求得样品的比表面积：

$$S = \frac{V_mN_A\sigma}{m} \times 22\ 400 \tag{2-11}$$

式中，m 为样品的质量；N_A 为阿伏伽德罗常量；σ 为 N_2 分子的截面积。

本实验采用 H_2 作载气，故只能测量对 H_2 不产生吸附的样品。在液氮温度下，H_2 和 N_2 的混合气连续流过固体样品，固体吸附剂对 N_2 产生物理吸附。BET 多分子层吸附理论的基本假设，使 BET 公式只适用于相对压力为 0.05～0.35 的情况。因为在低压下，固体的不均匀性突出，各个部分的吸附热也不相同，建立不起多层物理吸附模型。在高压下，吸附分子之间有作用，脱附时彼此有影响，多孔性吸附剂还可能有毛细管作用，使吸附质气体分子在毛细管内凝结，也不符合多层物理吸附模型。

ST-03 型比表面积测定仪的仪器构造及测量原理如图 2-10 所示。主要部件共分四个部分。仪器的左侧为样品测定室和切换阀箱。样品测定室中有样品管(图 2-11)，可用螺帽与主机连接，并可以随时调换。测定室后面为冷阱箱，箱内有两支冷却管，由四个接头连接。打开切换阀的上箱盖可以看到标记。若双气路法测定样品时，两冷却管按 1-2、3-4 连接法接，若单气路测(连续流动法)则用一支冷却管连 2-3 两个接头。冷却管的作用是净化 N_2 和 H_2 (或其他载气、吸附气)，以在液氮温度下除去其他杂质。

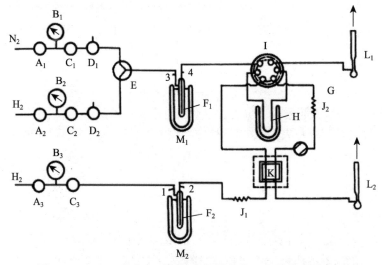

图 2-10　ST-03 型比表面积与孔径测定仪双气路流程示意图

A.稳压阀；B.压力表；C.可调气阻；D.三通阀；E、G.混合器；　F.净化冷阱；H.样品管；I.六通阀；J.热交换器；
K.热导池；L.皂膜流量计；M.保温瓶

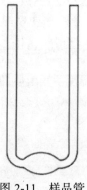

图 2-11　样品管

仪器右侧分上下两层，上层为气路系统，包括检测器、稳压阀、阻力阀、三通阀、前后混合器。下层为电器部分，包括热导池和恒温炉的供电部分。流量用皂膜流量计测量。记录脱附量用记录仪或数字积分仪记录。

本实验通过色谱峰大小面积的测量来求算固体样品的吸附量，而色谱峰的测量是通过检测器——热导池来测量的。

热导池是目前色谱仪上应用较广泛的一种检测器。它是由四个置于不锈钢池体内的热敏元件组成的直流电桥，其检测原理是基于各种气体有不同的热导性能，不同气体组分通过热导池的热敏元件时，引起通电元件本身的温度产生变化，阻值产生变化而导致不平衡电信号产生。这种电信号经过微电流放大，通过记录仪记录下来，这就是色谱峰。热导池检测器的结构简单，稳定性好，灵敏度适宜，线性范围宽。

【试剂与仪器】

H_2(钢瓶气)，N_2(钢瓶气)，液氮，活性炭。

ST-03 型比表面积测定仪，秒表。

【操作步骤】

本实验所用载气为 H_2，氮饱和蒸气压的测定用氧气压力计，如图 2-12 所示。

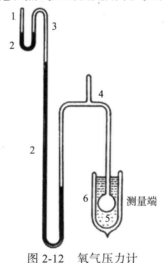

图 2-12　氧气压力计

1.空气；2.水银；3.真空；4.纯氧；5.液氮；6.杜瓦瓶

(1) 准确称取 110℃烘干的样品 mg 放于样品管中，并接到仪器样品管接头上。将放有液氮的保温杯套在冷阱上(在侧门内)。六通阀均转到测试位置，用加热炉将样品管加热到 200℃，用 H_2 扫 1h，停止加热，冷至室温。

(2) 调节载气流速约 40mL·min⁻¹，待流速稳定后，用皂膜流量计准确测定其流速 R_{H_2}(mL·min⁻¹)，以后在测量过程中载气流速保持不变。

(3) 调节 N_2 流速(约 5mL·min⁻¹)，待流速稳定，两种气体混合均匀后，用皂膜流量计准确测定混合气体总流速 R_T，由此可求出 N_2 分流速：

$$R_{N_2} = R_T - R_{H_2} \tag{2-12}$$

N_2的分压：

$$p=p_B \cdot R_{N_2} /R_T \tag{2-13}$$

式中，p_B为大气压。

(4) 仪器接通电源(注意一定要在样品管上通气后，才能接通电源)，调节"电流调节"电位器，将电流调到100mA，电压表指示为20V。逆时针转动"记录器调零"旋钮转到尽头，衰减在1/16处，调节"精"、"细"调节旋钮，此时，记录器指针处于零位，也就是调节电桥的输出为零，最后再调"记录器调零"旋钮，此时，记录器的指针可以从零调到最大即为正常。

(5) 此时如条件不变，可采用1/8(或1/4)衰减比，待记录器基线确实走稳后，将液氮保温杯套到样品上。片刻后就在记录纸上出现吸附峰。

(6) 记录器回到原来基线后，将液氮保温杯移走，在记录纸上出现一个与吸附峰方向相反的脱附峰，并计算出峰面积(峰高×半宽度)。

(7) 脱附完毕，记录器基线回到原来位置后，将10mL六通阀转至标定位置(在测量过程中，六通阀门始终在测量位置)，在记录纸上记下标样峰，并计算出峰面积。

(8) 将液氮保温杯套到氧气压力计的小玻璃球上，记下两边水银面的高度差，再检查氮气及氧气在77～84K时的饱和蒸气压，求出氮饱和蒸气压p_0。

(9) 以上完成了在一个N_2平衡压力下吸附量的测定，改变N_2的速流(每次比前次增加3mL·min^{-1})，使相对压力p/p_0不超过0.05～0.35。按步骤(5)、(6)、(7)、(8)、(9)重复3次，即完成一个样品的测量工作。

(10) 记录实验时的大气压及室温。

【数据记录及处理】

(1) 从皂膜流量计测量的数据，计算出R_{H_2}、p_T，并求出R_{H_2}及其分压p。

(2) 从色谱图上分别求出氮的各分压下相应的吸附量：

$$V'=A/A_标×1.06$$

再换算成标准状态下的吸附量：

$$V_d= V'×273p_B/760T$$

式中，A为脱附峰面积；$A_标$为标样峰面积；1～1.06mL为六通阀管体积；T为室温(K)；p_B为大气压。

(3) 由氧气压力计读出p_{O_2}，查表变换成p_0(在液氮温度下，N_2的饱和蒸气压)。

(4) 以$V_d(1 - p/p_0)$对p/p_0作图，求出直线斜率和截距，从斜率和截距求出V_m。

(5) 将V_m代入(2-11)，求出比表面积S。

【注意事项】

(1) 在改变N_2流速进行测量时使相对压力p/p_0不超过0.05～0.35。

(2) 在整个测量过程中保持载气流速恒定。

(3) 实验样品必须干燥再装入仪器，否则会使水蒸气聚集在热导池附近而影响测定。

【思考及讨论题】

(1) 分析影响本实验的误差因素种类，详细论述对实验结果的影响因素。

(2) 总结本实验的特点，提出如何通过改进措施，达到提高实验精度的目的。

(3) 论述本实验操作过程需要注意的方面。

本实验约需 4h。

2.9　溶液中的吸附作用和表面张力测定

【实验目的】

(1) 掌握一种测定表面张力的方法。

(2) 了解表面张力的性质、表面能的意义及表面张力与吸附的关系。

(3) 掌握最大气泡压力法测定表面张力的原理和技术，以及实验数据的作图处理方法。

【实验原理】

(1) 物体表面分子和内部分子所处的情况不同，表面层分子受到指向圆心的拉力，所以液体表面都有自动缩小的趋势。如果把一个分子由内部迁移到表面，就需要对抗拉力而做功。在温度、压力和组成恒定时，可逆地使表面增加 dA 所需对系统做的功，称为表面功，表示为

$$-\delta W = \sigma \mathrm{d}A \tag{2-14}$$

式中，σ 为比例常数。

σ 在数值上等于当 T、ρ 和组成恒定的条件下增加单位表面积时所必须对体系做的可逆非膨胀功，即每增加单位表面积时体系自由能的增加值。环境对体系做的表面功转变为表面层分子比内部分子多余的自由能。所以，σ 称为表面自由能，其单位是 J·m^{-2}。若把 σ 看成作用在界面上的每单位长度上的力，则称为表面张力。

从另一个方面考虑表面现象，特别是观察气液界面的一些现象，可以观察到表面上处处存在着一种张力，它力图缩小表面积，此力称为表面张力，其单位是 N·m^{-1}。表面张力是液体的重要特性之一，与所处的温度、压力、浓度以及共存的另一相的组成有关。纯液体的表面张力通常是针对该液体与饱和了其本身蒸气的空气共存的情况而言。

(2) 纯液体表面层的组成与内部层相同，因此，液体降低体系表面自由能的唯一途径是尽可能缩小其表面积。对于溶液则由于溶质会影响表面张力，因此可以调节溶质在表面层的浓度来降低表面自由能。

根据能量最低原则，溶质能降低溶剂的表面张力时，表面层中溶质的浓度应比溶液内部大。反之，溶质使溶剂的表面张力升高时，它在表面层中的浓度比在内部的浓度要低，这种表面浓度与溶液内部浓度不同的现象称为"吸附"。显然，在指定温度和压力下，吸附与溶液的表面张力和溶液的浓度有关。Gibbs 用热力学的方法推导出它们之间的关系式：

$$\Gamma = -\frac{c}{RT}\left(\frac{\mathrm{d}\sigma}{\mathrm{d}c}\right)_T \tag{2-15}$$

式中，Γ 为表面超量(mol·m^{-2})；σ 为溶液的表面张力(J·m^{-2})；T 为热力学温度；c 为溶液浓度(mol·m^{-3})；R 为摩尔气体常量。

当 $\left(\dfrac{\mathrm{d}\sigma}{\mathrm{d}c}\right) < 0$ 时，Γ 称为正吸附；反之，当 $\left(\dfrac{\mathrm{d}\sigma}{\mathrm{d}c}\right) > 0$ 时，Γ 称为负吸附。前者表明加入溶质使液体表面张力下降，此类物质称为表面活性物质。后者表明加入溶质使液体的表面张力

升高，此类物质称为非表面活性物质。因此，从 Gibbs 关系式可看出，只要测出不同浓度液体的表面张力，以 σ-c 作图，在图的曲线上作不同浓度的切线，把切线的斜率代入 Gibbs 吸附公式，即可求出不同浓度时气–液界面上的吸附量 Γ。

在一定的温度下，吸附量与溶液浓度之间的关系由 Langmuir 等温式表示：

$$\Gamma = \Gamma_\infty \frac{Kc}{1 + Kc} \tag{2-16}$$

式中，Γ_∞ 为饱和吸附量；K 为经验常数，与溶质的表面活性大小有关。将式(2-16)化成直线方程，则

$$\frac{c}{\Gamma} = \frac{c}{\Gamma_\infty} + \frac{1}{K\Gamma_\infty} \tag{2-17}$$

若以 $\dfrac{c}{\Gamma}$ – c 作图可得一直线，由直线斜率即可求出 Γ_∞。

假若在饱和吸附的情况下，在气-液界面上铺满一单分子层，则可应用下式求得被测物质分子的横截面积 S_0。

$$S_0 = \frac{1}{\Gamma_\infty N} \tag{2-18}$$

式中，N 为阿伏伽德罗常量。

(3)本实验采用最大气泡压力法测定了一系列不同浓度的正丁醇溶液的表面张力，并根据 Gibbs 吸附公式和 Langmuir 等温方程式得到了表面张力与溶液吸附作用的关系，用作图法求出了正丁醇分子横截面积，从实验中进一步了解表面张力的性质以及表面张力和吸附的关系，并得到了一个测量表面张力的简单有效而又精确的方法。其装置图如图 2-13 所示。

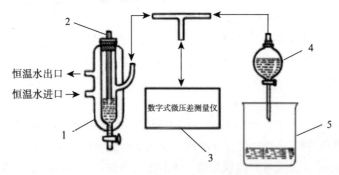

图 2-13　大气泡压力法测定表面张力
1.恒温套管；2.毛细管；3.数字式微压差测量仪；4.滴液漏斗；5.烧杯

当表面张力仪中的毛细管端面与待测液体面相切时，液面即沿毛细管上升。打开分液漏斗的活塞，使水缓慢下滴而减少系统压力，这样毛细管内液面上受到一个比试管中液面上大的压力，当此压力差在毛细管端面上产生的作用力稍大于毛细管口液体的表面张力时，气泡就从毛细管逸出，这一最大压力差可由数字式微压差测量仪上读出。其关系式为

$$p_{最大} = p_{大气} - p_{系统} = \Delta p \tag{2-19}$$

如果毛细管半径为 r，气泡由毛细管口逸出时受到向下的总压力 $\Pi r^2 p_{最大}$。

气泡在毛细管受到的表面张力引起的作用力为 $2\Pi r\sigma$。气泡刚自毛细管口逸出时，上述两力相等，即

$$\Pi r^2 p_{最大} = \Pi r^2 \Delta p = 2\Pi r\sigma \tag{2-20}$$

$$\sigma = \frac{r}{2}\Delta p \tag{2-21}$$

若用同一根毛细管，对两种具有表面张力为 σ_1 和 σ_2 的液体而言，则有下列关系：

$$\sigma_1 = \frac{r}{2}\Delta p_1 \ ; \quad \sigma_2 = \frac{2}{r}\Delta p_2 \ ; \quad \frac{\sigma_1}{\sigma_2} = \frac{\Delta p_1}{\Delta p_2}$$

则

$$\sigma_1 = \sigma_2 \frac{\Delta p_1}{\Delta p_2} = K\Delta p_1$$

式中，K 为仪器常数。

因此，以已知表面张力的液体为标准，从上式即可求出其他液体的表面张力 σ_1。

【仪器与试剂】

正丁醇(AR)。

超级恒温水浴锅，数字式微压差测量仪，蠕动泵，恒温套管，毛细管，容量瓶(50mL，250mL)，移液管。

【操作步骤】

(1) 用铬酸洗液清洗毛细管和玻璃仪器，按要求连接好装置并检验装置的气密性。调节温度为 25℃。

(2) 用水做标准物质，测定室温下的仪器常数 K。在表面张力管中注入适量蒸馏水，调节液面，使毛细管下端刚好与液面相切，按要求将实验仪器连好，并在滴液漏斗中加入约 2/3 的自来水。

(3) 调节好漏斗的旋塞,使气泡经毛细管缓慢均匀地向液体中鼓泡,鼓泡速度控制在 5～10s/个，且气泡一个一个地间断逸出，这时，读取表面张力教学实验仪所显差的最大值 Δp 为 700～800Pa。

(4) 用移液管移去 11.44mL 正丁醇，用 250mL 容量瓶配制 250mL 的正丁醇水溶液，再利用碱式滴定管按要求配制一系列正丁醇水溶液于 50mL 容量瓶中，其浓度分别为:0.02mol·L^{-1}, 0.04mol·L^{-1}, 0.06mol·L^{-1}, 0.08mol·L^{-1}, 0.10mol·L^{-1}, 0.12mol·L^{-1}, 0.16mol·L^{-1}, 0.20mol·L^{-1}, 0.24mol·L^{-1}。

(5) 待测正丁醇溶液表面张力的测定。用少量的待测溶液荡洗支管试管及毛细管。将上述步骤(4)中的蒸馏水依次换成不同浓度的正丁醇水溶液,按浓度由低到高的顺序重复步骤(4)的操作。

实验结束后，分别用自来水和蒸馏水仔细将毛细管和表面张力管冲洗 2～3 次，整理好仪器。将管用洗液浸泡。

【数据记录及处理】

(1) 由附录表中查出实验温度时水的表面张力，计算出毛细管常数 K。

(2) 以 σ-c 作图，在图的曲线上作不同浓度的切线，把切线的斜率代入 Gibbs 吸附公式，

即可求出不同浓度时气–液界面上的吸附量 Γ 。

(3) 以 $\frac{c}{\Gamma}$ –c 作图可得一直线，由直线斜率即可求出 Γ_∞ 。

(4) 根据式(2-18)计算正丁醇分子的横截面积 S_0 。

【注意事项】

(1) 测定用的毛细管一定要先洗干净，否则气泡可能不能连续稳定地通过，而使压力计的读数不稳定。

(2) 毛细管一定要垂直，管口要和液面刚好接触，否则测得的数据将不只是液体表面的张力，还有插入部分液体的压力。

(3) 表面张力和温度有关，因此要等溶液恒温后再测量。

(4) 控制好出泡速度，读取压力计的压力差时，应取气泡单个逸出时的最大压力差。

【思考与讨论题】

(1) 将实验测定值与文献值对照，评价测定结果，详细分析原因。

(2) 滴液漏斗放水的速度过快是否对实验结果有影响？为什么？

(3) 本实验中，哪些因素影响表面张力的测定结果？

本实验约需 4h。

2.10　糖类水溶液的旋光度测定

【实验目的】

(1) 熟悉旋光仪的正确操作技术及注意事项。

(2) 掌握用旋光仪测定有机物旋光度的方法。

(3) 了解旋光仪的基本原理，旋光度、比旋光度的概念。

【实验原理】

有些化合物，特别是许多天然有机化合物，因其分子具有活性，能使平面偏振光的振动方向发生旋转，称为旋光性物质。旋光性是光学活性物质具有的一种特殊性质。偏振光通过旋光性物质后，其振动方向旋转的角度称为旋光度，用 α 表示。使偏振光振动平面向右旋转的为右旋性物质，用"+"表示；使偏振光振动平面向左旋转的为左旋性物质，用"–"表示。

物质的旋光度取决于物质的本性，此外还与测定条件有关，如待测液的浓度、样品管的长度、测定时的温度、光源波长以及溶剂的性质。因此，表示旋光度时应注意温度、波长及所用溶剂等条件。为比较各种物质的旋光性能，规定：每毫升含 1g 旋光性物质的溶液，放在 1L 的样品管中，所得到的旋光度称为比旋光度，用[α]表示，它与旋光度的关系为

$$[\alpha]_\lambda^T = \frac{\alpha}{cl}$$

式中：α 为旋光仪上直接读出的旋光度；c 为被测液的浓度(g·mL^{-1})，如被测物体本身为液体，此时 c 可改为密度 d；l 为样品管长度(L)；T 为测定时的温度；λ 为所用光源的波长，常用的单色光源为钠光等的 D 线(λ=589.3nm)，可用 D 表示。

比旋光度是旋光性物质理化常数之一，手册、文献上多有记载。本实验利用数字式自

动旋光仪来测定葡萄糖、蔗糖和果糖水溶液的旋光度。

【试剂与仪器】

葡萄糖(10%)，蔗糖(10%)，果糖(10%)。

旋光仪，旋光管，分析天平，烧杯，玻璃棒，容量瓶。

【操作步骤】

1. 旋光仪零点的校正(参照"知识拓展")

在测定样品前，先校正旋光仪的零点。蒸馏水为非旋光物质，可用于校正仪器的零点。校正时，洗净旋光管各部分零件，将旋光管一端的盖子旋紧，向管内注入蒸馏水，使液面凸出管口，将玻璃盖沿管口边缘轻轻平推盖好，不能带入气泡。然后旋上螺丝盖帽，勿使漏水或有气泡产生，操作时不要用力过猛，以免玻璃盖产生扭力使管内有空隙，影响旋光或压碎玻璃片。将已装好蒸馏水的旋光管擦干，放入旋光仪的样品管槽中，调节检偏镜的角度使三分视野消失，读出刻度盘上的刻度并将此角度作为旋光仪的零点。

2. 已知浓度的葡萄糖、蔗糖和果糖水溶液的旋光度测定

测定之前必须用已配制的溶液洗涤旋光管两次，以免有其他物质影响。依上法将样品装入旋光管内，按同样方法测定，此时刻度盘上的读数与零点时读数之差即为该样品的旋光度。

每个样品重复读数 3 次以上。记下样品管长度、溶液种类和温度。

3. 计算葡萄糖、蔗糖和果糖水溶液的比旋光度

【数据记录及处理】

实验所测各糖的比旋光度值记录于表 2-13 中。

表 2-13　比旋光度

名称	$[\alpha]$
葡萄糖(10%)	
蔗糖(10%)	
果糖(10%)	

【注意事项】

(1) 测旋光度时，光路上不能有气泡。

(2) 实验结束，应立即将旋光管洗净擦干。

【思考与讨论题】

(1) 测定糖类物质旋光度的值有何实际意义？

(2) 实验中，用蒸馏水来校正旋光仪的零点，测蔗糖的旋光度时，是否需要零点校正？为什么？

(3) 使用旋光仪需要注意哪些方面？为什么？

本实验约需 4h。

【知识拓展】旋光仪

1) 旋光现象和旋光度

一般光源发出的光,其光波在垂直于传播方向的一切方向上振动,这种光称为自然光,或称非偏振光,而只在一个方向上有振动的光称为平面偏振光。当一束平面偏振光通过某些物质时,其振动方向会发生改变,此时光的振动面旋转一定的角度,这种现象称为物质的旋光现象,这种物质称为旋光物质。旋光物质使偏振光振动面旋转的角度称为旋光度。尼科耳(Nicol)棱镜就是利用旋光物质的旋光性而设计的。

2) 旋光仪的构造原理和结构

旋光仪的主要元件是两块尼科耳棱镜。尼科耳棱镜是由两块方解石直角棱镜沿斜面用加拿大树脂黏合而成的。

当一束单色光照射到尼科耳棱镜时,分解为两束相互垂直的平面偏振光,一束是折射率为 1.658 的寻常光,一束是折射率为 1.486 的非寻常光,这两束光线到达加拿大树脂黏合面时,折射率大的寻常光(加拿大树脂的折射率 1.550)被全反射到底面上的墨色涂层而被吸收,而折射率小的非寻常光则通过棱镜,这样就获得了一束单一的平面偏振光。用于产生平面偏振光的棱镜称为起偏镜,若让起偏镜产生的偏振光照射到另一个透射面与起偏镜透射面平行的尼科耳棱镜,则这束平面偏振光也能通过第二个棱镜,如果第二个棱镜的透射面与起偏镜的透射面垂直,则由起偏镜出来的偏振光完全不能通过第二个棱镜。如果第二个棱镜的透射面与起偏镜的透射面之间的夹角 θ 为 0°~90°,则光线部分通过第二个棱镜,此第二个棱镜称为检偏镜。通过调节检偏镜,能使透过的光线强度在最强和零之间变化。如果在起偏镜与检偏镜之间放有旋光性物质,则由于物质的旋光作用,使来自起偏镜的光的偏振面改变了某一角度,只有检偏镜也旋转同样的角度,才能补偿旋光线改变的角度,使透过的光的强度与原来相同。旋光仪就是根据这种原理设计的,如图 2-14 所示。

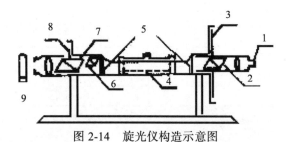

图 2-14　旋光仪构造示意图

1.目镜；2.检偏棱镜；3.圆形标尺；4.样品管；5.窗口；6.半暗角器件；7.起偏棱镜；8.半暗角调节；9.灯

通过检偏镜用肉眼判断偏振光通过旋光物质前后的强度是否相同是十分困难的,这样会产生较大的误差,为此设计了一种在视野中分出三分视界的装置,原理是:在起偏镜后放置一块狭长的石英片,由起偏镜透过来的偏振光通过石英片时,石英片的旋光性使偏振旋转了一个角度 Φ,通过镜前观察,光的振动方向如图 2-15 所示。

A 是通过起偏镜的偏振光的振动方向,A' 是通过石英片又旋转一个角度后的振动方向,此两偏振方向的夹角 Φ 称为半暗角(Φ 为 2°~3°),如果旋转检偏镜使透射光的偏振面与 A'

平行时，在视野中将观察到中间狭长部分较明亮，而两旁较暗，这是由于两旁的偏振光不经过石英片，如图 2-15(b)所示。如果检偏镜的偏振面与起偏镜的偏振面平行(即在 A 的方向时)，在视野中将呈现中间狭长部分较暗而两旁较亮，如图 2-15(a)所示。当检偏镜的偏振面处于 $\Phi/2$ 时，两旁直接来自起偏镜的光偏振面被检偏镜旋转了 $\Phi/2$，而中间被石英片转过角度 Φ 的偏振面对检偏镜也旋转 $\Phi/2$ 角度，这样中间和两边的光偏振面都被旋转了 $\Phi/2$，故视野呈微暗状态，且三分视野内的暗度是相同的，如图 2-15(c)所示，将这一位置作为仪器的零点，在每次测定时，调节检偏镜使三分视界的暗度相同，然后读数。

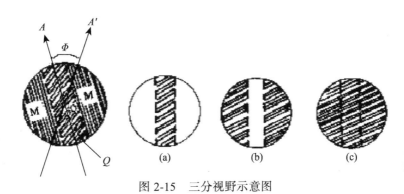

图 2-15　三分视野示意图

3) 影响旋光度的因素

(1) 溶剂的影响。旋光物质的旋光度主要取决于物质本身的结构。另外，还与光线透过物质的厚度、测量时所用光的波长和温度有关。如果被测物质是溶液，影响因素还包括物质的浓度，溶剂也有一定的影响。因此旋光物质的旋光度，在不同的条件下，测定结果通常不一样。因此一般用比旋光度作为量度物质旋光能力的标准，其定义式为

$$\alpha_t^{D} = \frac{10\alpha}{Lc}$$

式中，D 表示光源，通常为钠光 D 线；t 为实验温度；α 为旋光度；L 为液层厚度 (cm)；c 为被测物质的浓度(以每毫升溶液中含有样品的克数表示)。在测定比旋光度 α_t^{D} 值时，应说明使用的是什么溶剂，如不说明一般指以水为溶剂。

(2) 温度的影响。温度升高会使旋光管膨胀而长度加长，从而导致待测液体的密度降低。另外，温度变化还会使待测物质分子间发生缔合或离解，使旋光度发生改变。通常温度对旋光度的影响可用下式表示：

$$\alpha_t^{\lambda} = \alpha_{20°C}^{D} + Z(t-20)$$

式中，t 为测定时的温度；Z 为温度系数。

不同物质的温度系数不同，一般为 $-(0.01\sim0.04)℃^{-1}$。为此在实验测定时必须恒温，旋光管上装有恒温夹套，与超级恒温槽连接。

(3) 浓度和旋光管长度对比旋光度的影响。在一定的实验条件下，常认为旋光物质的旋光度与浓度成正比，因此将比旋光度作为常数。而旋光度和溶液浓度之间并不是严格地呈线

性关系，因此严格讲比旋光度并非常数，在精密的测定中比旋光度和浓度间的关系可用下面的三个方程之一表示：

$$\alpha_t^\lambda = A + Bq$$

$$\alpha_t^\lambda = A + Bq + Cq^2$$

$$\alpha_t^\lambda = A + \frac{Bq}{C+q}$$

式中，q 为溶液的质量分数；A、B、C 为常数，可以通过测量几次不同浓度来确定。

旋光度与旋光管的长度成正比。旋光管通常有 10cm、20cm、22cm 三种规格。经常使用的是 10cm 长度的。但对旋光能力较弱或者较稀的溶液，为提高准确度，降低读数的相对误差，需用 20cm 或 22cm 长度的旋光管。

4) 旋光仪的使用方法

首先打开钠光灯，稍等几分钟，待光源稳定后，从目镜中观察视野，如不清楚可调节目镜焦距。选用合适的样品管并洗净，充满蒸馏水(应无气泡)，放入旋光仪的样品管槽中，调节检偏镜的角度使三分视野消失，读出刻度盘上的刻度并将此角度作为旋光仪的零点。零点确定后，将样品管中蒸馏水换为待测溶液，按同样方法测定，此时刻度盘上的读数与零点时读数之差即为该样品的旋光度。

5) 使用注意事项

旋光仪在使用时，需通电预热几分钟，但钠光灯使用时间不宜过长。

旋光仪是比较精密的光学仪器，使用时，仪器金属部分切忌沾污酸碱，防止腐蚀。光学镜片部分不能与硬物接触，以免损坏镜片。不能随便拆卸仪器，以免影响精度。

6) 自动指示旋光仪结构及测试原理

目前国内生产的旋光仪，其三分视野检测、检偏镜角度的调整采用光电检测器。通过电子放大及机械反馈系统自动进行，最后数字显示。该旋光仪具有体积小、灵敏度高、读数方便、减少人为地观察三分视野明暗度相同时产生的误差，对弱旋光性物质同样适用。

WZZ 型自动数字显示旋光仪的结构原理如图 2-16 所示。

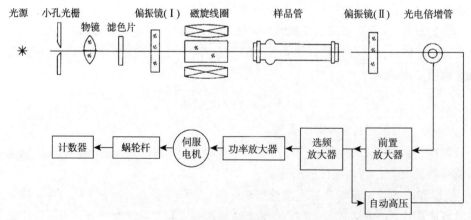

图 2-16　WZZ 型自动数字显示旋光仪结构原理图

该仪器用 20W 钠光灯为光源，并通过可控硅自动触发恒流电源点燃，光线通过聚光镜、小孔光柱和物镜后形成一束平行光，然后经过起偏镜后产生平行偏振光，这束偏振光经过有法拉第效应的磁旋线圈时，其振动面产生 50Hz 呈一定角度的往复振动，该偏振光线通过检偏镜透射到光电倍增管上，产生交变的光电信号。当检偏镜的透光面与偏振光的振动面正交时，即为仪器的光学零点，此时出现平衡指示。而当偏振光通过一定旋光度的测试样品时，偏振光的振动面转过一个角度 α，此时光电信号就能驱动工作频率为 50Hz 的伺服电机，并通过蜗轮杆带动检偏镜转动 α 角而使仪器回到光学零点，此时读数盘上的示值即为所测物质的旋光度。

2.11　乙醇折射率的测定

【实验目的】

(1) 了解折射率的概念和化合物折射率的意义。

(2) 掌握使用阿贝折射仪测定有机化合物折射率的原理和测定方法。

【实验原理】

有机化合物的折射率通常是用阿贝折射仪测定的。阿贝折射仪的原理是光在不同的介质中传播速度不相同，当光线从一个介质进入另一个介质时，光的传播方向在界面处改变，这种现象称为光的折射现象。单色光在两种介质的界面上发生折射时符合折射定律：

$$\frac{\sin\alpha}{\sin\beta} = \frac{n_B}{n_A}$$

式中，α 为入射光(介质 A 中)与界面垂直线之间的夹角；β 为折射光(介质 B 中)与界面垂直线之间的夹角；n 为介质折射率。

在测定折射率时，一般是让光从空气中射入液体介质中，故常用空气作为标准介质，一个介质的折射率，就是光线从空气进入这个介质时的入射角的正弦与折射角的正弦之比，这种折射率就是该介质的绝对折射率。上式就变成

$$n = \frac{1}{\sin\beta_0}$$

通过测定临界角 β_0，就可以得到折射率。折射率是液体有机化合物重要的特性常数之一。由于阿贝折射仪操作简单，容易掌握，所以是有机化学实验室的常备仪器，多用于以下几个方面：

(1) 测定所合成的已知化合物的折射率并与文献值对照，作为检验所合成的化合物纯度的标准之一。

(2) 测定所合成的未知化合物折射率，该化合物经过结构及化学分析确证后，测得的折射率可作为一个物理常数记载。

(3) 折射率与物质的浓度有关，常用折射率作为检验液体化合物(多用于液体有机化合物)，如原料、溶剂、合成中间体及最终产品纯度的依据之一。化合物的折射率与它的结构、

测定时光线的波长、温度、压力等因素有关。通常由于大气压的变化对折射率的影响不是很明显，一般不考虑压力，只有在精密的工作中才考虑压力的因素；折射率与测定的温度密切相关，对于液体有机化合物，温度每升高 1℃，折射率减小 $3.5\times10^{-4}\sim4.5\times10^{-4}$，为准确起见，一般折射仪应配有恒温装置。在测定时使用单色光要比白光测得的折射率更为精确，所以测定折射率时常用钠光(黄色，λ=589nm)。折射率常用 n_D^t 表示，D 表示以钠光灯的 D 线(λ=589nm)作为光源，t 为测定折射率时的温度。例如，n_D^{20}=1.3320 表示 20℃时，该物质对钠光灯的 D 线折射率为 1.3320。

【试剂及仪器】

丙酮(AR)，乙醇(AR)，蒸馏水。

阿贝折射仪，超级恒温水浴锅，擦镜纸，滴管。

【操作步骤】

(1) 阿贝折射仪的校正方法参见"知识拓展"。也可用蒸馏水作标准样品，分别在 10℃、20℃、30℃和 40℃时测定其折射率，再与纯水的标准值比较，即可得该折射仪的校正值，参见表 2-14。校正值一般很小，若数值较大时，整个仪器必须重新校正。

表 2-14　不同温度下纯水与乙醇的折射率

温度/℃	水的折射率/ n_D^t	乙醇(99.8%)的折射率/ n_D^t
14	1.333 48	—
16	1.333 33	1.362 10
18	1.333 17	1.361 29
20	1.332 99	1.360 48
22	1.332 81	1.359 67
24	1.332 62	1.358 85
26	1.332 41	1.358 03
28	1.332 19	1.357 21
30	1.331 92	1.356 39
32	1.331 64	1.355 57
34	1.331 36	1.354 74

(2) 液体折射率的测定。将折射仪与恒温水浴锅连接，调节所需的温度，通常为 20℃，同时检查保温套的温度计是否准确。打开右面镜筒下面的直角棱镜，用丝绸或擦镜纸沾少量无水乙醇或丙酮轻轻顺一方向把两镜面分别擦净，晾干。把 2～3 滴待测液体均匀地滴在磨砂面棱镜上，待整个镜面上湿润后，关紧棱镜，转动反射镜使视场最亮。

阿贝折射仪的量程为 1.3000～1.7000，精密度为±0.0001，温度应控制在±0.1℃的范围内。恒温至所需温度后，滴加 2～3 滴被测液体，关紧棱镜，调节反光镜，使目镜内视场明亮。转动刻度盘手柄，直到从右面目镜中观察到有明暗分界线或彩色光带。若出现彩色带，则转动右面镜筒旁的消色散镜调节器，使明暗界线清晰。再转动左面刻度盘使分界线对准交叉线中心(恰好通过"十"字的交叉点)，记录温度与读数。为减少偶然误差，应转动手柄，重复 2～3 次。测完后，应立即用擦镜纸擦干试液，再用无水乙醇或丙酮擦洗棱镜的上下镜面，晾干后在棱镜上夹一层擦境纸再关闭。

　　如果在目镜中看不到半明半暗的情况，而是畸形的，则是因为棱镜间未充满液体；若出现弧形光环，则可能是有光线未经过棱镜面而直接照射在聚光透镜上；若液体折射率不在 1.3～1.7 范围内，则阿贝折射仪无法测定，也调不到明暗界线。

【数据记录及处理】

　　实验数据记录于表 2-15 中。

表 2-15　实验数据

阿贝折射仪的校正		测定折射率	测定液体折射率		测定折射率
温度	10℃		温度		
	20℃				
	30℃				
	40℃				

【注意事项】

　　(1) 在测定样品之前，应对折射仪进行校正。

　　(2) 在测量液体时样品放得过少或分布不均，会看不清楚，此时可多加一点液体，对于易挥发的液体应熟练而敏捷地测量。

　　(3) 不能测定强酸、强碱及有腐蚀性的液体，也不能测定对棱镜、保温套之间的胶黏剂有溶解性的液体。

　　(4) 要保护棱镜，不能在镜面上造成刻痕，所以在滴加液体时滴管的末端切不可触及棱镜面。

　　(5) 仪器在使用或储藏时均应避免日光，不用时应置于木箱内于干燥处储藏。

【思考与讨论题】

　　(1) 每次测定样品折射率前后为什么要擦洗上下棱镜镜面？

　　(2) 影响本实验测定结果的主要操作步骤有哪些？为什么？

　　(3) 不同温度对测定结果有何影响？测定时需注意哪些方面？

　　本实验约需 4h。

【知识拓展】阿贝折射仪

1. 原理

　　由于光在不同介质中的传播速度是不相同的，所以当光线从一个介质进入另一个介质时，若它的传播方向与两个介质的界面不垂直，则在界面处的传播方向发生改变。这种现象称为光的折射现象，如图 2-17 所示。

　　光线在空气中的速度($v_空$)与它在液体中的速度($v_液$)之比定义为该液体的折射率(n)：

$$n = v_空/v_液$$

　　对于两特定的介质在一定的条件下，入射角和折射角的正弦比值为常数。如果第一种介质为真空，则常数就只与第二种介质的性质有关，此常数就称为第二种介质的折射率。

$$n = \frac{\sin\alpha}{\sin\beta}$$

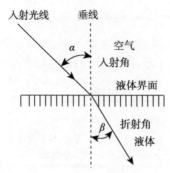

图 2-17　光线从空气进入液体时向垂线偏折

　　由此可见，一个介质的折射率，就是光线从真空进入这个介质时的入射角的正弦与折射角的正弦之比，这种折射率称为该介质的绝对折射率，通常是以空气作为标准的。折射率是化合物的特性常数，固体、液体和气体都有折射率，尤其是液体更为普遍，不仅可作为化合物纯度的标志，也可用来鉴定未知物。如分馏时，折射率配合沸点，作为划分馏分的依据。化合物的折射率随入射光线波长不同而变，也随测定时温度不同而变，通常温度升高 1℃，液态化合物折射率降低$(3.5\sim4.5)\times10^{-4}$，所以，折射率($n$)的表示需要注出所用光线波长和测定的温度，常用 n_D^t 来表示，D 表示钠光。常使用阿贝折射仪作为测定液态化合物折射率的仪器。

　　阿贝折射仪的主要组成部分是两块直角棱镜，上面一块是光滑的，下面的表面是磨砂的，可以开启。如图 2-18 所示，左面有一个镜筒和刻度盘，上面刻有 1.3000～1.7000 的格子；右面也有一个镜筒，是测量望远镜，用来观察折射情况的，筒内装消色散镜。光线由反射镜反射入下面的棱镜，以不同入射角射入两个棱镜之间的液层，然后再射到上面棱镜光滑的表面上，由于它的折射率很高，一部分光线可以再经折射进入空气而达到测量望远镜，另一部分光线则发生全反射。调节螺旋使测量望远镜中的视野如图 2-19 所示，使明暗面的界线恰好落在"十"字交叉点上，记下读数，再让明暗界线由上到下移动，直至出现图 2-19 所示的情况，记下读数，如此重复 5 次。

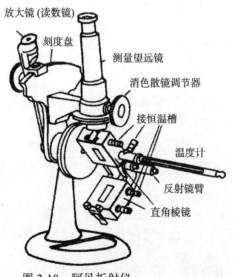

图 2-18　阿贝折射仪

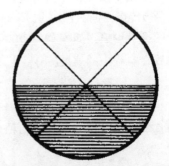

图 2-19　阿贝折射仪在临界角时目镜视野图

2. 阿贝折射仪的使用与维护

1) 校正

阿贝折射仪经过校正后才能作测定用，校正的方法是：从仪器盒中取出仪器，置于清洁干净的台面上，在棱镜外套上装好温度计，与超级恒温水浴锅相连，通入恒温水，一般为 20℃或 25℃。当恒温后，松开锁钮，开启下面棱镜，使其镜面处于水平位置，滴入 1~2 滴丙酮于镜面上，合上棱镜，促使难挥发的污物溢走，再打开棱镜，用丝巾或擦镜纸轻轻揩拭镜面(注意不能用滤纸!)，待镜面干后，进行校正标尺刻度。操作时严禁油手或汗手触及光学零件。

(1) 用重蒸馏水校正。打开棱镜，滴 1~2 滴重蒸馏水于镜面上，关紧棱镜，转动左面刻度盘，使读数镜内标尺读数等于重蒸馏水的折射率($n_D^{20}=1.33299$, $n_D^{25}=1.3325$)，调节反射镜，使入射光进入棱镜组，从测量望远镜中观察，使视场最亮，调节测量镜，使视场最清晰。转动消色散镜调节器，消除色散，再用一特制的小螺丝刀旋动右面镜筒下方的方形螺旋，使明暗界线和"十"字交叉重合，校正工作结束。

(2) 用标准折射玻璃块校正，将棱镜安全打开使其成水平，将少许 1-溴代萘($n=1.66$)置光滑棱镜上，玻璃块就黏附于镜面上，使玻璃块直接对准反射镜，然后按上述手续进行。

2) 测定

准备工作做好后，打开棱镜，用滴管把 2~3 滴待测液体均匀地滴在磨砂面棱镜上，要求液体无气泡并充满视场，关紧棱镜。转动反射镜使视场最亮。

轻轻转动左面的刻度盘，并在右镜筒内找到明暗分界或彩色光带，再转动消色散镜调节器，直至看到一个明晰分界线。转动左面刻度盘，使分界线对准"十"字交叉点上，并读折射率，重复 2~3 次。

3) 维护

阿贝折射仪在使用前后，棱镜均需用丙酮或乙醚洗净，并干燥之，滴管或其他硬物均不得接触镜面；擦洗镜面时只能用丝巾或擦镜纸吸干液体，不能用力擦，以防将毛玻璃面擦花。用完后，要流尽金属套中的恒温水，拆下温度计并放在纸套筒中，将仪器擦净，放入盒中。折射仪不能放在日光直射或靠近热源的地方，以免样品迅速蒸发。仪器应避免强烈振动或撞击，以防光学零件损伤及影响精度。酸、碱等腐蚀性液体不得使用阿贝折射仪测其折射率，可用浸入式折射仪测定。折射仪不用时应放在箱内，箱内需放入干燥剂；水箱应放在干燥空气流通的室内。

2.12　有机固体化合物熔点测定

【实验目的】

(1) 了解熔点测定的基本原理及应用领域。

(2) 掌握熔点的测定方法以及注意事项。

【实验原理】

通常晶体物质加热到一定温度时，就从固态变为液态，此时的温度可视为该物质的熔点。严格地讲，物质的熔点是指该物质固液两态在标准气体压强下达到平衡(即固态与液态蒸气压相等)时的温度。实验室测得的熔点，实际上是该物质的熔程，即从物质开始熔化到完全熔化的温度范围。纯物质的熔程一般为 0.5~1℃。当物质混有少量杂质时，熔点就会下降，熔程增大，因此，熔点是鉴定固体有机化合物的一个重要物理常数，根据熔程的大小也可判别该化合物的纯度。

如果两种化合物具有相同或相近的熔点，可以通过测定其混合熔点来判别这两种化合物是相同的还是不同的物质。若两种物质相同，则以任何比例混合时，其熔点不变。若两种物质不同，则混合后其熔点下降，并且熔程增大。这种鉴定方法称为混合熔点法。

还要指出的是，有些固体有机物受热时易发生分解，即使纯度很高，也没有确定的熔点，且熔程较宽。

熔点的测定方法目前以毛细管法应用较为广泛，此法仪器简单，操作方便，依靠管内传热浴液的温差产生对流，不需要人工搅拌。测定结果虽略高于真实的熔点，但尚能满足一般物质的鉴定。另外还有显微镜式微量熔点测定法，该方法的优点是：可以测定微量样品的熔点；测量范围较宽(从室温至 350℃)；能够观察到样品在加热过程中的变化，如结晶水脱水、晶体变化及样品分解等。因此，该方法应用也较为普遍。

【试剂及仪器】

H_2SO_4(AR)，肉桂酸(AR)，尿素(AR)。

b 形管(Thiele 管)，毛细管，温度计(200℃)，玻璃管。

【操作步骤】

1.毛细管法测熔点

(1) 制备熔点管。毛细管法一般用内径为 1mm 左右，长为 6~8cm 的一端封口的毛细管作为熔点管。这种熔点管可自制，也可取符合要求的市售毛细管。

(2) 填装样品。取 0.1~0.2g 干燥样品，置于干净的表面皿或玻璃片上研成粉末，聚成小堆。将熔点管开口一端倒插入粉末堆中数次，样品被挤入管中，另取一支长约 40cm 的玻璃管，将玻璃管直立于倒扣的表面皿上，把已装样品的熔点管开口端朝上，将其放入玻璃管中自由下落，使样品夯实。重复操作，直至样品高 2~3mm 为止。

(3) 熔点测定装置。测熔点最常用的仪器是 b 形熔点测定管，见图 2-20，也称蒂勒管(Thiele tube)，用铁夹将 b 形管固定在铁架台上，装入 H_2SO_4，使液面略高于 b 形管的上侧管即可，将装好样品的熔点管用橡皮筋固定在温度计下端，使熔点管装样品部分位于水银球的中部。然后将带有熔点管的温度计通过有缺口的软木塞，小心地插入熔点测定管，使温度可从软木塞缺口处见到。注意：橡皮筋不得接触浴液，温度计水银球位于 b 形管两侧管中间，使循环浴液的温度能在温度计上较准确地反映出来。

(4) 熔点的测定。为了准确地测定熔点，加热的时候，特别是在加热到接近样品的熔点时，必须使温度上升的速度缓慢而均匀。对于每一种样品，至少要测定三次。开始升温可较快(天冷时，须先预热 b 形管)，1min 上升 5℃ 左右，这样可得到一个近似的熔点。然后把热浴冷却下来，待热浴温度降至熔点下 20~30℃ 时，做第二次测定。

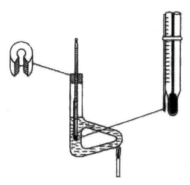

图 2-20　熔点测定装置

重复进行第二次测定时，开始升温可稍快，待温度到达距近似熔点约 10℃时，再调小火焰，使温度缓慢而均匀地上升(1min 上升 1℃)，注意观察熔点管中样品的变化，记录下熔点管中样品开始塌陷或有小液滴(亮点)出现时的温度，此为样品初熔温度，继续加热至所有固体样品消失成为透明液体时，此温度为样品全熔温度。样品的熔点应记录为初熔温度至全熔温度，绝不可记录这两个温度的平均值。

熔点的测定，至少要有两次重复数据，每一次测定都必须用新的熔点管新装样品，不能使用已经测过熔点的样品管及样品。对于进行已知物熔点的测定，可免去实验(初测)程序。升华物质的熔点的测定要在两端封闭的毛细管中测定，毛细管要全部浸入热浴内。

2. 显微熔点测定法

显微熔点测定法是用显微熔点测定仪或精密显微熔点测定仪测定熔点，其实质是在显微镜下观察熔化过程。优点是：样品用量少，能精确观察物质受热过程。

【数据记录及处理】

(1) 肉桂酸熔点：_____℃；尿素熔点：_____℃。

(2) 测定各种物质熔点时的实验现象：_____。

【注意事项】

(1) 用 H_2SO_4 作热浴时，应特别小心，要防止 H_2SO_4 灼伤皮肤，测熔点时为防止玻璃仪器破裂、热浴液伤害眼睛，应戴防护目镜。还要注意勿使样品或其他有机物触及硫酸，所以，装填样品时，沾在管外的样品必须拭去，否则，硫酸的颜色会变成棕黑色，妨碍观察。如已变黑，可酌加少许硝酸钠晶体，加热后便可褪色。

(2) H_2SO_4 不宜加得太多，以免受热后膨胀溢出引起危险。另外，液面过高易引起毛细熔点管漂移，偏离温度计，影响测定的准确性。注意使液面略高于 b 形管的上侧管即可。

(3) 第一次测定后，应让热浴液自然冷却后进行第二次测定，绝不可在冷水中冷却或直接用冷水冲淋容器，以免因温度不均而炸裂。此外，实验后应待热浴液冷却后方可将其倒入回收瓶。

(4) 加热时一定要严格控制加热速度，原因有几点：①温度计水银球的玻璃壁比毛细熔点管管壁薄，因此水银受热早，样品受热相对较晚，只有缓慢加热才能减少由此带来的误差；

②热量从熔点管外传至管内需要时间，所以加热要缓慢；③实验者不能在观察样品熔化的同时读出温度。只有缓慢加热，才能留给实验者以充足的时间，减少误差。如果加热过快，势必导致读数偏高，熔程扩大，甚至导致观察到了初熔而观察不到全熔过程。

【思考与讨论题】

　　(1) 影响熔点测定的因素有哪些？

　　(2) 有 A，B，C 三种样品，其熔点相同，用什么方法可判断它们是否为同一物质？

　　(3) 是否可以使用第一次测过熔点的样品管再做第二次熔点测定，为什么？

　　(4) 测熔点时，如果遇到下列情况，将产生什么结果？

①加热过快；②熔点管壁太厚；③样品研得不细或装得不结实。

本实验约需 4h。

2.13　绿色催化剂——氧化铝活性评价

【实验目的】

　　(1) 了解脉冲式微型催化反应器的装置特点以及主要用途。

　　(2) 通过异丁烷脱氢反应催化剂活性的测定，掌握用脉冲式微型催化反应器评价固体颗粒催化剂活性的一般方法。

【实验原理】

　　脉冲催化技术，是研究催化剂动力学特性的微量技术之一。它将催化反应器与气相色谱仪联合使用，而反应物以脉冲方式进样。

　　微型催化反应器的反应管特别细小，一般内径为 4～8mm，长度为 100～200mm，装入的催化剂一般只有 0.1～2g，催化剂在反应管中的长度通常只有 1～2cm。因此，当反应物经过催化剂时，反应产生的热效应很小，这就很容易维持在等温条件下研究催化剂的动力学特性。而实验用的催化剂都是经过粉碎筛分的细小颗粒，所以可以比较容易地排除外界传质因素对研究的影响。同时，又由于反应原料需要量很少，例如，脉冲式进样时，一般一个脉冲的气体反应物仅有 0.5mL 到数毫升，液体反应物仅为 0.5μL 到数微升，所以可以在实验时用超高纯和同位素等稀贵原料。此外，微型催化反应器还具有装置简单、操作容易、获得数据快捷等优点。因此微型催化反应器在催化研究中获得了广泛的应用。

　　随着催化反应器的微型化，催化反应产物的分离和分析都非常困难。对此，色谱技术的应用发挥了很大的作用。由于色谱法的高效能(分离能力强)、高灵敏度(一般可以检出几个 ppm 的气体)以及速度快(分析时间一般在几分钟到几十分钟)的特点，将色谱技术应用于催化反应研究不但使催化反应器的微型化成为可能，而且使催化反应的研究更准确精密、易于自动化，从而打开了催化反应研究的新局面。

　　脉冲式微型催化反应器的进样形式不是连续的，而是间断地以脉冲形式供给。它可以通过定量进样阀或者微量注射器供料，因此操作比较方便。由于每一脉冲的供料量很少，而跟在两个脉冲之间催化剂的表面被不断流过的气体活化，因此催化剂一直处于新鲜状态。应用这种催化反应器很容易获得催化剂的初活性评价。脉冲式微型催化反应器在进行催化剂的活性品评和筛选等常规应用方面的作用是显而易见的。此外，由于脉冲进样的不连续性，可以逐个分析脉冲在催化剂上的反应情况，跟踪催化剂在反应过程中所发生的变化，研究毒物对催化剂的影响，并由此推断催化剂活性中心的性质、数量和强度，为研究催化剂的吸附特性以及反应机理提供有力的依据。

当然，由于脉冲式微型催化反应器在使用的催化剂颗粒度以及在进料形式上与工业生产时的条件并不一致，有时会得出与其他催化反应器不同的结果，所以在使用脉冲式微型催化反应器所获得的数据时，必须注意具体分析。

最简单的脉冲式微型催化反应器的装置如图 2-21 所示，这种装置特别适用于反应物为液体，以微量注射器为供料装置的情况。

整套脉冲式微型催化反应器装置，除了样品气化器、反应器、管状电炉和三通阀以外，其余部分都是常用气相色谱仪的组成部件，因此脉冲式微型催化反应器可用气相色谱仪改装，样品气化器与气相色谱仪的气化器构造一样。反应器为内径 4mm、长 200mm 的硬质玻璃管(或不锈钢管)，管内装入 40～60 目固体催化剂 0.1～0.5g，并置于管状电炉内加热，电炉用高温控制器控制，用热电偶测量反应区域的温度，要求催化剂装载平整均匀，温度控制恒定。

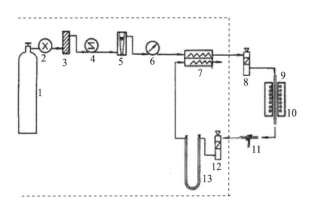

图 2-21　脉冲式催化剂活性评价装置示意图

1.载气钢瓶；2.减压阀；3.干燥管；4.稳压阀；5.转子流量计；6.压力表；
7.热导检测器；8.气化器(1)；9.反应器；10.管状电炉；11.三通阀；12.气化器(2)；
13.色谱柱（虚线部分为常用气相色谱仪的组成部件）

本实验应用脉冲式微型催化反应器测定氧化铝催化剂对异丁烷脱氢反应的活性。

$$(CH_3)_2CHCH_3 \xrightarrow{\text{催化剂}} (CH_3)_2C=CH_2 + H_2$$

该反应的目的产物异丁烯是一种重要的化工原料，主要用于生产丁基橡胶、聚异丁烯、叔丁基胺等化工产品。目前国外应用于异丁烷脱氢反应的催化剂主要有两类，一类是金属氧化物催化剂 Cr_2O_3/Al_2O_3，另一类是负载贵金属催化剂 $Pt\text{-}Sn/Al_2O_3$。

异丁烷脉冲进入催化反应器，在催化剂作用下进行脱氢反应，反应产物流经色谱柱分离，由氢焰检测器检测，在记录仪上显示出各物质的色谱峰，用校正归一化法计算反应物的转化率和产物的选择性。

【试剂及仪器】

氧化铝催化剂(40～60目)，异丁烷(色谱纯)。

气相色谱仪，反应管，管状电炉(或金属块炉)，可控硅温度控制器，热电偶(镍铬—镍硅)，数字直读式温度电势计，微量注射器(0～10μL)，401有机载体(填充色谱柱用)。

【操作步骤】

按气相色谱分析的要求在色谱柱中装入401有机载体(柱长2m)。在反应器中装入催化剂，并将各部分按图次序装接，要求管道尽量紧凑，装置严密不漏气。先将三通阀放在放空位置，开启氢气钢瓶，控制氢气流在40～100cm³·min⁻¹，接通电炉，由温度控制器控制升高炉温到450℃，加热处理催化剂2h。将三通阀转向色谱分析位置，重新调节氢气流量，控制流量为40cm³·min⁻¹。降低电炉温度，并使其恒定控制于300℃±1℃。同时调节气相色谱仪，使其处于正常工作状态。柱温为120℃，热导检测器120℃，调节样品气化器温度，使其恒定在120℃。用微量注射器于样品气化器(1)准确注入异丁烷(1～5μL)。以相同的脉冲间隔时间重复注入异丁烷样品，直至获得在此温度下异丁烷脱氢反应的稳定色谱峰。

由样品气化器用微量注射器注入异丁烷，此时，异丁烷不经反应器而直接进入色谱柱和热导检测器，在色谱记录仪上出现异丁烷色谱峰，此色谱峰为测定催化反应结果的外标。要求外标峰的面积与反应后残留的异丁烷的色谱峰面积接近，这一点可通过控制注入异丁烷的量来达到。升高反应温度至320℃、350℃，分别待温度恒定，用微量注射器多次进样，可测得不同反应温度时的催化剂初活性。

【数据记录及处理】

(1) 记录测定在不同反应温度下反应的异丁烷和相应的外标异丙醇的色谱峰峰面积。

(2) 记录异丁烷反应的产量：____g。

计算异丁烷反应的转化率：

$$X = \frac{V_0 - V}{V_0} \times 100\%$$

式中，X为转化率；V_0为反应器前注入的异丁烷；V为反应后残留的异丁烷体积。

而V又可根据下式计算：

$$V = \frac{s}{s'/V'}$$

式中，s为反应后残留的异丁烷色谱峰峰面积；s'为外标异丙醇的色谱峰峰面积；V'为外标异丁烷的体积。

【注意事项】

(1) 使用微量注射器注入样品时，要均匀注入。要做几个平行实验。

(2) 实验前要熟悉气相色谱仪原理、操作以及注意事项，实验结果误差太大时，需多做重复实验，以便确定。

【思考与讨论题】

(1) 脉冲式微型催化反应器有什么特点？

(2) 怎样用外标法对反应尾气定量?

本实验约需 4h。

2.14　甲醇分解法测定 ZnO 催化剂活性

【实验目的】

(1) 测定氧化锌催化剂对甲醇分解反应的催化活性，了解反应温度对催化活性的影响。

(2) 了解用流动法测定催化剂活性的特点和实验方法。

(3) 掌握流速计、流量计、稳压管的原理和使用方法。

【实验原理】

催化剂的活性是催化剂催化能力的量度，通常用单位质量或单位体积催化剂对反应物的转化百分率来表示。

复相催化时，反应在催化剂表面进行，所以催化剂比表面积(单位质量催化剂所具有的表面积)的大小对活性起主要作用。测定催化剂活性的实验方法分为静态法和流动法两类。静态法是反应物和催化剂放入一封闭容器中，测量体系的组成与反应时间的关系的实验方法。流动法是使流态反应物不断稳定地经过反应器，在反应器中发生催化反应，离开反应器后反应停止，然后设法分析产物种类及数量的一种实验方法。

使用流动法时，当流动的体系达到稳定状态后，反应物的浓度就不随时间而变化。流动法操作难度较大，计算也比静态法麻烦，保持体系达到稳定状态是其成功的关键，因此各种实验条件(温度、压力、流量等)必须恒定。另外，应选择合理的流速，流速太大时反应物与催化剂接触时间不够，反应不完全;流速太小则气流的扩散影响显著，有时会引起副反应。

本实验采用流动法测量 ZnO 催化剂在不同温度下对甲醇分解反应的催化活性。近似认为该反应无副反应发生(即有单一的选择性)。

甲醇可由 CO 和 H_2 作原料合成，而甲醇的分解反应可在常压下进行，因此在选择催化的(活性)实验中往往利用甲醇的催化分解反应:

$$CH_3OH(g) \xrightarrow[\text{300～400℃}]{\text{ZnO 催化剂}} CO(g) + 2H_2(g)$$

反应在图 2-22 所示的实验装置中进行。氮气的流量由毛细管流速计监控，氮气流经预饱和器、饱和器，在饱和器温度下达到甲醇蒸气的吸收平衡。混合气进入管式炉中的反应管与催化剂接触而发生反应，流出反应器的混合物中有氮气、未分解的甲醇、产物一氧化碳及氢气。流出气前进时通过冰盐冷却剂致冷，甲醇蒸气被冷凝截留在捕集器中，最后由湿式气体流量计测得的是氮气、一氧化碳、氢气的流量。如若反应管中无催化剂，则测得的是氮气的流量。根据这两个流量便可计算出反应产物一氧化碳及氢气的体积，据此，可获得催化剂的活性大小。表示催化剂活性的方法很多，现用单位质量 ZnO 催化剂在一定的实验条件下，使 100g 甲醇中所分解掉的甲醇克数来表示。

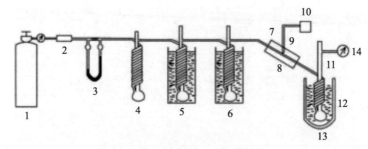

图 2-22 氧化锌活性测量装置

1.氮气钢瓶；2.稳流阀；3.毛细管流速计；4.缓冲瓶；5.预饱和器；6.饱和器；7.反应管；8.管式炉；9.热电偶；
10.控温仪；11.捕集器；12.冰盐冷剂；13.杜瓦瓶；14.湿式流量计

催化剂的活性随其制备方法的不同而不同，常用催化剂的制备方法有沉淀法、浸渍法、热分解法等。浸渍法是制备催化剂常用的方法，它是在多孔性载体上浸渍含有活性组分的盐溶液，再经干燥、焙烧、还原等步骤而成，活性物质被吸附于载体的微孔中，催化反应就在这些微孔中进行，使用载体可使催化剂的催化表面积加大，机械强度增加，活性组分用量减少。载体对催化剂性能的影响很大，应据需要对载体的比表面积、孔结构、耐热性及形状等加以选择。ZnO 催化剂的制法是：将 10～20 目的活性氧化铝浸泡在硝酸锌的饱和溶液中(氧化铝与纯硝酸锌的质量比为 1：2.4)，24h 后烘干，将烘干物移至马弗炉中升温到有 NO$_2$ 放出时停止加热升温，待硝酸锌分解完毕再升温至 600℃，灼热 3h，自然冷却即可。

【试剂与仪器】

ZnO 催化剂(颗粒直径 1.5mm)，甲醇(AR)，KOH(AR)，NaCl(AR)。

管式炉，控温仪，饱和器，湿式流量计，氮气钢瓶。

【操作步骤】

按图 2-22 所示连接仪器，检查装置各部件是否接妥，预饱和器温度为(43.0±0.1)℃；饱和器温度为(40.0±0.1)℃。向杜瓦瓶内加食盐及碎冰的混合物作为冷却剂。将空反应管放入炉中，开启氮气钢瓶，通过稳流阀调节气体流量(观察湿式流量计)在(100±5)mL·min^{-1}内，记下毛细管流速计的压差。开启控温仪使炉子升温到 350℃，在炉温恒定、毛细管流速计压差不变的情况下，每 5min 记录湿式流量计读数一次，连续记录 30min。用粗天平称取 4g 催化剂，取少量玻璃棉置于反应管中，为使装填均匀，一边向管内装催化剂，一边轻轻转动管子，装完后再于上部覆盖少量玻璃棉以防松散，催化剂的位置应处于反应管的中部。将装有催化剂的反应管装入炉中，热电偶刚好处于催化剂的中部，控制毛细管流速计的压差与空管时完全相同，待其不变及炉温恒定后，每 5min 记录湿式流量计读数一次，连续记录 30min。每次测定过程中，自始至终都需要保持 N$_2$ 流速稳定，这是本实验成败的关键之一。调节控温仪使炉温升至 420℃，不换管，重复上述操作，进行测量。实验结束后切断电源，关掉氮气钢瓶并把减压阀内余气放掉。

【数据记录及处理】

(1) 以空管及装入催化剂后不同炉温时的流量对时间作图，得三条直线，并由三条直线分别求出 30min 内通入 N$_2$ 的体积 V_{N_2} 和分解反应所增加的体积 V_{N_2+CO}。

(2) 计算 30min 内进入反应管的甲醇质量 W_{CH_3OH}。

(3) 计算 30min 内不同温度下，催化反应中分解掉甲醇的质量 W'_{CH_3OH}。

(4) 计算不同温度下 ZnO 催化剂的活性。

【注意事项】

(1) 系统必须不漏气，实验前需要详细检查。

(2) 实验中应确保毛细管流速计的压差在有无催化剂时均相同。

(3) 实验前需检查湿式流量计的水平和水位，并预先运转数圈，使水与气体饱和后方可进行计量。

(4) 在通入 N_2 前，不要打开干燥管上通向液体挥发器的活塞以防甲醇蒸气或甲醇液体流至装有 KOH 的干燥管，堵塞通路。

【思考与讨论题】

(1) 毛细管流速计与湿式流量计两者有何异同？

(2) 为什么氮气的流速要始终控制不变？

(3) 冰盐水冷却器的作用是什么？是否盐加得越多越好？

本实验约需 4h。

2.15　乙酸乙酯皂化反应速率常数的测定

【实验目的】

(1) 掌握由电导测乙酸乙酯皂化反应速率常数的方法。

(2) 了解二级反应动力学规律及特征。

(3) 掌握 DDS-11 型电导仪的使用方法。

(4) 学习求不同温度下的皂化反应的 k、$t_{1/2}$ 和 E_a。

【实验原理】

乙酸乙酯皂化反应是个二级反应，其反应方程式为

$$CH_3COOC_2H_5+NaOH \longrightarrow CH_3COONa+C_2H_5OH$$

$t=0$ 时，	c_0	c_0	0	0
$t=t$ 时，	c_0-x	c_0-x	x	x
$t=\infty$时，	$\rightarrow 0$	$\rightarrow 0$	$x\rightarrow c_0$	$x\rightarrow c_0$

当乙酸乙酯与 NaOH 溶液的起始浓度相同时，如均为 c_0，则反应速率表示为

$$\frac{dx}{dt}=k(c_0-x)^2 \tag{2-22}$$

式中，x 为时间 t 时反应物消耗掉的浓度；k 为反应速率常数。将式(2-22)积分得

$$k=\frac{1}{t}\frac{x}{c_0(c_0-x)} \tag{2-23}$$

本实验使用电导法测量皂化反应进程中电导率随时间的变化。κ_0、κ_t、κ_∞ 分别代

表时间为 0、t、∞时(反应完毕)溶液的电导率，则在稀溶液中有

$$\kappa_0 = A_1 c_0$$
$$\kappa_\infty = A_2 c_0 \qquad (2\text{-}24)$$
$$\kappa_t = A_1(c_0 - x) + A_2 x$$

式中，A_1 和 A_2 为与温度、溶剂和电解质的性质有关的比例常数。

由上三式可得

$$x = \frac{\kappa_0 - \kappa_t}{\kappa_0 - \kappa_\infty} c_0 \qquad (2\text{-}25)$$

将式(2-25)代入式(2-23)得

$$k = \frac{1}{t \cdot c_0} \cdot \frac{\kappa_0 - \kappa_t}{\kappa_t - \kappa_\infty} \qquad (2\text{-}26)$$

整理式(2-26)得

$$\kappa_t = -kc_0 t(\kappa_t - \kappa_\infty) + \kappa_0 \qquad (2\text{-}27)$$

以 κ_t 对 $(\kappa_t - \kappa_\infty)t$ 作图可得一直线，直线斜率为 $-kc_0$，由此可求得反应速率常数 k。

溶液的电导(对应于某一电导池)与电导率成正比，因此以电导率代替电导，式(2-27)也成立。

本实验既可采用电导率仪，也可采用电导仪。

反应速率常数 k 与温度 T 的关系一般符合阿伦尼乌斯公式：

$$\ln \frac{k_2}{k_1} = \frac{E_a}{R} \left(\frac{T_2 - T_1}{T_2 T_1} \right) \qquad (2\text{-}28)$$

测定不同温度下的 k 值，就可以求出反应活化能 E_a。

【试剂及仪器】

NaOH 标准溶液(0.02mol·L^{-1})，乙酸乙酯(AR)。

DDS-11A 型电导率仪，恒温槽，混合反应器，叉形电导管，移液管(20mL)，移液管(1mL)，洗耳球，容量瓶(100mL)。

【操作步骤】

(1) 恒温槽调节及溶液的配置。调节恒温槽温度为 298.2K，配制 100mL 乙酸乙酯溶液，使其浓度与 NaOH 标准溶液浓度相同。乙酸乙酯的密度 ρ 以下式计算：

$$\rho(\text{kg·m}^{-3}) = 924.54 - 1.168 \times t(℃) - 1.95 \times 10^{-3} \times t^2(℃)$$

式中，t 为乙酸乙酯的温度。

配制方法如下：在 100mL 容量瓶中装 2/3 体积的水，用 1mL 移液管吸取所需乙酸乙酯的体积，滴入容量瓶中，加水至刻度，混合均匀待用。

(2) 调节电导率仪。将温补旋钮调在实验实际温度处，然后进行校正，将测量旋钮调在温补处，校正电导率仪的电导电池常数。

(3) κ_0 的测定。分别取 10mL 蒸馏水和 10mL 0.02mol·L^{-1}NaOH 溶液，加到干净的叉形管电导池中充分混合均匀，置于恒温槽中恒温 5min，用电导率仪测定其电导率 κ_0。

(4) κ_t 的测定。在另外一支干净的叉形管中加 10mL 0.02mol·L⁻¹乙酸乙酯溶液，侧支管中加入 10mL 0.02mol·L⁻¹NaOH 溶液，恒温 5min 后，将洗净的电导电极插入乙酸乙酯溶液中，混合两溶液，同时开始记录反应时间。当反应时间为 3min、6min、9min、12min、15min、20min、25min、30min、40min、50min 时分别记录电导率 κ_t 和时间 t。

(5) 将恒温槽温度调到 308.2K，重复上述步骤测定 κ_0 和 κ_t。

【数据记录及处理】

实验所测数据记录于表 2-16 中。

表 2-16　实验数据

t/min	0	3	6	9	12	15	20	25	30	40	50
κ_0(298.2K)											
κ_0(308.2K)											
κ_t(298.2K)											
κ_t(308.2K)											

【注意事项】

(1) 所用的溶液必须新鲜配制，而且所用 NaOH 和 CH₃COOC₂H₅ 溶液浓度必须相等。

(2) 向叉形电导池的两个管中分别注入 NaOH 和 CH₃COOC₂H₅ 溶液时，一定要小心，严格区分，保证在反应前两个溶液不能接触，恒温。

(3) 实验过程中要很好地控制恒温槽温度，使其温度波动限制在±0.1K 以内。

(4) 混合使反应开始时，同时按下秒表记时，保证记时的连续性，直至实验结束(读完 κ_t)。

(5) 保护好铂黑电极，电极插头要插入电导仪上电极插口内(到底)，一定要固定好。

【思考与讨论题】

(1) 如果 NaOH 和 CH₃COOC₂H₅ 起始浓度不相等，应怎样计算 k 值?

(2) 用作图外推求 κ_0 与测定相同浓度 NaOH 所得 κ_0 是否一致?

(3) 如果 NaOH 和 CH₃COOC₂H₅ 溶液为浓溶液，能否用此法求 k 值?为什么?

(4) 为何本实验要在恒温条件下进行?而且反应物在混合前必须预先恒温?

(5) 用电导法可测乙酸乙酯皂化反应的活化能，试述实验原理，拟定具体步骤，需测定哪些数据? 注意什么问题? 为什么?

本实验约需 4h。

2.16　乙酸乙酯介电常数测定

【实验目的】

(1) 了解偶极矩与分子电性质的关系。

(2) 用溶液法测定乙酸乙酯的相对介电常数。

(3) 掌握测定液体电容的基本原理和技术。

【实验原理】

分子结构可近似地被看成是由电子云和分子骨架(原子核及内层电子)构成的,分子本身呈电中性,但由于空间构型的不同,正、负电荷中心可重合也可不重合,前者称为非极性分子,后者称为极性分子。分子极性大小常用偶极矩来度量,其定义为

$$\mu = q \cdot l$$

式中,q 为正、负电荷中心所带的电荷;l 为正、负电荷中心间距离;μ 为向量,其方向规定为从正到负。因分子中原子间距离的数量级为 10^{-10}m,电荷数量级为 10^{-19}C,所以偶极矩的数量级为 10^{-29}。偶极矩的单位为"德拜",用 D 表示。

$$1D = 3.336 \times 10^{-30} C \cdot m$$

极性分子具有永久偶极矩。若将极性分子置于均匀的外电场中,则偶极矩在电场的作用下会趋向电场方向排列,这时我们称这些分子被极化了。极化的程度可用摩尔定向极化度 P_μ 来衡量。P_μ 与永久偶极矩(μ)的平方成正比,与热力学温度 T 成反比:

$$P_\mu = \frac{1}{4\pi\varepsilon_0} \frac{4}{3} \pi N_A \frac{\mu^2}{3kT} = \frac{1}{9} N_A \frac{\mu^2}{\varepsilon_0 kT} \left(\mu = \sqrt{\frac{9kTP_\mu}{4\pi N_A}} \right)$$

式中,k 为玻尔兹曼常量;N_A 为阿伏伽德罗常量。

在外电场作用下,不论是极性分子或非极性分子,都会发生电子云对分子骨架的相对移动,分子骨架也会发生变形,这种现象称为诱导极化或变形极化,用摩尔诱导极化度 $P_{诱导}$ 来衡量。显然,$P_{诱导}$ 可分为两项,为电子极化和原子极化之和,分别记为 P_E 和 P_A,则摩尔极化度为:$P = P_E + P_A + P_\mu$,对于非极性分子,因 $P_\mu = 0$,所以 $P = P_E + P_A$。

在电场的频率小于 10^{10}s^{-1} 的低频电场或静电场下,极性分子产生的摩尔极化度 P 是定向极化、电子极化和原子极化的总和,即 $P = P_E + P_A + P_\mu$。而在电场频率为 $10^{12} \sim 10^{14}$ s^{-1} 的中频电场下(红外光区),电场的交变周期小,使得极性分子的定向运动跟不上电场变化,即极性分子无法沿电场方向定向,则 $P_\mu = 0$。此时分子的摩尔极化度 $P = P_E + P_A$。

当交变电场的频率大于 10^{15}s^{-1}(即可见光区和紫外线区),极性分子的定向运动和分子骨架变形都跟不上电场的变化,此时 $P = P_E$。

而且,此时电子极化度可由摩尔折射度 R 代替,即 $P_E = R$。

和总摩尔极化度比较起来,原子极化度 P_A 只占极小的一部分,在做粗略测定时可以忽略不计,由此可得

$$P = P_E + P_\mu = R + P_\mu = R + \frac{1}{4\pi\varepsilon_0} \frac{4\pi N_A}{9kT} \mu^2 = R + \frac{N_A}{9kT\varepsilon_0} \mu$$

在无限稀释的非极性溶剂的溶液中,极性分子间无相互作用,也不发生溶剂化现象时,则稀溶液在此实验中的各有关物理量均可认为具有加和性。Debye 提出稀溶液中摩尔极化度公式:

$$P_{12} = \frac{\varepsilon_{12} - 1}{\varepsilon_{12} + 2} \times \frac{M}{\rho} = \frac{\varepsilon_{12} - 1}{\varepsilon_{12} + 2} \times \frac{M_1 x_1 + M_2 x_2}{\rho_{12}} = P_1 x_1 + P_2 x_2$$

式中,下标"12"表示溶液,"1"表示溶剂,"2"表示溶质;x 为质量分数;P 为摩尔极化度;ε 为相对介电常数。对稀溶液而言,溶液中溶剂的性质与纯溶剂的性质相同,则

$$P_1 = \frac{\varepsilon_1 - 1}{\varepsilon_2 + 2} \times \frac{M_1}{\rho_1}$$

$$P_2 = \frac{P_{12} - x_1 P_1}{x_2} = \frac{P_{12} - x P_1}{x_2}$$

对不同成分的溶液，可得不同的 P_2 值，这是极性分子间相互作用的结果。若测得几种不同浓度的 P_2 值，外推 $x_2 = 0$ 时的 P_2 值 P_2^∞，以 P_2^∞ 代替溶质的摩尔极化度。

$$P_2^\infty = A(M_2 - bB) + aC$$

式中，$A = \dfrac{\varepsilon_1 - 1}{\varepsilon_2 + 2} \times \dfrac{1}{\rho_1}$；$B = \dfrac{M_1}{\rho_1}$；$C = \dfrac{3M_1}{(\varepsilon_1 + 2)^2 \rho_1}$。

$$\varepsilon_{12} = \varepsilon_1 + \alpha x_2, \qquad \rho_{12} = \rho_1 + bx$$

作 $\varepsilon_{12} - x_2$ 图，直线斜率为 α；作 $\rho_{12} - x$ 图，直线斜率为 b，求得 P_2^∞。而在频率小于 $10^9 \sim 10^{10} \mathrm{s}^{-1}$ 或静电场中测得总摩尔极化度 P，μ 值，即得出下式：

$$\mu = \sqrt{\frac{4\pi\varepsilon_0 9k}{4N_A \pi}} \times \sqrt{(P-R)T} = \sqrt{\frac{9\varepsilon_0 k}{N_A}} \times \sqrt{(P-R)T} = 0.042\,74 \times 10^{-30} \times \sqrt{(P-R)T}$$

式中，N_A 为阿伏伽德罗常量。

$$\mu = 0.042\,74 \times 10^{-30} \times \sqrt{(P_2^\infty - R)T}$$

实验就是通过测定溶液的密度和溶液在无线电波电场中的相对介电常数，求得总摩尔极化度；同时测定其在光波电场中的摩尔折射度，求得电子极化度；从两者之差求乙酸乙酯偶极矩。

【试剂及仪器】

乙酸乙酯(AR)，环己烷(AR)。

阿贝折射仪，电容测量仪，比重管，恒温槽，电吹风，干燥器，电容池，容量瓶(25mL)。

【操作步骤】

1. 溶液的配制

用称量法配制摩尔分数分别为 0.50、0.100、0.150 左右的 $CH_3COOC_2H_5$-C_6H_{12} 溶液各 20mL，分别放入三个容量瓶中。为了防止溶质和溶剂的挥发以及吸收水蒸气，溶液配好后迅速盖上瓶塞，并放在干燥器中。

2. 折射率的测定

用阿贝折射仪测定 25℃下溶剂环己烷 C_6H_{12} 及其各溶液的折射率。每个样品重复测定 3～5 次，取其平均值。

3. 相对介电常数的测定

采用电容测量仪测定 $CH_3COOC_2H_5$ 介电常数。以 C_6H_{12} 为标准物质，其相对介电常数与温度的关系：$\varepsilon_{r,标} = 2.052 - 1.55 \times 10^{-3} t$。精密电容测量仪用恒温槽控温在 25℃下测定 $C'_标$

和 $C'_空$。然后测定溶液电容。

【数据记录及处理】

(1) 计算各溶液中的 $CH_3COOC_2H_5$ 摩尔分数。

(2) 由 $C'_标$、$C'_空$ 和 $\varepsilon_{r,标}$，计算出 C_0 和 C_d。

(3) 由各溶液的电容测定值 C'，计算各溶液的电容 C，求得各溶液的相对介电常数 ε_r。

【注意事项】

(1) 做本实验之前，需对所用仪器性能有所熟悉。

(2) 每次测得 C 后需复测 $C'_空$。每次溶液测定数据相差应小于 0.05pF，否则，需要重新测定。

【思考与讨论题】

(1) 何谓分子摩尔极化度？

(2) 测定电容时，为什么要先测已知相对介电常数的标准物质？

本实验约需 4h。

2.17　银氨配离子配位数的测定

【实验目的】

(1) 掌握银氨配离子配位数测定的基本实验原理。

(2) 学习应用配位平衡和沉淀平衡知识测定银氨配离子的配位数 n 的方法。

(3) 学习数据处理技术，并进行比较分析。

【实验原理】

在 $AgNO_3$ 溶液中加入过量的氨水，生成稳定的银铵配离子 $[Ag(NH_3)_n]^+$。再向溶液中慢慢加入 KBr 溶液，并充分摇动，直到刚出现 AgBr 沉淀(溶液浑浊)为止。此时混合溶液中同时存在以下配位平衡沉淀平衡：

$$Ag^+ + n\,NH_3 \rightleftharpoons [Ag(NH_3)_n]^+ \quad \frac{\left[Ag[NH_3]_n^+\right]}{[Ag^+][NH_3]^n} = K_稳 \tag{2-29}$$

$$Ag^+ + Br^- \rightleftharpoons AgBr(s) \quad [Ag^+][Br^-] = K_{sp} \tag{2-30}$$

式(2-29)×式(2-30)得

$$\frac{\left[Ag(NH_3)_n^+\right][Br^-]}{[NH_3]^n} = K_稳 \cdot K_{sp} = K \tag{2-31}$$

整理式(2-31)得

$$[Br^-] = \frac{[NH_3]^n \cdot K}{\left[Ag(NH_3)_n^+\right]} \tag{2-32}$$

式中，$[Br^-]$、$\left[Ag(NH_3)_n^+\right]$、$[NH_3]$ 都是平衡浓度。可以近似地按以下方法计算：设每份溶液最初取用的 $AgNO_3$ 溶液的体积为 V_{Ag^+}，浓度为 $[Ag^+]_0$。每份中所加入过量的氨水和 KBr 溶液的体积为 V_{NH_3} 和 V_{Br^-}，浓度为 $[NH_3]_0$ 和 $[Br^-]_0$。混合溶液的总体积为 $V_总$，则混合溶液达到平衡时，

$$[Br^-] = [Br^-]_0 \times \frac{V_{Br^-}}{V_{总}} \tag{2-33}$$

$$\left[Ag(NH_3)_n^+\right] = \left[Ag^+\right]_0 \times \frac{V_{Ag^+}}{V_{总}} \tag{2-34}$$

$$[NH_3] = [NH_3]_0 \times \frac{V_{NH_3}}{V_{总}} \tag{2-35}$$

将式(2-33)、式(2-34)、式(2-35)代入式(2-32)并整理得

$$V_{Br^-} = V_{NH_3}^n \cdot K \cdot \left(\frac{[NH_3]_0}{V_{总}}\right)^n \bigg/ \frac{[Br^-]_0}{V_{总}} \frac{[Ag^+]_0 V_{Ag^+}}{V_{总}} \tag{2-36}$$

令 $K' = K \cdot \left(\dfrac{[NH_3]_0}{V_{总}}\right)^n \bigg/ \dfrac{[Br^-]_0}{V_{总}} \dfrac{[Ag^+]_0 V_{Ag^+}}{V_{总}}$，得

$$V_{Br^-} = V_{NH_3}^n \cdot K' \tag{2-37}$$

将式(2-37)两边取对数，得直线方程

$$\lg V_{Br^-} = n \lg V_{NH_3} + \lg K' \tag{2-38}$$

以 $\lg V_{Br^-}$ 为纵坐标，$\lg V_{NH_3}$ 为横坐标作图，所得直线的斜率 n(取最接近的整数)即为 $[Ag(NH_3)_n]^+$ 的配位数。

【试剂及仪器】

$AgNO_3$(0.010mol·L^{-1})，$NH_3 \cdot H_2O$(2.0mol·L^{-1})，KBr(0.10mol·L^{-1})。

移液管(20mL)，滴定管，锥形瓶(250mL)。

【操作步骤】

移取 20.0mL 0.010mol·L^{-1} AgNO$_3$ 溶液，注入洗净烘干的 250mL 锥形瓶中，再分别从滴定管中放入 40.0mL 2.0mol·L^{-1} NH$_3$·H$_2$O 和 40.0mL 蒸馏水于锥形瓶中，混合均匀。在不断摇动下，从滴定管中滴入 0.10mol·L^{-1} KBr 溶液，直到刚产生的 AgBr 浑浊不再消失为止。记下加入 KBr 溶液的体积 V_{Br^-}，并计算出溶液的总体积 $V_{总}$，填入表 2-17 中。

用同样方法按照表 2-17 中用量进行另外 6 次实验。为了使每次溶液的总体积相同，在这 6 次实验中，当接近终点时还要补加适量蒸馏水，使溶液的体积与第 1 次实验的总体积相同。

【数据记录及处理】

所做实验数据统计于表 2-17 之中。

表 2-17 实验结果记录

编号	V_{Ag^+}/mL	V_{NH_3}/mL	V_{Br^-}/mL	V_{H_2O}/mL	$V_{总}$/mL	$\lg V_{NH_3}$	$\lg V_{Br^-}$
1	20.0	40.0		40.0			
2	20.0	35.0		45.0			
3	20.0	30.0		50.0			
4	20.0	25.0		55.0			
5	20.0	20.0		60.0			
6	20.0	15.0		65.0			
7	20.0	10.0		70.0			

以 $\lg V_{Br^-}$ 为纵坐标，$\lg V_{NH_3}$ 为横坐标作图，计算直线的斜率。求 $[Ag(NH_3)_n]^+$ 的配位数 n。

【思考与讨论题】

(1) 在计算平衡浓度 $[Br^-]$、$\left[Ag(NH_3)_n^+\right]$、$[NH_3]$ 时，为什么可以忽略以下情况：① 生成 AgBr 沉淀时消耗掉的 Br^- 和 Ag^+；② 配离子 $[Ag(NH_3)_n]^+$ 离解出的 Ag^+；③ 生成配离子 $[Ag(NH_3)_n]^+$ 时消耗掉的 NH_3。

(2) 如何通过本实验数据求得 $K_{稳}$？若 $K_{sp}(AgBr)=4.1\times10^{-13}(18℃)$，试计算 $[Ag(NH_3)_n]^+$ 的 $K_{稳}$。

(3) 实验中所用的锥形瓶开始时必须是干燥的，且在滴定过程中也不要用水洗瓶壁，这与中和滴定中的情况有何不同？为什么？

(4) 分析造成本实验误差的主要原因。

本实验约需 4h。

2.18 黏度法测定高聚物相对分子质量

【实验目的】

(1) 了解黏度法测定高聚物相对分子质量的基本原理和公式。

(2) 掌握用乌氏(Ubbelohde)黏度计测定高聚物溶液黏度的原理与方法。

(3) 测定聚丙烯酰胺或聚乙烯醇的相对分子质量。

【实验原理】

高聚物相对分子质量不仅反映了高聚物分子的大小，而且直接关系到它的物理性能，是个重要的基本参数。与一般的无机物或低分子的有机物不同，高聚物多是相对分子质量大小不同的大分子混合物，所以通常所测高聚物相对分子质量是一个统计平均值。

用黏度法求得的摩尔质量称为高聚物黏均相对分子质量。高聚物稀溶液的黏度是它在流动时内摩擦力大小的反映，这种流动过程中的内摩擦主要有：纯溶剂分子间的内摩擦，记作 η_0；高聚物分子与溶剂分子间的内摩擦；高聚物分子间的内摩擦。这三种内摩擦的总和称为高聚物溶液的黏度，记作 η。实践证明，在相同温度下 $\eta > \eta_0$，为了比较这两种黏度，引入增比黏度的概念，以 η_{sp} 表示：

$$\eta_{sp}=(\eta - \eta_0)/\eta_0=\eta/\eta_0 - 1=\eta_r-1 \tag{2-39}$$

式中，η_r 为相对黏度，反映的仍是整个溶液的黏度行为；η_{sp} 为扣除了溶剂分子间的内摩擦以后，仅纯溶剂与高聚物分子间以及高聚物分子间的内摩擦之和。

高聚物溶液的 η_{sp} 往往随质量浓度 c 的增加而增加。为了便于比较，定义单位浓度的增比黏度 η_{sp}/c 为比浓黏度，定义 $\ln\eta_r/c$ 为比浓对数黏度。当溶液无限稀释时，高聚物分子彼此相隔甚远，它们的相互作用可以忽略，此时比浓黏度趋近于一个极限值，即

$$\lim_{c\to 0}\frac{\eta_{sp}}{c} = \lim_{c\to 0}\frac{\eta_r}{c} = [\eta] \tag{2-40}$$

式中，$[\eta]$ 主要反映了无限稀释溶液中高聚物分子与溶剂分子之间的内摩擦作用，称为特性黏度，可以作为高聚物相对分子质量的度量。由于 η_{sp} 与 η_r 均是无因次量，所以 $[\eta]$ 的单位是浓度 c 单位的倒数。$[\eta]$ 的值取决于溶剂的性质及高聚物分子的大小和形态，可通过实验求

得。因为根据实验，在足够稀的高聚物溶液中有如下经验公式：

$$\frac{\eta_{sp}}{c} = [\eta] + \kappa [\eta]^2 c \tag{2-41}$$

$$\frac{\eta_r}{c} = [\eta] + \beta [\eta]^2 c \tag{2-42}$$

式中，κ 和 β 分别称为 Huggins 和 Kramers 常数，这是两个直线方程，因此我们获得 $[\eta]$ 的方法如图 2-23 所示：一种方法是以 η_{sp}/c 对 c 作图，外推到 $c \rightarrow 0$ 的截距值；另一种是以 $\ln \eta_r /c$ 对 c 作图，也外推到 $c \rightarrow 0$ 的截距值，两条线应会合于一点，这也可校核实验的可靠性。

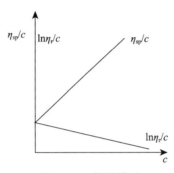

图 2-23　各量关系

在一定温度和溶剂条件下，特性黏度 $[\eta]$ 和高聚物相对分子质量 M_r 之间的关系通常用带有两个参数的 Mark-Houwink 经验方程式来表示：

$$[\eta] = K \bar{M}_r^{\alpha} \tag{2-43}$$

式中，M_r 为黏均相对分子质量；K 为比例常数；α 为与分子形状有关的经验参数。K 和 α 值与温度、聚合物、溶剂性质有关，也和分子质量大小有关。K 值受温度的影响较明显，而 α 值主要取决于高分子线团在某温度下某溶剂中舒展的程度，其数值介于 $0.5 \sim 1$。K 与 α 的数值可通过其他绝对方法确定，如渗透压法、光散射法等，从黏度法只能测定得 $[\eta]$。由上述可以看出高聚物相对分子质量的测定最后归结为特性黏度 $[\eta]$ 的测定。本实验采用毛细管法测定黏度，通过测定一定体积的液体流经一定长度和半径的毛细管所需时间而获得。所使用的仪器是乌氏黏度计，当液体在重力作用下流经毛细管时，遵守泊肃叶(Poiseuille)定律：

$$\frac{\eta}{\rho} = \frac{\pi h g r^4 t}{8VL} - m \frac{V}{8\pi L t} \tag{2-44}$$

式中，η 为液体的黏度；ρ 为液体的密度；L 为毛细管的长度；r 为毛细管的半径；t 为 V 体积液体的流出时间；h 为流过毛细管液体的平均液柱高度；V 为流经毛细管的液体体积；m 为毛细管末端校正的参数(一般在 $r/L \ll 1$ 时，可以取 $m=1$)。

对于某一指定的黏度计而言，式(2-44)中许多参数是一定的，因此可以改写成

$$\frac{\eta}{\rho} = At - \frac{B}{t} \tag{2-45}$$

式中，$B < 1$，当流出的时间 t 在 2min 左右(大于 100s)时，该项(亦称动能校正项)可以忽略，即 $\eta = A \rho t$。

又因通常测定是在稀溶液中进行($c < 1×10^{-2}\mathrm{g·cm^{-3}}$)，溶液的密度和溶剂的密度近似相等，因此可将 η_r 写成

$$\eta_r = \frac{\eta}{\eta_0} = \frac{t}{t_0} \tag{2-46}$$

式中，t 为测定溶液黏度时液面从 a 刻度流至 b 刻度的时间；t_0 为纯溶剂流过的时间。所以通过测定溶剂和溶液在毛细管中的流出时间，可从式(2-46)求得 η_r，再由图 2-23 求得 $[\eta]$。

图 2-24　乌氏黏度计

【试剂及仪器】

聚丙烯酰胺(或聚乙烯醇，$3\mathrm{mol·L^{-1}}$)，$NaNO_3$($3\mathrm{mol·L^{-1}}$)。

恒温槽，乌氏黏度计(图 2-24)，分析天平，移液管(10mL、5mL)，秒表，洗耳球，橡皮管夹，橡皮管(约 5cm 长)，吊锤。

【操作步骤】

(1) 黏度计的洗涤。先用热洗液(经砂心漏斗过滤)将黏度计浸泡，再用蒸馏水反复冲洗几次，每次都要注意反复流洗毛细管部分，洗好后烘干备用。

(2) 调节恒温槽温度至($30.0 ± 0.1$)℃，在黏度计的 B 管和 C 管上都套上橡皮管，然后将其垂直放入恒温槽，使水面完全浸没 G 球，并用吊锤检查是否垂直。

(3) 溶液流出时间的测定。用移液管分别吸取已知浓度的聚丙烯酰胺溶液 10mL 和 $NaNO_3$ 溶液($3\mathrm{mo·L^{-1}}$) 5mL，由 A 管注入黏度计中，在 C 管处用洗耳球打气，使溶液混合均匀，浓度记为 c_1，恒温 15min，进行测定。测定方法如下：将 C 管用夹子夹紧使之不通气，在 B 管处用洗耳球将溶液从 F 球经 D 球、毛细管、E 球抽至 G 球 2/3 处，解去 C 管夹子，让 C 管通大气，此时 D 球内的溶液即回入 F 球，使毛细管以上的液体悬空。毛细管以上的液体下落，当液面流经 a 刻度时，立即按下秒表开始记时间，当液面降至 b 刻度时，再按停秒表，测得刻度 a、b 之间的液体流经毛细管所需时间。重复这一操作至少三次，它们间相差不大于 0.3s，取三次的平均值为 t_1。

然后依次由 A 管用移液管加入 5mL、10mL、15mL $NaNO_3$ 溶液($1\mathrm{mol·L^{-1}}$)，将溶液稀释，使溶液浓度分别为 c_2、c_3、c_4、c_5，用同法测定每份溶液流经毛细管的时间 t_2、t_3、t_4、t_5。应注意每次加入 $NaNO_3$ 溶液后，要充分混合均匀，并抽洗黏度计的 E 球和 G 球，使黏度计内溶液各处的浓度相等。

(4) 溶剂流出时间的测定。用蒸馏水洗净黏度计，尤其要反复流洗黏度计的毛细管部分。用 $1\mathrm{mol·L^{-1}}$ $NaNO_3$ 洗 1～2 次，然后由 A 管加入约 15mL $1\mathrm{mol·L^{-1}}$ $NaNO_3$ 溶液。用同法测定溶剂流出的时间 t_0。实验完毕后，黏度计一定要用蒸馏水洗干净。

【数据记录及处理】

(1) 将所测的实验数据及计算结果填入表 2-18 中。

原始溶液浓度 c_0 ＿＿＿＿＿＿＿ $\mathrm{g·cm^{-3}}$；恒温温度＿＿＿＿＿＿ ℃。

表 2-18　实验数据

$c/(\mathrm{g·cm^{-3}})$	t_1/s	t_2/s	t_3/s	$t_{平均}/\mathrm{s}$	η_r	$\ln\eta_r$	η_{SP}	η_{SP}/c	$\ln\eta_r/c$
c_i									

(2) 作 $\eta_{SP}/c-c$ 及 $\ln\eta_r/c-c$ 图，并外推到 $c \to 0$，求得截距即得 $[\eta]$。

由式(2-46)计算聚丙烯酰胺的黏均相对分子质量 M_r、K、α 值，查阅相关手册数值，进行比较分析。

【注意事项】

(1) 液体黏度的温度系数均较大，实验中应严格控制温度的恒定，否则难以获得重现结果。

(2) 高聚物在溶剂中溶解缓慢，配制溶液时必须保证其完全溶解，否则会影响溶液起始浓度，导致结果偏低。黏度计系贵重玻璃仪器，在洗涤、安放及使用过程中应仔细，避免损坏；黏度计要垂直放置，实验过程中不要振动黏度计，否则会影响结果的准确性；黏度计必须洁净，高聚物溶液中若有絮状物则不能将它移入黏度计中。

(3) 高聚物在溶剂中溶解缓慢，配制溶液时必须保证其完全溶解。

(4) 因高聚物黏度较大，用移液管取样前应用溶液淌洗几次。取样将溶液放入黏度计 F 球时，应避免试液沿管壁淌下。溶液放完移液管应多滞留一段时间，使移液管中残留液尽可能少，并认真混合溶液使浓度均匀。

(5) 实验完毕应立即清洗黏度计及所用移液管，以免高聚物溶液干涸后阻塞毛细管及移液管。

(6) 实验过程中恒温槽的温度要恒定，溶液每次稀释完要恒温后才能测定。

【思考与讨论题】

(1) 与奥氏黏度计相比，乌氏黏度计有何优点？本实验能否用奥氏黏度计？

(2) 奥氏黏度计中支管 C 有何作用？除去支管 C 是否可测定黏度？

(3) 乌氏黏度计的毛细管太粗或太细各有什么缺点？

(4) 为什么用 $[\eta]$ 来求算高聚物的分子质量？它和纯溶剂黏度有无区别？

(5) 分析 $\eta_{SP}/c-c$ 及 $\ln\eta_r/c-c$ 作图缺乏线性的原因。

本实验约需 4h。

2.19　胶体电泳速度的测定

【实验目的】

(1) 掌握凝聚法制备 $Fe(OH)_3$ 溶胶和纯化溶胶的方法。

(2) 观察溶胶的电泳现象并了解其电学性质，掌握利用界面移动技术法测定胶粒电泳速度和溶胶 ζ 电位。

【实验原理】

溶胶是一个多相体系，其分散相胶粒的大小为 1nm～1μm。由于本身电离或选择性地吸附一定量的离子以及其他原因，胶粒表面具有一定量的电荷，胶粒周围介质分布着反离子。反离子所带电荷与胶粒表面电荷符号相反、数量相等，整个溶胶体系保持电中性。胶粒周围的反离子由于静电引力和热扩散运动而形成了两部分，即紧密层和扩散层。紧密层约有一两个分子层厚，紧密吸附在胶核表面上，而扩散层的厚度则随外界条件(温度、体系中电解质浓度及其离子的价态等)而改变，扩散层中的反离子符合玻尔兹曼分布。由于离子的溶剂化作用，紧密层结合有一定数量的溶剂分子，在电场的作用下，它和胶粒作为一个整体移动而扩散层中的反离子则向相反的电极方向移动。这种在电场作用下分散相粒子相对于分散介质的运动称为电泳。发生相对移动的界面称为切动面，切动面与液体内部的电位差称为电动电位或 ζ 电位，而作为带电粒子的胶粒表面与液体内部的电位差称为质点的表面电势 φ^0，如图 2-25 所示，图中 AB 为切动面。

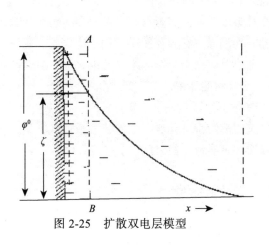

图 2-25　扩散双电层模型

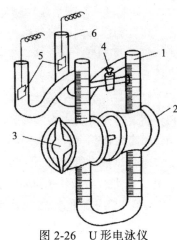

图 2-26　U 形电泳仪
1.U 形管；2～4.活塞；5.电极；6.弯管

　　胶粒电泳速度除与外加电场的强度有关外，还与 ζ 电位的大小有关。而 ζ 电位不仅与测定条件有关，还取决于胶体粒子的性质。

　　ζ 电位是表征胶体特性的重要物理量之一，在研究胶体性质及其实际应用中有着重要意义。胶体的稳定性与 ζ 电位有直接关系。ζ 电位绝对值越大，表明胶粒荷电越多，胶粒间排斥力越大，胶体越稳定；反之则表明胶体越不稳定。当 ζ 电位为零时，胶体的稳定性最差，此时可观察到胶体的聚沉。

　　本实验是在一定的外加电场强度下通过测定 $Fe(OH)_3$ 胶粒的电泳速度然后计算出 ζ 电位。实验用拉比诺维奇-付其曼 U 形电泳仪，如图 2-26 所示。活塞 2、3 以下盛待测的溶胶，以上盛辅助液。在电泳仪两极间接上电位差 E(V)后，在 t(s)时间内溶胶界面移动的距离为 D(m)，胶粒的电泳速度 U(m·s^{-1})为

$$U=D/t \tag{2-47}$$

　　相距为 l(m)的两极间的电位梯度平均值 H(V·m^{-1})为

$$H=E/l \tag{2-48}$$

如果辅助液的电导率 $L_{辅}$ 与溶胶的电导率 $L_{胶}$ 相差较大，则在整个电泳管内的电位降是不均匀的，这时需要用式(2-49)求 H，其中 l_k 为溶胶两界面间的距离。

$$H = \frac{E}{\dfrac{L_{胶}}{L_{液}}\left(l-l_k\right)+l_k} \tag{2-49}$$

　　从实验求得胶粒电泳速度后，可按式(2-50)求出 ζ(V)电位：

$$\zeta = \frac{K\pi\eta}{\varepsilon H}\cdot U \tag{2-50}$$

式中，K 为与胶粒形状有关的常数(对于球形粒子 $K = 5.4 \times 10^{10}$ $V^2 \cdot s^2 \cdot kg^{-1} \cdot m^{-1}$；对于棒形粒子 $K = 3.6 \times 10^{10}$ $V^2 \cdot s^2 \cdot kg^{-1} \cdot m^{-1}$，本实验胶粒为棒形)；$\eta$ 为介质的黏度($kg \cdot m^{-1} \cdot s^{-1}$)；$\varepsilon$ 为介质的介电常数。

【试剂及仪器】

$FeCl_3$ (AR)，棉胶液(AR)。

直流稳压电源，电导率仪，电泳仪，铂电极。

【操作步骤】

(1) $Fe(OH)_3$ 溶胶的制备。将 0.5g 无水 $FeCl_3$ 溶于 20mL 蒸馏水中，在搅拌的情况下将上述溶液滴入 200mL 沸水中(控制在 4～5min 内滴完)，然后再煮沸 1～2min，即制得 $Fe(OH)_3$ 溶胶。

(2) 珂锣酊袋的制备。将约 20mL 棉胶液倒入干净的 250mL 锥形瓶内，小心转动锥形瓶使瓶内壁均匀铺展一层液膜，倾出多余的棉胶液，将锥形瓶倒置于铁圈上，待溶剂挥发完(此时胶膜已不沾手)，用蒸馏水注入胶膜与瓶壁之间，使胶膜与瓶壁分离，将其从瓶中取出，然后注入蒸馏水检查胶袋是否有漏洞，如无，则浸入蒸馏水中待用。

(3) 溶胶的纯化。将冷至约 50℃的 $Fe(OH)_3$ 溶胶转移到珂锣酊袋，用约 50℃的蒸馏水渗析，约 10min 换水 1 次，渗析 5 次。

(4) 将渗析好的 $Fe(OH)_3$ 溶胶冷至室温，测其电导率，用 0.1mol·L^{-1} KCl 溶液和蒸馏水配制与溶胶电导率相同的辅助液。

(5) 测定 $Fe(OH)_3$ 的电泳速度。①用洗液和蒸馏水把电泳仪洗干净(三个活塞均需涂好凡士林)；②用少量 $Fe(OH)_3$ 溶胶洗涤电泳仪 2～3 次，然后注入 $Fe(OH)_3$ 溶胶直至胶液面高出活塞 2、3 少许，关闭该两活塞，倒掉多余的溶胶；③先后用蒸馏水和少许辅助液把电泳仪活塞 2、3 以上的部分荡洗干净后，再将其电泳仪固定在支架上，在两管内注入辅助液至离支管口约 2cm；④如图 2-26 所示，将两铂电极插入支管内并连接电源，开启活塞 4 使管内两辅助液面等高，关闭活塞 4，同时缓缓开启活塞 2、3(勿使溶胶液面搅动)，然后打开稳压电源，将电压调至 150V，观察溶胶液面移动现象及电极表面现象。记录 30min 内界面移动的距离。用绳子和尺子量出两电极间的距离。

【数据记录及处理】

(1) 列表记录全部实验数据及实验现象。

(2) 将实验数据 D、t、E 和 l 分别代入式(2-47)和式(2-48)计算电泳速度 U 和平均电位梯度 H。

(3) 将 U、H 和介质黏度及介电常数代入式(2-50)求 ζ 电位。

(4) 根据胶粒电泳时的移动方向确定其所带电荷符号。

【注意事项】

(1) 在制备珂锣酊袋时，加水的时间应适中，如加水过早，因胶膜中的溶剂还未完全挥发掉，胶膜呈乳白色，强度差不能用。如加水过迟，则胶膜变干、脆，不易取出且易破。

(2) 溶胶的制备条件和净化效果均影响电泳速度。制胶过程应很好地控制浓度、温度、搅拌和滴加速度。渗析时应控制水温、水量及渗析次数，常搅动渗析液，勤换渗析液。这样制备得到的溶胶胶粒大小均匀，胶粒周围的反离子分布趋于合理，基本形成热力学稳定态，所得的 ζ 电位准确，重复性好。

(3) 渗析后的溶胶必须冷至与辅助液大致相同的温度(室温)后再测电导率，以保证两者所测的电导率一致，同时避免打开活塞时产生热对流而破坏了溶胶界面。

【思考与讨论题】

(1) 电泳速度与哪些因素有关？

(2) 写出 $FeCl_3$ 水解反应式。

(3) 说明反离子所带电荷符号及两电极上的反应。

(4) 选择和配制辅助液有何要求？

本实验约需 4h。

2.20　电导的测定及其应用

【实验目的】

(1) 了解溶液电导、电导率的基本概念，学会电导率仪的使用方法。

(2) 掌握溶液电导(率)的测定及应用，并计算弱电解质溶液的电离常数及难溶盐溶液的 K_{sp}。

【实验原理】

1. 弱电解质电离常数的测定

AB 型弱电解质在溶液中电离达到平衡时，电离平衡常数 K_c 与原始浓度 c 和电离度 α 有以下关系：

$$K_c = \frac{c\alpha^2}{1-\alpha} \tag{2-51}$$

在一定温度下 K_c 是常数，因此可以通过测定 AB 型弱电解质在不同浓度时的 α 代入式 (2-51)求出 K_c。

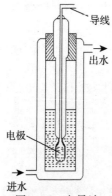

图 2-27　电导池

乙酸溶液的电离度可用电导法来测定，图 2-27 是用来测定溶液电导的电导池。

将电解质溶液注入电导池内，溶液电导 G 的大小与两电极之间的距离 l 成反比，与电极的面积 A 成正比：

$$G = \frac{\kappa A}{l} \tag{2-52}$$

式中，l/A 为电导池常数，以 K_{cell} 表示；κ 为电导率。κ 的物理意义：在两平行且相距 1m，面积均为 $1m^2$ 的两电极间，电解质溶液的电导称为该溶液的电导率，其单位以 $S \cdot m^{-1}$ 表示。

由于电极的 l 和 A 不易精确测量，所以实验中用一种已知电导率值的溶液，先求出电导池常数 K_{cell}，然后把待测溶液注入该电导池测出其电导值，再根据式(2-52)

求出其电导率。

溶液的摩尔电导率是指把含有 1mol 电解质的溶液置于相距为 1m 的两平行板电极之间的电导。以 Λ_m 表示，其单位为 $S \cdot m^2 \cdot mol^{-1}$。

摩尔电导率与电导率的关系：

$$\Lambda_m = \kappa / c \qquad (2\text{-}53)$$

式中，c 为该溶液的浓度($mol \cdot m^{-3}$)。对于弱电解质溶液来说，可以认为

$$\alpha = \Lambda_m / \Lambda_m^\infty \qquad (2\text{-}54)$$

式中，Λ_m^∞ 为溶液在无限稀释时的摩尔电导率。

把式(2-54)代入式(2-51)可得

$$K_c = \frac{c\Lambda_m^2}{\Lambda_m^\infty(\Lambda_m^\infty - \Lambda_m)} \qquad (2\text{-}55)$$

或

$$c\Lambda_m = (\Lambda_m^\infty)^2 K_c \frac{1}{\Lambda_m} - \Lambda_m^\infty K_c \qquad (2\text{-}56)$$

以 $c\Lambda_m$ 对 $1/\Lambda_m$ 作图，其直线的斜率为 $(\Lambda_m^\infty)^2 K_c$，若已知 Λ_m^∞ 值，就可求算 K_c。

2. CaF_2(或 $BaSO_4$、$PbSO_4$)饱和溶液溶度积(K_{sp})的测定

利用电导法能方便地求出微溶盐的溶解度，进而得到其溶度积值。CaF_2 的溶解平衡可表示为

$$CaF_2 \rightleftharpoons Ca^{2+} + 2F^-$$

$$K_{sp} = c(Ca^{2+}) \cdot [c(F^-)]^2 = 4c^3 \qquad (2\text{-}57)$$

微溶盐的溶解度很小，饱和溶液的浓度则很低，所以式(2-53)中 Λ_m 可以认为就是 Λ_m^∞(盐)，c 为饱和溶液中微溶盐的溶解度。

$$\Lambda_m^\infty(盐) = \frac{\kappa_{盐}}{c} \qquad (2\text{-}58)$$

式中，$\kappa_{盐}$是纯微溶盐的电导率。实验中所测定的饱和溶液的电导率值为盐与水的电导率之和：

$$\kappa_{溶液} = \kappa_{H_2O} + \kappa_{盐} \qquad (2\text{-}59)$$

这样，可由测得的微溶盐饱和溶液的电导率利用式(2-59)求出 $\kappa_{盐}$，再利用式(2-58)求出溶解度，最后求出 K_{sp}。

【试剂及仪器】

KCl($10.0mol \cdot m^{-3}$)，HAc($100.0mol \cdot m^{-3}$)，CaF_2(或 $BaSO_4$、$PbSO_4$，AR)。

电导(率)仪，超级恒温水浴锅，电导池，电导电极，容量瓶(100mL)，移液管(25mL、50mL)，洗瓶，洗耳球。

【操作步骤】

(1) HAc 电离常数的测定。在 100mL 容量瓶中配制浓度为原始乙酸($100.0mol \cdot m^{-3}$)浓度

的 1/4、1/8、1/16、1/32、1/64 的溶液 5 份。将恒温槽温度调至(25.0±0.1)℃或(30.0±0.1)℃,按图 2-27 所示使恒温水流经电导池夹层进行。

(2) 测定电导水的电导率。用电导水洗涤电导池和铂黑电极 2～3 次,然后注入电导水,恒温后测其电导(率)值,重复测定三次(方法可参照"知识拓展")。

(3) 测定电导池常数 K_{cell}。倾去电导池中蒸馏水,将电导池和铂黑电极用少量的 $10.00\,mol\cdot m^{-3}$ KCl 溶液洗涤 2～3 次后,装入 $10.00\,mol\cdot m^{-3}$ KCl 溶液,恒温后,用电导仪测其电导,重复测定三次。

(4) 测定 HAc 溶液的电导率。倾去电导池中电导水,将电导池和铂黑电极用少量待测溶液洗涤 2～3 次,最后注入待测溶液。恒温约 10min,用电导(率)仪测其电导(率),每份溶液重复测定三次。按照浓度由小到大的顺序,测定 5 种不同浓度 HAc 溶液的电导(率)。

(5) CaF_2(或 $BaSO_4$、$PbSO_4$)饱和溶液溶度积 K_{sp} 的测定。取约 1g CaF_2(或 $BaSO_4$、$PbSO_4$),加入约 80mL 电导水,煮沸 3～5min,静置片刻后倾掉上层清液。再加电导水,煮沸,再倾掉清液,连续进行五次,第四次和第五次的清液放入恒温筒中恒温,分别测其电导(率)。若两次测得的电导(率)值相等,则表明 CaF_2(或 $BaSO_4$、$PbSO_4$)中的杂质已清除干净,清液即为饱和 CaF_2(或 $BaSO_4$、$PbSO_4$)溶液。实验完毕后仍将电极浸在蒸馏水中。

【数据记录及处理】

(1) 由 KCl 溶液电导率值计算电导池常数。

(2) 将实验数据列于表 2-19 中并计算乙酸溶液的电离常数、HAc 原始浓度。

表 2-19　实验数据

$c/(mol\cdot m^{-3})$	G/S	$\kappa/(S\cdot m^{-1})$	$\Lambda_m/(S\cdot m^2\cdot mol^{-1})$	$\Lambda_m^{-1}/(S^{-1}\cdot m^{-2}\cdot mol)$	$c\Lambda_m/(S\cdot m^{-1})$	α	$K_c/$ $(mol\cdot m^{-3})$

(3) 按式(2-56)以 $c\Lambda_m$ 对 $1/\Lambda_m$ 作图应得一直线,直线的斜率为 $(\Lambda_m^\infty)^2 K_c$,由此求得 K_c,并与上述结果进行比较。

(4) 计算 CaF_2(或 $BaSO_4$、$PbSO_4$)的 K_{sp}。

表 2-20　实验数据

G(电导水):____；　κ(电导水):____

G(溶液)/S	κ(溶液)/$(S\cdot m^{-1})$	G(盐)/S	κ(盐)/$(S\cdot m^{-1})$	$c/(mol\cdot m^{-3})$	K_{SP}

【注意事项】

(1) 电导池不用时,应把两铂黑电极浸在蒸馏水中,以免干燥致使表面发生改变。

(2) 实验中温度要恒定,测量必须在同一温度下进行。恒温槽的温度要控制在(25.0±0.1)℃或(30.0±0.1)℃。

(3) 测定前,必须将电导电极及电导池洗涤干净,以免影响测定结果。

【思考与讨论题】

(1) 为什么要测电导池常数？如何得到该常数？

(2) 测电导时为什么要恒温？实验中测电导池常数和溶液电导，温度是否要一致？

(3) 实验中为何使用镀铂黑电极？使用时注意事项有哪些？

(4) 电导与温度有关，通常温度升高 1℃电导平均增加 1.9%，即 $G_t = G_{25}\left[1 + \dfrac{1.3}{100}(t - 25)\right]$。

(5) 普通蒸馏水中常含有 CO_2 等杂质，故存在一定电导。因此，实验所测的电导值是欲测电解质和水的电导的总和。因此做电导实验时需要纯度较高的水，称为电导水。其制备方法通常是在蒸馏水中加入少许高锰酸钾，用石英或硬质玻璃蒸馏器再蒸馏一次。

本实验约需 4h。

【知识拓展】电导测量及仪器

1. 电导及电导率

电解质电导是熔融盐和碱的一种性质，也是盐、酸溶液和碱溶液的一种性质。电导的物理化学参量不仅反映了电解质溶液中离子存在的状态及运动的信息，而且由于稀溶液中电导与离子浓度之间的简单线性关系，而被广泛用于分析化学与化学动力学过程的测试。

电导是电阻的倒数，因此电导值的测量实际上是通过电阻值的测量再换算得到的。溶液电导测定时，由于离子在电极上会发生放电，产生极化，因而测量电导时要使用频率足够高的交流电，以防止电解产物的产生。所用的电极是镀铂黑的，以减少超电位，并且用零点法使电导的最后读数在零电流时记取，这也是超电位为零的位置。

$$k = G \frac{l}{A}$$

式中，l 为测定电解质溶液时两电极间距离(m)；A 为电极面积(m^2)；G 为电导(S)；κ 为电导率，指面积为 $1m^2$，两电极相距 $1m$ 时，溶液的电导，单位为 $S \cdot m^{-1}$。

电解质溶液的摩尔电导率 Λ_m 是指把含有 1mol 的电解质溶液置于相距为 1m 的两个电极之间的电导。若溶液浓度为 $c(mol \cdot L^{-1})$，则含有 1mol 电解质溶液的体积为 10^{-3} m^3。摩尔电导率的单位为 $S \cdot m^2 \cdot mol^{-1}$。

$$\Lambda_m = k \times \frac{10^{-3}}{c}$$

若用同一仪器依次测定一系列液体的电导，由于电极面积(A)与电极间距离(l)保持不变，则相对电导就等于相对电导率。

2. 电导的测量及仪器——平衡电桥法

测定电解质溶液电导时，可用交流电桥法，其简单原理如图 2-28 所示。

将待测溶液装入具有两个固定的镀有铂黑的铂电极的电导池中，电导池内溶液电阻为

$$R_x = \frac{R_2}{R_1} \cdot R_3$$

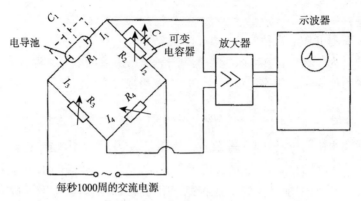

图 2-28　交流电桥装置示意图

因为电导池的作用相当于一个电容器，故电桥电路就包含一个可变电容 C，调节电容 C 来平衡电导池的容抗，将电导池接在电桥的一臂，以 1000Hz 的振荡器作为交流电源，以示波器作为零电流指示器(不能用直流检流计)，在寻找零点的过程中，电桥输出信号十分微弱，因此示波器前加一放大器，得到 R_x 后，即可换算成电导。

3. DDS-11 型电导率仪

测量电解质溶液的电导率时，目前广泛使用 DDS-11 型电导率仪，它的测量范围广，操作简便，当配上适当的组合单元后，可达到自动记录的目的。测量原理如图 2-29 所示。

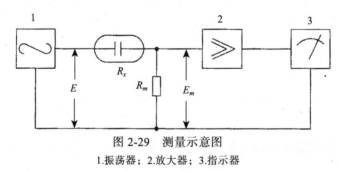

图 2-29　测量示意图
1.振荡器；2.放大器；3.指示器

$$E_m = ER_m /(R_m + R_x) = ER_m /(R_m + Q/k)$$

由上式可知，当 E、R_m 和 Q 均为常数时，电导率 κ 的变化必将引起 E_m 作相应变化，所以测量 E_m 的大小，也就测得液体电导率的数值。

测量范围：① $0\sim10^5\mu S\cdot cm^{-1}$，分 12 个量程；②配套电极有 DJS-1 型光亮电极、DJS-1 型铂黑电极、DJS-10 型铂黑电极；③量程范围与配套电极列在表 2-21 中。

使用方法：DDS-11 A 型电导率仪的面板如图 2-30 所示。

(1) 未开电源前，观察表头指针是否指在零，如不指零，则应调整表头上的调零螺丝，使表针指零。将校正、测量开关拨在"校正"位置。

(2) 将电源插头先插在仪器插座上，再接电源。打开电源开关，并预热几分钟，待指针完全稳定下来为止。调节校正调节器，使电表满度指示。

表 2-21　量程范围与配套电极

量　程	电导率/($\mu S \cdot cm^{-1}$)	测量频率	配套电极
1	0～0.1	低周	DJS-1 型光亮电极
2	0～0.3	低周	DJS-1 型光亮电极
3	0～1	低周	DJS-1 型光亮电极
4	0～3	低周	DJS-1 型光亮电极
5	0～10	低周	DJS-1 型光亮电极
6	0～30	低周	DJS-1 型铂黑电极
7	0～10^2	低周	DJS-1 型铂黑电极
8	0～3×10^2	低周	DJS-1 型铂黑电极
9	0～100	高周	DJS-1 型铂黑电极
10	0～3×10^3	高周	DJS-1 型铂黑电极
11	0～10^4	高周	DJS-1 型铂黑电极
12	0～10^5	高周	DJS-10 型铂黑电极

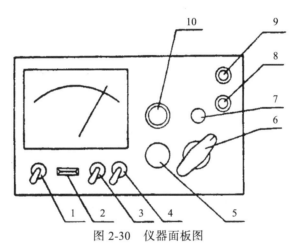

图 2-30　仪器面板图

1.电源开关；2.氖泡；3.高周、低周开关；4.校正、测量开关；5.校正调节器；6.量程选择开关；
7.电容补偿调节器；8.电极插口；9.10mV 输出插口；10.电极常数调节器

(3) 根据液体电导率的大小选用低周或高周开关,将开关指向所选择频率(参照表 2-21)。

(4) 将量程选择开关拨到所需要的测量范围。如预先不知道待测液体的电导率范围,应先把开关拨在最大测量挡,然后逐挡下调。

(5) 根据液体电导率的大小选用不同电极,使用 DJS-1 型光亮电极和 DJS-1 型铂黑电极时,把电极常数调节器调节在与配套电极的常数相对应的位置上。例如,配套电极常数为0.95,则电极常数调节器上的白线调节在 0.95 的位置处。如选用 DJS-10 型铂黑电极,这时应把调节器调在 0.95 位置上,再将测得的读数乘以 10,即为待测液的电导率。

(6) 使用电极时,用电极夹夹紧电极的胶木帽,并通过电极夹把电极固定在电极杆上,将电极插头插入电极插口内。旋紧插口上的紧固螺丝,再将电极浸入待测溶液中。

(7) 将校正、测量开关拨在"校正"处，调节校正调节器使指针指示在满刻度。

(8) 将校正、测量开关拨向"测量"，这时指示读数乘以量程开关的倍率，即为待测液的实际电导率。例如，量程开关放在 $0\sim10^3\mu S\cdot cm^{-1}$ 挡，电表指示为 0.5h，则被测液电导率为 $0.5\times10^3\mu S\cdot cm^{-1}=500\mu S\cdot cm^{-1}$。

(9) 用量程开关指向黑点时，读表头上刻度($0\sim1.0\mu S\cdot cm^{-1}$)的数；量程开关指向红点时，读表头上刻度为 $0\sim3$ 的数值。

(10) 当用 $0\sim0.1\mu S\cdot cm^{-1}$ 或 $0\sim0.3\mu S\cdot cm^{-1}$ 这两挡测量纯水时，在电极末端浸入溶液前，调节电容补偿器，使电表指示为最小值(此最小值是电极铂片间的漏电阻，由于此漏电阻的存在，调节电容补偿器时电表指针不能达到零点)，然后开始测量。

4. 注意事项

①电极的引线不能潮湿，否则测不准；②高纯水被盛入容器后要迅速测量，否则空气中 CO_2 溶入水中，将引起电导率的快速增加；③盛待测溶液的容器需排除离子的沾污；④每测一份样品后，用蒸馏水冲洗，用吸水纸吸干时，切忌擦及铂黑，以免铂黑脱落，引起电极常数的改变。可将待测液淋洗三次后再进行测定。

5. DDS-11A(T)数字电导率仪

DDS-11A(T)数字电导率仪采用相敏检波技术和纯水电导率温度补偿技术。仪器特别适用于纯水、超纯水电导率的测量。仪器面板如图 2-31 所示。

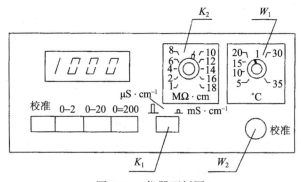

图 2-31　仪器面板图

K_1. 量程转换开关；K_2. 纯水补偿转换开关；W_1. 温度补偿电位器；W_2. 调节仪器满度(电极常数)电位器

1) 主要技术性能

测量范围 $0\sim2\ S\cdot cm^{-1}$，精确度 $\pm1\%$(F·s)，温度补偿范围 $1\sim18M\Omega\cdot cm$ 纯水。

2) 仪器的使用

(1) 接通电源，预热 30min。

(2) 将温度补偿电位器(W_1)旋钮刻度线对准 25℃，按下"校正"键，调节"校正"电位器(W_2)，使显值与所配用电极常数相同。例如，电极常数为 1.08，调节仪器数显为 1.080；电极常数为 0.86，调节仪器数显为 0.860；若电极常数为 0.01、0.1 或 10 的电极，必须将电极上所标常数值除以标称值。例如，电极上所标常数为 10.5，则调节仪器数显为 1.050。即调节"校正"电位器时，电导电极需浸入待测溶液。

$$\frac{10.5(\text{电极常数值})}{10(\text{电极常数标称值})} = 1.050$$

(3) 测定时，按下相应的量程键，仪器读数即是被测溶液的电导率值。

若电极常数标称值不是 1，则所测的读数应与标称值相乘，所得结果才是被测溶液的电导率值。例如，电极常数标称值是 0.1，测定时，数显值为 $1.85\mu S \cdot cm^{-1}$，则此溶液实际电导率值是 $1.85 \times 0.1 = 0.185(\mu S \cdot cm^{-1})$；电极常数标称值是 10，测定时，数显值为 $284\mu S \cdot cm^{-1}$，则此溶液实际电导率值是 $284 \times 10 = 2840(\mu S \cdot cm^{-1}) = 2.84(mS \cdot cm^{-1})$。

3) 温度补偿的使用

①根据所测纯水纯度($M\Omega \cdot cm$)，将纯水补偿转换开关(K_2)置于相应档位，温度补偿置于 25℃；②按下校正键，调节校正旋钮，按电极常数调节仪器数显值；③按下相应量程，调节温度补偿器(W_1)至纯水实际温度值，仪器数显值即换算成 25℃时纯水的电导率值。

6. 使用注意事项

(1) 电极的引线、连接杆不能受潮或沾污。

(2) 在 K_1(量程转换开关)转换时，一定要对仪器重新校正。

(3) 选用电极一定要按表 2-22 规定，即低电导时(如纯水)用光亮电极，高电导时用铂黑电极。

(4) 应尽量选用读数接近满度值的量程测量，以减少测量误差。

(5) 校正仪器时，温度补偿电位器(W_1)必须置于 25℃位置。

(6) W_1 置于 25℃，K_2 不变，各量程的测量结果均未温度补偿。

表 2-22　电极选用

量程	开关(K_1)	测量范围/($\mu S \cdot cm^{-1}$)	采用电极
0~2		0~2	$J=0.01$ 或 0.1 电极
0~20	$\mu S \cdot cm^{-1}$	0~20	$J=1$ 光亮电极
0~200		0~200	DJS-1 铂黑电极
0~2		0~2000	DJS-1 铂黑电极
0~20	$mS \cdot cm^{-1}$	0~20 000	DJS-1 铂黑电极
0~20		0~2×10^5	DJS-10 铂黑电极
0~200		0~2×10^6	DJS-10 铂黑电极

2.21　电导率法测定硫酸钡溶度积常数

【实验目的】

(1) 熟悉电导率仪的使用方法以及工作原理。

(2) 学习电导率法测定 $BaSO_4$ 溶度积常数的原理和实验方法。

【实验原理】

电阻：R；单位：Ω。

电导：$G = \dfrac{1}{R}$；单位：S，$1S = 1A \cdot V^{-1}$。

恒温下的溶液：$R \propto \dfrac{L}{A}$，即 $R = \rho \dfrac{L}{A}$，ρ 为电阻率；单位：$\Omega \cdot cm$。

电导率：$\gamma = \dfrac{1}{\rho}$；单位：$S \cdot m^{-1}$。

将 $R = \rho \dfrac{L}{A}$ 和 $\gamma = \dfrac{1}{\rho}$ 代入 G 的表达式，得 $G = \gamma \dfrac{A}{L}$，即 $\gamma = \dfrac{L}{A} G$。

电极一定(L、A 一定)，$\dfrac{L}{A}$ 为电导池常数(如 DS-1 型铂黑电极的电导池常数为 0.98)。

电解质溶液：$\gamma \propto G$，γ 与电解质总浓度及其电离度有关。摩尔电导 λ，单位：$S \cdot m^2 \cdot mol^{-1}$(即 $c = 1 mol \cdot m^3$ 时，溶液的电导率)；$\gamma = \lambda \cdot C$，单位 $S \cdot m^{-1}$。

根据离子独立定律，极限摩尔电导 λ_∞ 可以从离子无限稀释的摩尔电导率计算出来；而溶液的摩尔电导 λ 则可以通过电导率 γ 的测定求得。

对于 $BaSO_4$ 饱和溶液：

$$BaSO_4 \Longrightarrow Ba^{2+} + SO_4^{2+}$$

这里可以把它看成是无限稀释溶液，

$$\lambda_{\infty BaSO_4} = 2\lambda_{\frac{1}{1}BaSO_4} = 2\left(\lambda_{\infty \frac{1}{2}Ba^{2+}} + \lambda_{\infty \frac{1}{2}SO_4^{2-}}\right)$$

$$= 2 \times (63.6 + 80) = 287.2\ (S \cdot cm^2 \cdot mol^{-1}) = 2 \times (63.6 + 80) \times 10^{-4}\ S \cdot cm^2 \cdot mol^{-1}$$

以水为溶剂时，$\lambda_{BaSO_4} = \gamma_{BaSO_4(溶液)} - \gamma_{H_2O}$，$c_{BaSO_4} = \dfrac{\gamma_{BaSO_4}}{\lambda_{\infty BaSO_4}}$

$\because$　$BaSO_4 \Longrightarrow Ba^{2+} + SO_4^{2+}$　　　　$K_{sp} = [Ba^{2+}][SO_4^{2+}] = c_{BaSO_4}^2$

$\therefore$ $K_{sp(BaSO_4)} = c_{BaSO_4}^2 = \left(\dfrac{\gamma_{BaSO_4}}{\lambda_{\infty BaSO_4}}\right)^2$，即 $K_{sp(BaSO_4)} = c_{BaSO_4}^2 = \left(\dfrac{\gamma_{BaSO_4(溶液)} - \gamma_{H_2O}}{\lambda_{\infty BaSO_4}}\right)^2$

【试剂及仪器】

$BaCl_2$(AR)，$Na_2SO_4 \cdot 10H_2O$(AR)，$AgNO_3$($0.01 mol \cdot L^{-1}$)，二次蒸馏水。

DDS-11A 型电导率仪或者 DDS-11 型电导仪，电动离心机，烧杯(50mL)，量筒(50mL)，药勺。

【操作步骤】

1. 饱和 $BaSO_4$ 溶液的制备

(1) 取 40mL 二次蒸馏水于干净的小烧杯中，加入 0.5g $BaSO_4$ 粉，加热煮沸 2～5min 并不断搅拌，静置，冷却。

(2) 取 $BaCl_2$ 固体 0.2g、$Na_2SO_4 \cdot 10H_2O$ 固体 0.3g 加入到 40mL 二次蒸馏水中，加热煮

沸 2～5min 并不断搅拌，静置，冷却。

2. 电导率测定

(1) 取 40mL H₂O，用 DDS-11A 型电导率仪测其电导率(约 0.1～0.2μS·cm⁻¹)，重复三次。

(2) 取 1.(1)的 40mL BaSO₄ 溶液上清液，测其电导率约 0.5μS·cm⁻¹，重复三次。

(3) 取 1.(2)的 40mL BaSO₄ 溶液上清液，测其电导率 0.5μS·cm⁻¹，重复三次。用水洗净电极头，保存好。

【数据记录及处理】

对放置 3 天的 BaSO₄ 溶液进行电导率测定，记录数据。

常用理论值：$K_{sp}(BaSO_4) = 1.14 \times 10^{-10}$。本实验值与理论值差别较大，与使用的蒸馏水纯度有关，也与其他因素有关。

【注意事项】

(1) 电导池不用时，应把两铂黑电极浸在蒸馏水中，以免干燥致使表面发生改变。

(2) 实验中温度要恒定，测量必须在同一温度下进行。恒温槽的温度要控制在(25.0± 0.1)℃或(30.0± 0.1)℃。

(3) 测定前，必须将电导电极及电导池洗涤干净，以免影响测定结果。

【思考与讨论题】

(1) 为什么要测纯水的电导率？

(2) 什么是极限摩尔电导？测定时需要注意什么？

(3) 什么情况下可用测定的电导率计算溶液的浓度？

本实验约需 3h。

2.22　选择性电极法测定氯化铝溶度积常数

【实验目的】

(1) 掌握直接电位法测定氯离子含量及溶度积常数的原理和方法。

(2) 学会使用 pHS-2C 型精密酸度计。

【实验原理】

以氯离子选择性电极为指示电极，双液接甘汞电极为参比电极，插入试液中组成工作电池(图 2-32)。当氯离子浓度在 1～10⁻⁴mol·L⁻¹ 范围内时，在一定的条件下，电池电动势与氯离子活度的对数呈线性关系：

$$E = K - \frac{2.303R}{nF}\lg\alpha_{Cl^-}$$

分析工作中要求测定的是离子的浓度 c_i，根据 $\alpha_i = \gamma_i c_i$ 的关系，可以在标准溶液和被测溶液中加入总离子强度调节缓冲液(TISAB)，使溶液的离子强度保持恒定，从而使活度系数 γ_i 为一常数，$\lg\gamma_i$ 可并入 K 项中以 K' 表示，设 $T=298K$，则上式可变为

$$E = K' - 0.059 \lg c_{Cl^-}$$

即电池电动势与被测离子浓度的对数呈线性关系。

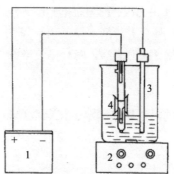

图 2-32　用 Cl⁻选择电极测定 a_{Cl^-} 的工作电池示意图
1.通用离子剂；2.电磁搅拌器；3.Cl⁻选择电极；4.双液接甘汞电极

　　一般的离子选择性电极都有其特定的 pH 使用范围，本实验所用的 301 型氯离子选择性电极的最佳 pH 范围为 2～7，这个 pH 范围是通过加入总离子强度调节缓冲液(TISAB)来控制的。在含有难溶盐 $PbCl_2(s)$ 固体的饱和溶液中，存在着下列平衡反应：

$$PbCl_2\,(s) \rule[0.5ex]{3em}{0.4pt} Pb^{2+} + 2Cl^- \quad 且 \quad \left[Pb^{2+}\right] = \frac{\left[Cl^-\right]}{2}$$

按溶度积规则：

$$K_{sp,\,PbCl_2} = [Pb^{2+}][Cl^-]^2 = \frac{1}{2}[Cl^-][Cl^-]^2 = \frac{1}{2}[Cl^-]^3$$

由氯离子选择性电极测得饱和 $PbCl_2$ 溶液中的 Cl^- 后，即可求得 $K_{sp,\,PbCl_2}$。

【试剂及仪器】

　　NaCl 标准溶液($1.00\,mol\cdot L^{-1}$)，总离子强度调节缓冲液(TISAB，由 $NaNO_3$ 加 HNO_3 组成，pH 为 2～3)。

　　pHS-2S 型酸度计，301 型氯离子选择性电极，217 型双液接甘汞电极(内盐桥为饱和 KCl 溶液，外盐桥为 $0.1\,mol\cdot L^{-1}KNO_3$ 溶液)，电磁搅拌器。

【操作步骤】

1. 标准曲线的制作

　　(1) 氯离子系列标准溶液的配制。吸取 $1.00\,mol\cdot L^{-1}$氯离子标准溶液 10.00mL 置于 100mL 容量瓶中，加入 TISAB 10mL 用蒸馏水稀释至刻度，摇匀，得 $pCl_1=1$。

　　吸取 $pCl_1=1$ 的溶液 10.00mL 置于另一 100mL 容量瓶中，加入 TISAB 9mL 用蒸馏水稀释至刻度，摇匀，得 $pCl_2=2$。

　　吸取 $pCl_2=2$ 的溶液 10.00mL 置于另一 100mL 容量瓶中，加入 TISAB 9mL 配得 $pCl_3=3$，用同样的方法依次配制 $pCl_4=4$，$pCl_5=5$。

(2) 氯离子系列标准溶液平衡电动势的测定。将标准溶液系列由稀到浓逐个转入小烧杯中，将指示电极和参比电极浸入被测溶液中，加入搅拌珠，开动电磁搅拌器，按下读数开关，这时指针所指位置即为被测液的电动势值。若指针超出读数刻度，可调节分挡开关到适当位置，使指针在可读范围内。待指针明显变化即可读数。结果记录于表 2-23 中。

表 2-23　电动势的测定

pCl	pCl$_1$=1	pCl$_2$=2	pCl$_3$=3	pCl$_4$=4	pCl$_5$=5
E/mV					

2. 试样中氯离子的测定

(1) 吸取试样 10.00mL 置于 100mL 容量瓶中，加 10mL TISAB，加蒸馏水稀释至刻度，测定其电位值 E_x。

(2) 如欲测定自来水中的氯离子含量，可精确量取自来水 50.00mL 于 100mL 容量瓶中，加 10 mL TISAB，加蒸馏水稀释至刻度，摇匀，以上述同样方法测定其电位值。

3. 饱和 PbCl$_2$ 溶液平衡电动势的测定

用移液管吸取 10mL PbCl$_2$ 饱和溶至 100mL 容量瓶中，加入 10mL TISAB，用去离子水稀释至刻度，测定其电位值 E_x，计算 PbCl$_2$ 溶度积。

【数据记录及处理】

(1) 以表格形式记录实验测定数据。

(2) 绘制工作曲线。按照氯离子系列标准溶液的数据，以电位值 E 为纵坐标，pCl 为横坐标绘制标准曲线(可由 HG 软件绘制)。

(3) 在标准曲线上找出 E_x 值相应的 pCl，求容量瓶中氯离子的浓度，换算出试样中氯离子的总含量，以 mg·L^{-1} 表示，并求出饱和 PbCl$_2$ 中[Cl$^-$]，算出 $K_{sp, PbCl_2}$。

(4) 可用微机编程，将工作曲线的回归方程算出，同时可得到相关系数 γ，以检验工作曲线的线性(一般 $\gamma > 0.995$)，将未知的 E_x 输入微机，即可计算得到试样中氯离子含量。

【注意事项】

(1) 氯离子选择性电极在使用前应在 10^{-3}mol·L^{-1} NaCl 溶液中浸泡活化 1h，再用去离子水反复清洗至空白电势值达 -260mV 以上方可使用，这样可缩短电极响应时间并改善线性关系；电极响应膜切勿用手指或尖硬的东西碰划，以免沾上油污或损坏，影响测定；使用后立即用去离子水反复冲洗，以延长电极使用寿命。

(2) 双液接甘汞电极在使用前应拔去加在 KCl 溶液小孔处的橡皮塞，以保持足够的液压差，并检查 KCl 溶液是否足够；由于测定的是 Cl$^-$，为防止电极中的 Cl$^-$渗入被测液而影响测定，需要加 $0.1mol\cdot L^{-1}$ KNO_3 溶液作为外盐桥。由于 Cl^- 不断渗入外盐桥，所以外盐桥内的 KNO_3 溶液不能长期使用，应在每次实验后将其倒掉洗净、放干，在下次使用时重新加入 $0.1mol\cdot L^{-1}$ KNO_3 溶液。

(3) 安装电极时，两支电极不要彼此接触，也不要碰到杯底或杯壁。每次测定后，必须先将读数开关放开，再使用电极离开被测液，以免指针剧烈摇摆。每次测试前，需要少量被测液将电极与烧杯淋洗三次。

(4) 切勿把搅拌子连同废液一起倒掉。

【思考与讨论题】

(1) 为什么要加入总离子强度调节缓冲液？

(2) 本实验中与电极响应的是氯离子的活度还是浓度？为什么？

(3) 氯离子选择性电极在使用前为什么要浸泡活化 1h？

(4) 本实验中为什么要用双液接甘汞电极而不用一般的甘汞电极？使用双液接甘汞电极时应注意什么？

本实验约需 4h。

2.23　完全互溶双液系的气-液平衡相图

【实验目的】

(1) 绘制环己烷-乙醇双液系的气-液平衡相图，了解相图和相律的基本概念。

(2) 掌握测定双组分液体的沸点及正常沸点的方法。

(3) 掌握用折射率确定二元液体组成的方法。

【实验原理】

在常温下，任意两种液体混合组成的体系称为双液体系。若两液体能按任意比例相互溶解，则称为完全互溶双液体系，若只能部分互溶，则称部分互溶双液体系。

液体的沸点是指液体的蒸气压与外界大气压相等时的温度。在一定的外压下，纯液体有确定的沸点。而双液体系的沸点不仅与外压有关，还与双液体系的组成有关。图 2-33 是一种最简单的完全互溶双液系的 $T-X$ 图。图中纵轴是温度(沸点) T，横轴是液体 B 的摩尔分数 X_B(或质量百分组成)，上面一条是气相线，下面一条是液相线，对应于同一沸点温度的二曲线上的两个点，就是互相成平衡的气相点和液相点，其相应的组成可从横轴上获得。因此如果在恒压下将溶液蒸馏，测定气相馏出液和液相蒸馏液的组成就能绘出 $T-X$ 图。

如果液体与拉乌尔定律的偏差不大，在 $T-X$ 图上溶液的沸点介于 A、B 二纯液体的沸点之间(图 2-34)，实际溶液由于 A、B 二组分的相互影响，常与拉乌尔定律有较大偏差，在 $T-X$ 图上会有最高或最低点出现，如图 2-34 所示，这些点称为恒沸点，其相应的溶液称为恒沸点混合物。恒沸点混合物蒸馏时，所得的气相与液相组成相同，靠蒸馏无法改变其组成。如 HCl 与水的体系具有最高恒沸点，苯与乙醇的体系则具有最低恒沸点。

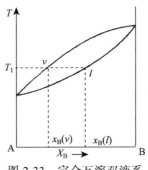

图 2-33　完全互溶双液系

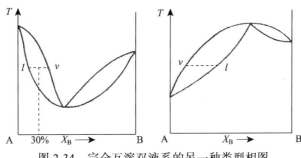

图 2-34　完全互溶双液系的另一种类型相图

本实验是用回流冷凝法测定环己烷-乙醇体系的 T-X 图。其方法是用阿贝折射仪测定不同组成的体系在沸点温度时气、液相的折射率,再从折射率-组成工作曲线上查得相应的组成,然后绘制 T-X 图。

【试剂及仪器】

环己烷(AR),无水乙醇(AR)。环己烷–乙醇系列溶液(以环己烷摩尔分数计,大约为 0.10,0.20,0.30,0.40,0.50,0.60,0.70,0.80 和 0.90)。

具塞刻度小试管,移液管(1mL、10mL),沸点仪,恒温槽,阿贝折射仪。

【操作步骤】

1. 工作曲线绘制

(1) 配制环己烷摩尔分数为 0.10,0.20,0.30,0.40,0.50,0.60,0.70,0.80,0.90 的环己烷-乙醇溶液各 10mL。计算所需环己烷和乙醇的质量,并用分析天平准确称取。为避免样品的挥发带来的误差,称量应尽可能迅速。各个溶液的确切组成可按实际称样结果精确计算。

(2) 调节超级恒温水浴温度,使阿贝折射仪的温度计读数保持在某一定值。测量上述 9 个溶液以及乙醇和环己烷的折射率。为适应季节的变化,可选择若干个温度进行测定,通常可为 25℃、30℃、35℃等。

(3) 用较大的坐标纸绘制若干条不同温度下的折射率-组成工作曲线。

2. 安装沸点仪

如图 2-35 所示,将干燥的沸点仪安装好。检查带有温度计的软木塞是否塞紧,电热丝要靠近烧瓶底部的中心。温度计水银球的位置应处在支管之下,但至少要高于电热丝 2cm。

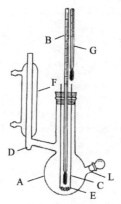

图 2-35　沸点仪实验装置示意图

A.盛液容器；B.测量温度计；C.小玻璃管；D.小球；E.电热丝；F.冷凝管；G.温度计；L.支管

3. 测定无水乙醇沸点

将沸点仪洗净、烘干，借助玻璃漏斗由支管加入无水乙醇，使液面达到温度计水银球的中部。注意电热丝应完全浸没于溶液中。打开冷却水，接通电源。用调压变压器由零开始逐渐加大电压，使溶液缓慢加热。液体沸腾后，再调节电压和冷却水流量，使液体能自小玻璃管喷溢，而蒸气在冷凝管中回流的高度保持在 2cm 左右。测温温度计的读数稳定后应再维持 3～5min 以使体系达到平衡。在这过程中，不时将小球中凝聚的液体倾入烧瓶。记下温度计的读数和露茎温度，并记录大气压力。

4. 取样并测定

切断电源，停止加热。用盛有冰水的 250mL 烧杯套在沸点仪底部使体系冷却。用一支干燥滴管自冷凝管口伸入小球，吸取其中全部冷凝液。用另一支干燥滴管由支管吸取圆底烧瓶内的溶液约 1mL。上述两者即可认为是体系平衡时气、液两相的样品。样品可以分别保存在带磨口塞的试管中。试管应放在盛有冰水的小烧杯中，以防止挥发。样品的转移要迅速，并应尽早测定其折射率。操作熟练后，也可将样品直接滴在折射仪毛玻璃上进行测定。最后，将溶液倒入指定的储液瓶。

5. 环己烷-乙醇系列溶液以及环己烷的测定

按前面两节所述步骤逐一测定各溶液的沸点及两相样品的折射率。如操作正确，系列溶液可回收供其他同学使用；测定后沸点仪也不必干燥。测定环己烷前，必须将沸点仪洗净并充分干燥。

6. 用所测实验原始数据绘制 T-X 草图，与文献值比较决定是否有必要重新测定某些数据

【数据记录及处理】

(1) 将实验中测得的折射率-组成数据列表，并绘制成工作曲线。

(2) 在精确的测定中，还要对温度计的外露水银柱进行温度校正和压力校正。温度校正：

$$t_{真}= t_{观}+kn(t_{观}- t_{环})$$

式中，$k = 0.000\,16$，为玻璃的相对膨胀系数；n 为水银柱露出器外的长度，用度数℃表示。

压力校正：

$$t_{正常} = t_{真} + \frac{(273 + t_{真})(760 - p)}{10 \times 760}$$

式中，p 为实验前后大气压力的平均值(mmHg)。

(3) 将实验中测得的沸点-折射率数据列表，并从工作曲线上查得相应的组成，获得沸点与组成的关系。

(4) 绘制沸点-组成图，并标明最低恒沸点和组成。

【注意事项】

(1) 由于整个体系并非绝对恒温，气、液两相的温度会有少许差别，因此沸点仪中，温度计水银球的位置应一半浸在溶液中，一半露在蒸气中。并随着溶液量的增加要不断调节水银球的位置。

(2) 实验中尽可能避免过热现象，为此每加两次样品后，可加入一小块石英海砂，同时要控制好液体的回流速度，不宜过快或过慢(回流速度的快慢可通过调节加热温度来控制)。

(3) 在每一份样品的蒸馏过程中，由于整个体系的成分不可能保持恒定，所以平衡温度会略有变化，特别是当溶液中两种组成的量相差较大时，变化更为明显。为此每加入一次样品后，只要待溶液沸腾，正常回流 1~2min 后，即可取样测定，不宜等待时间过长。

(4) 每次取样量不宜过多，取样时毛细滴管一定要干燥，不能留有上次的残液，气相取样口的残液也要擦干净。

(5) 整个实验过程中，通过折射仪的水温要恒定，使用折射仪时，棱镜不能触及硬物(如滴管)，擦拭棱镜用擦镜纸。

【思考与讨论题】

(1) 在该实验中，测定工作曲线时折射仪的恒温温度与测定样品时折射仪的恒温温度是否需要保持一致？为什么？

(2) 过热现象会对实验产生什么影响？如何在实验中尽可能避免？

(3) 在连续测定法实验中，样品的加入量应十分精确吗？为什么？

(4) 试分析哪些因素是本实验的误差主要来源。

本实验约需 4h。

【知识拓展】

利用完全互溶双液体系的 T-X 图测定沸点与组成的关系时，也可以用间歇方法测定。先配好不同质量百分数的溶液，按顺序依次测定其沸点及气相、液相的折射率。

将配好的第一份溶液加入沸点仪中加热，待沸腾稳定后，读取沸点温度，立即停止加热。取气相冷凝液和液相液体分别测其折射率。用滴管取尽沸点仪中的测定液，放回原试剂瓶中。在沸点仪中再加入新的待测液，用上述方法同样依次测定(注意：更换溶液时，务必用滴管取尽沸点仪中的测定液，以免带来误差)。

具有最低恒沸点的完全互溶双液体系很多，除了上面叙述的环己烷-乙醇体系外，再介绍一个异丙醇-环己烷体系。实验中这两个体系的工作曲线及 T-X 图的绘制方法完全相同，只是样品的加入量有所区别，现介绍如下。

右半分支：先加入 20mL 异丙醇，然后依次加入 1mL、1.5mL、2.0mL、2.5mL、3.0mL、6.0mL、25.0mL 环己烷。

左半分支：加入 50mL 环己烷，依次加入 0.3mL、0.5mL、0.7mL、1.0mL、2.5mL、5.0mL、12.0mL 异丙醇。

2.24　三氯甲烷-乙酸-水三相液系相图的绘制

【实验目的】

(1) 掌握用三角坐标表示三组分相图的方法。

(2) 用溶解度法绘制具有一对共轭溶液的三组分相图。

【实验原理】

绘制相图就需要通过实验获得平衡时各相的组成及两相的连接线，即先使体系达到平衡，然后把各相分离，再用化学分析法或者物理方法确定达成平衡时各相的组成。但体系达到平衡的时间可以相差很大。对于互溶的液体，一般平衡达到的时间很快；对于溶解度较大但不生成化合物的水盐体系，也容易达到平衡；对于一些难溶的盐，则需要相当长的时间，如几个昼夜。由于结晶过程往往要比溶解过程快得多，所以通常把样品置于较高的温度下，使其溶解较多，然后将其移至温度较低的恒温槽中，使之结晶，加速达到平衡，另外，摇动、搅拌、加大相界面也能加快各相间的扩散速度，加速达到平衡。

水和 $CHCl_3$ 的相互溶解度很小，而乙酸却与水、$CHCl_3$ 互溶。在水和 $CHCl_3$ 组成的两相混合物中加入乙酸，能增大水和 $CHCl_3$ 间的互溶度，乙酸越多，互溶度越大，当加入乙酸到某一数量时，水和 $CHCl_3$ 能完全互溶，原来由两相组成的混合体系由浑浊变清亮。在温度恒定的情况下，使两相体系变成均匀的混合物所需要的乙酸量，取决于原来混合物中水和 $CHCl_3$ 的比例。同样，把水加到乙酸和 $CHCl_3$ 的均相混合物中时，当水达到一定数量，原来的均相体系变成水相和 $CHCl_3$ 相的两相混合体系，体系由清变浑。使体系变成两相所需要的水量，取决于乙酸和 $CHCl_3$ 的起始成分，因此利用体系在相变化时的浑浊和清亮现象的出现，可以判断体系中各组分间互溶度的大小。一般由清到浊，肉眼比较容易分辨。所以实验利用向均相样品中加入第三物质使之变成两相的方法，测定两相间的相互溶解度。

当两相共存并达到平衡时，将两相分离，测得两相的成分，然后用直线连接这两点，即得连接线。用等边三角形的方法表示三元相图。等边三角形的三个定点各代表纯组分，三角形三条边 AB、BC 和 CA 分别代表 A 和 B、B 和 C、C 和 A 所组成的二组分的组成，而三角形内任意一点表示三组分的组成。

如图 2-36 所示。经过 P 点作平行于三边的直线，并交于三边于 a、b、c 三点。若将三边均匀分成 100 等分，则 P 点的 A、B、C 组成分别为：$A\% = Cb$，$B\% = Ac$，$C\% = Ba$。

对共轭的三组分体系，即三组分中两对液体 AB 及 AC 完全互溶，而另一对 BC 不互溶或部分互溶的相图，如图 2-37 所示，图中 $DEFHIJKL$ 是互溶度曲线，EI 和 DJ 是连接线。互溶度曲线下是两相区，上面是一相区。

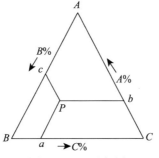

图 2-36　三元相图

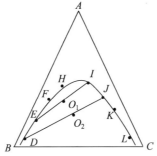

图 2-37　共轭三组分体系

绘制溶解度曲线的方法有许多种,本实验采用的方法是:将完全互溶的两组分(如 $CHCl_3$ 和乙酸)按照一定的比例配制成均相溶液(图 2-38 中 N 点),再向清亮溶液中滴加另一组分(如水),则系统点沿 BN 线移动,到 K 点时系统由清变浑。再往体系里加入乙酸,系统点则沿 AK 上升至 N' 点而变清亮。再加入水,系统点又沿 BN' 由 N' 点移至 J 点而再次变浑浊,再滴加乙酸使之变清,如此往复,最后连接 K、J、I 即可得到互溶度曲线。

【试剂及仪器】

$CHCl_3$(AR),冰醋酸(AR),NaOH($0.5mol·L^{-1}$),酚酞指示剂。

酸式滴定管(50mL),碱式滴定管(50mL),磨口锥形瓶(25mL、100mL、200mL),移液管(2mL、5mL、10mL)。

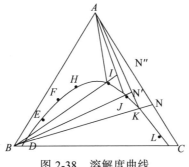

图 2-38　溶解度曲线

【操作步骤】

(1) 将磨口锥形瓶洗净,烘干。在洁净的酸式滴定管中装入蒸馏水,移取 6mL $CHCl_3$、1mL 乙酸于干燥洁净的 100mL 磨口锥形瓶中(标记 1 号),混合均匀。然后慢慢滴入水,边滴边摇动,直至溶液由清亮刚出现浑浊,即为终点,记录水的体积。再向体系中加入 2mL 乙酸,系统又成均相,继续用水滴定,使体系再次由清变浑,分别记录此时系统中 $CHCl_3$、乙酸及水的总毫升数。然后依次加入 3.5mL、6.5mL 乙酸,同上方法用水滴定,并记录体系中各组分的含量。最后加入 40mL 水,盖紧瓶塞,每隔 5min 振摇一次,约 30min 后将此溶液作测量连接线使用。

(2) 取另一 100mL 磨口锥形瓶(标记 2 号),移入 1mL $CHCl_3$ 和 3mL 乙酸,用水滴定至终点。然后再依次添加 2mL、5mL、6mL 乙酸,分别用水滴定至终点,记录各次各组分的用量。最后加入 9mL $CHCl_3$ 和 5mL 乙酸,混合均匀,每隔 5min 振摇一次,约 30min 后作为测量另一根连接线使用。

(3) 将 2 支 25mL 磨口锥形瓶称量,待用。将溶液 1 和溶液 2 静置,待溶液分层后,用干燥洁净的移液管吸取溶液 1 上层 2mL,下层 2mL,分别放入已经称量的 25mL 磨口锥形瓶中,再称其质量。然后用水洗,倒入 200mL 锥形瓶中,滴入酚酞,用已知浓度的 NaOH 溶液滴定,以测定其中乙酸含量。

(4) 同步骤(3),移取溶液 2 上层液 2mL 和下层液 2mL,称量并滴定。

【数据记录及处理】

1. 列表分别记录

根据实验内容自己设计表格记录溶液 1 和溶液 2 数据。

2. 溶解度曲线的绘制

根据溶液 1 数据,在三角坐标纸上,绘制各次滴定的组成点,然后用曲尺画出一条光滑曲线,即为水-$CHCl_3$ 在乙酸存在情况下的互溶度曲线。其中在 BC 边上的相点为实验温度、压力条件下,$CHCl_3$ 或 $CHCl_3$ 在水中的饱和溶液,可直接读出对应的溶解度。

3. 连接线的绘制

(1) 计算溶液 1、溶液 2 中最后的 $CHCl_3$、乙酸和水的含量,在三角相图(图 2-39)中绘制相应的物系点 O_1、O_2。

(2) 由所取各相的量及滴定用 NaOH 的体积,计算乙酸在各相中的百分数,并将点画在互溶度曲线上。描述水层内(上)乙酸含量的点画在含水成分多的一边;描述 $CHCl_3$ 层(下)内乙酸含量的点画在含 $CHCl_3$ 成分多的一边。

(3) 连接(2)所得的两个平衡液层的组成点,即为连接线,该连接线应该通过由(1)所得的系统物系点。

【注意事项】

(1) 体系组分之一是水,所用锥形瓶和移液管都需干燥。摇晃溶液判断是否出现两相时,要盖上瓶塞,以免组分挥发引起误差。

(2) 滴定时要一滴一滴加入,特别是乙酸含量比较少时(1 号溶液),更应特别注意(第一点所需水的体积很小),并不断振摇。在乙酸含量比较多时(2 号溶液),开始时可以滴得快一

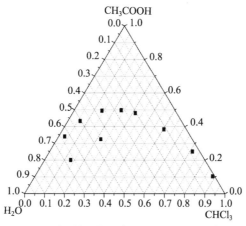

图 2-39 三元液系相图(压力 101.45kPa、温度 13.7℃)

点，接近终点时要慢慢滴定，因为这时溶液已经接近饱和，溶解平衡需要较长时间，因此更要多加振荡。由于分散的"油珠"颗粒能散射光线，所以只要体系出现浑浊并在 2~3min 不消失，即可认为已达到终点。

(3) 溶液 1 开始滴定时要一滴一滴加入，整个过程终点都比较明显；溶液 2 开始滴定时可以适当放快，但是滴定终点的判断一定要小心分辨，通常可拿一瓶水进行观察对比。最后 1 滴(低温时最后 2 滴)比较难以辨别。

(4) 采用酸式滴定管时手指应该将活塞往左推，注意不要用手心挤活塞，以防滴定过程中活塞漏水。

(5) 滴定过程中若不小心超过终点，可以再滴加几滴乙酸(记录加入量)，至刚由浑变清作为终点，记录实际各组分的用量。无需返工。

【思考与讨论题】

(1) 实验所用锥形瓶和移液管是否需要干燥？为什么？

(2) 为什么实验过程中出现浑浊可以认为达到终点？

本实验约需 4h。

【知识拓展】

(1) 不同温度时各物质的密度。

$$d_T = d_s + \alpha(T - T_s) \times 10^{-3} + \beta(T - T_s)^2 \times 10^{-6} + \gamma(T - T_s)^3 \times 10^{-9}$$
$$T_s = 273.2K$$

(2) 相关数据参数(表 2-24~表 2-26)。

(3) CHCl$_3$ 与水的互溶度。(表 2-27~表 2-28)

(4) 本实验受温度的影响，乙酸在低温时容易凝固，影响操作；但是温度高时，CHCl$_3$ 在水中的溶解度随着温度的升高而降低，因此在实验温度高时，由于共轭区域变小，溶液 2 在滴定操作判断滴定终点变难。如图 2-40 所示，组成为 N 的乙酸和 CHCl$_3$ 混合溶液，加水由清变浑到 I 点，再加醋酸变清亮到 I'，但是无论加多少水，体系已经进入单相区，也不可能变浑。改变方法：改变三组分体系为水-乙醇-CHCl$_3$ 体系，能让溶液 2 滴定终点明显；溶解度曲线的左半支改为在乙酸和水溶液中滴加 $CHCl_3$，初始组成水多、乙酸少。但缺点是 $CHCl_3$ 易于挥发。

表 2-24　相关参数(温度 13.7℃)压力

序号		CH₃COOH		CHCl₃		H₂O		W总 /g	W/ %		
		V/mL	W/g	V/mL	W/g	V/mL	W/g		CH₃COOH	CHCl₃	H₂O
	1	1.056 612 22	6	9.005 103 05	0.1	0.099 902 9	10.161 618	10.398 07	88.618 79	0.983 139 4
	3	3.169 836 65	6	9.005 103 05	0.45	0.449 562 9	12.624 503	25.108 606	71.330 359	3.561 034 8
1	6.5	6.867 979 4	6	9.005 103 05	2	1.998 057 5	17.871 14	38.430 561	50.389 08	11.180 358
	13	13.735 958 8	6	9.005 103 05	5.85	5.844 318 2	28.585 38	48.052 392	31.502 478	20.445 13
	13	13.735 958 8	6	9.005 103 05	45.85	45.805 468	68.546 53	20.038 8 83	13.137 212	66.823 905
	3	3.169 836 65	1	1.500 850 51	1.7	1.698 348 9	6.369 036	49.769 488	23.564 799	26.665 713
	5	5.283 061 08	1	1.500 850 51	3.9	3.896 212 1	10.680 124	49.466 291	14.052 745	36.480 964
2	10	10.566 122 2	1	1.500 850 51	12.3	12.288 054	24.355 026	43.383 744	6.162 385 1	50.453 871
	16	16.905 795 5	1	1.500 850 51	31.1	31.069 794	49.476 44	34.169 385	3.033 465	62.797 15
	21	22.188 856 5	10	15.008 505 1	31.1	31.069 794	68.267 156	32.502 975	21.984 957	45.512 068

表 2-25　相关参数

$(c_{NaOH}/(mol \cdot L^{-1})= 0.5937)$

溶　液		m(溶液)/g	V(NaOH)/mL	W(CH₃COOH)/%
1	上	2.0643	11.38	19.637 570 1
	下	2.9749	2.82	3.376 719 89
2	上	2.1104	20.58	34.737 526 5
	下	2.914	7.67	9.376 140 7

表 2-26　相关参数

各物质的温度		T/℃			13.7
常数值	Ds	α	β	γ	d/(g·mL⁻¹)
CHCl₃	1.526 4	−1.856	−0.531	−8.8	1.500 850 5
CH₃COOH	1.072	−1.122 9	0.005 8	−2	1.056 612 2
H₂O					0.999 028 8

表 2-27　CHCl₃ 在水中溶解度

温度/℃	0	10	20	30
W(CHCl₃)/%	105.2	88.8	81.5	77.0

表 2-28　水在 CHCl₃ 中的溶解度

温度/℃	3	11	17	22	31
W(H₂O)/%	1.9	4.3	6.1	6.5	10.9

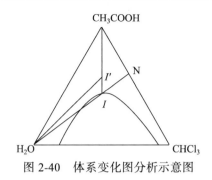

图 2-40　体系变化图分析示意图

(5) 实验所得的连接线未通过物系点，原因主要是溶液振荡分层平衡不够，多振荡，让乙酸水溶液与乙酸 $CHCl_3$ 溶液充分分层。

(6) 若用水饱和的 $CHCl_3$ 或含水的乙酸也可以做此实验，等边三角形的三条边均可。水饱和的 $CHCl_3$，左半支滴加乙酸，溶液由浑变清，然后滴加 $CHCl_3$，溶液由清变浑；而右半支乙酸置清，然后滴加水变清。若为含水的乙酸溶液，则滴加 $CHCl_3$ 使溶液由清变浑，然后加入乙酸，溶液变清亮。

(7) 具有一对共轭溶液的三组分体系的相图对确定各区的萃取条件极为重要(图 2-41)。将组成为 N 的混合溶液加入 B 后，体系沿 NB 线向 B 方向变化，当总组成为 O 点时，此时体系为两相 x_1、y_1。如果把这两层溶液分开，分别除去 B，得由 S、F 点代表的两个溶液(S 在 Bx 的反向延长线上，F 在 By 的反向延长线上)。这就是说经过一次萃取除去溶剂后，能把原来组成为 N 的原溶液分成 S 和 F 两个溶液，其中 S 含 C 较多、F 含 A 较多。如果对浓度为 x_1 的溶液再加入溶剂 B 进行第二次萃取，此时物系点将沿 xS 向 S 方向变化，设达到 o' 点时，体系为两相，组成为 x' 和 y' 点。除去 x' 和 y' 点中的溶剂 B，到 S' 和 F' 点，其中 S' 中 C 的含量比 S 高、F' 中 A 的含量比 F 高。如此反复多次，最终可以得到纯 A 和 C。

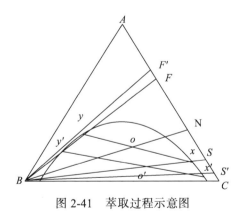

图 2-41　萃取过程示意图

2.25　蔗糖水解速率常数的测定

【实验目的】

(1) 了解旋光仪的基本原理，掌握其使用方法以及注意事项。

(2) 掌握用旋光法测定蔗糖水解反应的速率常数和半衰期。

【实验原理】

蔗糖在水中水解成葡萄糖和果糖的反应为

$$C_{12}H_{22}O_{11}+H_2O \xrightarrow{H^+} C_6H_{12}O_6+C_6H_{12}O_6$$

蔗糖(右旋)　　葡萄糖(右旋)　　果糖(左旋)

为使水解反应加速，反应在酸性介质中进行，以 H_3O^+ 作催化剂。当作为催化剂的酸的种类及浓度一定时，同时考虑反应中水是大量的，与蔗糖浓度相比，可以认为它的浓度没变，故反应可视为一级，其动力学方程为

$$-\frac{dc}{dt}=kc$$

积分得　$\ln\frac{c_t}{c_0}=kt$　或　$k=\frac{2.303}{t}\lg\frac{c_0}{c_t}$。

当 $c=1/2c_0$ 时，反应的半衰期为

$$t_{1/2}=\frac{\ln 2}{k}$$

蔗糖及其水解产物均为旋光物质，因此，可以利用体系在反应过程中旋光度的改变来量度反应的进程，旋光度与浓度成正比，且溶液的旋光度具有加和性。若反应时间为 0、t、∞ 时溶液的旋光度各为 α_0、α_t、α_∞，则溶液浓度与旋光度的关系为

$$c_0=K(\alpha_0-\alpha_\infty)$$
$$c=K(\alpha_t-\alpha_\infty)$$

代入上式，可得

$$k=\frac{2.303}{t}\lg\frac{\alpha_0-\alpha_\infty}{\alpha_t-\alpha_\infty}$$

将上式改写成

$$\lg(\alpha_t-\alpha_\infty)=-\frac{k}{2.303}\cdot t+\lg(\alpha_0-\alpha_\infty)$$

显然，以 $\lg(\alpha_t-\alpha_\infty)$ 对 t 作图可得一条直线，由直线的斜率即可求得反应速率常数 k。

【试剂及仪器】

$HCl(3mol\cdot L^{-1})$，蔗糖(20%)。

旋光仪，秒表，容量瓶(50mL)，锥形瓶(100mL)，天平，移液管(25mL)，烧杯(100mL、500mL)。

【操作步骤】

(1) 开动旋光仪预热 15～20min 后开始测定(旋光仪使用参见"知识拓展")。

(2) 用自来水洗旋光管(3 次)，再用蒸馏水洗(3 次)，然后装满蒸馏水，放入旋光仪暗室中作零点校正。

(3) 用移液管取 25mL 蔗糖水溶液于 100mL 锥形瓶中，再用另一支移液管吸取 25mL $3mol\cdot L^{-1}$盐酸(25mL 移液管滴入一半时开始计时)，注入已装蔗糖水溶液的锥形瓶中，同时记录时间，把溶液摇匀。

(4) 用上述溶液洗涤旋光管(测零点用过的)3 次(可每次用 5mL 移液管吸取 5mL 液体放入旋光管中)，然后装满此液，放入旋光仪暗室测定旋光度(旋光管方向与前相同)。从溶液混合开始第 5min 记第一个数据。然后按要求 10min、15min、20min、30min、50min、75min、80min 各测一次记录数据。

(5) 剩余溶液转入干净的 100mL 锥形瓶中，在 60～65℃水浴上加热 90min(温度不超过 65℃)冷却至室温，装入旋光管(装前用此溶液洗 3 次)测 α_∞。

【数据记录及处理】

实验温度：____℃；大气压：____mmHg。

表 2-29　实验数据

反应时间/min	α_t	$\alpha_t - \alpha_\infty$	$\lg(\alpha_t - \alpha_\infty)$	k
10				
15				
20				
30				
50				
75				
80				

以 $\lg(\alpha_t - \alpha_\infty)$ 对 t 作图，由所得直线的斜率求 k 值。由直线截距求得 α_0。

计算蔗糖水解反应的半衰期值 $t_{1/2}$。

【注意事项】

(1) 装样品时，旋光管管盖旋至不漏液体即可，不要用力过猛，以免压碎玻璃片。测定前擦干旋光管外表面的液体。

(2) 在测定 α_∞ 时，通过加热使反应速度加快转化完全，但加热温度不要超过 60℃。

(3) 由于酸对仪器有腐蚀，操作时应特别注意，避免酸液滴漏到仪器上。实验结束后必须将旋光管洗净。

(4) 旋光仪中的钠光灯不宜长时间开启，测量间隔较长时应熄灭，以免损坏。

【思考与讨论题】

(1) 实验中，为什么用蒸馏水来校正旋光仪的零点?在蔗糖转化反应过程中，所测的旋光度 α_t 是否需要零点校正?为什么?

(2) 蔗糖溶液为什么可粗略配制?

(3) 蔗糖的转化速度和哪些因素有关?

本实验约需 4h。

【知识拓展】WZZ-1 型自动指标旋光仪使用方法

(1) 接 220V 电压，电压不适可用调压器。

(2) 打开开关预热 15～20min 后工作。

(3) 旋光管中装满液体不要有气泡。透光面两端的雾状水滴要用镜头纸擦干。注意旋光管放入位置方向。

　　(4) 先打开示数，支流开关，调零点手轮为零。

　　(5) 红色示数为左旋，黑色为右旋。

　　(6) 重复测定三次，取平均值。

2.26　溶解热的测定

【实验目的】

　　(1) 了解电热补偿法测定热效应的基本原理。

　　(2) 掌握用电热补偿法测定硝酸钾在水中的积分溶解热，并用作图法求出硝酸钾在水中的微分冲淡热、积分冲淡热和微分溶解热。

　　(3) 掌握电热补偿法的仪器使用方法。

【实验原理】

　　物质溶解于溶剂过程的热效应称为溶解热，它有积分溶解热和微分溶解热两种。前者指在定温定压下把 1mol 溶质溶解在 n_0 mol 的溶剂中时所产生的热效应，由于过程中溶液的浓度逐渐改变，所以也称为变浓溶解热，以 Q_s 表示。后者指在定温定压下把 1mol 溶质溶解在无限量的某一定浓度的溶液中所产生的热效应。由于实际上在溶解过程中溶液浓度可视为不变，因此也称为定浓度溶解热，以 $\left(\dfrac{\partial Q_s}{\partial n}\right)_{T,p,n_0}$ 表示。

　　把溶剂加到溶液中使之稀释，其热效应称为冲淡热。它有积分(或变浓)冲淡热和微分(或定浓)冲淡热两种。前者系指在定温定压下把原为含 1mol 溶质和 n_1 mol 溶剂的溶液冲淡到含溶剂为 n_2 mol 时的热效应，亦即为某两浓度的积分溶解热之差，以 Q_d 表示。后者系 1mol 溶剂加到某一浓度的无限量溶液中所产生的热效应，以 $\left(\dfrac{\partial Q_s}{\partial n_0}\right)_{T,p,n}$ 表示。

　　积分溶解热由实验直接测定，其他三种热效应则可通过 Q_s-n_0 曲线求得：设纯溶剂、纯溶质的摩尔焓分别为 H_1 和 H_2，溶液中溶剂和溶质的偏摩尔焓分别为 H_1' 和 H_2''，对于 n_1 mol 溶剂和 n_2 mol 溶质所组成的体系而言，在溶剂和溶质未混合前，

$$H = n_1 H_1 + n_2 H_2 \tag{2-60}$$

当混合成溶液后，

$$H' = n_1 H_1' + n_2 H_2'' \tag{2-61}$$

　　因此溶解过程的热效应为

$$\Delta H = H' - H = n_1(H' - H_1) + n_2(H_2'' - H_2) = n_1 \Delta H_1 + n_2 \Delta H_2 \tag{2-62}$$

式中，ΔH_1 为溶剂在指定浓度溶液中与纯溶剂摩尔焓的差，即为微分冲淡热；ΔH_2 为在指定浓度溶液中溶质与纯溶质摩尔焓的差，即为微分溶解热。根据积分溶解热的定义：

$$Q_s = \Delta H / n_2 = \frac{n_1}{n_2}\Delta H_1 + \Delta H_2 = n_0 \Delta H_1 + \Delta H_2 \sqrt{a^2 + b^2} \tag{2-63}$$

所以在 Q_s-n_0 图(图 2-42)中，不同 Q_s 点的切线斜率为对应于该浓度溶液的微分冲淡热，即 $\left(\dfrac{\partial Q_s}{\partial n_0}\right)_{T,p,n} = \dfrac{AD}{CD}$。该切线在纵坐标上的截矩 OC，即为相应于该浓度溶液的微分溶解热。

而在含有 1mol 溶质的溶液中加入溶剂使溶剂量由 n_2 mol 增至 n_1 mol 过程的积分冲淡热 $Q_s = (Q_s)_{n_1} - (Q_s)_{n_2} = BG - EG$。

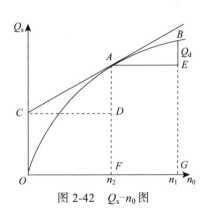

图 2-42 Q_s-n_0 图

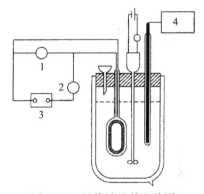

图 2-43 量热计及其电路图
1.直流电压表；2.直流电流表；3.稳流电源；4.温差报警仪

本实验测硝酸钾溶解在水中的溶解热，是一个溶解过程中温度随反应的进行而降低的吸热反应，故采用电热补偿法测定。先测定体系的起始温度 T，当反应进行后温度不断降低时，由电加热法使体系复原至起始温度，根据所耗电能求出其热效应 Q。

$$Q = I^2 Rt = IVt(\mathrm{J}) \tag{2-64}$$

式中，I 为通过电阻为 R 的电阻丝加热器的电流强度(A)；V 为电阻丝两端所加的电压(V)；t 为通电时间(s)。

【试剂及仪器】

KNO_3(AR)。

定点式温差报警仪，数字式直流稳流电源，直流伏特计，量热计(包括杜瓦瓶、搅拌器、加热器)，秒表，称量瓶 (20mm×40mm，35mm×70mm)，毛笔，研钵。

【操作步骤】

(1) 称取 KNO_3 26g(已进行研磨和烘干处理)，放入干燥器中。

(2) 将 8 个称量瓶编号。在台天平上称量，依次加入约 1.0g、1.5g、2.5g、3.0g、3.5g、4.0g 和 4.5g 硝酸钾，再至分析天平称出准确数据，把称量瓶依次放入干燥器中待用。

(3) 在台天平上称取 216.2g 蒸馏水于杜瓦瓶内，按图 2-43 装置接好线路。

(4) 经教师检查后，打开温差报警仪电源，把热敏电阻探头置于室温下数分钟，按下测温挡开关，再按设定挡开关，把指针调至 0.5(红色刻度)处，按下报警开关。把热敏电阻探头放入杜瓦瓶中，注意勿与搅拌磁子接触。

(5) 开启磁力搅拌器电源(注意不要开启加热旋钮)，调节搅拌磁子的转速至平稳。打开稳流电源开关，调节 $IV = 2.3$ 左右，并保持电流电压稳定。当水温升至比室温高出 0.5K 时(温差表头指针逐渐由 0.5 向 0 靠近)，表头指针指零，报警仪报警，立即按动秒表开始计时，随即从加料口加入第一份样品，并用毛笔将残留在漏斗上的样品全部扫入杜瓦瓶中，用塞子塞住加料口。加入样品后，溶液温度很快下降，报警仪停止报警(此时指针又开始偏离 0 处)，随加热器加热，温度慢慢上升(指针又逐渐接近 0 处)，待升至起始温度时，报警仪又开始报警，即记下时间(读准至 0.5s，切勿按停秒表)。接着加入第二份样品，如上所述继续测定，直至 8 份样品全部测定完毕。

【数据记录及处理】

(1) 计算 n_{H_2O}；计算每次加入硝酸钾后的累计质量 m_{KNO_3} 和通电累计时间 t。

(2) 计算每次溶解过程中的热效应，$Q = Ivt = K_t$ (J)。

(3) 将算出的 Q 值进行换算，求出当把 1mol 硝酸钾溶于 n_0 mol 水中的积分溶解热 Q_s：

$$Q_s = \frac{Q}{n_{KNO_3}} = \frac{K_t}{m_{KNO_3} / M_{KNO_3}} = \frac{101.1 K_t}{m_{KNO_3}}$$

$$n_0 = \frac{n_{H_2O}}{n_{KNO_3}}$$

(4) 将以上数据列表作 Q_s-n_0 图作切线，从图中求出 n_0=80，100，200，300 和 400 时的积分溶解热、微分溶解热和微分冲淡热，以及 n_0 在 80→100，100→200，200→300，300→400 时的积分冲淡热。

【注意事项】

(1) 在实验过程中要求 I、V 保持稳定，如有不稳需随时校正。

(2) 本实验应确保样品充分溶解，因此实验前将样品加以研磨，实验时需有合适的搅拌速度，样品加入速度要合适，防止样品进入杜瓦瓶过速，致使磁子陷住不能正常搅拌，但样品若加得太慢也会引起实验问题。 搅拌速度不适宜时，还会因水的传热性差而导致 Q_s 值偏低，甚至会使 Q_s-n_0 图变形。

(3) 实验过程中加热时间与样品的量是累计的，因而秒表的读数也是累计的，切不可在中途把秒表卡停。

(4) 实验结束后，杜瓦瓶中不应存在硝酸钾的固体，否则需重做实验。

(5) 实验开始时体系的设定温度比环境温度高 0.5℃，这是为了体系在实验过程中能更接近绝热条件，减小热损耗。

(6) 本实验中如无定点式温差报警仪，亦可用贝克曼温度计代替；如无磁力搅拌器则可用长短两根滴管插入液体中，不断地鼓泡来代替。

(7) 本实验装置除测定溶解热外，还可用来测定液体的比热、水化热、生成热及液态有机物的混合热等热效应。

(8) 本实验用电热补偿法测量溶解热时，是将 VI 视为恒定值，所以要保证整个实验过程电热功率恒定。如实验过程中电压 V 常在变化，则需要考虑功率对时间的积分。如果实验装置使用计算机控制技术，采用传感器收集数据，使整个实验自动化完成，则可以提高实验的准确度。

【思考与讨论题】

(1) 本实验装置是否适用于放热反应的热效应测定？

(2) 加样速度过慢会引起什么实验问题？如何处理？

(3) 设计由测定溶解热的方法求 $CaCl_2(s)+6H_2O(l) \Longrightarrow CaCl_2 \cdot 6H_2O(s)$ 的反应热。

本实验约需 4h。

2.27　中和热的测定

【实验目的】

(1) 掌握中和热测定的原理、操作方法以及注意事项。

(2) 学会通过中和热的测定，计算弱酸的解离热。

【实验原理】

1mol 一元强酸溶液和 1mol 一元强碱溶液混合时，所产生的热效应(中和热)是不随着酸或碱的种类而改变的。因为在这里所研究的体系其各个组分是全部电离的。因此，热化学方程式可用离子方程式表示：

$$H^+ + OH^- \Longrightarrow H_2O \qquad \Delta H_{中和} = -13\ 700cal/mol$$

上式可作为强酸与强碱中和反应的通式。由此还可看出，这一类中和反应与酸的阴离子和碱的阳离子无关，并且反应的中和热就是水的生成热。

如以强碱(NaOH)中和弱酸(HAc)时，则与上述强酸强碱的中和反应不同。因为在中和反应之前，首先进行弱酸的解离，其反应为

$$HAc \Longrightarrow H^+ + Ac^- \qquad \Delta H_{解离}$$

$$H^+ + OH^- \Longrightarrow H_2O \qquad \Delta H_{中和}$$

总反应：

$$HAc + OH^- \Longrightarrow H_2O + Ac^- \qquad \Delta H$$

由此可见，ΔH 是强碱弱酸中和反应总的热效应，它包括中和热、解离热两部分，根据盖斯定律可知，如测得了这一类反应中的热效应 ΔH 以及 $\Delta H_{中和}$，就可以通过计算求出弱酸的解离热 $\Delta H_{解离}$。

【试剂及仪器】

NaOH($1mol \cdot L^{-1}$)，HCl($1mol \cdot L^{-1}$)，HAc($1mol \cdot L^{-1}$)。

贝克曼温度计，电加热套和搅拌器，电压表($0 \sim 3V$)，蓄电池或直流稳压电源，单刀开关，量热计(1000mL 杜瓦瓶)，可变电阻($1.8A$、110Ω)，电流表($0 \sim 3A$)，量筒(500mL)，秒表。

【操作步骤】

量热计常数的测定。调节贝克曼温度计使水银在刻度 2.5 左右，按图 2-44 接好线路，装好仪器。中和热反应装置如图 2-45 所示。

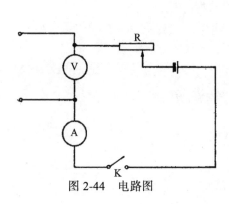

图 2-44　电路图

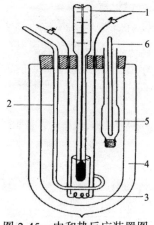

图 2-45　中和热反应装置图
1.贝克曼温度计；2.搅拌器；3.电热丝；
4.杜瓦瓶；5.储存器；6.玻璃棒

用量筒量取 500mL 蒸馏水注入用净布或滤纸擦净的杜瓦瓶中，轻轻塞紧瓶塞。接通电源，调节可变电阻使指针为 0.8～1.5A。切断电源均匀搅拌，观察温度变化。如果水温在 5～10min 内不再变化，则表明杜瓦瓶内的水已达热平衡，记下水温。再接通电源，同时按下秒表，记录电流、电压数据，并不断搅拌，使瓶内各部分温度均匀。

待水温升高 0.8～1℃时，停止加热，同时记下通电时间。不断搅拌水液，并每隔 1min 记录一次水温，测量 10min 停止，用作图法确定 ΔT_1。按上述操作方法重复两次，取其平均值。

取 50mL 1mol·L^{-1} NaOH 溶液注入碱储存器，仔细检查是否漏液，待严密后将玻璃棒插入储存器中。用量筒量取 400mL 蒸馏水注入用净布或滤纸擦净的杜瓦瓶中，然后加 50mL 1mol·L^{-1}HCl 溶液，轻轻塞紧瓶塞，用搅拌器均匀搅拌，并注意观察温度。待温度恒定后，将碱储存器稍稍提起。用玻璃棒将胶塞捅掉(不要用力过猛，以免玻璃棒碰到杜瓦瓶的玻璃壁上损坏仪器)。当胶塞被捅掉后，将碱储存器上下移动两次，使碱液全部漏出。此后不断搅拌，并每隔 1min 记录一次温度，经 10min 后停止测定。用作图法确定 ΔT_2，按上述方法重复两次，取其平均值。

【数据记录及处理】

将实验所测数据记录于表 2-30。

表 2-30　实验数据表

V =	I =	t =	
实验次数	ΔT_1	ΔT_2	ΔT_3
1			
2			
3			
$\Delta T_{平均}$	$\Delta T_{1平}=$	$\Delta T_{2平}=$	$\Delta T_{3平}=$

1. 量热计常数的计算

由实验可知，通电所产生的热量使量热计温度上升 ΔT，由焦耳定律可得

$$Q = 0.239UIt = K\Delta T \tag{2-65}$$

式中，I 为电流强度(A)；U 为电压(V)；t 为通电时间(s)；ΔT 为加热时温度升高的数值(℃)；K 为量热计常数，其物理意义是量热计每升高 1℃所需热量，它是由量热计以及其中仪器的质量、比热所决定的。当使用某一固定量热计时，K 为常数。由式(2-65)可得

$$K = \frac{0.239UIt}{\Delta T} \tag{2-66}$$

将 ΔT_1 代入式(2-66)，求出量热计常数 K。

2. 中和热的计算

反应的摩尔热效应可表示为

$$\Delta H = \frac{-K\Delta T}{NV} \times 1000 \tag{2-67}$$

式中，N 为溶液的浓度；V 为溶液的体积；ΔT 为溶液温度升高值。利用式(2-67)将 K 及 $\Delta T_{2平}$ 代入，求出盐酸和 NaOH 溶液中和反应的摩尔中和热 $\Delta H_{中和}$。

3. 解离热的计算

利用式(2-67)，将 $\Delta T_{3平}$ 代入，求出弱酸强碱中和反应的摩尔热效应 ΔH。利用盖斯定律求出弱酸分子解离热 $\Delta H_{解离}$，即 $\Delta H_{解离} = \Delta H - \Delta H_{中和}$。

【注意事项】

(1) 搅拌操作要细心，轻轻上下搅动，并且要均匀，不要用力过猛，以防撞坏贝克曼温度计。

(2) 观察杜瓦瓶中温度是否恒定时，要等时间稍长点，务必在水温数分钟内不变化时，再做下一步实验。

【思考与讨论题】

(1) 试分析测量中影响实验结果的因素有哪些。

(2) 本实验是用电热法求得量热计常数，试考虑可否用其他方法？能否设计出一个实验方案？

本实验约需 4h。

2.28　燃烧热的测定

【实验目的】

(1) 通过测定萘的燃烧热，掌握有关热化学实验的一般知识和技术。

(2) 掌握氧弹式量热计的原理、构造及其使用方法。

(3) 掌握高压钢瓶的有关知识并能正确使用。

【实验原理】

　　燃烧热是指 1mol 物质完全燃烧时的热效应，是热化学中重要的基本数据。一般化学反应的热效应，往往因为反应太慢或反应不完全而难以直接测定。但是，通过盖斯定律可用燃烧热数据间接求算。因此燃烧热被广泛地用在各种热化学计算中。许多物质的燃烧热和反应热已经精确测定。测定燃烧热的氧弹式量热计是重要的热化学仪器，在热化学、生物化学以及某些工业部门中广泛应用。

　　燃烧热可在恒容或恒压情况下测定。由热力学第一定律可知：在不做非膨胀功情况下，恒容反应热 $Q_V=\Delta U$，恒压反应热 $Q_p=\Delta H$。在氧弹式量热计中所测燃烧热为 Q_V，而一般热化学计算用的值为 Q_p，这两者可通过式(2-68)进行换算：

$$Q_p=Q_V + \Delta nRT \tag{2-68}$$

式中，Δn 为反应前后生成物与反应物中气体的物质的量之差；R 为摩尔气体常量；T 为反应温度(K)。

　　在盛有定量水的容器中，放入内装有一定量样品和氧气的密闭氧弹，然后使样品完全燃烧，放出的热量通过氧弹传给水及仪器，使温度升高。氧弹量热计的基本原理是能量守恒定律，测量介质在燃烧前后温度的变化值，则恒容燃烧热为

$$Q_V = \frac{M}{m} \cdot W \cdot (t_{终} - t_{始}) \tag{2-69}$$

式中，W 为样品等物质燃烧放热使水及仪器每升高 1℃所需的热量，称为水当量。

　　水当量的求法是用已知燃烧热的物质(如本实验用苯甲酸)放在量热计中燃烧，测定其始、终态温度，一般来说，对不同样品，只要每次的水量相同，水当量就是定值。

　　热化学实验常用的量热计有环境恒温式量热计和绝热式量热计两种。环境恒温式量热计的构造如图 2-46 所示。

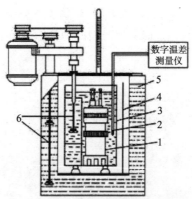

图 2-46　环境恒温式量热计的构造

1. 氧弹；2. 温度传感器；3. 内筒；4. 空气隔层；5. 外筒；6. 搅拌

　　由图 2-46 可知，环境恒温式量热计的最外层是储满水的外筒(图 2-46 中 5)，当氧弹中的样品开始燃烧时，内筒与外筒之间有少许热交换，因此不能直接测出初温和最高温度，需要由温度-时间曲线(即雷诺曲线)进行确定。详细步骤如下：将样品燃烧前后历次观察的水温

对时间作图，连成 *FHIDG* 折线，如图 2-47 所示。图中 *H* 相当于开始燃烧之点，*D* 为观察到的最高温度读数点，作相当于环境温度之平行线 *JI* 交折线于 *I*，过 *I* 点作 *ab* 垂线，然后将 *FH* 线和 *GD* 线外延交 *ab* 线于 *A*、*C* 两点，*A* 点与 *C* 点所表示的温度差即为欲求温度的升高值 ΔT。图中 *AA'* 为开始燃烧到温度上升至环境温度这一段时间 Δt_1 内，由环境辐射进来和搅拌引进的能量而造成体系温度的升高，必须扣除，*CC'* 为温度由环境温度升高到最高点 *D* 这一段时间 Δt_2 内，体系向环境辐射出能量而造成体系温度的降低，因此需要添加上。由此可见，*AC* 两点的温差较客观地表示了由于样品燃烧致使量热计温度升高的数值。

有时量热计的绝热情况良好，热漏小，而搅拌器功率大，不断缓慢引进能量使得燃烧后的最高点不出现，如图 2-48 所示。这种情况下 ΔT 仍然可以按照同样方法校正。

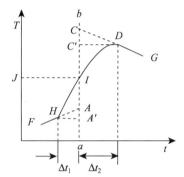

图 2-47　绝热较差时的雷诺校正图

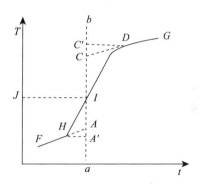

图 2-48　绝热良好时的雷诺校正图

【试剂及仪器】

苯甲酸(AR)，萘(AR)，NaOH 标准溶液(0.100mol·L⁻¹)，酚酞指示剂。

燃烧丝(直径 0.1mm)，棉线，氧弹式量热计，氧气钢瓶(带氧气表)，电子台天平，电子天平 (0.0001g)，普通温度计，秒表，燃烧丝压片机，碱式滴定管(25mL)，移液管(10mL)，烧杯(250mL)。

【操作步骤】

1. 测定氧弹量热计热容

(1) 压片。量取直径为 0.1mm 的纯铁丝，准确称量至 0.1mg。将金属丝扭成"e"形小环使环向上放在压模底部，丝的两端从模底凹模中引出。用天平称经放有硫酸的干燥皿恒重的苯甲酸约 1g 倒入压模中，扭紧螺杆，使倒入的苯甲酸压制成片。退松螺杆，抽去模底托板，再继续向下压，样品即从模底推出。仔细检查有无沾污，用小刀将样片表面松散或沾污部分刮净后，准确称其质量。

(2) 装置氧弹。将氧弹(图 2-46)放在专用的凳架上，拧开螺帽，擦净电极及氧弹内壁。将压片放在弹内石英坩埚中，为避免破裂可用酸洗石棉将坩埚垫充，压片放在石棉上面。小心将样品片两端燃烧丝固定在接线柱 A、B 上。注意勿使铁丝与坩埚相接触。吸取 10mL 蒸馏水放入弹内，拧紧弹盖。用万用表从弹盖上两电极测量是否通路，并识别正常的电阻值。旋开进气管螺丝并与高压铜线管和氧气钢瓶的氧气表相连接，缓缓开启氧气瓶的阀门，并同时打开氧气表阀门和氧弹放气管，以排除弹内空气，关好放气管，利用氧气表减压阀的调节，使氧气表上的压力读数为 20～25 个大气压，关闭氧气钢瓶阀门，取下铜线管，氧弹充气完毕。再用万用表测试弹盖上方两电极是否为通路，若线路不通应放出氧气，重新结紧燃烧丝；若为通路，将氧弹放入内筒。将氧弹浸入水中观察是否漏气，如氧弹确已密合，插上点火电极的电线，盖上盖板，放好温度计，接上电源。

(3) 实验操作。开动搅拌马达，用调速器调到合适的搅拌速度。搅拌数分钟后，每分钟读取温度一次。连续读五次，第五次读数完成时，立即按点火器上的电键 1～2s，使铁丝通电，引起弹内片子燃烧。这时贝克曼温度计的汞柱迅速上升。如果这时温度不显著上升，表示铁丝从联杆上脱落，或点火设备发生故障，应重新检查装置。点火后每隔 15s 记录温度一次，准确度应达 0.01℃。如每 0.5min 上升温度小于 0.1℃时，记录准确度应在 0.001℃，直到温度回降或平稳后，每隔 1min 读一次，连续 5 次。停止搅拌，取出氧弹，放回弹凳。缓缓开启出气阀，放出残余气体，然后旋出弹盖，如有铁丝尚未烧毁，则取出铁丝，用稀盐酸浸洗一下，再用蒸馏水洗净，吹干，称量。最后用蒸馏水数毫升淋洗坩埚及氧弹内壁，以洗下气体中氮的氧化物与水化合而成的硝酸，把淋洗液倒入烧杯中，按常规用 NaOH 标准液滴定，1mL 0.1mol·L^{-1} NaOH 溶液相当于 1.43cal(1cal = 4.1868 J)的热。

2. 萘的燃烧热测定

把氧弹内壁和坩埚揩拭干净，按上述实验操作测定待测物(萘)。

【数据记录及处理】

(1) 氧弹量热计热容测定。

表 2-31　氧弹量热计热容测定实验记录的各参量

苯甲酸重/g		水温/℃	
燃烧丝重/g		室温/℃	
蒸馏水/mL			

时间：_____

温度：_____

(2) 萘燃烧热测定。

表 2-32　萘燃烧热测定实验记录的各参量

萘重/g		水温/℃	
燃烧丝重/g		室温/℃	
蒸馏水/ mL			

时间：_____

温度：_____

(3) 量热器每升高 1℃所需的热量为 W'，即为仪器的水当量。已知苯甲酸的燃烧热为 6329cal/g，燃烧丝燃烧热为 1600cal/g，硝酸生成热为每毫升 0.1mol·L^{-1} NaOH 溶液相当于 1.43cal(放热)。若苯甲酸重为 g 克，铁丝重为 g' 克，消耗 0.1mol·L^{-1} NaOH 溶液毫升数 V，量热器中加入水重 W，水的相对密度为 $S=1$，ΔT 为水温度升高的度数，则

$$Q_V = 6329\,g + 1600\,g + 1.43\,V = (SW + W')\Delta T$$

由苯甲酸实验测定所得的 ΔT 即可求 $(SW + W')$。在实验条件相同的情况下，$(SW + W')$ 是一常数，记为常数 C，即有 $Q_V = C\Delta T$。萘的 Q_V 即可方便地将 ΔT 代入上式而求出。

由于 $Q_p = Q_V + \Delta nRT$，可由 Q_V 计算 Q_p。

(4) 将所测萘的燃烧热值与文献值比较，求出误差，分析误差产生的原因。

【注意事项】

(1) 内筒中加 3000mL 水后若有气泡逸出，说明氧弹漏气，需设法排除。内筒水温要比外筒水温低 0.5～1℃。第二个未知样品要换水，重新调节水温。

(2) 在放置温度传感器时要小心，不要碰到金属物体！

(3) 搅拌时不得有摩擦声。

(4) 注意正确应用[温度/温差]切换按钮，置零后别忘了切换回温度显示。

(5) 氧气瓶在开总阀前要检查减压阀是否关好；第一次充氧约 5 个大气压赶空气；第二次充氧 10 个大气压(充氧不足则燃烧不完全)；实验结束后要关上钢瓶总阀，注意排净余气，使指针回零。

(6) 实验完毕要把氧气钢瓶总阀关上，排净余气使指针回零后再关好减压阀(若未排净余气，时间长了弹簧表就不准了)。

【思考与讨论题】

(1) 在氧弹里边加入 10mL 蒸馏水起什么作用？

(2) 本实验中，哪些为体系？哪些为环境？实验过程中有无热损耗，如何降低热损耗？

(3) 在环境恒温式量热计中，为什么内筒水温要比外筒水温低？低多少度合适？

(4) 欲测定液体样品的燃烧热，你能设计出测定方案吗？

本实验约需 5～6h。

第3章 基础化学实验

3.1 粗盐的提纯与纯度检验

【实验目的】

(1) 学会用化学方法提纯粗盐，同时为精制试剂级纯度的 NaCl 提供原料。

(2) 学习溶解、沉淀、减压过滤、蒸发浓缩、结晶和烘干等基本操作。

(3) 了解 SO_4^{2-}、Ca^{2+}、Mg^{2+} 等离子的定性鉴定。

【实验原理】

化学试剂或医药用的 NaCl 都是以粗食盐为原料提纯的。粗食盐中含有 SO_4^{2-}、Ca^{2+}、Mg^{2+}、K^+等可溶性杂质和泥沙等不溶杂质。选择适当的试剂可使 SO_4^{2-}、Ca^{2+}、Mg^{2+}等离子生成沉淀而除去。一般是先在食盐溶液中加入 $BaCl_2$ 溶液，除去 SO_4^{2-}：

$$Ba^{2+} + SO_4^{2-} =\!=\!= BaSO_4(s)$$

然后在溶液中加入 Na_2CO_3 溶液，除去 Ca^{2+}、Mg^2 和过量的 Ba^{2+}：

$$Ca^{2+} + CO_3^{2-} =\!=\!= CaCO_3(s)$$

$$4Mg^{2+} + 5CO_3^{2-} + 2H_2O =\!=\!= Mg(OH)_2 \cdot 3MgCO_3(s) + 2HCO_3^-$$

$$Ba^{2+} + CO_3^{2-} =\!=\!= BaCO_3(s)$$

过量的 Na_2CO_3 溶液用盐酸中和：

$$CO_3^{2-} + 2H^+ =\!=\!= H_2O + CO_2$$

粗食盐中 K^+与这些沉淀剂不起作用，仍留在溶液中。由于 KCl 的溶解度比 NaCl 的大，而且在粗食盐中含量较少，所以在蒸发浓食盐溶液时，NaCl 结晶出来，KCl 仍留在母液中。

【试剂及仪器】

HCl($6.0\text{mol} \cdot \text{L}^{-1}$)，NaOH($6.0\text{mol} \cdot \text{L}^{-1}$)，$Na_2CO_3$ (饱和)，$BaCl_2$ ($1.0\text{mol} \cdot \text{L}^{-1}$)，$(NH_4)_2C_2O_4$(饱和)，HAc($2\text{mol} \cdot \text{L}^{-1}$)，镁试剂，pH 试纸，滤纸，粗食盐。

台秤，烧杯，普通漏斗，漏斗架，布氏漏斗，抽滤瓶，蒸发皿，量筒，泥三角，坩埚钳。

【操作步骤】

(1) 溶解粗食盐。称取 20g 粗食盐于 150mL 烧杯中，加 80mL 水，加热搅拌煮沸，使粗食盐溶解(不溶性杂质沉于底部，保持总体积为 70~80mL)。

(2) 除去 SO_4^{2-}。加热溶液至将近沸腾，边搅拌边逐滴加入 $1\text{mol} \cdot \text{L}^{-1}$ $BaCl_2$ 溶液 3~5mL。继续加热沸腾 5min(保持总体积基本不变)，使沉淀颗粒长大而易于沉降。

(3) 检查 SO_4^{2-} 是否除尽。将烧杯从电热套中取出，待沉淀沉降后，在上层清液中加 1～2 滴 $1mol \cdot L^{-1}$ $BaCl_2$ 溶液，如果出现浑浊，表示 SO_4^{2-} 并未除尽，需继续加 $BaCl_2$ 溶液以除去剩余的 SO_4^{2-}。如果不浑浊，表示 SO_4^{2-} 已除尽。减压过滤，弃去沉淀。

(4) 除去 Ca^{2+}、Mg^{2+}、Ba^{2+} 等阳离子。将所得的滤液加热至近沸，边搅拌边逐滴加入饱和 Na_2CO_3 溶液，直至不再产生沉淀为止。再多加 0.5mL Na_2CO_3 溶液，静置。

(5) 检查 Ba^{2+} 是否除尽。在上层清液中加几滴饱和 Na_2CO_3 溶液，如果出现浑浊，表示 Ba^{2+} 并未除尽，需在原溶液中继续加入饱和 Na_2CO_3 溶液直至除尽为止。减压过滤，弃去沉淀。

(6) 除去过量的 CO_3^{2-}。往溶液中滴加 $6.0mol \cdot L^{-1}$ HCl，并加热搅拌，中和到溶液的 pH 为 2～3(用 pH 试纸检查)。

(7) 浓缩与结晶。将溶液倒入 100mL 烧杯中，蒸发浓缩至有大量 NaCl 结晶出现(约为原体积的 1/4)。彻底冷却，减压过滤。然后用少量蒸馏水洗涤晶体，抽干。将 NaCl 晶体转移到蒸发皿中，小火烘干。冷却后称量，计算产率。

(8) 产品纯度的检验。取产品和原料各 1g，分别溶于 5mL 蒸馏水中，然后进行下列离子的定性检验。

① SO_4^{2-}：各取溶液 1mL 于试管中，分别加入 $6.0mol \cdot L^{-1}$ HCl 溶液 2 滴和 $1mol \cdot L^{-1}$ $BaCl_2$ 溶液 2 滴，比较两溶液中沉淀产生的情况。

② Ca^{2+}：各取溶液 1mL 于试管中，加 $2mol \cdot L^{-1}$ HAc 1～2 滴酸化，再分别加入饱和 $(NH_4)_2C_2O_4$ 溶液 3～4 滴，若有白色 CaC_2O_4 沉淀产生，表示有 Ca^{2+} 存在。比较两溶液中沉淀产生的情况。

③ Mg^{2+}：各取溶液 1mL 于试管中，分别加入 $6.0mol \cdot L^{-1}$ NaOH 5 滴和镁试剂 2 滴，若有天蓝色沉淀生成，表示有 Mg^{2+} 存在。比较两溶液的颜色。

【数据记录及处理】

(1) 得到 NaCl 晶体_____g，产率为_____%。

(2) 产品纯度检验。

表 3-1　实验数据

方法	SO_4^{2-} 检验	Ca^{2+} 检验	Mg^{2+} 检验
	$6mol \cdot L^{-1}$ HCl 2 滴 $1mol \cdot L^{-1}$ $BaCl_2$ 2 滴	$2mol \cdot L^{-1}$ HAc 酸化 饱和 $(NH_4)_2C_2O_4$ 3～4 滴	$6mol \cdot L^{-1}$ NaOH 5 滴 镁试剂 2 滴
产品溶液 1mL			
原料溶液 1mL			

【注意事项】

(1) 煮沸过程中可加适量蒸馏水，要保持总体积基本不变，如果低于 60mL，盐会析出。SO_4^{2-} 等除去时必须充分煮沸，才能使 SO_4^{2-} 彻底沉淀出来，一定要检验溶液是否变清亮，以证明其确实被除净。

(2) 布氏漏斗中滤纸一定要大小合适，即平铺于底部，覆盖满漏孔，但不能沿上壁折起来。使用时润湿，抽滤时，要使滤纸紧贴于布氏漏斗底部，无缝隙时，才能加入被抽滤溶液。

(3) 除去过量的 CO_3^{2-}，盐酸加入量最多 1mL。

(4) 抽滤时，注意布氏漏斗和抽滤瓶之间塞紧；先开泵再连接抽滤瓶；抽滤完时，先断开抽滤瓶与泵的连接再关泵，绝不可以违反操作，否则会倒吸。

(5) 浓缩不能干，必须留有溶剂，以便除去氯化钾。

(6) 待溶液冷却彻底后，抽滤至无水滴滴下时，加少量水洗涤，不宜多，否则产品损失大，也会影响产品纯度。

(7) 在实验过程中记录注意事项。

【思考与讨论题】

(1) 过量的 Ba^{2+} 如何除尽？

(2) 除 SO_4^{2-} 时，为什么用 $BaCl_2$(毒性很大)而不是 $CaCl_2$？

(3) 粗盐提纯过程中，加入 HCl 的目的是什么？

(4) 怎样检验 Ca^{2+}、Mg^{2+}？

本实验约需 4h。

3.2　硫代硫酸钠的制备与纯度检验

【实验目的】

(1) 了解硫代硫酸钠的制备方法。

(2) 熟悉蒸发浓缩、减压过滤、结晶等基本操作条件。

(3) 学习产品在的硫酸盐和亚硫酸盐的限量分析方法。

【实验原理】

硫代硫酸钠具有很大的实用价值。在分析化学中用来定量测定碘，在纺织工业和造纸工业中作为脱氯剂，在摄影业中作定影剂，在医药业中作急救解毒剂。

1. 硫代硫酸钠的制备

本实验使亚硫酸钠溶液在沸腾温度下与硫粉化合，可制得硫代硫酸钠：

$$Na_2SO_3 + S \xrightarrow{\triangle} Na_2S_2O_3$$

反应完后，在常温下从溶液中结晶出来硫代硫酸钠($Na_2S_2O_3 \cdot 5H_2O$)。除对其含量有要求(优级纯不小于 99.5%，分析纯不小于 99.0%，化学纯不小于 98.5%)外，对产品中某些杂质的含量也有一定的要求。

2. 限量分析

本实验只做其中硫酸盐和亚硫酸盐杂质的限量分析。限量分析，即按照不同等级化学试剂所允许杂质的最高含量配成一系列标准溶液，然后将它们与待测溶液在相同条件下进行实验。例如，使杂质显色或形成沉淀，从而利用比色或者比浊来确定试样杂质含量符合哪一种等级。本实验利用比较浊度法进行硫酸盐和亚硫酸盐的限量分析。先用 I_2 将试样中的 $S_2O_3^{2-}$ 和 SO_3^{2-} 分别氧化成 $S_4O_6^{2-}$ 和 SO_4^{2-}，然后微量 SO_4^{2-} 与 $BaCl_2$ 溶液作用,生成难溶的 $BaSO_4$ 而使溶液变浊液。显然溶液的浊度与试样中 SO_4^{2-} 和 SO_3^{2-} 的含量成正比。

3. 硫代硫酸钠在洗相定影中的应用

在洗相过程中,相纸经过照相底片的感光,只能得到潜影。再经过显影液显影后,看不见的潜影才被显现成可见的影像。但相纸的乳剂层中还有大量未感光的溴化银,由于它的存在,得不到透明的影像,而且在保存过程中这些溴化银见光时将继续发生反应,使影像不能稳定。因此,显影后必须经过定影。硫代硫酸钠的定影作用是由于它能和溴化银反应生成易溶于水的配合物($Na_3[Ag(S_2O_3)]_2$),起到定影作用。

【试剂及仪器】

$Na_2SO_3(s)$,硫粉,乙醇(AR),0.20% HCl,$Na_2S_2O_3$($0.10mol\cdot L^{-1}$),$BaCl_2$($250g\cdot L^{-1}$)。

碘溶液($0.10mol\cdot L^{-1}$:13g I_2 及 35g KI 溶于 100mL 水中,稀释至 1000mL)。

硫酸钾乙醇溶液(0.02g K_2SO_4 溶于乙醇中,再将此乙醇溶液稀释至 100mL)。

$0.1mg\cdot mL^{-1}$ SO_4^{2-} 溶液(0.148g 无水 Na_2SO_4 溶于水,移入 1000mL 容量瓶中,稀释至刻度)。

25mL 比色管,容量瓶。

【操作步骤】

1. $Na_2S_2O_3$ 的制备

称取 2g 研磨细的硫粉,置于 100mL 烧杯中,加 1mL 乙醇使其湿润,再加入 6g $Na_2SO_3(s)$ 和 30mL 水。加热混合物并不断搅拌,待溶液沸腾后改用小火加热,继续搅拌并保持微沸状态 40min,直至剩下少许硫粉悬浮于溶液中,在反应过程中溶液体积不要小于 25mL,如太少,可适当补加些水。把沾在烧杯壁上的反应物尽量弄到溶液中,趁热减压过滤,将滤液转移至蒸发皿中,水浴加热,蒸发浓缩至溶液表面结较厚的一层膜为止。冷却并不断搅拌至室温,即有大量晶体析出(如冷却时间较长无晶体析出,可搅拌或投入一粒 $Na_2S_2O_3$ 晶体以促使晶体析出)。减压过滤,用抽滤液洗涤蒸发皿,把样品全部转移到布氏漏斗中,并用少量乙醇洗涤晶体,抽干后,再用吸水纸吸干。称量,计算产率。

2. 硫酸盐和亚硫酸盐的限量分析

称取 0.5g 样品,溶于 50mL 水。取 10mL,滴加 $0.10mol\cdot L^{-1}$ 碘溶液至溶液呈浅黄色,加 0.5mL 20%的盐酸酸化。

在 25mL 比色管中,将 0.25mL 硫酸钾溶液与 1mL $250g\cdot L^{-1}$ 氯化钡溶液混合(晶种液),准确放置 1min。加入上述已酸化的样品溶液,稀释至 250mL,摇匀,放置 5min。加入 1 滴 $0.10mol\cdot L^{-1}$ 硫代硫酸钠溶液,摇匀后与 SO_4^{2-} 标准系列溶液进行比浊。根据浊度确定产品等级。

SO_4^{2-} 标准系列溶液:吸取 $0.01mg\cdot mL^{-1}$ 的 SO_4^{2-} 溶液 0.40mL、0.50mL、1.00mL 分别置于 3 支 25mL 比色管中,稀释至 10mL,与同体积样品溶液同时同样处理。这 3 支比色管中 SO_4^{2-} 的含量分别相当于优级纯、分析纯和化学纯。

【数据记录及处理】

(1) $Na_2S_2O_3 \cdot 5H_2O$ 的制备中反应物过量计算。

(2) $Na_2S_2O_3 \cdot 5H_2O$ 的理论产量计算。

(3) $Na_2S_2O_3 \cdot 5H_2O$ 的产量计算。

(4) 限量分析结果。

【思考与讨论题】

(1) 要想提高 $Na_2S_2O_3 \cdot 5H_2O$ 的产率与纯度，实验中需要注意哪些问题？

(2) 过滤所得产物晶体为什么要用乙醇洗涤？

(3) 所得产品 $Na_2S_2O_3 \cdot 5H_2O$ 晶体一般只能在 40～50℃烘干，温度高了，会发生什么现象？

(4) 限量分析的结果，你的产品达到什么等级？实验的成败原因何在？

(5) 本实验属于非均相反应，应该注意哪些方面？

(6) 通过查阅资料，论述硫代硫酸钠在洗相定影中的应用方法。

本实验约需 6h。

3.3　复盐——硫酸亚铁铵的制备

【实验目的】

(1) 熟悉复盐的制备原理和特性。

(2) 练习水浴加热和减压过滤等操作，学习限量分析。

(3) 了解无机复盐制备的方法和相关计算。

【实验原理】

铁屑易溶于稀硫酸中，生成硫酸亚铁并放出氢气。

$$Fe+H_2SO_4 = FeSO_4+H_2$$

反应生成的硫酸亚铁与等物质的量的硫酸铵在水溶液中相互作用,生成溶解度较小的浅蓝绿色的硫酸亚铁铵 $FeSO_4 \cdot (NH_4)_2SO_4 \cdot 6H_2O$ 复盐晶体。

$$FeSO_4 \cdot (NH_4)_2SO_4 + 6H_2O = FeSO_4 \cdot (NH_4)_2SO_4 \cdot 6H_2O$$

一般亚铁盐在空气中都易被氧化，但形成复盐后却能比较稳定的存在。

【试剂与仪器】

铁屑，Na_2CO_3(10%)，H_2SO_4(3mol·L^{-1})，$(NH_4)_2SO_4$ 晶体(AR)，HCl(3mol·L^{-1})，KSCN 溶液(0.25%)，Fe^{3+}标准溶液(配制方法见实验后面的"知识拓展")，新蒸馏水。

滤纸，蒸发皿，锥形瓶(100mL)，量筒，比色管。

【操作步骤】

1. 铁屑的净化

称取 4g 铁屑，放在锥形瓶中，加 Na_2CO_3(10%)溶液 20mL，缓缓加热 10min，倾斜倒出碱液，用蒸馏水反复冲洗铁屑，直至干净，待用。

2. 硫酸亚铁的制备

在盛有干净铁屑的锥形瓶中加入 20mL 的 H_2SO_4(3mol·L^{-1})溶液，水浴加热，使铁屑与硫酸反应至不再冒气泡为止。趁热减压过滤。滤液转移至蒸发皿中。将煮沸用的锥形瓶和滤纸上的铁屑残渣洗干净，并把铁屑收集起来用滤纸吸干后称量。计算实际反应掉的铁屑的量，并计算生成硫酸亚铁 $FeSO_4$ 的理论产量。此时，硫酸亚铁溶液的 pH 应接近 1，如溶液 pH 偏大或有黄色，加少量 H_2SO_4 溶液调节。

3. 硫酸亚铁铵的制备

根据步骤 2 计算出来的硫酸亚铁的理论产量，按照 $FeSO_4$ 与$(NH_4)_2SO_4$ 物质的量比为 1∶1，称取固体硫酸铵，并配成饱和溶液(自己查阅相关手册，根据其溶解度配制)，在搅拌下加到硫酸亚铁溶液中，充分搅匀，在水浴上加热浓缩至溶液表面出现结晶膜为止(注意，在浓缩过程中不要搅拌)。放置，让浓缩液在室温下慢慢冷却彻底，硫酸亚铁铵晶体大量析出之后，再进行抽滤，弃去晶体中的母液，把晶体放在表面皿上晾干，称量，计算产率。

4. Fe^{3+}的限量分析

称取 1g 制备的硫酸亚铁铵样品，置于 25mL 比色管中，用 15mL 无氧蒸馏水溶解。加入 2mL HCl(3mol·L^{-1})和 1mL KSCN 溶液(0.25%)，继续加无氧蒸馏水至 25mL。摇匀，所呈现的颜色不得深于标准色。

5. 标准比色液的配制

量取 0.50mL Fe^{3+}标准溶液，置于 25mL 比色管中，用 15mL 无氧蒸馏水溶解。加入 2mL HCl(3mol·L^{-1})和 1mL KSCN 溶液(0.25%)，继续加无氧蒸馏水至 25mL，即得Ⅰ级试剂标准溶液。

同样，分别量取 1.00mL、2.00mL 的 Fe^{3+}标准溶液，配成Ⅱ、Ⅲ级标准溶液。取含有下列数量 Fe^{3+}的溶液各 15mL：Ⅰ级试剂(溶液中含 Fe^{3+} 0.005%)；Ⅱ级试剂(溶液中含 Fe^{3+} 0.01%)；Ⅲ级试剂(溶液中含 Fe^{3+} 0.02%)。然后与样品同样处理后，进行比色分析，确定所制备的硫酸亚铁铵纯度。

【数据记录及处理】

(1) 硫酸亚铁的制备：铁粉＿＿＿g；H_2SO_4(3mol·L^{-1})＿＿＿mL。原料过量计算；$FeSO_4$ 理论产量计算；制备的硫酸亚铁质量＿＿＿g；硫酸亚铁产率计算。

(2) 硫酸亚铁铵的制备：称取固体硫酸铵质量计算；硫酸亚铁铵质量＿＿＿g；制备的硫酸亚铁铵的产量、产率。

(3) 限量分析结果，确定产品的级别。

【注意事项】

(1) 硫酸亚铁的制备尽量在通风橱中进行。趁热减压过滤时一定要保持布氏漏斗的温度尽量高，不能较低。硫酸亚铁溶液的 pH 应保持接近 1。

(2) 硫酸亚铁铵的制备中，产品结晶时必须让浓缩液在室温下慢慢冷却彻底，硫酸亚铁铵晶体大量析出的晶形才能好。

【思考与讨论题】

(1) 为什么要对铁屑进行净化？

(2) 硫酸亚铁的制备操作中为什么要趁热减压过滤？否则会有什么问题？

(3) 硫酸亚铁的制备中为什么硫酸亚铁溶液 pH 应接近 1？如溶液 pH 偏大会有什么情况？

(4) 在计算硫酸亚铁铵晶体的产率时，应以 H_2SO_4 的量还是 $(NH_4)_2SO_4$ 的量为准？为什么？

(5) 本实验为什么要用无氧蒸馏水？

本实验约需 4h。

【知识拓展】

Fe^{3+} 标准溶液的配制(实验室准备)：

称取 0.8634g $(NH_4)_2Fe(SO_4)_2 \cdot 12H_2O$，溶于少量无氧蒸馏水。加入 2.5mL 浓 H_2SO_4，转移到 1000mL 容量瓶中，加无氧蒸馏水稀释至刻度，即为 0.005%的 Fe^{3+} 标准溶液，含 Fe^{3+} 0.05mg·g^{-1}。

3.4　草酸亚铁的制备及组成测定

【实验目的】

(1) 掌握以硫酸亚铁铵为原料制备草酸亚铁的原理及方法。

(2) 掌握高锰酸钾法测定铁离子及草酸根离子含量的方法。

【实验原理】

在适当加热条件下，硫酸亚铁铵与草酸反应生成草酸亚铁固体产品，反应式为

$$(NH_4)_2SO_4 \cdot FeSO_4 \cdot 6H_2O + H_2C_2O_4 \longrightarrow FeC_2O_4 \cdot nH_2O + (NH_4)_2SO_4 + H_2SO_4 + H_2O$$

用 $KMnO_4$ 标准溶液滴定一定量的草酸亚铁溶液，即可测出其中 Fe^{2+}、$C_2O_4^{2-}$ 和 H_2O 的含量，进而确定草酸亚铁的化学式。滴定反应为

$$5Fe^{2+} + 5C_2O_4^{2-} + 3MnO_4^- + 24H^+ \Longrightarrow 5Fe^{3+} + 10CO_2 + 3Mn^{2+} + 12H_2O$$

【试剂与仪器】

$(NH_4)_2SO_4 \cdot FeSO_4 \cdot 6H_2O$ (AR，也可用自制的)，$H_2SO_4(2mol \cdot L^{-1}、1mol \cdot L^{-1})$，$H_2C_2O_4(1mol \cdot L^{-1})$，丙酮(AR)，Zn(片或粉)，$KMnO_4$ 标准溶液(0.0200mol·L^{-1})，NH_4SCN(0.25%)。

循环水减压抽滤泵，量筒(50mL)，点滴板，称量瓶，锥形瓶(250 mL)，棕色酸式滴定管，分析天平。

【操作步骤】

1. 草酸亚铁的制备

称取自制硫酸亚铁铵 9g 于烧杯中，加入 45mL 水、3mL 2mol·L^{-1} H_2SO_4 酸化，水浴加热溶解，向此加入 60mL 1mol·L^{-1} $H_2C_2O_4$ 溶液，将溶液加热至正常沸腾，并不断搅拌，以免暴沸，让生成的黄色沉淀尽量多地沉降析出后，静置，倾出上层清液，向固体中加入 30mL 蒸馏水，并加热、搅拌，使固体沉淀充分洗涤后，减压抽滤、抽干，再用少量丙酮洗涤固体产品两次，抽干产品。将产品放在表面皿中 40℃水浴蒸干，也可自然晾干(不沾玻璃棒)，称量。

2. 草酸亚铁产品的分析

1) 产物的定性检验

称 0.5g 自制草酸亚铁，加 5mL 水、2~3 滴 2mol·L^{-1} H_2SO_4，使产品溶解。取一滴上述

溶液于滴定板上，加一滴 0.25% NH_4SCN 溶液，若立即出现红色，表示有 Fe^{3+} 存在。写出相关的反应方程式。

取少量上述溶液在酸性介质中与 $KMnO_4$ 溶液作用，观察现象，并检验铁的价态。然后加一小片 Zn 片，再次检验铁的价态。写出相关的反应方程式。

2) 产物的组成测定

准确称取草酸亚铁样品 0.18～0.23g(称取至 0.0001g)于 250mL 锥形瓶内，加入 25mL $2mol \cdot L^{-1}$ H_2SO_4 溶液，使样品溶解，加热至 40～50℃，用 $0.02mol \cdot L^{-1}$ 高锰酸钾标准溶液滴定，至最后 1 滴呈淡紫色在 30s 内不褪色即为终点，记录高锰酸钾的体积 V_1。然后向溶液中加入 2g 锌粉和 5mL $2mol \cdot L^{-1}$ H_2SO_4 溶液(若 Zn 和 H_2SO_4 不足，可补加)，煮沸 5～8min，这时溶液应为无色，取 1 滴无色溶液于点滴板中，加 1 滴 0.25% NH_4SCN 于滴定板上检验，溶液立即出现红色即可。如溶液不立即出现红色，可进行下面滴定(如果溶液有粉红色出现，应继续煮沸几分钟，再进行下面滴定)：将溶液过滤至另一锥形瓶内，用 10mL $1mol \cdot L^{-1}$ H_2SO_4 溶液彻底冲洗残余的锌和锥形瓶(至少洗涤两次，以免 Fe^{2+}、$C_2O_4^{2-}$ 残留在滤纸上)，将洗涤液并入滤液内，用高锰酸钾溶液继续滴定至终点，记录体积 V_2。至少平行测定两次，由此结果推断产品中的铁(Ⅱ)、草酸根和水的含量，求出产物的化学式。

产物的化学式计算：设化学式为 $Fe_x(C_2O_4)_y \cdot nH_2O$，用 $KMnO_4$ 标准溶液进行氧化还原滴定，先求出 Fe^{2+} 和 $C_2O_4^{2-}$ 的含量，再用 Zn 将 Fe^{3+} 还原成 Fe^{2+} 后，用 $KMnO_4$ 标准溶液进行氧化还原滴定，求出 Fe^{2+} 的含量。由一定量样品扣除 Fe^{2+} 和 $C_2O_4^{2-}$ 的含量即得结晶 H_2O 的含量。

【数据记录及处理】

(1) 各原料用量；草酸亚铁的质量、理论产量、产率。

(2) 滴定草酸亚铁所用高锰酸钾的体积、条件。检验结果、评价。

(3) 产物化学式的分析、反应、计算过程，确定产物的化学式。

【思考与讨论题】

(1) 用什么酸分解金属铁？铁中的杂质怎样除去？

(2) 使 Fe^{3+} 还原为 Fe^{2+} 时，用什么作为还原剂？过量的还原剂怎样除去？还原反应完成的标志是什么？

(3) 用 $KMnO_4$ 滴定 Fe^{2+} 时，溶液中能否带有草酸盐沉淀？

本实验约需 4h。

3.5　绿色电解和电镀

【实验目的】

(1) 了解材料表面电化学处理的原理和一般方法。

(2) 掌握铝的阳极氧化的原理和方法。

(3) 掌握塑料电镀的原理和方法以及注意事项。

【实验原理】

电镀行业产生的三废已经成为危害环境最大的污染源之一。通过淘汰有毒原料、降低生产过程的材料与能源消耗,尽可能使全部排放物和废物离开生产过程之前就降低到最低水平,实现产品在整个生产与使用过程中对人类和环境无污染或减少污染,使电镀工艺成为绿色工艺。

电解是电化学的重要方法。电解时,阳极放电,发生氧化反应,电势小的还原态物质被氧化;阴极放电,发生还原反应,电势大的氧化态物质被还原析出。

在电解池中,以石墨为阴极,铝片为阳极,稀 H_2SO_4 为电解液,进行电解,两级反应为

阴极:$$2H^+ + 2e === H_2$$

阳极:$$Al - 3e === Al^{3+}$$

$$Al^{3+} + 3H_2O === Al(OH)_3 + 3H^+$$

$$2\,Al(OH)_3 === Al_2O_3 + 3H_2O$$

于是,在铝片表面生成了一定厚度的氧化膜,这称为铝的阳极氧化。与此同时,生成的氧化膜要溶解于稀硫酸,反应为

$$Al_2O_3 + 3H_2SO_4 === Al_2(SO_4)_3 + 3H_2O$$

为了形成致密的氧化膜,必须控制电解条件,使氧化膜的生成速率大于其溶解速率。铝片表面形成的致密氧化膜,增强了其抗腐蚀能力。

电镀是利用电解装置把金属覆盖至某些材料表面的一种工艺,塑料是非导体,不导电,因此在电镀前需通过化学处理的方法,在塑料表面覆盖一层导电的金属膜,即预先进行化学镀。化学镀是利用氧化还原反应,使溶液中的金属离子还原成金属而沉积在被镀材料表面。以化学镀铜为例,在硫酸铜溶液中,加入甲醛(还原剂)、酒石酸钾钠(配位剂)、NaOH(碱性介质)等,配成化学镀铜溶液,以银微粒为催化剂,放入塑料,即可发生下列反应:

$$HCHO(aq) + OH^-(aq) \xrightarrow{\text{Ag}} H_2(g) + HCOO^-(aq)$$

$$Cu^{2+}(aq) + H_2(g) + 2OH^-(aq) === Cu(s) + 2H_2O(l)$$

$$HCHO(aq) + OH^-(aq) \xrightarrow{\text{Cu}} H_2(g) + HCOO^-(aq)$$

塑料表面经化学镀后,形成了一层导电膜,就可以进行电镀了。

在进行电解或电镀前,一般都要对材料表面进行除油、除尘、磨光、清洗等前处理。

【试剂与仪器】

$HNO_3(2mol·L^{-1})$,$NaOH(3\ mol·L^{-1})$,$H_2SO_4(20\%)$,pH 试纸。

去油液($NaOH\ 35\sim40g·L^{-1}$,$Na_2CO_3\ 20\sim30g·L^{-1}$,$Na_3PO_4·12H_2O\ 20\sim30g·L^{-1}$,$Na_2SiO_3\ 3\sim5g·L^{-1}$ 组成)。

粗化液($CrO_3\ 400mol·L^{-1}$,$H_2SO_4\ 350g·L^{-1}$,H_2O 稀释至 1L)。

敏化液($SnCl_2·2H_2O\ 10\sim20\ g·L^{-1}$,$HCl\ 12mol·L^{-1}$,锡粒)。

活化液($AgNO_3\ 1.3\sim3g·L^{-1}$,$NH_3·H_2O\ 6mol·L^{-1}$,滴加至沉淀溶解)。

硅整流器(GCA-6A24V)或蓄电池,烧杯,量筒(100mL、50mL),温度计,直尺,电极(石墨棒或铜棒),电炉,钳子,镊子,夹子,导线,铝丝,铝片,ABS塑料零件。

表 3-2　化学镀铜液组成

试剂	A 溶液	B 溶液
$CuSO_4·5H_2O$	$6mol·L^{-1}$	—
酒石酸钾钠	—	$24g·L^{-1}$
甲醛(HCHO，37%)	$10mol·L^{-1}$	—
NaOH	—	$12g·L^{-1}$
$NiCl_2·6H_2O$	$2g·L^{-1}$	—

镀铜液($CuSO_4·5H_2O$ 180～200g·L^{-1}，H_2SO_4 60～70g·L^{-1}，HCl 0.04～0.6g·L^{-1})。

阳极氧化检验液(HCl 25mL、$K_2Cr_2O_7$ 3g、H_2O 75mL 混匀)。

【操作步骤】

1. 铝的阳极氧化

(1) 铝片表面清洗：取两个铝片，测量每片的表面积。将铝片用铝丝系好，放入 70℃左右 3mol·L^{-1} NaOH 溶液中浸泡约 2min，进行碱洗，取出用自来水冲洗。然后放入 2mol·L^{-1} 左右 HNO_3 溶液中浸泡约 1min，进行酸洗，取出用自来水冲洗。

(2) 阳极氧化：将两个铝片挂至已通电的阳极棒上，装置见图 3-1，控制条件为：电流密度 15mA·cm^{-2}；电压 13V；温度 15～25℃；时间 15～20min。电解后，切断电源，取出铝片，用自来水认真冲洗干净待用。

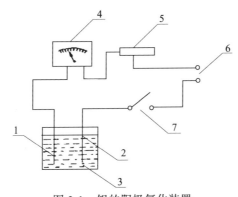

图 3-1　铝的阳极氧化装置

1.阴极(Cu)；2.阳极(Al)；3.H_2SO_4(20%)；4.电流表；5.滑线电阻；6.直流电源；7.开关

(3) 耐腐蚀性实验：在未经处理的铝片、经阳极氧化的铝片上，各滴 1 滴阳极氧化检验液，比较出现绿色的时间。

2. 塑料电镀

(1) 前处理：先测量 ABS 塑料的表面积。经自来水洗净后，依次进行如下处理：放入约 60℃的去油液中 10min 并不断搅动，去油污，然后用水清洗；放入约 60℃的粗化液中不断翻动，使塑料表面粗糙，以增大表面积，然后用水洗净；放入敏化液中约 4min，可使塑料表面吸附一层具有较强还原性的 Sn^{2+}，用以还原活化液中的 Ag^+，然后用去离子水清洗(不要使其受水流强烈冲击);放入活化液中 15min 并翻动,可使塑料表面覆盖一层具有催化作用的 Ag^+,它是化学镀的结晶中心,然后用去离子水清洗。

(2) 化学镀铜:取等体积 A 溶液与 B 溶液混合,配成化学镀铜液。用 NaOH 溶液调节其 pH 为 12,然后将经前处理的 ABS 塑料浸入化学镀铜液中约 30min,并不断翻动,取出后用水洗净,晾干。

(3)电镀:按图 3-2 连接装置。将塑料接在阴极上,通电后再浸入镀铜液中,以防止导电金属膜被侵蚀或损伤。控制条件为:电流密度 20~40mA·cm^{-2};时间 15min。在电镀时要经常移动阴极,有利于提高镀层质量。电镀后用自来水清洗。

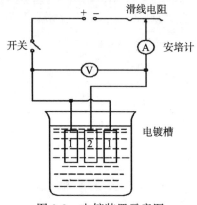

图 3-2　电镀装置示意图
1.阳极材料;2.塑料零件

【注意事项】

(1) 经清洗后的铝片表面绝对不能用手接触,以免污染,洗净的铝片可放于盛去离子水的烧杯待用。

(2) 控制氧化条件,使氧化膜的形成速率大于其溶解速率。电解液中酸的存在,使形成的 Al_2O_3 膜部分被溶解。

【思考与讨论题】

(1) 分析影响表面处理质量的主要因素有哪些。

(2) 铝在空气中也能形成 Al_2O_3,为什么还要进行阳极氧化?

(3) 塑料电镀的工序主要有哪几道?各道工序作用是什么?

(4) 评价自己所做的实验产品,进行分析、总结。

本实验约需 4h。

3.6　电子分析天平称量练习

【实验目的】

(1) 了解 FA1004 型电子天平的称量原理、结构特点,学习基本操作和常用称量方法,为以后的分析化学实验打好称量技术基础。

(2) 练习用直接法、差减法称量操作,熟悉相关影响因素。

(3) 掌握有效数字的使用以及本实验的有关计算。

【实验原理】

电子天平是最新一代的天平，电子天平的重要特点是在测量被测物体的质量时不用测量砝码的重力，而是采用电磁力与被测物体的重力相平衡的原理测量。秤盘通过支架连杆与磁场中的通电线圈连接，在称量范围内，当被测重物的重力通过连杆支架作用于线圈上，线圈会发生瞬间线性位移，通过电磁传感器的作用使得线圈中电流增大，线圈将产生一个增大的电磁力 F 和秤盘上被测物体重力大小相等、方向相反而达到平衡，流经其内部的电流与被测物体的质量成正比。通过电流信号的测量就可以测量物体的质量。而由于地球经纬度的不同，各地的重力加速度($g= 9.8m^2 \cdot s^{-1}$)并不相同，因此电子天平常要用标准砝码进行校正。

电子天平可以直接称量，全量程不需砝码，放上被称物后，在几秒钟内即达到平衡，具有称量速度快、精度高、使用寿命长、性能稳定、操作简便和灵敏度高的特点，其应用越来越广泛，并逐步取代机械天平。

1. 电子天平的构造

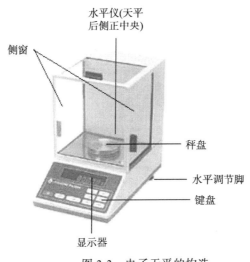

图 3-3　电子天平的构造

2. 电子天平的使用方法

检查并调整天平至水平位置。水平调节：调整水平调节脚，使水平仪内气泡位于圆环中央。

事先检查电源电压是否匹配(必要时配置稳压器)，按仪器要求接通电源开机，轻按"on/off"键，当显示器显示"0.0000g"时，电子称量系统自检过程结束。天平长时间断电后再使用时，至少需预热 30min。

称量时将洁净的称量瓶或称量纸置于秤盘中央，关上侧门，轻按一下去皮键(TAR)，天平将自动校对零点，然后加入待称量物质，待显示器显示稳定的数值，此数值即为被称物的质量。

称量结束应及时除去称量瓶(纸)，关上侧门，按"on/off"键，关闭显示器，此时天平处于待机状态，若当天不再使用，应拔下电源插头。

3. 称量方法

(1) 直接称量法：直接称取物质的质量。

(2) 指定质量法：按指定的质量，调整物体的质量，使物体的质量正好等于指定质量。适用于称量不易吸潮、在空气中能稳定存在的粉末状或小颗粒样品。

打开仪器预热。按"ON"键，显示"0.0000g"后，放入干燥的称量瓶或称量纸待读数稳定，不需记录称量数据，按清零键(TAR)，用药匙向称量瓶或称量纸中加入待称量物，直至天平读数与所需样品的质量要求基本一致(误差范围≤0.2mg)。关闭天平侧窗，等待显示数值稳定后读数，即为称得样品的实际质量。

(3) 减量法：适用于称量易吸水、易氧化或易与 CO_2 反应的物质。方法基本与指定质量法相同。通常试样盛在称量瓶内，称量瓶有扁形和高形之分，将适量试样置于称量瓶中，盖上瓶盖。注意：称量时不应用手直接触及称瓶和瓶盖，使用时应用纸带夹住称瓶和瓶盖。

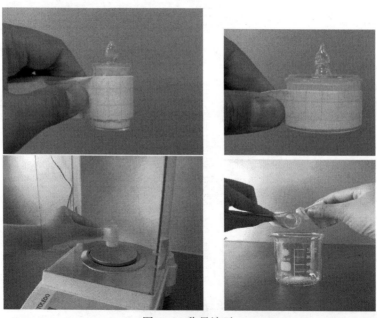

图 3-4　称量演示

称量瓶与试样的总质量记为 W_1，再按要求数量倒出试样，称量瓶与剩余试样总质量记为 W_2，两次质量差 W_1-W_2，即为倒出样品的质量。

减量法操作方法：第一步，按"on"键，显示"0.0000g"后，放入干净、干燥的称量瓶，按清零键(TAR)显示"0.0000g"，用药匙向称量瓶中加入待称量物。第二步，按"TAR"键显示"0.0000g"，用称量纸取出称量瓶，用其瓶盖轻轻敲打瓶口上方，使待称量物落到第一个锥形瓶中，然后将称量瓶放回天平托盘中央，此时显负值(假设显示"-0.3206g")，即"0.3206g"为第一份样品的质量。如果显示的负值小于 0.3g，应再次取出称量瓶如上法敲打、取样直至满足要求。第三步，将称量瓶放回托盘，按"TAR"键至"0.0000g"，再取出称量瓶向第二个锥形瓶中敲打、取样剩下药品约 1/2 的量，然后将称量瓶放回天平托盘中央，此时显示第二份样品的质量。同理,将称量瓶重新放回天平托盘中,又按"TAR"键,然后取出称量瓶,将剩下的待称量物全部倒入第三个锥形瓶中,将称量瓶放回天平托盘中央,读数即为第三份的质量。

4. 电子天平使用注意事项

(1) 称量前,必须用软毛刷清扫天平,然后检查天平是否水平,并检查和调整天平的零点。

(2) 化学试剂和试样不能直接放在天平盘上,必须使用称量纸或者盛放在干净的容器中称量。不能把热的或冷的物体放入天平内称量,如称量物太冷或太热,则必须先在干燥器内放置一定时间,使其温度达到室温后才可称量。

(3) 称量物体时,必须先在粗天平上粗称,然后再在分析天平上准确称量。超过天平最大载重的物品不能称量。

(4) 称量过程中,倒出试样时,应少勿多,以防倒出过多重做;已倒出的试样不能放回称量瓶或原来的试剂瓶里,这是必须严格遵守的规定。倒试样时切勿撒在锥形瓶和称量瓶外,否则要重做。

(5) 尽可能不用手直接接触称量瓶,以免沾上手汗油脂及受手温度影响引起误差(25mL称量瓶,温度升高 1℃质量减小约 0.1mg)。

(6) 减量法适用于称取易吸潮、易氧化、易与 CO_2 反应及易挥发的物品。

【试剂及仪器】

固体试样(自选)。

天平,分析天平,称量纸,称量瓶。

【操作步骤】

1. 直接法称量

称取带盖的空的称量瓶 2 个,记录其编号。先用托盘天平粗称,记录其质量,再用分析天平准确称量。要求称量绝对误差小于 0.2mg。

2. 减量法称量

减量法称取烘干后的固体试样 0.05g 两份(要求在 0.048~0.052g)至称量纸中。

(1) 取一张洁净、干燥的称量纸,在电子分析天平上称量准确至 0.1mg,记录。

(2) 取一个装有足够试样的洁净、干燥的称量瓶,在电子天平上准确称量其质量,记录为 m_1,按去皮键,转移 0.048~0.052g 试样至已知质量的空称量纸中,称量并记录转移试样的质量。

(3) 准确称量已有试样的称量纸,记录其质量。

(4) 检验称量纸的增重与称量瓶的减重是否相等,求出称量偏差。

(5) 平行测量两次。

【数据记录及处理】

1. 直接法称量

空称量瓶质量的称量数据记录于表 3-3 中。

表 3-3　直接法称量

称量瓶编号	台秤		电子分析天平	
	1	2	1	2
称量瓶质量/g				
结论				

2. 减量法称量

表 3-4　减量法称量

称量编号	1	2
称量纸重/g		
m(称量瓶+试样)/g		
称量瓶减重/g		
称量纸+试样/g		
称量纸增重/g		
偏差		
平均偏差		
结论		

【思考与讨论题】

(1) 固定称量法和递减称量法各有何优缺点？在什么情况下选用这两种方法？

(2) 在实验中记录称量数据应准至第几位？为什么？

(3) 称量时，每次均应将砝码和物体放在天平盘的中央，为什么？

(4) 使用称量瓶时，如何操作才能保证试样不致缺失？

本实验约需 3h。

3.7　容量器皿的校准

【实验目的】

(1) 掌握容量瓶、移液管和滴定管的使用、清洗方法，熟悉使用注意事项。

(2) 学习容量器皿的校准方法，了解校准的意义。

(3) 巩固分析天平的使用方法及保养，练习物质的称量方法。

【实验原理】

溶液体积测量的误差是滴定分析中误差的主要来源。一般来讲，体积测量的误差要比称量误差大。体积测量如果不够准确(如误差大于 0.2%)，其他操作步骤即使做得很正确，也是徒劳的，因为在一般情况下分析结果的准确度是由误差最大的那项因素决定的。因此，在滴定分析中为了使分析结果能符合所要求的准确度，必须准确地测量溶液的体积。在分析化学中，测量溶液的准确体积需用已知容量的量器,量器又分为量出式量器和量入式量器。量出式量器(量器上标有"Ex"字)如滴定管和移液管等，用于测定从量器中排(放)出液体的体积(称为标称容量)；量入式量器(量器上标有"In"字)如容量瓶等，用于测定注入量器中液体的体积，当液体在量器内时，其体积称为标移体积。量器主要根据其容量允差和水的流出时间分为 A 级、Az 级和 B 级(量器上标有"A"、"Az"和"B"字)；另外，快流式量器(如移液管等)标"快"字，收出式量器(如移液管等)标有"吹"字。溶液体积测量的准确度，一方面取决于所用量器的容积是否准确，更重要的是取决于准备与使用量器是否正确。

滴定管、移液管和容量瓶是分析实验室常用的玻璃容量仪器，这些容量器皿都具有刻度和标示容量，此标示容量是 20℃时以水的体积来标定的。合格产品的容量误差应小于或等于国家标准规定的容量允差。但由于不合格产品的流入、温度的变化、试剂的腐蚀等，容量器皿的实际容积与它所标示的容积往往不完全相符，有时甚至会超过分析所允许的误差范围，若不进行容量校准就会引起分析结果的系统误差。因此，在准确度要求较高的分析工作中，必须对容量器皿进行校准。

由于玻璃具有热胀冷缩的特性，在不同的温度下容量器皿的体积也有所不同。因此，校准玻璃容量器皿时，必须规定一个共同的温度值，这一规定温度值为标准温度。国际上规定玻璃容量器皿的标准温度为 20℃，即在校准时都将玻璃容量器皿的容积校准到 20℃时的实际容积。容量器皿常采用以下两种校准方法。

1. 相对校准

要求两种容器体积之间有一定的比例关系时，常采用相对校准的方法。在分析化学实验中，经常利用容量瓶配制溶液，用移液管取出其中一部分进行测定，最后分析结果的计算并不需要知道容量瓶和移液管的准确体积数值，只需知道二者的体积比是否为准确的整数，即要求两种容器体积之间有一定的比例关系。此时对容量瓶和移液管可采用相对校准法进行校准。例如，25mL 移液管量取液体的体积应等于 250mL 容量瓶量取体积的 10%。此法简单易行，应用较多，但必须在两件仪器配套使用时才有意义。

2. 绝对校准

绝对校准是测定容量器皿的实际容积。常用的校准方法为衡量法，又称称量法。即用天平称得容量器皿容纳或放出纯水的质量，然后根据水的密度，计算该容量器皿在标准温度 20℃时的实际体积。由质量换算成容积时，需考虑三方面的影响：① 水的密度随温度的变化；② 温度对玻璃器皿容积胀缩的影响；③ 在空气中称量时空气浮力的影响。为了方便计算，将上述三种因素综合考虑，得到一个总校准值。经总校准后的纯水密度列于表 3-5。实际应用时，只要称出被校准的容量器皿容纳和放出纯水的质量，再除以该温度时纯水的密度值，便是该容量器皿在 20℃时的实际容积。

表 3-5　20℃时体积为 1L 的水在不同温度下的质量

$t/℃$	m/g	$t/℃$	m/g	$t/℃$	m/g	$t/℃$	m/g
10	998.39	16	997.80	22	996.81	28	995.44
11	998.32	17	997.66	23	996.60	29	995.18
12	998.23	18	997.51	24	996.39	30	994.92
13	998.14	19	997.35	25	996.17	31	994.64
14	998.04	20	997.18	26	995.94	32	994.34
15	997.93	21	997.00	27	995.69	33	994.06

【试剂及仪器】

蒸馏水。

滴定管(酸式、碱式)，具塞锥形瓶(50mL)，容量瓶，移液管(10mL、25mL)，分析天平。

【操作步骤】

1. 滴定管的校准

将蒸馏水分别装入已洗净的酸和碱式滴定管中，调节液面至 0.00 刻度(测水温度)。按每分钟 10mL 流速首先放出 10.00mL 的水于已称量的 50mL 小锥形瓶中(要求称准至小数点后第四位)称量。用同样的方法，每次以 10.00mL 间隔为一段进行校正，至将水完全放出，计算校正值，平行测 3 次。

2. 移液管的校准

洗净的移液管吸取蒸馏水至刻度，然后放入已称量的小锥形瓶中称量。求出水的质量、移液管的体积，计算校正值。平行 3 次实验，相差不得超过 0.02g。

3. 容量瓶与移液管的相对校准

25mL 移液管移取 4 次蒸馏水于 100mL 容量瓶中，若液面与标线不符，应另作标线。其他校准方法相同。

【数据记录及处理】

(1) 滴定管的校准。水的温度：_____℃；1mL 水的质量：_____g。

表 3-6　实验记录

滴定管	滴定管读数	$m_{水}$/mL	$m_{瓶+水}$/ g	$m_{水}$/ g	实际容积/ mL	校准值/ mL
酸式滴定管	0.00			0.000	—	—
酸式滴定管						
酸式滴定管						
碱式滴定管						
碱式滴定管						
碱式滴定管						

(2) 移液管的校准。水的温度：_____℃；1mL 水的质量：_____g。

表 3-7　实验记录

测定次数	移液管容积/mL	$m_{空瓶}$/ g	$m_{瓶+水}$/ g	$m_{水}$/ g	实际容积/mL	校准值/ mL
1						
2						
3						

(3) 容量瓶和移液管的校准(采用相对校准法)。

【思考与讨论】

(1) 哪些仪器属于容量器皿？其特点是什么？

(2) 为什么要进行容器器皿的校准？

(3) 影响容量器皿体积刻度不准确的主要因素有哪些？

本实验约需 3h。

3.8　溶液的配制与标定

【实验目的】

(1) 掌握固体试剂配制、液体试剂配制的方法及注意事项。掌握直接法称量和间接法称量。

(2) 掌握移液管、容量瓶、滴定管的使用方法和规范操作。

(3) 掌握物质溶解、转移方法等基本操作。

【实验原理】

定量分析实验中，水是最常用的溶剂，一般所用的水是蒸馏水，有时根据实验需要也用去离子水或重蒸水，通常不指明溶剂的溶液即为水溶液。定量分析实验中所用的溶液有两大类：一类为非标准溶液，它只具有大致的浓度，即实验中所用的辅助试剂(如指示剂、沉淀剂、洗涤剂、显色剂等)；一类为标准溶液，它只有准确的浓度，即实验中作为分析被测元素的标准。除此以外还有一类溶液为缓冲溶液，它具有一定的 pH，在许多定量分析实验中是不可缺少的辅助试剂。由于它不是由某种单一物质配制而成，所以它的配制方法及 pH 的计算方法有一定的特殊性，具体配制时应查阅相关文献。

1. 非标准溶液的配制

非标准溶液的浓度通常用比例浓度、百分浓度或物质的量浓度表示。

1) 用固体试剂配制

视实验要求，用台秤称取合适量的固体试剂，溶于适量水中(若是易水解的盐，则需加入适量的酸)，必要时以小火助溶，冷却后转移至试剂瓶，稀释至所需体积，贴上标签，注明溶液的名称、浓度及配制日期，摇匀备用。切忌将固体试剂直接放入试剂瓶溶解，以防止溶解发热而导致试剂瓶破裂或溶解不完全。

2) 用液体试剂配制

用量筒量取适量的试剂，缓缓倒入适量水中(若发热，需冷至室温)，再转移至试剂瓶，稀释至所需体积，贴上标签，注明溶液的名称、浓度及配制日期，摇匀备用。

2. 标准溶液的配制

1) 直接法

准确称取一定量的基准试剂，溶解后再定量转移至容量瓶，用水稀释至刻度。根据试剂的质量和容量瓶的体积，即可计算溶液的准确浓度。

配制标准溶液用的基准试剂必须是：

(1) 纯度高，其杂质含量一般不超过 0.02％。

(2) 物质的组成与化学式完全符合(包括结晶水)。

(3) 在一定的条件下，物理、化学性质稳定。

(4) 使用时易溶解。

(5) 摩尔质量较大。

2) 间接法

只有少数试剂符合基准试剂的要求，所以大部分标准溶液不能用直接法配制。间接法是先将溶液配成所需的大致浓度，然后用另一基准试剂或标准溶液测定它的浓度(这种操作过程称为标定)。

【试剂及仪器】

邻苯二甲酸氢钾($KHC_8H_4O_4$，基准试剂)，　NaOH(AR)，酚酞指示剂。

容量瓶，移液管，锥形瓶，滴定管，小烧杯，天平，分析天平。

【操作步骤】

1. 直接法

配制 $0.1000mol \cdot L^{-1}$ $KHC_8H_4O_4$(邻苯二甲酸氢钾)溶液。准确称取 5.1058g 基准 $KHC_8H_4O_4$，溶于除去 CO_2 的蒸馏水中，定量转入 250mL 容量瓶，用水稀释至刻度。

2. 间接法

配制 $0.1mol \cdot L^{-1}$ NaOH 溶液。称取 0.5g NaOH 溶于 5mL 蒸馏水，离心沉降，用干燥的滴管取上层清液，用除去 CO_2 的蒸馏水稀释至 100mL。

准确移取步骤 1 所配溶液 25.00mL 于锥形瓶中，加入 2～3 滴酚酞指示剂，用所配 NaOH 溶液滴定至溶液由无色转变为微红色，并 30s 内不褪色为止，平行测定 3 次。该 NaOH 溶液物质的量浓度为

$$c_{NaOH}(mol \cdot L^{-1}) = \frac{c_{KHC_8H_4O_4}(mol \cdot L^{-1}) \times 25.00(mL)}{V_{NaOH}(mL)}$$

【数据记录及处理】

实验数据记录于表 3-8 中。

表 3-8　实验数据

次数		1	2	3
$m_{KHC_8H_4O_4}$/g				
$c_{KHC_8H_4O_4}$/(mol·L^{-1})				
$KHC_8H_4O_4$ 溶液/mL		25.00	25.00	25.00
NaOH 滴定	初读数/mL			
	终读数/mL			
	净体积/mL			
数据处理	c_{NaOH}/(mol·L^{-1})			
	平均值/(mol·L^{-1})			

【注意事项】

 (1) 转移溶液时要遵循少量多次的原则。

 (2) 有效数字的取舍。

 (3) 配制溶液时，应合理选用试剂的级别，避免浪费。

【思考与讨论题】

 (1) 易水解的溶液配制时应采取什么措施？

 (2) 盐酸、NaOH 这两种常用的酸和碱通常如何配制？为什么？

 (3) 溶解 $KHC_8H_4O_4$ 时，水是定量加入的吗？为什么？

本实验约需 3h。

3.9　高锰酸钾溶液的配制与标定

【实验目的】

 (1) 掌握高锰酸钾标准溶液的配制方法和保存条件。

 (2) 掌握用草酸钠作基准物质标定高锰酸钾溶液的操作方法及计算。

【实验原理】

1. 高锰酸钾溶液的配制

 市售的 $KMnO_4$ 试剂常含有少量 MnO_2 和其他杂质，蒸馏水中含有少量有机物质，它们能使 $KMnO_4$ 还原为 $MnO(OH)_2$，而 $MnO(OH)_2$ 又能促进 $KMnO_4$ 的自身分解：

$$4MnO_4^- + 2H_2O =\!=\!= 4MnO_2 + 3O_2 + 4OH^-$$

见光时分解得更快。MnO_2 又能进一步促进 $KMnO_4$ 溶液的分解，特别是 MnO_2 对 MnO_4^- 与 H_2O 的反应有催化作用。因此，$KMnO_4$ 溶液的浓度容易改变，必须正确地配制和保存，如果长期使用，应定期进行标定。

 配制 $KMnO_4$ 溶液时，应该注意以下几点：

 (1) 称取 $KMnO_4$ 的质量。应稍多于理论计算量，溶解在规定体积的水里。

 (2) 配制的 $KMnO_4$ 溶液必须加热至接近沸腾，并保持微沸 1h，然后放置 2～3d，使各种还原性物质完全氧化。

 (3) 用微孔玻璃漏斗滤去 MnO_2 沉淀。若没有微孔玻璃漏斗，可用玻璃棉代替。

 (4) 避免光对 $KMnO_4$ 溶液的催化分解，配好的 $KMnO_4$ 溶液应储存在棕色瓶里。

2. 高锰酸钾溶液浓度的标定

 标定 $KMnO_4$ 溶液的基准物质有 As_2O_3、铁丝、$H_2C_2O_4·2H_2O$ 和 $Na_2C_2O_4$ 等，其中以 $Na_2C_2O_4$ 最常用。$Na_2C_2O_4$ 易纯化，不易吸湿，性质稳定。在酸性条件下，用 $Na_2C_2O_4$ 标定 $KMnO_4$ 的反应为

$$2MnO_4^- + 5C_2O_4^{2-} + 16H^+ =\!=\!= 2Mn^{2+} + 10CO_2 + 8H_2O$$

滴定时利用 MnO_4^- 本身的紫红色指示终点，称为自身指示剂。等物质的量关系：

$$n(5C_2O_4^{2-}) = n(2MnO_4^-)$$

即

$$\frac{1}{5} \times \frac{m(Na_2C_2O_4)}{134} = \frac{1}{5} n(C_2O_4^{2-}) = \frac{1}{2} n(MnO_4^-) = \frac{1}{2} \times (cV)_{KMnO_4} \times 10^{-3}$$

所以

$$c(KMnO_4) = \frac{m(Na_2C_2O_4)}{0.335 V(KMnO_4)}$$

【试剂及仪器】

Na$_2$C$_2$O$_4$(AR)，KMnO$_4$(AR)，H$_2$SO$_4$(3mol·L^{-1})。

分析天平，电热套，循环水真空泵，抽滤装置，酸式滴定管，锥形瓶(250mL)，烧杯，试剂瓶，量筒(50mL、10mL)。

【操作步骤】

1. 0.02mol·L^{-1} KMnO$_4$ 溶液的配制

称取 1.7g KMnO$_4$，溶于 500mL 水中，加热煮沸 20～30min。冷却后在暗处放置 3～5d，用玻璃纤维过滤后储于洁净的玻塞棕色瓶中，摇匀后避光放置。

2. 标定(控制滴定速度，平行做 3 次)

准确称取计算量(0.15～0.20g)的 Na$_2$C$_2$O$_4$ 于 250mL 锥形瓶中，加 40mL 水及 10mL 3mol·L^{-1} 硫酸溶液，加热至 75～85℃，用已标定的 KMnO$_4$ 溶液滴定至呈粉红色经半分钟不褪色(微红)，即为终点。重复测定 2～3 次。

【数据记录及处理】

实验数据记录于表 3-9 中。

表 3-9　实验记录

	次数	1	2	3
	m(Na$_2$C$_2$O$_4$)/g			
KMnO$_4$ 滴定	初读数/mL			
	终读数/mL			
	净体积/mL			
	c(KMnO$_4$) /(mol·L^{-1})			
	平均浓度/(mol·L^{-1})			
	相对平均偏差			

【注意事项】

(1) 温度：不能太高，若超过 90℃，易引起 Na$_2$C$_2$O$_4$ 分解为 CO$_2$、CO 和水。

(2) 读数：KMnO$_4$ 颜色较深，读数时应以液面的上沿最高线为准。

(3) 速度：Mn^{2+} 对滴定反应具有催化作用，先慢后快。若滴定速度过快，部分 KMnO$_4$ 将来不及与 Na$_2$C$_2$O$_4$ 反应而在热的酸性溶液中分解为二氧化锰、氧气和水。

(4) 终点判断：微红色半分钟不褪色即为终点。

(5) 在硫酸介质中进行反应，不能用盐酸和硝酸。

(6) 实验结束后 KMnO₄ 溶液回收。

【思考与讨论题】

(1) 用 Na₂C₂O₄ 标定 KMnO₄ 时，为什么必须在 H₂SO₄ 介质中进行？酸度过高或过低有何影响？可以用 HNO₃ 或 HCl 调节酸度吗？为什么要加热到 75～85℃？溶液温度过高或过低有何影响？

(2) 盛放 KMnO₄ 溶液的烧杯或锥形瓶等容器放置较久后，其壁上常有棕色沉淀物，是什么?此棕色沉淀物用通常方法不容易洗净，应怎样洗涤才能除去此沉淀？

(3) 标定 KMnO₄ 溶液时，为什么第一滴 KMnO₄ 加入后溶液的红色褪去很慢，而以后红色褪去越来越快？

本实验约需 3h。

3.10　酸碱滴定分析基本操作练习

【实验目的】

(1) 掌握酸、碱滴定的基本原理。

(2) 掌握酸、碱滴定管的操作及滴定终点的确定。

(3) 熟悉甲基橙和酚酞指示剂的使用、选择以及终点颜色的变化。

【实验原理】

滴定分析是将一种已知准确浓度的标准溶液滴加到被测试样的溶液中，直到化学反应完全为止，然后根据标准溶液的浓度和体积求得被测试样中组分含量的一种方法。在进行滴定分析时，一方面要会配制滴定剂溶液并能准确测定其浓度；另一方面要准确测量滴定过程中所消耗滴定剂的体积。如果酸(A)与碱(B)的中和反应为

$$a\,\text{A} + b\text{B} =\!=\!= c\text{C} + d\text{H}_2\text{O}$$

当反应达到化学计量点时，则 A 的物质的量 n_A 与 B 的物质的量 n_B 之比为

$$\frac{n_A}{n_B} = \frac{a}{b} \quad \text{或} \quad n_A = \frac{a}{b}n_B$$

又因为

$$n_A = c_A V_A \qquad n_B = c_B V_B$$

所以

$$c_A V_A = \frac{a}{b}c_B V_B$$

式中，c_A、c_B 分别为 A、B 的浓度(mol·L⁻¹)；V_A、V_B 分别为 A、B 的体积(L 或 mL)。

由此可见，酸碱溶液通过滴定，确定它们中和时所需的体积比，即可确定它们的浓度比。如果其中一溶液的浓度已确定，则另一溶液的浓度可求出。

本实验通过盐酸与 NaOH 溶液的相互滴定，学会配制酸碱滴定剂溶液的方法和检测滴定终点的方法。强酸 HCl 与强碱 NaOH 溶液的滴定反应，突跃范围 pH 为 4～10，在这一范围中可采用甲基橙(变色范围 pH 3.1～4.4)、酚酞(变色范围 pH 8.0～10.0)等指示剂指示终点。

【试剂及仪器】

HCl(AR)，NaOH(AR)，酚酞乙醇指示剂(0.2%)，甲基橙指示剂(0.1%)。

酸式滴定管，碱式滴定管，烧杯，容量瓶，移液管。

【操作步骤】

1. 0.1mol·L^{-1}HCl 溶液的配制

用洁净量筒量取 HCl 约 2.2mL(为什么是 2.2mL)，倒入 250mL 容量瓶中加水稀释至刻度线，摇匀。

2. 0.1mol·L^{-1}NaOH 溶液的配制

称取固体 NaOH 1g，置于 100mL 烧杯中，马上加入蒸馏水使之溶解，稍冷却后转入 250mL 容量瓶中，加水稀释至刻度线，摇匀。

3. 0.1mol·L^{-1}HCl 滴定 0.1mol·L^{-1}NaOH(为什么选甲基橙为指示剂)

用 0.1mol·L^{-1}NaOH 溶液润洗碱式滴定管 2~3 次，每次用 5~10mL 溶液润洗，然后将 0.1mol·L^{-1} NaOH 溶液倒入碱式滴定管中(滴定管使用见实验后面的"知识拓展")，滴定管液面调节至 0.00 刻度。同样用 0.1mol·L^{-1}HCl 润洗酸式滴定管。

从碱式滴定管向 250mL 锥形瓶中放约 20mL NaOH 溶液，放出时以每分钟约 10mL 的速度，即每秒滴入 3~4 滴溶液，加入 2 滴甲基橙指示剂，用 0.1mol·L^{-1} HCl 溶液滴定至黄色转变为橙色。记录读数。平行滴定 3 份，数据按照表 3-10 记录。

4. 0.1mol·L^{-1}NaOH 滴定 0.1mol·L^{-1}HCl(为什么选酚酞为指示剂)

用移液管(移液管使用方法见实验后面的"知识拓展")吸取 25.00mL 0.1mol·L^{-1}HCl 溶液于 250mL 锥形瓶中，加 2~3 滴酚酞指示剂，用 0.1mol·L^{-1}NaOH 溶液滴定至微红色，此红色保持 30s 不褪色即为终点。如此平行测定 3 份，要求 3 次之间所消耗 NaOH 溶液的体积最大差值不超过±0.04mL。

【数据记录及处理】

滴定实验数据记录于表 3-10 中。

表 3-10　实验数据

	次数	1	2	3
NaOH 溶液	初读数/mL			
	终读数/mL			
	净体积/mL			
HCl 滴定	初读数/mL			
	终读数/mL			
	净体积/mL			

续表

	次数	1	2	3
数据处理	体积比 $\dfrac{V(NaOH)}{V(HCl)}$			
	体积比平均值			
	体积比相对平均偏差			
	次数	1	2	3
	HCl 溶液/mL	25.00	25.00	25.00
NaOH 滴定	初读数/mL			
	终读数/mL			
	净体积/mL			
数据处理	体积比 $\dfrac{V(NaOH)}{V(HCl)}$			
	体积比平均值			
	体积比相对平均偏差			

【注意事项】

(1) 滴定管先用自来水洗涤，再用蒸馏水洗涤 3 次，至管内壁不挂水珠。使用滴定管时，首先应该查漏。

(2) 润洗时不要消耗太多溶液。润洗后装满溶液的滴定管，应检查尖嘴内有无气泡，如有气泡必须排出，以免影响溶液体积的准确性测量。酸式滴定管可用右手拿住滴定管无刻度部分使其倾斜 30°，左手迅速打开活塞，使溶液快速冲出，将气泡带走；碱式滴定管可把橡皮管向上弯曲，出口上斜，挤捏玻璃球，使溶液从尖嘴快速喷出，带走气泡。

(3) 最好每次滴定都从 0.00mL 开始，或接近 0 的任一刻度开始，这样可以减少滴定误差。

(4) 摇瓶时，应微动腕关节，使溶液向同一方向旋转(左、右旋转均可)，不能前后振动，以免溶液溅出。不要因摇动使瓶口碰在管口上，以免造成事故。摇瓶时，一定要使溶液旋转出现一旋涡，因此要求有一定速度，不能摇得太慢，影响化学反应的进行。

(5) 滴定时，要观察滴落点周围颜色的变化。不要去看滴定管上的刻度变化，而不顾滴定反应的进行。

(6) 数据处理时，数据 $\dfrac{V(NaOH)}{V(HCl)}$ 要求相对偏差在±0.3% 以内。若达不到要求，分析失败原因，并找出具体解决方法。

【思考与讨论题】

(1) 配制 NaOH 溶液时，应选用何种天平称取试剂？为什么？

(2) HCl 和 NaOH 溶液能否直接配制成准确浓度？为什么？

(3) 在滴定分析实验中，滴定管和移液管为何需要用滴定剂和要移取的溶液润洗几次？滴定中使用的锥形瓶是否也要用滴定剂润洗？为什么？

(4) 为什么用 HCl 滴定 NaOH 时采用甲基橙作指示剂，而 NaOH 滴定 HCl 时却使用酚酞？

本实验约需 3h。

【知识拓展】

1. 移液管和吸量管

　　移液管是用于准确量取一定体积溶液的量出式玻璃量器，习惯称为移液管。管颈上部刻有一标线，此标线的位置是由放出纯水的体积决定的。其容量定义为：在 20℃时按下述方式排空后所流出纯水的体积，单位为 mL。

　　(1) 使用前用铬酸洗液将移液管洗干净，使其内壁及下端的外壁不挂水珠。移取溶液前，用待取溶液涮洗 3 次。

　　(2) 移取溶液的正确操作姿势见图 3-5，移液管插入烧杯内液面以下 1～2cm，左手拿洗耳球，排空空气后紧按在移液管管口上，然后借助吸力使液面慢慢上升，管中液面上升至标线以上时，迅速用右手食指按住管口，左手持烧杯并使其倾斜30°，将移液管流液口靠到烧杯的内壁，稍松食指并用大拇指及中指捻转管身，使液面缓缓下降，直至调定零点，使溶液不再流出。将移液管插入准备接收溶液的容器中，仍使其流液口接触倾斜的器壁，松开食指，使溶液自由地沿壁流下，再等待 15s，拿出移液管。

　　吸量管的全称是分度吸量管，是带有分度线的量出式玻璃量器(图 3-6)，用于移取非固定量的溶液。主要有以下几种规格：

　　(1) 完全流出式有两种形式，零点刻度在上，如图 3-6(a)所示，以及零点刻度在下，如图 3-6(c)所示。

　　(2) 不完全流出式。零点刻度在上面，如图 3-6 (b)所示。

　　(3) 规定等待时间式。零点刻度在上面，如图 3-6 (a)所示。使用过程中液面降至流液口处后，要等待 15s，再从接收液体容器中移走吸量管。

　　(4) 吹出式。有零点在上和零点在下两种，均为完全流出式。使用过程中液面降至流液口并静止时，应随即将最后一滴残留的溶液一次吹出。另还有一种标有"快"的吸量管，与吹出式吸量管相似。

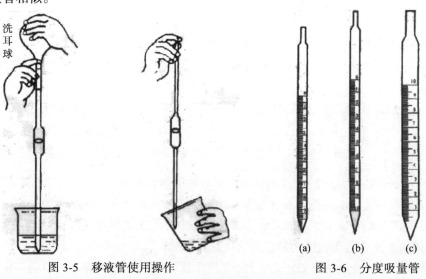

图 3-5　移液管使用操作　　　　　　　　　　图 3-6　分度吸量管

2. 滴定管

滴定管分具塞和无塞两种(习惯称为酸式滴定管和碱式滴定管),是可放出不同定量滴定液体的玻璃量器。实验室常用的有 10mL、25mL、50mL 等容量规格的滴定管。具塞普通滴定管的外形如图 3-7(a)所示,它不能长时间盛放碱性溶液(避免腐蚀磨口和活塞),所以习惯上称为酸式滴定管。它可以盛放非碱性的各种溶液。

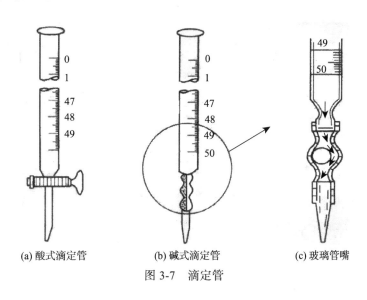

(a) 酸式滴定管　　　　(b) 碱式滴定管　　　　(c) 玻璃管嘴

图 3-7　滴定管

无塞普通滴定管的外形如图 3-7(b)所示,由于它可盛放碱性溶液,故通常称为碱式滴定管。管身与下端的细管之间用乳胶管连接,胶管内放一粒玻璃珠,用手指捏挤玻璃珠周围的橡皮时会形成一条狭缝,溶液即可流出,并可控制流速,如图 3-7(c)所示。玻璃珠的大小要适当,过小会漏液或使用时上下滑动,过大则在放液时手指吃力,操作不方便。碱式滴定管不宜盛放对乳胶管有腐蚀作用的溶液,如 $KMnO_4$、I_2、$AgNO_3$ 等溶液。

1) 滴定管的使用

(1) 洗涤。选择合适的洗涤剂和洗涤方法。通常滴定管可用自来水或管刷蘸肥皂水或洗涤剂洗刷(避免使用去污粉),然后用自来水冲洗干净,蒸馏水润洗;有油污的滴定管要用铬酸洗液洗涤。

(2) 涂凡士林。酸式滴定管洗净后,玻璃活塞处要涂凡士林(起密封和润滑作用)。涂凡士林的方法(图 3-8)是:将管内的水倒掉,平放在台上,抽出活塞,用滤纸将活塞和活塞套内的水吸干,再换滤纸反复擦拭干净。将活塞上均匀地涂上薄薄一层凡士林(涂量不能多,活塞孔周围不能涂,防止凡士林堵塞孔洞),将活塞插入活塞套内,旋转活塞几次直至活塞与塞槽接触部位呈透明状态,否则应重新处理。为避免活塞被碰松动脱落,涂凡士林后的滴定管应在活塞末端套上小橡皮圈。

图 3-8　活塞涂凡士林的方法

(3) 检漏。检查密合性，管内充水至最高标线，垂直挂在滴定台上，10min 后观察活塞边缘及管口是否渗水；转动活塞，再观察一次，直至不漏水为准。

(4) 装入操作溶液。滴定前用操作溶液(滴定液)洗涤 3 次后，将操作溶液(滴定液)装入滴定管，排出管内空气(图 3-9)，并调定零点。

图 3-9　滴定管排气法

2) 滴定操作(读数)时的注意事项

(1) 滴定管要垂直，操作者要坐正或站正，视线与零线或弯液面(滴定读数时)在同一水平线上。

(2) 为了使弯液面下边缘更清晰，调零和读数时可在液面后衬一纸板。

(3) 深色溶液的弯液面不清晰时，应观察液面的上边缘；在光线较暗处读数时可用白纸板作后衬。

(4) 使用碱式滴定管时，把握好捏胶管的位置。位置偏上，调定零点后手指一松开，液面就会降至零线以下；位置偏下，手一松开，尖嘴(流液口)内就会吸入空气，这两种情况都直接影响滴定结果。滴定读数时，若发现尖嘴内有气泡必须小心排除。

(5) 握活塞方式及操作如图 3-10 所示，通常滴定在锥形瓶中进行，右手持瓶，使瓶内溶液不断旋转；溴酸钾法、碘量法等需在碘量瓶中进行反应和滴定。碘量瓶是带有磨口塞和水槽的锥形瓶(图 3-11)，喇叭形瓶口与瓶塞柄之间形成一圈水槽，槽中加入纯水便形成水封，可防止瓶中溶液反应生成的气体遗失。反应一定时间后，打开瓶塞，水即流下并可冲洗瓶塞和瓶壁，接着进行滴定。无论哪种滴定管，都要掌握滴加液速度(连续滴加、逐滴滴加、半滴滴加)，终点前，用蒸馏水冲洗瓶壁，再继续滴至终点。

图 3-10　滴定操作　　　　　　　　　图 3-11　碘量瓶

(6) 实验完毕后，滴定溶液不宜长时间放在滴定管中，应将管中的溶液倒掉，用水洗净后再装满纯水挂在滴定台上，也可打开活塞空着倒挂在滴定台上。

3. 容量瓶

容量瓶的主要用途是配制准确浓度的溶液或定量地稀释溶液。形状是细颈梨形平底玻璃瓶，由无色或棕色玻璃制成，带有磨口玻璃塞或塑料塞，颈上有一标线。容量瓶均为量入式，其容量定义为：在 20℃时，充满至标线所容纳水的体积，以 mL 计。使用时注意以下几点：

(1) 检查瓶口是否漏水。

(2) 将固体物质(基准试剂或被测样品)配成溶液时，先在烧杯中将固体物质全部溶解后，再转移至容量瓶中。转移时要使溶液沿玻璃棒缓缓流入瓶中，如图 3-12 所示。烧杯中的溶液倒尽后，烧杯不要马上离开玻璃棒，而应在烧杯扶正的同时使杯嘴沿搅拌棒上提 1～2cm，随后烧杯离开玻璃棒(这样可避免烧杯与玻璃棒之间的一滴溶液流到烧杯外面)，然后用少量水(或其溶剂)涮洗 3～4 次，每次都用洗瓶或滴管冲洗杯壁及玻璃棒，按同样的方法转入瓶中。当溶液达 2/3 容量时，可将容量瓶沿水平方向摆动几周以使溶液初步混合，再加水至标线以下约 1cm 处，等待 1min 左右，最后用洗瓶(或滴管)沿壁缓缓加水至标线。盖紧瓶塞，左手捏住瓶颈上端，食指压住瓶塞，右手三指托住瓶底，将容量瓶颠倒 15 次以上，并且在倒置状态时水平摇动几周。

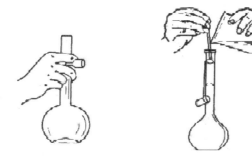

图 3-12　容量瓶的拿法及溶液的转移

(3)对容量瓶材料有腐蚀作用的溶液，尤其是碱性溶液，不可在容量瓶中久储，配好以后应转移到其他容器中存放。

3.11　混合碱的分析

【实验目的】

(1) 了解强碱、弱酸盐滴定过程中 pH 的变化规律。

(2) 掌握双指示剂法测定混合碱中碳酸钠和碳酸氢钠以及总碱量的方法。掌握相关计算。

(3) 了解酸碱滴定法在碱度测定中的应用。

【实验原理】

混合碱是 Na_2CO_3 与 NaOH 或 $NaHCO_3$ 的混合物，为了用同一份试样测定各组分的含量，可用 HCl 标准液进行滴定。根据滴定过程中 pH 变化的情况，选用两种不同的指示剂分别指示第一、第二化学计量点的到达，即双指示剂法。此法方便、快速，在生产实际中应用普遍，常用的两种指示剂是酚酞和甲基橙。在混合碱试液中加入酚酞指示剂，若溶液呈现红色，则碱液中可能含有 NaOH 或 Na_2CO_3。用盐酸标准溶液滴定时，溶液由红色刚变为无色(变色终点 pH 约 9.0)，试液中 NaOH 完全被中和。若含 Na_2CO_3 则被中和至 $NaHCO_3$(只中和了一半)，反应式如下：

$$NaOH + HCl \Longrightarrow NaCl + H_2O \qquad Na_2CO_3 + HCl \Longrightarrow NaCl + NaHCO_3$$

设消耗盐酸体积为 V_1(mL)，这是第一化学计量点。

在原试液直接再加入溴甲酚绿-二甲基黄指示剂(变色终点 pH 约 5.1)，继续用盐酸标准溶液滴定，至溶液由绿色突变为亮黄色，设又消耗盐酸溶液的体积为 V_2(mL)，这是第二化学计量点。反应式为

$$NaHCO_3 + HCl \Longrightarrow NaCl + CO_2 + H_2O$$

根据 V_1、V_2 可分别计算混合碱中 Na_2CO_3 与 NaOH 或 Na_2CO_3 与 $NaHCO_3$ 的各组分含量。当 $V_1 > V_2$ 时，试样为 Na_2CO_3 与 NaOH 的混合物，中和 Na_2CO_3 所需 HCl 是分两批加入的，两次用量应该相等。即滴定 Na_2CO_3 所消耗的 HCl 的体积为 $2V_2$，而中和 NaOH 所消耗的 HCl 的体积为 $(V_1 - V_2)$，故计算 NaOH 和 Na_2CO_3 含量的公式应为

$$NaOH\% = \frac{(V_1 - V_2)c_{HCl}M_{NaOH}}{1000m_s} \times 100\%$$

$$Na_2CO_3\% = \frac{V_2 c_{HCl}M_{Na_2CO_3}}{1000m_s} \times 100\%$$

当 $V_1 < V_2$ 时，试样为 Na_2CO_3 与 $NaHCO_3$ 的混合物，此时 V_1 为中和 Na_2CO_3 时所消耗的 HCl 的体积，故 Na_2CO_3 所消耗的 HCl 的体积为 $2V_1$，中和 $NaHCO_3$ 消耗的 HCl 的体积为 $(V_2 - V_1)$，计算 $NaHCO_3$ 和 Na_2CO_3 含量的公式为

$$NaHCO_3\% = \frac{(V_2 - V_1)c_{HCl}M_{NaHCO_3}}{1000m_s} \times 100\%$$

$$Na_2CO_3\% = \frac{V_1 c_{HCl}M_{Na_2CO_3}}{1000m_s} \times 100\%$$

又　　　　　　　　　　　$$Na_2O + CO_2 \Longrightarrow Na_2CO_3$$

$$n_1(Na_2O) = n(Na_2CO_3) = (cV_1)_{HCl}$$

$$Na_2O + 2CO_2 + H_2O \Longrightarrow 2NaHCO_3$$

$$n_2(Na_2O) = n(2NaHCO_3) = \frac{1}{2}n(NaHCO_3) = \frac{1}{2}c(V_2 - V_1)_{HCl}$$

$$n(Na_2O) = n_1(Na_2O) + n_2(Na_2O) = \frac{1}{2}c(V_1 + V_2)_{HCl} = \frac{1}{2}(cV)_{HCl}$$

所以
$$Na_2O\% = \dfrac{\dfrac{1}{2}c_{HCl} \times V \times 62}{m_s \times 1000}$$

【试剂及仪器】

碱灰溶液(Na_2CO_3 和 $NaHCO_3$)，HCl 标准溶液($0.100mol\cdot L^{-1}$)，酚酞指示剂，溴甲酚绿-二甲基黄指示剂。

滴定管，容量瓶(100mL)，锥形瓶，移液管(20mL)。

【操作步骤】

(1) 碱灰试样溶液。用减量法准确称取混合碱试样 50.00g 于 250mL 烧杯中，加少量新煮沸的冷蒸馏水，搅拌使其完全溶解，然后转移、洗涤、定容于 1000mL 容量瓶中，充分混匀。

(2) 碱灰中碳酸钠和碳酸氢钠含量的测定[已知 $c(HCl)=$_____ $mol\cdot L^{-1}$]。准确移取碱灰试样溶液 20.00mL 三份于 250mL 锥形瓶中，加酚酞指示剂 1～2 滴，用 HCl 标准溶液滴定至溶液由红色刚变为无色，记录消耗 HCl 标准溶液的体积。再加入溴甲酚绿-二甲基黄指示剂 8 滴，继续用 HCl 标准溶液滴定至溶液由绿色刚变为亮黄色，记录第二次消耗 HCl 的体积。

【数据记录及处理】

已知 $c(HCl)=$_____ $mol\cdot L^{-1}$。

表 3-11　实验记录

次　数		1	2	3
碱灰试样溶液/mL		20.00	20.00	20.00
蒸馏水/mL		20	20	20
$m_s/g = \dfrac{50.00}{1000} \times 20.00$				
酚酞指示剂滴数		1	1	1
第一终点 (红 → 无)	HCl 初读数/mL			
	终读数/mL			
	净体积/mL			
	平均体积 $\overline{V_1}$/mL			
溴甲酚绿-二甲基黄指示剂滴数		8	8	8
第二终点 (绿 → 亮黄)	HCl 初读数/mL			
	终读数/mL			
	净体积/mL			
	平均体积 $\overline{V_2}$/mL			
数据 处理	Na_2CO_3/%			
	$NaHCO_3$/%			
	Na_2O/%			

【注意事项】

(1) 滴定速度宜慢，近终点时每加一滴后充分摇匀，至颜色稳定后再加第二滴，否则因颜色变化较慢容易过量。

(2) 参照酸碱滴定分析基本操作练习实验中的注意事项，做好本实验。

【思考与讨论题】

(1) 什么是双指示剂法？

(2) 采用双指示剂法测定未知碱样，试判断下列五种情况下，碱样的组成。

① $V_1=0$，$V_2>0$；② $V_1>0$，$V_2=0$；③$V_1>V_2$；④ $V_1<V_2$；⑤$V_1=V_2$。

(3) 本实验中为什么要把试样溶解制成溶液后再吸取 20.00mL 进行滴定？为什么不直接称样进行测定？

本实验约需 4h。

3.12　配位滴定法测定自来水总硬度

【实验目的】

(1) 掌握用配位滴定法测定水的总硬度，掌握配位滴定的原理，了解配位滴定的特点。

(2) 掌握 EDTA 标准溶液的配制、标定及稀释。

(3) 掌握铬黑 T 指示剂的使用及终点颜色变化的观察，掌握配位滴定操作。

【实验原理】

EDTA 是乙二胺四乙酸的简称，常用 H_4Y 表示，是一种氨羧络合剂，能与大多数金属离子形成 1:1 的稳定螯合物。但是 EDTA 难溶于水($0.2g \cdot L^{-1}$，22℃)，通常采用其二钠盐($110g \cdot L^{-1}$，22℃)来配制标准溶液，习惯上也称为 EDTA 标准溶液。$Na_2H_2Y \cdot 2H_2O$ 可以精制成基准物质，但提纯方法较复杂，因此分析中通常采用标定法来配制 EDTA 标准溶液。

用于标定 EDTA 的基准物质较多，可采用纯金属，如 Bi、Cd、Cu、Zn、Mg、Ni 和 Pb 等，纯度要求在 99.99％以上，通常也应高于 99.95％。若金属表面有氧化膜，应先用砂纸或稀酸处理后，再用水和乙醇洗涤，最后用乙醚或丙酮洗净，在 105℃下烘干数分钟。也可采用金属氧化物或其盐类作为基准物质，如 Bi_2O_3、ZnO、$ZnSO_4 \cdot 7H_2O$、MgO、$MgSO_4 \cdot 7 H_2O$、$Mg(IO_3)_2 \cdot 4 H_2O$ 和 $CaCO_3$ 等，Zn 和 $CaCO_3$ 是最常用的两种基准物质。

为了减少系统误差，标定条件应尽可能与测定条件相同或相近。如选用被测元素的纯金属或其化合物作基准物质；标定和测定在相同的 pH 下进行，采用相同的滴定方式等。

常用的标定方法如下：在 pH 为 10 的介质中，以铬黑 T(EBT)为指示剂，用 $CaCO_3$ 作为基准物质进行标定。由于铬黑 T 与 Ca^{2+} 显色的灵敏度较差，通常加入少量 Mg-EDTA，通过置换反应改善终点变色的灵敏性，用待标定的 EDTA 溶液滴定至溶液颜色由紫红色变为纯蓝色即为终点。

水的硬度主要由于水中含有钙盐和镁盐，其他金属离子，如铁、铝、锰、锌等离子也形成硬度，但一般含量甚少，测定工业用水总硬度时可忽略不计。测定水的硬度常采用配位滴定法，用乙二胺四乙酸二钠盐(EDTA)溶液滴定水中 Ca、Mg 总量，然后换算为相应的硬度单位。在要求不严格的分析中，EDTA 溶液可用直接法配制，但通常采用间接法配制，标定 EDTA 溶液。

按国际标准方法测定水的总硬度:在 pH 为 10 的 NH_3-NH_4Cl 缓冲溶液中,以铬黑 T(EBT)

为指示剂,用 EDTA 标准溶液滴定至溶液由紫红色变为纯蓝色即为终点。滴定过程反应如下:

滴定前

$$EBT + Mg^{2+} = Mg\text{-}EBT$$

蓝色　　　　　　　紫红色

滴定时

$$EDTA + Ca^{2+} = Ca\text{-}EDTA$$

无色

$$EDTA + Mg^{2+} = Mg\text{-}EDTA$$

无色

终点时

$$EDTA + Mg\text{-}EBT = Mg\text{-}EDTA + EBT$$

紫红色　　　　　　　蓝色

到达计量点时,呈现指示剂的纯蓝色。

若水样中存在 Fe^{3+}、Al^{3+} 等微量杂质时,可用三乙醇胺进行掩蔽,Cu^{2+}、Pb^{2+}、Zn^{2+} 等重金属离子可用 Na_2S 或 KCN 掩蔽。

水的硬度常以氧化钙的量表示。各国对水的硬度表示不同,我国沿用的硬度表示方法有两种:一种以度(°)计,1 硬度单位表示十万份水中含 1 份 CaO(每升水中含 10mg CaO),即 $1° = 10mg \cdot L^{-1}$ CaO;另一种以 $CaO\ mmol \cdot L^{-1}$ 表示。经过计算,每升水中含有 1mmol CaO 时,其硬度为 5.6°,硬度(°)计算公式为:硬度(°)$= c_{EDTA}V_{EDTA}M_{CaO}V_{水} \times 100$。

若要测定钙硬度,可控制 pH 介于 12～13,选用钙指示剂进行测定。镁硬度可由总硬度减去钙硬度求出。

【试剂及仪器】

EDTA 二钠盐 (AR),$CaCO_3$ (AR),HCl(1:1),$NH_3\text{-}NH_4Cl$ 缓冲溶液(pH 为 10),铬黑 T 指示剂(0.05%),钙指示剂。

分析天平,酸式滴定管,锥形瓶,移液管(25mL、50mL),容量瓶(100mL、250mL),烧杯,试剂瓶,量筒(100mL)。

【操作步骤】

1. $0.02mol \cdot L^{-1}$ EDTA 标准溶液的配制和标定

(1) 称取 4g $Na_2H_2Y \cdot 2H_2O$ 置于 500mL 烧杯中,加 250mL 水,微热并搅拌使其溶解完全,再加 0.1g $MgCl_2 \cdot 6H_2O$,稀释至 500mL,摇匀。

(2) 配制钙标准溶液(0.02 mol·L^{-1})。准确称取 $CaCO_3$ 0.4g 左右,置于 100mL 烧杯中,加几滴水润湿,盖上表面皿,缓缓滴加 10～20mL 1:1 HCl,加热溶解完全,冷却后定量转移至 250mL 容量瓶中,加水稀释至刻度,摇匀。计算钙标准溶液的浓度。

(3) 标定 EDTA 溶液。移取 25.00mL 钙标准溶液于锥形瓶中,再加 25mL $NH_3\text{-}NH_4Cl$ 缓冲溶液、2～3 滴铬黑 T 指示剂;用 EDTA 溶液滴定至溶液由紫红色变成纯蓝色即为终点。平行滴定 3 次。

2. 工业用水总硬度的测定

(1) 0.005mol·L⁻¹EDTA 标准溶液的配制。准确移取 25.00mL 0.02mol·L⁻¹EDTA 标准溶液于 100mL 容量瓶中，加水稀释至刻度，摇匀。

(2) 总硬度的测定。取水样 50.00mL 于 250mL 锥形瓶中，加入 5mL NH₃-NH₄Cl 缓冲溶液、0.1g 铬黑 T(EBT)指示剂，用 0.005mol·L⁻¹EDTA 标准溶液(用 0.02mol·L⁻¹EDTA 标准溶液稀释)滴定至溶液由紫红色变为纯蓝色即为终点。平行测定 3 次，计算水的总硬度，以 mmol·L⁻¹ 表示分析结果。

3. 钙硬度和镁硬度的测定

取水样 50.00mL 于 250mL 锥形瓶中，加入 2mL 6mol·L⁻¹NaOH 溶液，摇匀，再加入 0.1g 钙指示剂，摇匀后用 0.005mol·L⁻¹EDTA 标准溶液滴定至溶液由酒红色变为纯蓝色即为终点。平行测定 3 次，计算钙硬度。由总硬度和钙硬度求出镁硬度。

【数据记录及处理】

1. 0.02mol·L⁻¹EDTA 标准溶液的配制和标定

碳酸钙质量：$m(CaCO_3)=$ _____ g，$c(Ca^{2+})= \dfrac{m(CaCO_3)}{100 \times 0.25} =$ _____ mol·L⁻¹。

表 3-12　实验记录

次数		1	2	3
钙标准溶液体积/mL		25.00	25.00	25.00
EDTA 滴定	初读数/mL			
	终读数/mL			
	净体积/mL			
平均体积 $\overline{V}$/mL				
c(EDTA)/(mol·L⁻¹)				

2. 工业用水总硬度的测定

表 3-13　实验记录

次数		1	2	3
水样体积/mL		50.00	50.00	50.00
pH=10 缓冲溶液/mL		5	5	5
铬黑 T 指示剂/g		0.1	0.1	0.1
EDTA 滴定	初读数/mL			
	终读数/mL			
	净体积/mL			
平均体积 $\overline{V_1}$/mL				

3. Ca^{2+}的测定

表 3-14　实验记录

次数		1	2	3
水样体积/mL		50.00	50.00	50.00
10% NaOH/mL		2	2	2
钙指示剂/g		0.1	0.1	0.1
EDTA 滴定	初读数/mL			
	终读数/mL			
	净体积/mL			
	平均体积 $\overline{V_2}$/mL			

4. 计算

[已知 c(EDTA)=_____ $mol \cdot L^{-1}$]:

$$CaO\ 含量(mg \cdot L^{-1}) = \frac{c \times \overline{V_1} \times M_{CaO} \times 1000}{50.00}$$

$$Ca^{2+}\ 含量(mg \cdot L^{-1}) = \frac{c \times \overline{V_2} \times M_{Ca} \times 1000}{50.00}$$

$$Mg^{2+}\ 含量(mg \cdot L^{-1}) = \frac{c(\overline{V_1} - \overline{V_2}) \times M_{Mg} \times 1000}{50.00}$$

【注意事项】

(1) 在滴定过程中，Fe^{3+}、Al^{3+}的干扰用三乙醇胺加以掩蔽，Cu^{2+}、Pb^{2+}、Zn^{2+}等金属离子用 KCN、Na_2S 掩蔽。

(2) 如果水样中 HCO_3^-、H_2CO_3 含量较高，终点变色不敏锐，可经酸化并煮沸再滴定或采用返滴定法。

(3) 注意：接近终点时应慢速滴加溶液，并多摇动。

(4) 实验操作方法对结果的影响：3 份溶液平行测定的相对平均偏差应不超过 0.15%，若不符合要求，分析原因，增加重复实验次数。

【思考与讨论题】

(1) EDTA 可用两种方法进行标定：① pH = 5，二甲酚橙为指示剂，纯锌为基准物质；② pH=10，铬黑 T 为指示剂，$CaCO_3$ 为基准物质。测定水的总硬度时，用哪种方法更为合理？

(2) 用 $CaCO_3$ 的浓度(ppm)表示水的总硬度，该数值标明的是水中 $CaCO_3$ 的真实含量吗？

(3) 当水中 Mg^{2+} 的含量低时，以铬黑 T 滴定水样中的 Ca^{2+}、Mg^{2+}总量，终点不敏锐，因此，在配制 EDTA 溶液时常加入少量的镁化合物，然后再标定 EDTA 溶液的浓度。这样对测定结果有无影响？说明其原因。

本实验约需 4h。

3.13　高锰酸钾法测定双氧水中过氧化氢含量

【实验目的】

(1) 掌握高锰酸钾法测定过氧化氢含量的原理和操作方法。

(2) 对 $KMnO_4$ 自身指示剂的特点有所体会。

【实验原理】

H_2O_2 分子中有一个过氧键—O—O—，在酸性溶液中它是强氧化剂，但遇 $KmnO_4$ 时为还原剂。在稀硫酸溶液中，过氧化氢在室温条件下能定量地还原高锰酸盐，因此可用高锰酸钾法测定过氧化氢的含量。其反应如下：

$$5H_2O_2 + 2MnO_4^- + 6H^+ = 2Mn^{2+} + 5O_2 + 8H_2O$$

等物质的量关系：

$$n(5H_2O_2) = n(2KMnO_4)$$

即

$$\frac{1}{5}n(H_2O_2) = \frac{1}{2}n(KMnO_4)$$

$$\frac{1}{5} \times \frac{10 \times H_2O_2\% \times \frac{25}{250}}{34.02} = \frac{1}{2}(cV)_{KMnO_4} \times 10^{-3}$$

$$H_2O_2\% = 0.08505(c\overline{V})_{KMnO_4}$$

开始反应速率慢，待 Mn^{2+} 生成后，由于 Mn^{2+} 的催化作用，加快了反应速率，故能顺利地滴定到呈现稳定的微红色为终点，因此称为自动催化反应。稍过量的滴定剂($2 \times 10^{-6} mol \cdot L^{-1}$)本身的紫红色即显示终点。

过氧化氢在工业、生物、医药等方面应用很广泛。利用 H_2O_2 的氧化性漂白毛、丝织物；医药上常用于消毒和杀菌剂；纯 H_2O_2 用作火箭燃料的氧化剂；工业上利用 H_2O_2 的还原性除去氯气。植物体内的过氧化氢酶也能催化 H_2O_2 的分解反应，故在生物上利用此性质测量 H_2O_2 分解所放出的氧来测量过氧化氢酶的活性。由于过氧化氢有着广泛的应用，常需要测定它的含量。

【试剂及仪器】

$KMnO_4$ 标准溶液($0.020 mol \cdot L^{-1}$)，$H_2SO_4(3 mol \cdot L^{-1})$，$H_2O_2(AR)$。

移液管(10mL、25mL)，滴定管，容量瓶(250mL)，锥形瓶。

【操作步骤】

1. 双氧水样品溶液的配制

用移液管移取 10.00mL H_2O_2 试样溶液(质量分数约为 3%)，置于 250mL 容量瓶中，加水稀释至刻度，充分摇匀备用。

2. 测定双氧水中过氧化氢的含量

用移液管移取稀释过的 H_2O_2 25.00mL 于 250mL 锥形瓶中，加 5mL 3mol·L^{-1} H_2SO_4，用 0.02mol·L^{-1} $KMnO_4$ 溶液滴定至微红色，30s 内不褪色即为终点。平行测定 3 次，根据 $KMnO_4$ 的浓度和消耗的体积，计算试样中 H_2O_2 的含量和 $KMnO_4$ 标准溶液体积的相对平均偏差。

【数据记录及处理】

实验结果记录于表 3-15 中。

表 3-15　实验记录

次数		1	2	3
样品溶液体积/mL		25.00	25.00	25.00
3mol·L^{-1} H_2SO_4 体积/mL		5	5	5
$KMnO_4$ 滴定	初读数/mL			
	终读数/mL			
	净体积/mL			
$\bar{V}$($KMnO_4$)/mL				
相对平均偏差				
H_2O_2%				

【注意事项】

(1) 若 H_2O_2 试样是工业产品，用上述方法测定误差较大，因产品中常加入少量乙酰苯胺等有机物质作稳定剂，此类有机物也消耗 $KMnO_4$，遇此情况可采用碘量法测定：利用 H_2O_2 和 KI 作用，析出的 I_2 用 $Na_2S_2O_3$ 溶液滴定：

$$H_2O_2 + 2H^+ + 2I^- \Longrightarrow 2H_2O + I_2 \qquad E^{\ominus}(H_2O_2/H_2O) = 1.77V$$

$$2S_2O_3^{2-} + I_2 \Longrightarrow S_4O_6^{2-} + 2I^-$$

(2) 进行数据计算时，清楚所用计算公式的理论依据，正确计算。

【思考与讨论题】

(1) 用 $KMnO_4$ 法测定 H_2O_2 时，能否用 HNO_3、HCl 或 H Ac 控制酸度？为什么？

(2) H_2O_2 有什么特性？有哪些主要用途？

(3) 为什么在本实验测定中，不需要加入指示剂？

本实验约需 4h。

3.14　间接碘量法测定硫酸铜中铜含量

【实验目的】

(1) 掌握间接碘量法测定硫酸铜中铜含量的原理和方法。

(2) 掌握 $Na_2S_2O_3$ 标准溶液的配制与标定以及特性和使用要求。

【实验原理】

碘量法测定硫酸铜中的铜含量是基于 Cu^{2+} 在酸性溶液中与过量 KI 反应形成 CuI 沉淀，

并生成与铜的量相当的 I_2，析出的 I_2 用硫代硫酸钠标准溶液滴定，由此可以间接计算铜含量。

$$2Cu^{2+} + 4I^- == 2CuI(s) + I_2$$

$$I_2 + 2S_2O_3^{2-} == 2I^- + S_4O_6^{2-}$$

由于 CuI 沉淀表面容易吸附 $I_2(I^-)$，会造成测定结果偏低，故在终点到达之前加入 KSCN，一则可以生成溶度积更小的 CuSCN 沉淀，释放出 I^-，减少了 KI 的用量；二则 SCN^- 更容易被 CuSCN 吸附，从沉淀表面取代出吸附的碘，促使测定反应趋于完全。

沉淀转化：

$$CuI + SCN^- == CuSCN\ (s) + I^-(防止\ CuI\ 对\ I_3^-\ 吸附)$$

$$CuI(K_{sp} = 5.06×10^{-12}),\quad CuSCN(K_{sp} = 4.8×10^{-15})$$

副反应：

$$SCN^- + 4I_2 + 4H_2O == SO_4^{2-} + 7I^- + ICN + 8H^+$$

等物质的量关系：

$$n(2Cu^{2+}) = n(I_2) = n(2S_2O_3^{2-})$$

即

$$n(Cu^{2+}) = n(S_2O_3^{2-}) = c(Na_2S_2O_3)\ V(Na_2S_2O_3)$$

试样含铜量计算：

$$Cu\% = \frac{c(Na_2S_2O_3)V(Na_2S_2O_3)×63.55}{m(试样)×10^3}×100\%$$

【试剂及仪器】

$CuSO_4·5H_2O(AR)$，$H_2SO_4(1mol·L^{-1})$，$Na_2S_2O_3$ 标准溶液($0.010mol·L^{-1}$)，淀粉指示剂，$NH_4SCN(10\%)$，$KI(10\%)$。

分析天平，滴定管，锥形瓶，碘量瓶。

【操作步骤】

准确称取 $CuSO_4·5H_2O$ 0.4～0.5g，置于 250mL 碘量瓶中，加入 1mL $1mol·L^{-1}$ H_2SO_4 溶液和 50mL 蒸馏水使其溶解。加入 10mL 10% KI 溶液，立即用 $Na_2S_2O_3$ 标准溶液滴定至呈浅黄色，加入 2mL 淀粉指示剂，继续滴定至呈浅蓝色，再加入 10mL 10% NH_4SCN 溶液，溶液蓝色转深，再继续用 $Na_2S_2O_3$ 标准溶液滴定至蓝色刚好消失即为滴定终点，此时溶液为浅灰色或米色悬浮物，即为终点。平行测定 3 次，计算 $CuSO_4·5H_2O$ 中 Cu 的质量分数。

【数据记录及处理】

$Na_2S_2O_3$ 的浓度为_____$mol·L^{-1}$。

表 3-16　实验记录

次数	1	2	3
质量 $m(CuSO_4·5H_2O)/g$			
$1mol·L^{-1}$ H_2SO_4 溶液/mL		5	
蒸馏水/mL		100	
10% KI 溶液/mL		10	
淀粉指示剂/mL		2	

续表

次数		1	2	3
10% NH₄SCN 溶液/mL		10		
滴定	Na₂S₂O₃ 初读数/mL			
	Na₂S₂O₃ 终读数/mL			
	Na₂S₂O₃ 净体积/mL			
结果	Na₂S₂O₃$V_{平均}$/mL			
	含铜量/%			

【思考与讨论题】

(1) 溶解硫酸铜时，为什么要加入硫酸？可否用盐酸或硝酸替代？

(2) 用碘量法测定铜含量时，为什么要加入 KSCN ？ 如果在酸化后立即加入 KSCN 溶液，会产生什么后果？

(3) 本实验中加入 KI 的作用是什么？

本实验约需 4h。

3.15　碘量法测定维生素 C 药片中维生素 C 含量

【实验目的】

(1) 掌握直接碘量法测定生素 C 的原理及其操作。

(2) 掌握碘标准溶液的配制及标定。

(3) 掌握维生素 C 的测定方法。

【实验原理】

1. 碘量法

碘量法是以 I_2 的氧化性和 I^- 的还原性为基础的滴定分析方法。维生素 C 又称抗坏血酸，分子式为 $C_6H_8O_6$，由于分子中的烯二醇基具有还原性，因此能被 I_2 氧化成二酮基：

$$\text{O}=\underset{\text{HO}}{\overset{\text{O}}{\big|}}\text{（OH, CH}_2\text{OH）} + I_2 \xrightarrow{\ \text{HAc}\ } \text{O}=\underset{\text{O}}{\overset{\text{OH, CH}_2\text{OH}}{\big|}} + 2I_2$$

由于维生素 C 的还原性很强，在空气中极易被氧化，尤其是在碱性介质中。测定时加入 HAc 使溶液呈酸性，减少维生素 C 的副反应。

等物质的量关系：

$$n(\text{维生素 C})=n(I_2)$$

即

$$\frac{m(\text{试样})\times\text{维生素C\%}}{176}=(cV)_{I_2}\times10^{-3}$$

$$维生素\ C\% = \frac{0.176(cV)_{I_2}}{m(试样)}$$

2. 碘溶液的配制与标定

I_2 微溶于水而易溶于 KI 溶液，但在稀的 KI 溶液中溶解得很慢，所以配制 I_2 溶液时不能过早加水稀释，应先将 I_2 和 KI 混合，用少量水充分研磨，溶解完全后再加水稀释。

I_2 溶液可以用 As_2O_3 或 $Na_2S_2O_3$ 标定，因为 As_2O_3 是剧毒物质，一般用 $Na_2S_2O_3$ 标定。

3. 硫代硫酸钠溶液的配制与标定

$Na_2S_2O_3$ 一般含有少量杂质，$Na_2S_2O_3$ 在中性和弱碱性的溶液中较稳定，酸性溶液中不稳定，易分解。所以在 $Na_2S_2O_3$ 溶液中加入少量的 Na_2CO_3，$Na_2S_2O_3$ 一般用棕色瓶储于暗处，KIO_3 等基准物质常用来标定 $Na_2S_2O_3$ 溶液的浓度。称取一定量基准物质，在酸性溶液中与过量 KI 作用，析出的 I_2 以淀粉为指示剂，用 $Na_2S_2O_3$ 溶液滴定，有关反应式如下：

$$IO_3^- + 5I^- + 6H^+ \Longrightarrow 3I_2(s) + 3H_2O$$

其过程为：KIO_3 与 KI 先发生反应析出 I_2，析出的 I_2 再用 $Na_2S_2O_3$ 标准溶液滴定，从而求得 $Na_2S_2O_3$ 的浓度。这个标定 $Na_2S_2O_3$ 的方法为间接碘量法。

碘量法的基本反应式：

$$2S_2O_3^{2-} + I_2 \Longrightarrow S_4O_6^{2-} + 2I^-$$

【试剂及仪器】

I_2 溶液，KIO_3 标准溶液($0.100mol \cdot L^{-1}$)，H_2SO_4($1mol \cdot L^{-1}$)，$Na_2S_2O_3$(AR)，淀粉指示剂(0.5%)，冰醋酸，KI(10%)，Na_2CO_3 (AR)，维生素 C 药片。

分析天平，台秤，滴定管，锥形瓶，碘量瓶，移液管。

【操作步骤】

1. $Na_2S_2O_3$ 溶液的配制与标定

(1) 配制：称取 13g $Na_2S_2O_3 \cdot 5H_2O$，溶于 500mL 新煮沸的蒸馏水中，加入 0.1g Na_2CO_3，保存于棕色瓶中，放置一周后进行标定。

(2) 标定：准确移取 25.00mL KIO_3 标准溶液于 250mL 碘量瓶中，加 50mL 蒸馏水稀释，加 1g KI、10mL 冰醋酸，盖上瓶塞，以防止 I_2 因挥发而损失，摇匀后置于暗处 5min，使反应完全，用 $Na_2S_2O_3$ 溶液滴定至溶液呈浅黄色时，加 2mL 淀粉溶液。继续用 $Na_2S_2O_3$ 标准溶液滴定至蓝色恰好消失，即为终点。记录消耗 $Na_2S_2O_3$ 溶液的体积，平行滴定两次。计算 $Na_2S_2O_3$ 溶液的浓度。

2. I_2 溶液的标定

用移液管取 20.00mL I_2 溶液于 250mL 锥形瓶中，加 50mL 水，用 $Na_2S_2O_3$ 标准溶液滴定至溶液呈浅黄色时，加入 2mL 淀粉指示剂，继续用 $Na_2S_2O_3$ 标准溶液滴定至蓝色恰好消失,即为终点。平行滴定两次,计算标准溶液浓度。

3. 维生素 C 试样的分析测定

取 1 片药剂,准确称量其质量,置于锥形瓶中,加 50mL 蒸馏水溶解,向锥形瓶中加入 5mL 冰醋酸溶液、3mL 淀粉溶液,立即用标准碘液(酸式滴定管)进行滴定至溶液刚好呈现蓝色,30s 内不褪色即为终点,记录体积,平行滴定 3 次,计算维生素 C 的含量。

【数据记录及处理】

1. 标定 $Na_2S_2O_3$ 溶液 [已知 $c(KIO_3)=$＿＿＿＿＿＿＿＿ $mol·L^{-1}$]

表 3-17　实验记录

次数			1	2
KIO_3 标准溶液/mL			25.00	
冷蒸馏水/mL			70	
KI(s)/g			1	
冰醋酸/mL			10	
盖塞、混匀、置暗处/min			5	
0.5%淀粉/mL			1	
$Na_2S_2O_3$ 滴定		初读数/mL		
		终读数/mL		
		净体积/mL		
		平均体积 $V(Na_2S_2O_3)$ /mL		
	$c(Na_2S_2O_3)=\dfrac{6(cV)_{KIO_3}}{V(Na_2S_2O_3)}$			

2. 标定 I_2 溶液 [已知 $c(Na_2S_2O_3)=$＿＿＿＿＿＿＿＿ $mol·L^{-1}$]

表 3-18　实验记录

次数			1	2
I_2 溶液/mL			20.00	20.00
H_2O/mL			50	
0.5%淀粉指示剂/mL			2	
$Na_2S_2O_3$ 滴定		初读数/mL		
		终读数/mL		
		净体积/mL		
		平均体积 $V(Na_2S_2O_3)$/mL		
	$c(I_2)=\dfrac{1}{2}c(Na_2S_2O_3)\times\dfrac{V(Na_2S_2O_3)}{V(I_2)}$			

3. 维生素 C 试样的分析测定[已知 $c(I_2)=$＿＿＿＿＿＿＿＿＿ $mol\cdot L^{-1}$]

表 3-19　实验记录

次数		1	2	3
试样质量/g				
I₂ 滴定	初读数/mL			
	终读数/mL			
	净体积/mL			
维生素 C/%				
平均含量/%				
相对偏差				

【注意事项】

(1) 实验中所用指示剂为淀粉溶液。I_2 与淀粉形成蓝色的配合物，灵敏度很高。温度升高，灵敏度反而下降。淀粉指示剂要在接近终点时加入。

(2) 用新煮沸并冷却的蒸馏水；否则，$Na_2S_2O_3$ 因氧气、二氧化碳和微生物的作用而分解，使滴定时消耗 $Na_2S_2O_3$ 溶液的体积偏大。

【思考与讨论题】

(1) 直接碘量法用碘作为滴定剂，在配制碘溶液时加入一些 KI 可以加快 I_2 的溶解，为什么？加入 KI 对于标定碘溶液浓度有没有影响？

(2) 测定维生素 C 的溶液中为什么要加稀 HAc？

(3) 溶解样品时为什么要用新煮过并冷却的蒸馏水？

本实验约需 4h。

3.16　摩尔法和法扬斯法测定水样中氯离子含量

【实验目的】

(1) 掌握摩尔法和法扬斯法进行沉淀滴定的原理和方法，熟悉两种方法的特点以及用途。

(2) 掌握 $AgNO_3$ 标准溶液的配制、标定以及浓度计算方法。

(3) 掌握沉淀滴定法测定氯离子含量的条件及操作方法。

【实验原理】

可溶性氯化物或水试样中的 Cl^-，常用银量法测定。银量法对氯离子的测定有直接法和间接法两种。本实验对样品中的 Cl^- 分别用摩尔法和法扬斯法测定，这两种方法同属直接测定法，使用的 $AgNO_3$ 标准溶液以摩尔法标定。

1. 摩尔法

在中性或弱碱性溶液中，以铬酸钾为指示剂，用 $AgNO_3$ 标准溶液进行滴定。由于 AgCl 比 Ag_2CrO_4 的溶解度小，根据分步沉淀的原理，当 AgCl 定量沉淀后，微过量的 $AgNO_3$ 溶

液即与 CrO_4^{2-} 生成砖红色 Ag_2CrO_4 沉淀，指示终点到达，主要反应如下：

$$Ag^+ + Cl^- \Longrightarrow AgCl(s，白色) \qquad K_{sp} = 1.8 \times 10^{-10}$$

$$2Ag^+ + CrO_4^{2-} \Longrightarrow Ag_2CrO_4(s，砖红色) \qquad K_{sp} = 2.0 \times 10^{-12}$$

滴定必须在中性或弱碱性溶液中进行。酸度太大，不产生 Ag_2CrO_4 沉淀，看不到终点颜色；而酸度太小，则形成 Ag_2O 沉淀。本滴定最适宜在 pH 为 6.5～10.5 的介质中进行。另外，若试液中有 NH_4^+ 存在，则介质的 pH 应保持在 6.5～7.2。

2. 法扬斯法

以 $AgNO_3$ 为标准溶液，用吸附指示剂(如荧光黄或曙红等)指示终点的银量法称为法扬斯法。本实验用 $AgNO_3$ 标准溶液滴定样品中的 Cl^-，以荧光黄为指示剂，其反应如下：

$$HFI \Longrightarrow H^+ + FI^-$$

(荧光黄)无色　　　黄绿色

$$AgCl \cdot Ag^+ + FI^- \Longrightarrow AgCl \cdot Ag \cdot FI$$

黄绿色　　　　淡红色

荧光黄为有机弱酸，在溶液中可解离为黄绿色的 FI^-，但若溶液的酸度太大，将抑制其解离，使终点不敏锐。所以滴定介质的酸度主要由吸附指示剂的酸解离常数决定。

滴定开始至化学计量点前，由于样品中的 Cl^- 仍大量存在，AgCl 胶粒带负电荷，荧光黄阴离子 FI^- 不被 AgCl 胶粒吸附，到达化学计量点后，过量一滴 $AgNO_3$ 标准溶液，使 AgCl 胶粒带正电荷($AgCl \cdot Ag^+$)，带正电荷的($AgCl \cdot Ag^+$)胶粒强烈吸引 FI^-，可能由于在 AgCl 表面形成了荧光黄银化合物，导致颜色发生变化，沉淀表面呈淡红色，指示滴定终点。

【试剂及仪器】

NaCl (基准试剂)，$AgNO_3$(AR)，K_2CrO_4(5%)，荧光黄指示剂。

移液管，滴定管，锥形瓶。

【操作步骤】

1. 0.05mol·L^{-1} $AgNO_3$ 标准溶液的配制及标定

(1) 配制：称取 8.5g $AgNO_3$ 溶解于 1000mL 不含 Cl^- 的蒸馏水中，将溶液转入棕色试剂瓶中，置暗处保存，以防光照分解。

(2) 标定：准确称取 0.5～0.65g NaCl 基准物于小烧杯中，用蒸馏水溶解后，转入 100mL 容量瓶中，稀释至刻度，摇匀。

用移液管移取 25.00mL NaCl 溶液注入 250mL 锥瓶中，加入 25mL 水，用吸量管加入 1mL K_2CrO_4 溶液，在不断摇动下，用 $AgNO_3$ 溶液滴定至呈现砖红色即为终点。平行标定 3 份。根据所消耗 $AgNO_3$ 的体积和 NaCl 的质量，计算 $AgNO_3$ 的浓度。

2. 水样的测定

(1) 摩尔法。移取 25.00mL 水试样置于锥形瓶中，加入 5% K_2CrO_4 指示剂 1mL，在不断摇动下用 0.05mol·L^{-1} $AgNO_3$ 标准溶液滴定至溶液刚出现橙色即为终点。平行测定 3 份。

(2) 法扬斯法。移取 25.00mL 水试样置于锥形瓶中，加入荧光黄指示剂 2mL，用 0.05mol·L⁻¹ AgNO₃标准溶液滴定至黄绿色荧光消失，刚呈现淡红色即为终点。平行测定 3 份。

【数据记录及处理】

1. 0.05mol·L⁻¹ AgNO₃标准溶液的配制及标定

表 3-20　实验记录

	次数	1	2	3
NaCl 称量	倒出前/g			
	倒出后/g			
	质量 $m(NaCl)$/g			
	NaCl 溶液/mL	25.00	25.00	25.00
标定	AgNO₃ 初读数/mL			
	AgNO₃ 终读数/mL			
	AgNO₃ 净体积/mL			
结果	$c(AgNO_3)$/(mol·L⁻¹)			
	$\overline{c}(AgNO_3)$/(mol·L⁻¹)			
	相对标准偏差/%			

2. 水样的测定

表 3-21　实验记录

	次数	1	2	3
	水样/mL	25.00	25.00	25.00
	5% K₂CrO₄/mL	1	1	1
AgNO₃滴定	初读数/mL			
	终读数/mL			
	净体积/mL			
数据处理	体积比平均值			
	体积比相对平均偏差			
	Cl⁻浓度/ (mol·L⁻¹)			
	水样/mL	25.00	25.00	25.00
	荧光黄指示剂/mL	2	2	2
AgNO₃滴定	初读数/mL			
	终读数/mL			
	净体积/mL			
数据处理	体积比平均值			
	体积比相对平均偏差			

【注意事项】

(1) 荧光黄指示剂配成淀粉溶液，是因为淀粉溶液有保护胶体的作用，可以减免 AgCl 沉淀的聚集，有利于吸附。

(2) 本实验测定氯离子的方法中，溶液酸度的控制是关键。

(3) 指示剂用量大小对测定有影响，必须定量加入。溶液较稀时，需作指示剂的空白校正，方法如下：取 1mL K_2CrO_4 指示剂溶液，加入适量水，然后加入无 Cl^- 的 $CaCO_3$ 固体(相当于滴定时 AgCl 的沉淀量)，制成相似于实际滴定的浑浊溶液。逐渐滴入 $AgNO_3$，至与终点颜色相同为止，记录读数，从滴定试液所消耗的 $AgNO_3$ 体积中扣除此读数。

(4) 沉淀滴定中，为减少沉淀对被测离子的吸附，一般滴定的体积以大些为好，故需加水稀释试液。

(5) 银为贵金属，含 AgCl 的废液应回收处理。

【思考与讨论题】

(1) $AgNO_3$ 溶液应装在哪一种滴定管中?为什么?

(2) 以 K_2CrO_4 为指示剂，滴定时的酸度条件该怎样控制? K_2CrO_4 的用量对滴定结果有什么影响?

(3) 荧光黄指示剂的变色机理与酸碱指示剂有什么不同?

(4) 用法扬斯法滴定时酸度应怎样控制?为什么不能在强酸或碱性溶液中进行滴定?

本实验约需 4h。

3.17　重量分析法测定氯化钡中钡含量

【实验目的】

(1) 了解测定 $BaCl_2·2H_2O$ 中钡含量的原理和方法。

(2) 掌握晶形沉淀的制备、过滤、洗涤、灼烧及恒量等的基本操作技术。

【实验原理】

硫酸钡重量法一般在 $0.05mol·L^{-1}$ 左右的盐酸介质中进行沉淀,沉淀剂 H_2SO_4 可过量50％～100％。$BaSO_4$ 重量法，既可用于测定 Ba^{2+} 的含量，也可用于测定 SO_4^{2-} 的含量。其基本反应为

$$Ba^{2+} + SO_4^{2-} === BaSO_4(s)$$

称取一定量 $BaCl_2·2H_2O$，用水溶解，加稀 HCl 溶液酸化，加热至微沸，在不断搅动下，慢慢地加入稀、热的 H_2SO_4，Ba^{2+} 与 SO_4^{2-} 反应，形成晶形沉淀。沉淀经陈化、过滤、洗涤、烘干、炭化、灰化、灼烧后，以 $BaSO_4$ 形式称量，可求出 $BaCl_2·2H_2O$ 中 Ba 的含量。

Ba^{2+} 可生成一系列微溶化合物，如 $BaCO_3$、BaC_2O_4、$BaCrO_4$、$BaHPO_4$、$BaSO_4$ 等，其中以 $BaSO_4$ 溶解度最小，100mL 溶液中，100℃时溶解 0.4mg，25℃时仅溶解 0.25mg。当过量沉淀剂存在时，溶解度大为减小，一般可以忽略不计。

硫酸钡重量法一般在 $0.05mol·L^{-1}$ 左右盐酸介质中进行沉淀,它是为了防止产生 $BaCO_3$、$BaHPO_4$、$BaHAsO_4$ 沉淀以及防止生成 $Ba(OH)_2$ 共沉淀。同时，适当提高酸度，增加 $BaSO_4$

在沉淀过程中的溶解度，以降低其相对过饱和度，有利于获得较好的晶形沉淀。

用 $BaSO_4$ 重量法测定 Ba^{2+} 时，一般用稀 H_2SO_4 作沉淀剂。为了使 $BaSO_4$ 沉淀完全，H_2SO_4 必须过量。由于 H_2SO_4 在高温下可挥发除去，故沉淀带下的 H_2SO_4 不致引起误差，因此沉淀剂可过量 50%～100%。如果用 $BaSO_4$ 重量法测定 SO_4^{2-} 时，沉淀剂 $BaCl_2$ 只允许过量 20%～30%，因为 $BaCl_2$ 灼烧时不易挥发除去。

$PbSO_4$、$SrSO_4$ 的溶解度均较小，Pb^{2+}、Sr^{2+} 对钡的测定有干扰。NO_3^-、ClO_3^-、Cl^- 等阴离子和 K^+、Na^+、Ca^{2+}、Fe^{3+} 等阳离子均可以引起共沉淀现象，故应严格掌握沉淀条件，减少共沉淀现象，以获得纯净的 $BaSO_4$ 晶形沉淀。

【试剂及仪器】

H_2SO_4($1mol·L^{-1}$、$0.1mol·L^{-1}$)，HCl($2mol·L^{-1}$)，HNO_3($2mol·L^{-1}$)，$AgNO_3$($0.1mol·L^{-1}$)，$BaCl_2·2H_2O$ (AR)。

坩埚，坩埚钳，定量滤纸(中速)，玻璃漏斗，马弗炉。

【操作步骤】

1. 称样及沉淀的制备

准确称取三份 0.4～0.6g $BaCl_2·2H_2O$ 试样，分别置于 250mL 烧杯中，加入约 100mL 水、3mL $2mol·L^{-1}$ HCl 溶液，搅拌溶解，加热至近沸。

另取 4mL $1mol·L^{-1}$ H_2SO_4 三份于三个 100mL 烧杯中，加水 30mL，加热至近沸，趁热将三份 H_2SO_4 溶液分别用小滴管逐滴地加入到三份热的钡盐溶液中，并用玻璃棒不断搅拌，直至三份 H_2SO_4 溶液加完为止。待 $BaSO_4$ 沉淀下沉后，于上层清液中加入 1～2 滴 $0.1mol·L^{-1}$ H_2SO_4 溶液，仔细观察沉淀是否完全。沉淀完全后，盖上表面皿(切勿将玻璃棒拿出杯外)，放置过夜陈化。也可将沉淀放在水浴或沙浴上，保温 40min，陈化。

2. 沉淀的过滤和洗涤

按前述操作，用慢速或中速滤纸倾泻法过滤。用稀 H_2SO_4 (用 1mL $1mol·L^{-1}$ H_2SO_4 加 100mL 水配成)洗涤沉淀 3～4 次，每次约 10mL。然后，将沉淀定量转移到滤纸上，用沉淀帚由上到下擦拭烧杯内壁，并用折叠滤纸时撕下的小片滤纸擦拭杯壁，并将此小片滤纸放于漏斗中，再用稀 H_2SO_4 洗涤 4～6 次，直至洗涤液中不含 Cl^- 为止(检查方法：用试管收集 2mL 滤液，加 1 滴 $2mol·L^{-1}$ HNO_3 酸化，加入 2 滴 $AgNO_3$，若无白色浑浊产生，表示 Cl^- 已洗净)。

3. 空坩埚的恒量

将三个洁净的瓷坩埚放在($800±20$)℃的马弗炉中灼烧至恒量。第一次灼烧 40min，第二次后每次只灼烧 20min。灼烧也可在煤气灯上进行。

4. 沉淀的灼烧和恒量

将折叠好的沉淀滤纸包置于已恒量的瓷坩埚中，经烘干、炭化、灰化后，在($800±20$)℃马弗炉中灼烧至恒量。计算 $BaCl_2·2H_2O$ 中 Ba^{2+} 的含量。

【数据记录及处理】

表 3-22　实验记录

测定次数		1	2	3
BaCl$_2$·2H$_2$O 称量	倒出前/g			
	倒出后/g			
	质量 m/g			
空坩埚称量	质量 m/g			
空坩埚+ BaSO$_4$	质量 m/g			
BaSO$_4$	质量 m/g			
结果	Ba 质量 m/g			
	BaCl$_2$·2H$_2$O 中 Ba 含量/%			
	相对平均偏差			

【注意事项】

(1) 滤纸灰化时空气要充足，否则 BaSO$_4$ 易被滤纸的炭还原为灰黑色的 BaS：

$$BaSO_4 + 4C = BaS + 4CO\uparrow$$

$$BaSO_4 + 4CO = BaS + 4CO_2\uparrow$$

如遇此情况，可用 2～3 滴(1:1) H$_2$SO$_4$，H$_2$SO$_4$ 和 CO 反应，减少了 BaS 的生成。小心加热，冒烟后重新灼烧。

(2) 灼烧温度不能太高，如超过 950℃，可能有部分 BaSO$_4$ 分解：

$$BaSO_4 = BaO + SO_3\uparrow$$

【思考与讨论题】

(1) 为什么沉淀 BaSO$_4$ 时要在热溶液中进行，而在自然冷却后进行过滤？趁热过滤或强制冷却好不好？

(2) 沉淀 BaSO$_4$ 时为什么要在稀溶液中进行？不断搅拌的目的是什么？

(3) 滤纸分为哪几种类型?有什么用途？

(4) 什么是倾泻法过滤？

(5) 洗涤沉淀时，为什么用洗涤液要少量、多次？为保证 BaSO$_4$ 沉淀的溶解损失不超过 0.1%，洗涤沉淀用水量最多不超过多少毫升？

本实验约需 4h。

3.18　硫酸钡浊度法测定水样中硫酸根离子

【实验目的】

(1) 巩固分光光度法的原理，正确掌握分光光度计的使用。

(2) 理解酸雨中硫酸根的来源，学习分光光度法测定硫酸根的方法及原理。

【实验原理】

在酸性溶液中，水中硫酸盐离子和钡反应生成细微的硫酸钡晶体，使水溶液浑浊，其浊度和水样中硫酸盐含量在一定浓度范围内成正比。以分光光度法测定，其吸光度的大小间接反映 SO_4^{2-} 含量的高低，间接求出硫酸根含量。反应原理：

$$Ba^{2+} + SO_4^{2-} \rightleftharpoons BaSO_4 \qquad K_{sp} = 1.1 \times 10^{-10}$$

定量依据：朗伯-比尔定律 $A = \varepsilon bc$。

定量分析方法：标准曲线法。

【试剂及仪器】

Na_2SO_4 标准溶液($100\mu g \cdot mL^{-1}$)，明胶溶液($3g \cdot L^{-1}$)，氯化钡-明胶溶液($3g \cdot L^{-1}$)，水样。

722 型分光光度计，比色管，吸量管，移液管，比色皿。

【操作步骤】

1. 标准曲线的制作

吸取 0.00mL、0.50mL、1.00mL、1.50mL、2.00mL、2.50mL、3.00mL、3.50mL、4.00mL、4.50mL、5.00mL Na_2SO_4 标准溶液($100\mu g \cdot mL^{-1}$)分别至 25mL 比色管中，加水稀释至刻度，加入 $3g \cdot L^{-1}$ 明胶溶液 1mL，摇动 10s 至摇匀，加入氯化钡-明胶溶液 2mL，摇动 2min 至摇匀，静置 2min，用 2cm 比色皿在波长 420nm 处，以水作对照测定吸光度，与相应的硫酸根含量绘制标准曲线，求出线性回归方程。

2. 水样的测定

吸取 20.00mL 水样至 25mL 比色管中，加入 $3g \cdot L^{-1}$ 明胶溶液 1mL，摇动 10s 至摇匀，加入氯化钡-明胶溶液 2mL，摇动 2min 至摇匀，静置 2min，用 2cm 比色皿在波长 420nm 处，以水作对照测定吸光度。

【数据记录及处理】

1. 标准曲线的制作

表 3-23　实验记录

编号	0	1	2	3	4	5	6	7	8	9	10
$100\mu g \cdot mL^{-1}$ SO_4^{2-} 使用液/mL	0.00	0.50	1.00	1.50	2.00	2.50	3.00	3.50	4.00	4.50	5.00
蒸馏水定容/mL						25					
$m(SO_4^{2-})/\mu g$											
$3g \cdot L^{-1}$ 明胶溶液/mL						1					
摇匀/s						10					
氯化钡-明胶溶液/mL						2					
摇匀/min						2					
静置/min						2					
吸光度 $A(\lambda=420nm, b=2cm)$											
回归方程 $A-m(SO_4^{2-})$											
线性相关系数											

2. 水样测定及分析结果表示

表 3-24　实验记录

水样编号	水样体积 V_x/mL	水样吸光度 A_x	水样硫酸根含量 $m(SO_4^{2-})_x$/μg	水样分析结果 硫酸根浓度=$\dfrac{m(SO_4^{2-})_x}{V_x}$/(mg·L^{-1})

【思考与讨论题】

(1) 本实验加入明胶可起到的作用是什么？

(2) 查阅资料，列出还有哪些测定硫酸根的方法，从中找出 1～2 种方法与本实验方法比较，论述其特点。

(3) 论述浊度法的原理。根据本实验，谈谈该方法相关的注意事项。

本实验约需 4h。

3.19　比色法测定溶液中的铁离子

【实验目的】

(1) 学习比色法测定中标准曲线的绘制和试样测定的方法。

(2) 掌握分光光度计的使用方法及原理。

(3) 掌握用邻菲咯啉分光光度法测定微量铁的方法和原理。

【实验原理】

根据朗伯-比尔定律 $A = \varepsilon bc$，当入射光波长 λ 及光程 b 一定时，在一定浓度范围内，有色物质的吸光度 A 与该物质的浓度 c 成正比。只要绘出以吸光度 A 为纵坐标、浓度 c 为横坐标的标准曲线，测出试液的吸光度，就可以由标准曲线查得对应的浓度值，即未知样的含量。同时，还可应用相关的回归分析软件，将数据输入计算机，得到相应的分析结果。

用分光光度法测定试样中的微量铁，可选用的显色剂有邻二氮菲(又称邻菲咯啉)及其衍生物、磺基水杨酸、硫氰酸盐等。而目前一般采用邻菲咯啉法，该法具有高灵敏度、高选择性、稳定性好、干扰易消除等优点。

邻菲咯啉是测定微量铁的较好的显色剂。当用盐酸羟胺($NH_2OH·HCl$)把试液中的 Fe^{3+} 还原为 Fe^{2+} 时，可用于测定总铁，当不加盐酸羟胺时可用于 Fe^{2+} 的测定。测定条件为：在 pH = 3～9 的条件下，Fe^{2+} 与邻菲咯啉反应，生成稳定的红色配合物，颜色的深度不受影响，且可稳定半年之久。摩尔吸光系数 $\varepsilon = 1.1 \times 10^4$ L·mol^{-1}·cm^{-1}。该红色配合物的最大吸收波长为 510nm。此反应是特效的、灵敏的，其 $\lg K_{稳} = 21.3$。反应方程式如下(pH=3～9 时)：

显色剂　　　　　显色剂配合物(橙红色)

此配合物的摩尔吸光系数 $\varepsilon_{510} = 1.1\times10^4 L\cdot mol^{-1}\cdot cm^{-1}$，而 Fe^{3+} 能与邻菲啰啉生成 3:1 配合物，呈淡蓝色，$\lg K_\text{稳} = 14.1$。所以在加入显色剂之前，应用盐酸羟胺($NH_2OH\cdot HCl$) 将 Fe^{3+} 还原为 Fe^{2+}，其反应式为 $2Fe^{3+} + 2NH_2OH\cdot HCl \longrightarrow 2Fe^{2+} + N_2 + 2H_2O + 4H^+ + 2Cl^-$。测定时控制溶液的酸度为 pH≈5 较为适宜。

【试剂及仪器】

$NH_4Fe(SO_4)_2\cdot12H_2O$(AR)，$H_2SO_4$ (3mol·L^{-1})，盐酸羟胺(10%)，NaAc(1mol·L^{-1})，邻菲啰啉(0.1%)，铁标准溶液(100mg·L^{-1})，未知试样。

722 型分光光度计，容量瓶(100mL、50mL)，吸量管，移液管。

【操作步骤】

1. 10mg·L^{-1} Fe^{3+}标准溶液的配制

准确移取 10.00mL 100mg·L^{-1} Fe^{3+}标准溶液于 100mL 容量瓶中，加水稀释定容，摇匀。

2. 标准曲线的绘制及测定

取 6 只 50mL 容量瓶，用吸量管分别加入 0mL、2.00 mL、4.00 mL、6.00 mL、8.00 mL、10.00mL 10μg·mL^{-1}铁标准溶液，然后再各加入 1mL 10%盐酸羟胺溶液，摇匀后，再加入 5mL 1mol·L^{-1} NaAc 溶液、2mL 0.1%邻菲啰啉溶液，用蒸馏水稀释至刻度，摇匀，放置 10min。在分光光度计上，用 1cm 比色皿，以试剂空白为参比，在最大吸收波长处(510nm)，分别测出吸光度 A，以此数据作出 A-Fe 浓度(μg·mL^{-1})标准曲线。

3. 未知样浓度的测定

在分光光度计上，用 1cm 比色皿，以试剂空白为参比，在最大吸收波长处(510nm)测定未知样的吸光度 A，通过工作曲线，求得未知样浓度，参照表 3-25。

【数据记录及处理】

1. 绘制标准曲线

λ=510nm，b=1cm，试剂空白作为参比，绘制标准曲线及样品测定。

表 3-25　实验记录

编　号	0	1	2	3	4	5	① 测总铁	② 测亚铁
10mg·L^{-1} Fe^{3+}标准溶液/mL	0	2.00	4.00	6.00	8.00	10.00	试样溶液 10mL	
盐酸羟胺/mL				1				0
1mol·L^{-1} NaAc/mL				5				
邻菲咯啉/mL				2				
定容/mL				50				
含铁量 c/mg	0	0.02	0.04	0.06	0.08	0.10	$X_1=$	$X_2=$
吸光度 A							$A(X_1)=$	$A(X_2)=$
回归方程 A-c							总铁：	亚铁：
线性相关系数							高铁：	

表 3-26　溶液颜色与相应波长

被测溶液颜色	需要波长/nm	被测溶液颜色	需要波长/nm
绿	400～420	青紫	540～560
黄绿	430～440	蓝	570～600
黄	440～450	蓝绿	600～630
橙红	450～490	绿蓝	630～760
红	490～530		

2. 计算含铁量

$$总铁：\frac{X_1}{10} \times 10^3 \, \text{mg·L}^{-1} =$$

$$亚铁：\frac{X_2}{10} \times 10^3 \, \text{mg·L}^{-1} =$$

$$高铁：\frac{X_1 - X_2}{10} \times 10^3 \, \text{mg·L}^{-1} =$$

【思考与讨论题】

(1) 本实验中盐酸羟胺与乙酸钠的作用各是什么？

(2) 如何正确使用比色皿？需要注意哪些方面？

(3) 实验中哪些试剂应准确加入？哪些不必严格准确加入？为什么？

本实验约需 3h。

【知识拓展】

1. 722 型分光光度计测量原理

分光光度法测量的理论依据是朗伯-比尔定律：当溶液中的物质在光的照射和激发下，产生了对光吸收的效应。但物质对光的吸收是有选择性的，各种不同的物质都有其各自的吸收光谱。所以根据定律，当一束单色光通过一定浓度范围的稀有色溶液时，溶

液对光的吸收程度 A 与溶液的浓度 $c(g·L^{-1})$或液层厚度 $b(cm)$成正比。其定律表达式为 $A=abc$ (a 为比例系数)。当 c 的单位为 $mol·L^{-1}$ 时,比例系数用 ε 表示,则 $A=\varepsilon bc$,ε 称为摩尔吸光系数,其单位为 $L·mol^{-1}·cm^{-1}$,它是有色物质在一定波长下的特征常数。

T(透光率)$=I/I_0$,A(吸光度)$= -\lg T$ 或 $A=KcL$(比色皿的厚度) 。测定时,入射光 I、吸光系数和溶液的光径长度不变时,透过光是根据溶液的浓度而变化的,即 K 为常数。比色皿厚度一定,L、I_0 也一定。只要测出 A 即可算出 c。分光光度计的表头上,一行是透光率,一行是吸光度。

2. 722 型分光光度计的使用

(1) 将灵敏度旋钮调至"1"挡(信号放大倍率最小)。

(2) 开启电源,指示灯亮,选择开关置于"T",波长调至测试用波长。仪器预热 20min。

(3) 打开试样室(光门自动关闭),调节透光率零点旋钮,使数字显示为"000.0"。盖上试样室盖,将比色皿架处于蒸馏水校正位置,使光电管受光,调节透光率 100%旋钮使数字显示"100.0"。如显示不到 100.0,则可适当增加微电流放大的倍数。增加灵敏度的挡数同时应重复(3)。调节仪器透光率的"0"位,但尽量使倍率置于低挡使用,这样仪器会有更高的稳定性。

(4) 预热后,按(3)连续几次调整透光率的"0"位和"100%"的位置,待仪器稳定后可进行测定工作。

3. 吸光度 A、浓度 c 的测量

将选择开关置于"A",调节吸光度调零旋钮,使数字显示为零,然后将被测样品移入光路,显示值即为被测样品的吸光度值。

将选择开关由"A"旋至"c",将已标定浓度的样品放入光路,调节浓度旋钮,使数字显示为标定值,将被测样品放入光路,即可读出被测样品的浓度值。

4. 注意事项

(1) 测量完毕,迅速将暗盒盖打开,关闭电源开关,将灵敏度旋钮调至最低挡,取出比色皿,将装有硅胶的干燥剂袋放入暗盒内,关上盖子,将比色皿中的溶液倒入烧杯中,用蒸馏水洗净后放回比色皿盒内。

(2) 每台仪器所配套的比色皿不可与其他仪器上的表面皿单个调换。

3.20　硫酸铵中含氮量的测定

【实验目的】

(1) 了解弱酸强化的基本原理。

(2) 掌握用甲醛法测定氨态氮的原理和方法。

(3) 掌握滴定操作和酸碱指示剂的选择原理。

(4) 掌握定量转移操作的基本要点及注意事项。

【实验原理】

硫酸铵是常用的氮肥之一，是强酸弱碱盐，可用酸碱滴定法测定其含氮量。但由于 NH_4^+ 的酸性太弱($K_a = 5.6×10^{-10}$)，不能直接用 NaOH 标准溶液准确滴定，生产和实验室中广泛采用甲醛法进行测定。

将甲醛与一定量的铵盐作用，生成相当量的酸(H^+)和质子化的六次甲基四铵盐($K_a = 7.1×10^{-6}$)，反应如下：

$$4NH_4^+ + 6HCHO == (CH_2)_6N_4H^+ + 3H^+ + 6H_2O$$

生成的 H^+ 和质子化的六次甲基四铵盐，均可被 NaOH 标准溶液准确滴定(弱酸 NH_4^+ 被强化)。

$$(CH_2)_6N_4H^+ + 3H^+ + 4NaOH == 4H_2O + (CH_2)_6N_4 + 4Na^+$$

化学计量点时，溶液呈弱碱性，可选用酚酞作指示剂。终点：无色→微红色(30s 内不褪色)。由上述反应可知，4mol $(NH_4)_2SO_4$ 与甲醛作用，生成 3mol H^+(强酸)和 1mol $(CH_2)_6N_4H^+$ 离子，即 1mol NH_4^+ 相当于 1mol NaOH。

等物质的量关系：

$$n(N)= n(NH_4^+) =n(H^+)=(cV)_{NaOH}$$

【试剂及仪器】

邻苯二甲酸氢钾(KHP，基准试剂)，NaOH(AR)，酚酞指示剂，$(NH_4)_2SO_4$(AR，工业级)，甲醛(20%)。

分析天平，台秤，滴定管(50mL)，容量瓶(100mL)，锥形瓶(250mL)，移液管(25mL)。

【操作步骤】

1. $0.1mol·L^{-1}$ NaOH 溶液的配制与标定

(1) 配制：称取 1.0g 左右 NaOH 固体，适量水溶解后，稀释至 250mL。

(2) 标定(平行做 3 次)：准确称取邻苯二甲酸氢钾(KHP)0.4～0.5g 三份，分别置于 250mL 锥形瓶中，每份加入 50mL 刚煮沸并已放冷的水使其溶解，再加入 1～2 滴酚酞溶液，用待标定的 NaOH 溶液滴定至微红色半分钟不褪色为终点。计算 NaOH 的浓度。

标定反应：

$$KHP + NaOH == KNaP + H_2O$$

等物质的量关系：

$$\frac{m(KHP)×10^3}{204.1} =n (KHP)=n (NaOH)=(cV)_{NaOH}$$

2. $(NH_4)_2SO_4$ 试样中含氮量的测定

准确称取 0.6～0.8g $(NH_4)_2SO_4$ 试样于小烧杯中，加适量蒸馏水溶解，然后定量地转移至 100mL 容量瓶中，用蒸馏水稀释至刻度，摇匀。用移液管移取试液 25mL 于锥形瓶中，加入 4mL 处理后的甲醛溶液,再加 1 滴酚酞指示剂,充分摇匀,放置 1min 后,用 $0.1mol \cdot L^{-1}$ NaOH 标准溶液滴定至溶液呈淡红色,30s 不褪色即为终点,记录滴定所消耗的 NaOH 标准溶液的读数,平行测定 3 次。根据用去的 NaOH 的体积计算试样中氮的含量和测定结果的相对偏差。

$$N\% = \frac{c_{NaOH}V_{NaOH} \times \dfrac{14.008}{1000}}{m_{样品}} \times 100\%$$

【数据记录及处理】

表 3-27　$0.1mol \cdot L^{-1}$ NaOH 溶液的配制与标定

	次数	1	2	3
KHP 称量	倒出前/g			
	倒出后/g			
	质量 m(KHP)/g			
标定	NaOH 初读数/mL			
	NaOH 终读数/mL			
	NaOH 净体积/mL			
结果	c(NaOH)/(mol·L^{-1})			
	$\bar{c}$(NaOH)/(mol·L^{-1})			
	相对标准偏差/%			

表 3-28　$(NH_4)_2SO_4$ 试样中含氮量的测定

	次数	1	2	3
$(NH_4)_2SO_4$ 称量	倒出前/g			
	倒出后/g			
	质量 $m[(NH_4)_2SO_4]$/g			
	溶液(1)/mL	25.00	25.00	25.00
	20%甲醛/mL	4.0	4.0	4.0
	酚酞滴数	1	1	1
滴定	NaOH 初读数/mL			
	NaOH 终读数/mL			
	NaOH 净体积/mL			
结果	$\bar{V}$(NaOH)/mL			
	平均含氮量/%			

【注意事项】

(1) 若甲醛中含有游离酸(甲醛受空气氧化所致,应除去,否则产生正误差),应事先以酚酞为指示剂,用 NaOH 溶液中和至微红色(pH≈8)。

(2) 若试样中含有游离酸(应除去,否则产生正误差),应事先以甲基红为指示剂,用

NaOH 溶液中和至黄色(pH≈6)。

【思考与讨论题】

(1) NH_4^+ 为 NH_3 的共轭酸，为什么不能直接用 NaOH 溶液滴定？

(2) NH_4NO_3、NH_4Cl 或 NH_4HCO_3 中的含氮量能否用甲醛法测定？

(3) 为什么中和甲醛中的游离酸用酚酞指示剂，而中和$(NH_4)_2SO_4$ 试样中的游离酸用甲基红指示剂？

本实验约需 4h。

3.21　电位沉淀法测定自来水中氯离子含量

【实验目的】

(1) 熟悉电化学理论，了解电化学理论在分析化学上的主要应用。

(2) 掌握电位法沉淀滴定的基本原理、操作方法及注意事项。

(3) 掌握用图解法处理数据的方法。

【实验原理】

用 $AgNO_3$ 作沉淀剂，水中的氯离子和银离子会发生下列反应：

$$Ag^+ + Cl^- \rightleftharpoons AgCl(s)$$

测定水中氯离子的含量时，可利用上述原理，在滴定过程中可选用对氯离子或银离子有响应的电极作为指示电极。本实验是以银电极作指示电极，用带硝酸钾盐桥的饱和甘汞电极作参比电极。银电极的电位与银离子浓度的关系如下：

$$\varphi_{Ag^+/Ag} = \varphi^{\ominus}_{Ag^+/Ag} + 0.059 \lg c_{Ag^+} \qquad (25℃)$$

银离子的浓度随滴定的进行而逐渐改变，原电池的电动势也随之变化。以电池电动势 E(或指示电极的电位 E)对滴定剂体积 V 作图得到电位滴定曲线，根据电位滴定曲线确定滴定终点，根据滴定剂的浓度和所消耗的体积即可计算氯离子浓度(或含量)。

【试剂及仪器】

NaCl 标准溶液($0.0200mol \cdot L^{-1}$)，$AgNO_3$ 标准溶液($0.0100mol \cdot L^{-1}$)，$NH_3 \cdot H_2O$(体积比 1:1)。

pHS-25B 型酸度计，银电极，饱和甘汞电极，磁力搅拌器，滴定管。

【操作步骤】

1. $AgNO_3$ 溶液的标定

用移液管移取 10.00mL $0.0200mol \cdot L^{-1}$ NaCl 标准溶液于 100mL 烧杯中，再加约 25mL 水。将此烧杯放在磁力搅拌器上，放入搅拌子，然后将清洗后的银电极和双盐桥饱和甘汞电极插入溶液中。并在滴定管内注入 $AgNO_3$ 溶液。

启动搅拌器，记录滴定起始体积和毫伏数。然后用滴定管加入一定体积的 $AgNO_3$ 溶液，待电位稳定后，读取滴定体积和电动势值并记录。

重复测定两次，电极、烧杯及搅拌子都需要依次用体积比为 1:1 氨水、水淋洗。记录一组滴定所用的 $AgNO_3$ 溶液的体积和对应的电动势值。

2. 自来水中氯离子含量的测定

用移液管移取 10.00mL 自来水取代上述 NaCl 标准溶液，其余操作同上。

【数据记录及处理】

(1) 记录标定 $AgNO_3$ 溶液时得到的数据，作出电动势对 $AgNO_3$ 体积的滴定曲线，利用 φ-V 作图法确定滴定终点，计算 $AgNO_3$ 溶液的浓度。

(2) 记录测定水样中氯离子含量时得到的数据，运用 φ-V 作图法确定终点，计算水样中 Cl^- 的含量(以 $mol·L^{-1}$ 表示)。

【注意事项】

(1) $AgNO_3$ 溶液的标定中，每次滴加的 $AgNO_3$ 体积，开始时可大些，为 5mL，但接近化学计量点时，应小些，如 0.10 mL，化学计量点后还应继续滴几点。

(2) 重复测定时，电极、烧杯及搅拌子依次用氨水、水淋洗。

【思考与讨论题】

(1) 论述双盐桥饱和甘汞电极的结构特点及在本实验中的作用。

(2) 论述滴定操作时应注意哪些问题。

(3) $AgNO_3$ 溶液的配制需要注意什么？为什么？

本实验约需 4h。

3.22　电位滴定法测定磷酸的 pK_a

【实验目的】

(1) 学习电位滴定法的基本原理和操作技术。

(2) 掌握电位滴定确定终点的方法(pH-V 曲线、dpH/dV-V 曲线、d^2pH/dV^2-V 曲线制作或内插法)。

【实验原理】

电位滴定法是根据滴定过程中，指示电极的电位或 pH 产生"突变"，从而确定滴定终点的一种分析方法。电位滴定法对浑浊、有色溶液的滴定有其独到的优越性，还可用来测定一些物质的电离平衡常数。在以 NaOH 滴定 H_3PO_4 时，将饱和甘汞电极及玻璃电极插入待测溶液中，使之组成原电池：

$$Ag，AgCl\,|\,HCl(0.1mol·L^{-1})\,|\,玻璃膜\,|\,磷酸试液\,|\,KCl(饱和)\,|\,Hg_2Cl_2，Hg\,|\,Pt$$

玻璃电极(指示电极)　　　　　　　　甘汞电极(参比电极)

由于玻璃薄膜上的阳离子能与溶液中的 H^+ 产生离子交换而产生电势，因而称玻璃电极为指示电极，甘汞电极为参比电极，当 NaOH 溶液不断滴入试液中，溶液 H^+ 的活度随着改变，电池的电势也不断变化，可用能斯特(Nernst)公式表示为

$$E_{电池} = \Delta E^{\ominus} - 0.059\lg\alpha_{H^+} \quad 或 \quad E_{电池} = \Delta E^{\ominus} + 0.059pH$$

用 $0.10mol·L^{-1}$ 的 NaOH 电位滴定 $0.050mol·L^{-1}$ 的磷酸可得到有两个 pH 突跃的 pH-V 曲线，用三切线法或一阶、二阶微商法可得到终点 V_{ep1} 和 V_{ep2}，再由 NaOH 溶液的准确浓度可算出酸的浓度。滴定终点可由电位滴定曲线(指示电极电势或该原电池的电动势对滴定剂体

积作图)确定，也可以用一级微商法(dpH/dV-V)和二级微商法(d^{2}pH/dV^2-V)求得(图 3-13)。

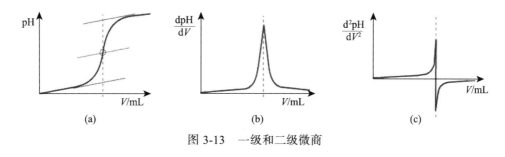

图 3-13　一级和二级微商

当磷酸被中和至第一计量点时,溶液由 NaH$_2$PO$_4$ 组成。在 V_{sp1} 之前溶液由 H$_3$PO$_4$- H$_2$PO$_4^-$ 组成。当滴定至 1/2V_{sp1} 时, 由于 $c_{H_3PO_4} = c_{H_2PO_4^-}$, 最好采用下列近似式计算 pK_{a1}:

$$pH = pK_{a1} - \lg \frac{c_{H_3PO_4} - [H^+]}{c_{H_2PO_4^-} + [H^+]} \tag{3-1}$$

式中, $c_{H_3PO_4}$ 、 $c_{H_2PO_4^-}$ 分别为滴定至 1/2V_{sp1} 时 H$_3$PO$_4$ 和 H$_2$PO$_4^-$ 的浓度。

同理, 计算 pK_{a2} 可采用下列近似式:

$$pH = pK_{a2} - \lg \frac{c_{H_2PO_4^-} + [H^+]}{c_{HPO_4^{2-}} - [H^+]} \tag{3-2}$$

式中, $c_{H_2PO_4^-}$ 、 $c_{HPO_4^{2-}}$ 分别为滴定至 $[V_{sp1}+1/2(V_{sp2}-V_{sp1})]$ 时 H$_2$PO$_4^-$ 和 HPO$_4^{2-}$ 的浓度。

测定 pK_{a1} 和 pK_{a2} 时, 以 V_{ep1} 和 V_{ep2} 分别代替 V_{sp1} 和 V_{sp2}, 式(3-1)和式(3-2)各组分的浓度要准确, NaOH 溶液要预先标定且不应含 CO$_3^{2-}$, 盛装磷酸的烧杯要干燥, 磷酸的初始体积要准确, 滴定中不能随意加水。

电位滴定法测定磷酸 pK_{a1} 的过程是: 由滴定曲线确定 V_{ep1} 并计算磷酸的初始浓度, 在曲线上找到 1/2 V_{ep1} 所对应的 pH, 计算此时的 $c_{H_3PO_4}$ 、 $c_{H_2PO_4^-}$, 然后代入式(3-1)计算 pK_{a1}。测定磷酸的 pK_{a2} 可按同样的步骤进行。

【试剂及仪器】

H$_3$PO$_4$(0.05mol·L^{-1}), 邻苯二甲酸氢钾标准缓冲溶液(pH=4.00), NaOH(AR), 草酸标准溶液(0.05mol·L^{-1})。

精密酸度仪, 复合 pH 电极, 滴定管, 台秤, 电磁搅拌器。

【操作步骤】

1. NaOH 溶液的配制与标定

(1) 0.1mol·L^{-1} NaOH 的配制。在台秤上称取 1.0g NaOH 至烧杯中溶解,转移至试剂瓶配成 250mL 的溶液。

(2) NaOH 溶液的标定。将 NaOH 溶液装入滴定管, 准确移取 10.00mL 草酸标准溶液至 100mL 烧杯中，连接电位滴定装置，插入电极，搅拌磁子放入被测试液中，开动电磁搅拌器，用配制的 NaOH 溶液滴定，记录 NaOH 的体积和溶液的 pH，确定终点，计算 NaOH 的浓度。用 NaOH 溶液滴定，开始时可一次滴入 5mL，测量 pH。其后每加入 2mL NaOH 溶液测量相应的 pH。滴定至 pH=3 后，每隔 0.1mL 或 0.2mL 测量。突跃阶段部分要多测几个点。

2. 磷酸试样溶液的测定

吸取 10.00mL H_3PO_4 溶液放入 150mL(或 200mL)烧杯中，插入电极，如电极未被浸没，可适当加入一些蒸馏水至电极能被浸没。装电极时，注意不要碰撞。按操作要领和步骤测量 $0.1mol\cdot L^{-1}$ H_3PO_4 试液的 pH。用 NaOH 标准溶液滴定，开始时可一次滴入 5mL，测量 pH。其后每加入 2mL NaOH 溶液测量相应的 pH。滴定至 pH=3 后，每隔 0.1mL 或 0.2mL 测量。突跃部分要多测几个点，每次滴入 NaOH 的体积要少，直至出现第二次突跃，测量至 pH 约为 11.5 时可停止滴定。

实验完毕，取下甘汞电极，用水吹洗，并用滤纸吸干后归还原处保存。玻璃电极仍浸泡在盛有蒸馏水的烧杯中。

【数据记录及处理】

(1) NaOH 溶液的配制与标定。

① 粗测。

表 3-29　实验记录

V(NaOH)/mL	0	5	10	15	16	18
pH						

② 细测[已知 $c(H_2C_2O_4)=$＿＿＿＿＿＿ $mol\cdot L^{-1}$]。

表 3-30　NaOH 电位滴定数据处理表

滴入 NaOH V/mL	pH	ΔV/ mL	ΔpH	ΔpH/ ΔV

(2) 磷酸试样溶液的测定 [已知 c(NaOH)=＿＿＿＿＿＿ $mol\cdot L^{-1}$]。

表 3-31　实验记录

V(NaOH)/mL	0	5	10	14	16	18
pH						

表 3-32 H₃PO₄ 电位滴定数据处理表

滴入 NaOH V/mL	pH	ΔV/ mL	ΔpH	ΔpH/ ΔV

(3) 根据数据绘制 pH-V、pH-ΔpH/ΔV 曲线,并确定终点 V_{ep1} 和 V_{ep2},计算磷酸的浓度,以及磷酸的 pK_{a1} 和 pK_{a2} (文献值分别为 2.12、7.20)。

【注意事项】

(1) 安装仪器、滴定过程中搅拌溶液时,要防止碰破玻璃电极。

(2) 滴定剂加入后,要充分搅拌溶液,停止时再测定 pH,以得到稳定的读数。

(3) 在化学计量点前后,每次加入体积以相等为好,这样在数据处理时较为方便。

(4) 滴定过程中尽量少用蒸馏水冲洗,防止溶液过度稀释突跃不明显。

(5) 用玻璃电极测定碱溶液时,速度要快,测完后要将电极置于水中复原。

【思考与讨论题】

(1) 磷酸是三元酸,为什么 pH-V 曲线只出现两个滴定突跃?

(2) 用 NaOH 滴定 H₃PO₄,第一化学计量点和第二化学计量点消耗的 NaOH 体积理应相等,为什么实际上并不相等?

(3) 滴定时指示剂的终点和电位法终点是否一致?

本实验约需 4h。

3.23 库仑滴定法测定氯化铅中铅的含量

【实验目的】

(1) 掌握库仑滴定法的基本原理,了解库仑滴定法的用途。

(2) 掌握库仑计的安装、使用方法,熟悉使用过程中的注意事项。

(3) 掌握库仑滴定法测定痕量铅的实验方法。

【实验原理】

库仑分析法是测量电解过程中被测物质在电极上发生电化学反应消耗的电量来进行定量分析的一种电化学分析法。由法拉第定律可知,在电极上生成或被消耗的某物质的质量 m 与通过该体系的电量 Q 成正比:

$$m = M/(nF)Q = M/(nF) \int_0^t I\mathrm{d}t$$

若电解过程中,控制电流 I 恒定,则

$$m = M/(nF)It = (M/n)(It/96487)$$

式中，M 为反应物质的摩尔质量；n 为电解反应的电子转移数；t 为电解时间；F 为法拉第常量。

　　库仑分析法根据电解方式分为控制电位库仑分析法和恒电流库仑滴定法：①控制电位库仑分析法。在电解过程中，将工作电极电势调节到一个所需要的数值并保持恒定，直到电解电流降到零，由库仑计记录电解过程消耗的电量，由此计算被测物质的含量。②恒电流库仑滴定法，简称库仑滴定法，用恒电流电解在溶液中产生滴定剂(称为电生滴定剂)以滴定被测物质来进行定量分析的方法。本实验采用恒电流库仑滴定法。

【试剂及仪器】

　　KBr(0.2mol·L^{-1})，H$_2$SO$_4$(体积比1:2)，PbCl$_2$(约 1×10^{-4} mol·L^{-1})。

　　干电池或恒压直流电源(45V 以上)，毫安表，检流计，电位器，电磁搅拌器，铂工作电极与指示电极，秒表，毫伏表。

【操作步骤】

　　(1) 按图 3-14 安装实验装置，待搅拌磁子放入电解池中，加 0.2 mol·L^{-1} KBr 溶液 100mL、H$_2$SO$_4$ 溶液 3mL。

　　(2) 接通 K1，调节滑线电阻 10 使加在双铂指示电极上的电压为 150mV 左右，旋转检流计 6 的"零点"调节器使光点指示为"0"。

　　(3) 接通 K2，调节沿线电阻 11，使电解电流在 10mA 左右，此时因在工作铂阳极上产生 Br$_2$，从而使指示电极上的检流计光点发生偏转，所以应当注意观察光点的移动并立即断开 K2。

　　(4) 调节检流计 6 的"灵敏度"分挡开关，使光点达到最大偏转，然后逐滴加入铅试样溶液使检流计光点回零。

　　(5) 接通 K2，当检流计光点恰好移至刻度值为 50 格的瞬间立即断开 K2(此即预定终点)。

　　(6) 用移液管准确加入铅试样溶液 5.00mL 于电解池溶液中，在接通 K2 的同时开动秒表计，进行库仑滴定，记录恒电流的数值，观察检流计的光点，当光点移至预定终点值时，立即停止秒表断开 K2，记录电解滴定时间，重复测定两次。

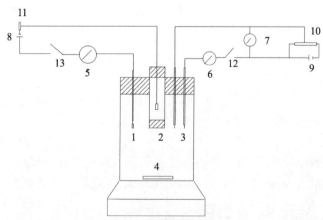

图 3-14　库仑滴定装置

1.铂片电极；2.铂片电极与阴极隔离室；3.铂丝指示极对；4.搅拌磁子；5.精密直流毫安表(30mA,0.5 级)；6.检流计(灵敏度 10^{-9}A/mm)；7.直流伏特表(量程 1.5V)；8.直流电源；9.干电池 1.5V；10、11.滑线电阻；12、13.开关 K1、K2

【数据记录及处理】

(1) 根据对应关系记录实验数据与现象。

(2) 利用法拉第电解定律计算铅试样溶液的平均浓度(以 $\mu g \cdot mL^{-1}$ 表示)。

【注意事项】

使用库仑滴定仪时应注意:

(1) 为了获得较好的结果,测试前必须对工作电极和指示电极进行清洗。一般用细砂纸(不能用粗砂纸)轻轻擦拭电极表面的脏物,然后放入 $0.1 mol \cdot L^{-1}$ 的 HNO_3 漂洗半分钟,接着用蒸馏水漂洗几次,再用乙醇和蒸馏水各清洗 1~2 次。

(2) 为了能获得较准确的时间,初学者应二人配合,一人按开关,一人按秒表。

【思考与讨论题】

(1) 本实验的电解电路是怎样获得恒定电流的?

(2) 论述本实验中双铂指示电极为什么能指示终点。

(3) 讨论本实验中可能的误差来源及其预防措施,以及 Ni^{2+} 的鉴定。

本实验约需 4h。

3.24　原子吸收光谱法测定血清中的钙

【实验目的】

(1) 知道原子吸收光谱法的分析原理。

(2) 熟悉原子吸收光谱分析中实验条件的选择方法。

(3) 理解并掌握用原子吸收光谱法测定血清中钙元素的方法。

【实验原理】

仪器从光源辐射出具有待测元素特征谱线的光,通过试样蒸气时被蒸气中待测元素基态原子吸收,由辐射特征谱线光被减弱的程度来测定试样中待测元素的含量。吸光度与原子蒸气中待测元素的基态原子数间的关系遵守朗伯-比尔定律:

$$A = \lg I_0/I = KN_0L \tag{3-3}$$

式中,I_0 和 I 分别表示入射光和透射光的强度;N_0 为单位体积基态原子数;L 为光程长度;K 为与实验条件有关的常数。

在确定的实验条件下,试样中待测元素的浓度与原子蒸气中基态原子的总数有确定的关系:

$$N_0 = ac \tag{3-4}$$

式中,a 为比例常数。

将式(3-4)代入式(3-3)得

$$A = KacL \tag{3-5}$$

根据上述原子吸收光谱分析的基本公式,在确定的实验条件下,吸光度与试样中待测元素浓度呈线性关系。原子吸收光谱呈现两个特点:①原子的吸收线比发射线的数目少得多,故其比原子发射光谱干扰少,选择性高;②由于原子蒸气中基态原子占绝大多数,所以原子吸收光谱法灵敏度高。此外,激发态原子的温度系数显著大于基态原子,所以原子吸收光谱法预计将比发射光谱法有更佳的信噪比。总之，原子吸收光谱法是一种特效性、准确度和灵敏度都好的定量分析方法。

　　原子吸收光谱仪主要组成部分包括光源、原子化装置、分光系统和监测系统。光源通常采用空心阴极灯或无极放电灯。原子化装置分为火焰原子化器、石墨炉原子化器、石英炉原子化器和阴极溅射原子化器。分光系统主要由色散元件、反射镜、狭缝等组成。监测系统主要由光电倍增管、放大镜、对数转换器、记录装置组成。

　　在原子吸收分析中，分析条件的选择对测定灵敏度、准确度和干扰情况均有很大影响。测定条件包括吸收线的选择、空心阴极灯电流的控制、燃气和助燃气的比例(火焰原子化器)、狭缝的宽度、火焰的高度、干扰元素的消除等。

　　在原子吸收分析中，最佳条件的选择包括吸收波长的选择、原子化工作条件的选择(空心阴极灯的预热时间以及工作电流和火焰燃烧器的试液提升量、火焰类型、燃烧器高度的选择)、光谱通带的选择以及检测器光电倍增管工作条件的选择。

　　本实验主要考察空心阴极灯电流、燃助比、燃烧器高度、分析线选择、磷和铝元素对钙分析的影响，并在最佳实验条件下测定血清中钙的含量。

【试剂及仪器】

　　钙储备液($500mg \cdot L^{-1}$)：准确称取 $1.834g$ $CaCl_2 \cdot H_2O$ 溶液，定量转移到 $1000mL$ 容量瓶中，用蒸馏水稀释至刻度。再配制 $50.0mg \cdot L^{-1}$ 的钙储备液。

　　$0.21 \times 10^{-3}mg \cdot L^{-1}$ 钾储备液：称取 $0.4 \times 10^{-3}g$ KCl 用蒸馏水溶解，稀释至 $1000mL$ 容量瓶中，正常血清中 K^+ 浓度与之相当。

　　钠储备液($2000mg \cdot L^{-1}$)：称取 $0.51g$ $NaCl$ 于 $100mL$ 容量瓶中，用蒸馏水稀释至刻度。

　　磷溶液($100mg \cdot L^{-1}$)：称取 $0.15g$ Na_2HPO_4 于 $1000mL$ 容量瓶中，用蒸馏水稀释至刻度。

　　铝溶液($100mg \cdot L^{-1}$)：称取 $0.18g$ $KAl(SO_4)_2 \cdot 12H_2O$ 于 $100mL$ 容量瓶中，用蒸馏水稀释至刻度。

　　$SrCl_2$ (0.04%)。

　　3510 型原子吸收分光光度计，钙空心阴极灯，空气压缩机。

【操作步骤】

1. 最佳实验条件的确定

　　(1) 实验溶液的配制。用吸量管吸取 $50mg \cdot L^{-1}$ 钙储备液 $10.00mL$ 至 $100mL$ 容量瓶中，用蒸馏水稀释至刻度，溶液含钙 $5.0mg \cdot L^{-1}$。

　　(2) 分析线。钙的分析线为 $422.7nm$、$554nm$、$622nm$，根据对试样分析灵敏度的要求、干扰情况，选择合适的分析线。

　　(3) 空心阴极灯工作电流的选择。喷入钙试液溶液，每改变一次灯电流，记录对应的吸光度信号。每做一次新的测定，必须先喷入蒸馏水调零(以下实验均同)。绘制吸光度对灯电流曲线，找出最佳的灯电流。

　　(4) 燃烧器高度的选择。喷入实验溶液，改变燃烧器高度，逐一记录对应的吸光度，绘制吸光度-燃烧器高度曲线，找出燃烧器最佳高度。

(5) 燃助比选择。固定其他实验条件和助燃器流量，喷入实验溶液，改变燃气流量，记录吸光度。也可固定燃气流量，改变助燃器流量，绘制吸光度-燃气流量曲线，找出最佳燃助比。

2. 干扰实验(选做)

(1) 磷的影响。配制实验液 1，内含 $5mg \cdot L^{-1}$ 钙和 $10mg \cdot L^{-1}$ 磷。在所选择的实验条件下，分别喷入实验液 1 和钙实验液，比较它们的吸光度差别并解释。

分别配制内含 $5mg \cdot L^{-1}$ 钙、$10mg \cdot L^{-1}$ 磷、$SrCl_2$ 溶液(w 为 0.01)的实验液 2 和含 $5mg \cdot L^{-1}$ 钙和 w 为 0.01 $SrCl_2$ 的实验液 3，分别喷入两实验液，比较两实验液及钙实验液与上面含磷实验液 1 吸光度的差别并解释。

(2) 钠的影响。配制含 $5mg \cdot L^{-1}$ 钙、$100mg \cdot L^{-1}$ 钠的实验液 4，喷入钙溶液，记录其吸光度，并与只含 $5mg \cdot L^{-1}$ 的钙实验液吸光度相比较，解释差别。

(3) 铝的影响。配制含 $5mg \cdot L^{-1}$ 钙、$10mg \cdot L^{-1}$ 铝的实验液 5，喷入钙溶液，记录其吸光度，并与只含 $5mg \cdot L^{-1}$ 的钙实验液吸光度相比较，解释原因。

3. 血清中钙的测定

吸取 0.50mL 血清至 10mL 容量瓶中，用 w 为 0.01 的溶液稀释至刻度。用 $50mg \cdot L^{-1}$ 钙储备液配制钙标准系列溶液，钙浓度分别为 $0mg \cdot L^{-1}$、$3.0mg \cdot L^{-1}$、$4.0mg \cdot L^{-1}$、$5.0mg \cdot L^{-1}$、$6.0mg \cdot L^{-1}$、$8.0mg \cdot L^{-1}$，内含 w 为 0.01 的 $SrCl_2$、$6.9 \times 10^{-3}mg \cdot L^{-1}$ 的钠、$0.21 \times 10^{-3}mg \cdot L^{-1}$ 的钾。在所选择的最佳实验条件下(根据具体情况，可由教师告知部分或全部)分别喷入标准系列溶液和血清试样溶液，记录其吸光度。绘制工作曲线，找出血清试样所对应的浓度。

【数据记录及处理】

根据对应关系记录实验数据。

最佳实验条件测定数据统计于表 3-33 中。

表 3-33　实验记录

合适的分析线	最佳灯电流	最佳燃助比	燃烧器最佳高度

【注意事项】

(1) 原子吸收分光光度计种类繁多，具体操作方法应在实验指导下，按各实验室所用型号的仪器说明书要求进行操作。

(2) 实验过程中注意记录实验现象、数据，并能进行相关分析。

【思考与讨论题】

(1) 原子吸收分析中干扰因素主要有哪些？如何消除？

(2) 比较原子吸收分光光度计和紫外可见分光光度计结构上的异同点。

(3) 测定血清中钙的含量有何临床意义？

本实验约需 4h。

3.25　火焰原子吸收光谱法测定金属铬中的铁

【实验目的】

(1) 熟悉、理解火焰原子吸收光谱法的原理和仪器构造。

(2) 掌握火焰原子吸收光谱仪的基本操作技术及测定方法。

(3) 掌握标准曲线法测定元素含量的分析技术及数据处理。

【实验原理】

本实验采用标准曲线法。

金属铬中铁和其他杂质元素对铁的原子吸收光谱法测定基本上没有干扰情况,样品经盐酸分解后,即可采用标准曲线法进行测定。标准曲线法是原子吸收光谱分析中常用的方法之一,该法是在数个容量瓶中分别加入一定比例的标准溶液,用适当溶剂稀释至一定体积后,在一定的仪器条件下,依次测出它们的吸光度,以加入标准溶液的质量(μg)为横坐标,相应的吸光度为纵坐标,绘出标准曲线。试样经适当处理后,在与测定标准曲线吸光度相同的条件下测定其吸光度(一般采用插入法测定,即将试样穿插进标准溶液中间进行测量),根据试样溶液的吸光度,通过标准曲线即可查出试样溶液的含量,再换算成试样的含量(%)。

【试剂及仪器】

HCl 溶液(体积比为 1:1),HNO$_3$(AR)。

铁标准溶液(储备液,1.00mg·L^{-1}):准确称取高纯金属铁粉 1.00 g,用 30 mL 盐酸(1:1)溶解后,加 2~3mL 浓 HNO$_3$ 进行氧化,用蒸馏水稀释至 1L,摇匀;铁标准溶液(工作液,100μg·L^{-1}):取上述铁标准溶液,用盐酸溶液(0.05%)稀释 10 倍,摇匀。

原子吸收分光光度计,铁元素空心阴极灯,空气压缩机,瓶装乙炔气体。

【操作步骤】

1. 试样的处理(平行 3 份)

准确称取 0.2g 试样于 1000mL 烧杯中,加入 1:1 盐酸 5mL,微热溶解,移入 50mL 容量瓶并稀释至刻度,摇匀备测。

2. 标准系列溶液的配制

取 6 个洁净的 50mL 容量瓶,各加入 1:1 盐酸 5mL,再分别加入 0.0mL、2.0mL、5.0mL、10.0mL、15.0mL、20.0mL 铁标准溶液(工作液),用蒸馏水稀释至刻度,摇匀备测。

3. 仪器准备

按仪器的操作程序将仪器各个工作参数调到下列测定条件:预热 10min;分析线 271.9nm;灯电流 8mA;狭缝宽度 0.1mm;燃器高度 5mm; 空气压力 1.4kg·cm^{-2};乙炔流量 1.1L·min^{-1};空气流量 5L·min^{-1};乙炔压力 0.5kg·cm^{-2}。

4. 测定标准系列溶液及试样溶液的吸光度

当仪器在测定铁的工作条件下正常工作时，依次测定铁标准系列溶液与试样溶液的吸光度，每次测定前必须用蒸馏水校正仪器的吸光度为 0。

【数据记录及处理】

(1) 列表记录标准系列溶液与试样溶液的吸光度。

(2) 绘制铁的标准曲线。

(3) 从标准曲线上查得试样溶液的含量，进而计算试样的含铁量(%)及相对平均偏差。

【注意事项】

(1) 要在教师的指导下，按仪器的操作程序将仪器各个工作参数调到需要的测定条件。

(2) 使用仪器测定时应待仪器在工作条件下正常工作。

(3) 每次测定前必须用蒸馏水校正仪器的吸光度为 0。

【思考与讨论题】

(1) 什么样的试样才能采用标准曲线法进行分析？为什么？

(2) 是否在任意浓度范围内的标准曲线都是直线？

(3) 仪器条件是如何影响测定结果的？如何选择和控制实验仪器条件？

本实验约需 4h。

3.26　丙酮-水混合物的分馏

【实验目的】

(1) 掌握分馏的基本原理，了解分馏技术的主要应用。

(2) 掌握分馏操作技术，熟悉实验注意事项。

【实验原理】

利用简单蒸馏可以分离两种或两种以上沸点相差较大的液体混合物。而对于沸点相差较小的或沸点接近的液体混合物的分离和提纯则采取分馏的办法。对于二元理想溶液的定义是：在这种溶液中，相同分子间的相互作用与不同分子间的相互作用是一样的。只有理想溶液才严格服从拉乌尔(Raoult)定律，但许多有机溶液只是具有近似于理想溶液的性质。这里只讨论理想溶液的分馏。

由组分 1 和 2 组成的理想溶液，当 $p_{1气}+p_{2气}=p_{外}$ 时，溶液就开始沸腾。当蒸气从蒸馏瓶沿分馏柱上升时，一些就冷凝下来。一般柱的下端比柱的上端温度高，沿柱流下的冷凝液有一些重新蒸发，未冷凝的气体与重新蒸发的气体在柱内一起上升，经过一连串凝聚蒸发过程，这些过程就相当于反复的常压蒸馏。在这个过程中，每一步产生的气相都使易挥发的组分增多，沿柱流下的冷凝液体在每一层上要比与之接触的蒸气相含有更多的难挥发组分。这样整个柱内气液相之间建立了众多的气液平衡，在柱顶的蒸气几乎全是易挥发的组分，而在蒸馏瓶底部的液体则多为难挥发组分，达到分离的目的。

要达到良好的分馏状态的最重要的先决条件是：在分馏柱内气液相要广泛紧密地进行接触，以利于热量的交换和传递；分馏柱自下而上保持一定的温度梯度；分馏柱应有足够高度；混合液各组分的沸点有一定差距。

当分馏少量液体时，经常使用一种不加填充物，但柱内有许多"锯齿"的分馏柱，称为韦氏分馏柱。韦氏分馏柱的优点是较简单，而且较填充柱黏附的液体少，缺点是较同样长度的填充柱分馏效率低。

【试剂与仪器】

丙酮(AR)，石英砂，蒸馏水。

分馏装置，蒸馏装置，具塞锥形瓶(25mL)，温度计(100℃)。

【操作步骤】

(1) 丙酮-水混合物的分馏。按图 1-2 中的分馏装置安装仪器，并准备三个具塞锥形瓶为接收器，分别注明 A、B、C。在 50mL 圆底烧瓶内放置 15mL 丙酮、15mL 水及 1～2 粒石英砂，开始缓慢加热，并尽可能精确地控制加热(可通过调压变压器实现)，使馏出液以每秒 1～2 滴的速度蒸出。

将初馏出液收集于试管 A(56～62℃)，注意并记录柱顶温度及接收器 A 的馏出液总体积。继续蒸馏，记录每增加 1mL 馏出液时的温度及总体积。温度达 62℃时换 B 具塞锥形瓶接收(62～98℃)，温度达98℃时换 C 具塞锥形瓶接收(98～100℃)，直至蒸馏烧瓶中残液为 1～2mL 时，停止加热。记录三个馏分的体积，待分馏柱内液体全部流到烧瓶时测量并记录残留液体积。以柱顶温度为纵坐标，馏出液体积为横坐标，将实验结果绘成温度-体积曲线，讨论分离效率。

(2) 丙酮-水混合物的蒸馏。为了比较蒸馏和分馏的分离效果，可将丙酮和水各 15mL 的混合液放置于 60mL 蒸馏烧瓶中，重复步骤(1)的操作，按(1)中规定的温度范围收集 A′、B′、C′各馏分。在操作(1)所用的同一张纸上作温度-体积曲线。这样蒸馏和分馏所得到的曲线显示在同一图表上，便于对它们所得结果进行比较。

(3) 燃烧实验。用镊子夹一小段棉绳，分别蘸取少量分馏和蒸馏各得到的 4 个组分，在酒精灯上燃烧，观察燃烧情况并记录。

【数据记录及处理】

(1) 丙酮-水混合物的分馏。

A：收集馏分温度范围_____℃；体积_____mL；组分_____。

B：收集馏分温度范围_____℃；体积_____mL；组分_____。

C：收集馏分温度范围_____℃；体积_____mL；组分_____。

烧瓶中残留体积：_____mL。

(2) 丙酮-水混合物的蒸馏。

A′：收集馏分温度范围_____℃；体积_____mL；组分_____。

B′：收集馏分温度范围_____℃；体积_____mL；组分_____。

C′：收集馏分温度范围_____℃；体积_____mL；组分_____。

烧瓶中残留体积：_____mL。

(3) 燃烧实验。记录燃烧现象，做出判断，并说明理由。

【注意事项】

(1) 在分馏过程中，不论使用哪一种柱，都应防止回流液体在柱内聚集，否则会减少液体和蒸气的接触面积, 或者上升的蒸气会把液体冲入冷凝管中, 达不到分馏目的。为了避免这种情况, 常在分馏柱外包扎绝缘物保持柱内温度, 防止蒸气在柱内很快冷凝。在分馏较低沸点的液体时, 柱外缠石棉绳即可; 若液体沸点较高, 则需安装真空外套或电热外套管, 当使用填充柱时, 也往往由于填料装得太紧或部分过于紧密, 造成柱内液体聚集, 这时需要重新填装。

(2) 在柱内保持一定的温度梯度对分馏来说是极为重要的。在理想情况下, 柱底部的温度与蒸馏瓶内液体的沸腾温度接近, 在柱内自下而上温度不断降低直至柱顶达到易挥发组分的沸点。在大多数分馏中, 柱内温度梯度的保持是通过适当调节蒸馏速度建立起来的。若加热太猛, 蒸出速度太快, 整个柱体自上而下几乎没有温差, 这样就达不到分馏的目的。另一方面, 如果蒸馏瓶加热太迅猛而柱顶移去蒸气太慢, 柱体将被流下来的冷凝液阻塞, 发生液泛。如果要避免上述情况的出现, 可以通过控制加热和回流比实现。回流比是指在一定时间内冷凝的蒸气以及重新回入柱内的冷凝液数量与从柱顶移去的蒸馏液数量之间的比值。回流比越大, 分馏效率越好。

(3) 对于两种沸点很接近的液体组成的混合物, 用分馏提纯时, 如果要求纯度高, 可设计多次分馏以达到要求。

(4) 查阅资料, 对实验结果进行比较分析(丙酮沸点为 56.48℃)。

【思考与讨论题】

(1) 分馏和蒸馏在原理及装置上有哪些异同? 如果是两种沸点很接近的液体组成的混合物, 能否用分馏来提纯呢?

(2) 如果把分馏柱顶上温度计的水银球的位置向下插一些, 可以吗? 为什么?

(3) 在分馏时, 为什么要分 4 个馏分段来收集馏分液呢?

(4) 做燃烧实验时, 不燃烧的部分是什么物质?

本实验约需 4h。

3.27　重结晶法提纯固体有机化合物

【实验目的】

(1) 了解重结晶法提纯固体有机化合物的用途、意义。

(2) 掌握重结晶法提纯固体有机化合物的原理。

(3) 掌握溶解、热抽滤、干燥等操作技术。了解重结晶实验中溶剂选择依据。

(4) 熟悉重结晶法提纯固体有机化合物实验的注意事项。

【实验原理】

一般有机化合物中总是还有一定量的反应物、副产物、溶剂等, 因此在有机制备中, 常需从复杂的混合物中分离出所要的物质, 随着近代有机合成的发展, 分离提纯的技术将显示它的重要性。重结晶是提纯固体有机化合物常用的方法之一。

固体有机化合物在任何一种溶剂中的溶解度, 均随温度的升高而增加, 所以将一种有机化合物溶于某溶剂中, 较高温度时制成饱和溶液, 使其冷到室温或降至室温以下, 即有一部分成结晶析出。利用溶剂与被提纯物质和杂质的溶解度不同,让杂质全部或大部分留在溶液中,或被过滤除去,从而达到提纯目的。

【试剂与仪器】

乙酰苯胺(工业级),活性炭(AR),萘(工业级),乙醇(95%),三苯甲醇(工业级),石油醚(沸程 60～90℃),石英砂,蒸馏水。

回馏装置,循环水减压抽滤泵,蒸发皿,电子天平。

【操作步骤】

1. 用水重结晶乙酰苯胺

称取 2g 乙酰苯胺,放于 125mL 三角烧瓶中,加入 40mL 纯水,加热至沸腾,直至乙酰苯胺溶解,若不溶解,可适量添加少量热水,搅拌并加热至接近沸腾,使乙酰苯胺溶解。稍冷后,加入 0.25～0.5g 活性炭于溶液中,煮沸 5～10min。趁热减压抽滤(布氏漏斗事先要沸水浴煮 10min 左右),抽滤液倒入小烧杯,放置彻底冷却后,有大量乙酰苯胺结晶析出,减压抽滤,烧杯壁上沾的产品用抽滤液反复洗涤,转移到布氏漏斗中抽干。之后,用玻璃钉或玻璃瓶塞压挤晶体,继续抽滤,尽量除去母液,然后用少量水在抽滤的同时洗涤产品晶体,彻底抽干。取出产品晶体,放在表面皿上水浴加热(在 100℃以下)烘干,称量。测定产品熔点。

乙酰苯胺的熔点为 114℃。乙酰苯胺在水中的溶解为:5.5g·$(100mL)^{-1}$(100℃);0.53g·$(100mL)^{-1}$(25℃)。

2. 用乙醇重结晶萘

称取 2g 萘,放于 100mL 三角烧瓶中,加入 50mL 乙醇,装上回流冷凝管,水浴加热回流,如萘未全溶解,从回流冷凝管上口逐滴加入乙醇,使固体萘在沸腾中恰好溶解,再多加 4mL 乙醇,稍冷,加入 0.3g 活性炭,继续加热至沸腾,趁热减压抽滤,操作同上。测定产品熔点。

萘在水中的溶解度为:0.030g·L^{-1}(100℃);0.019g·L^{-1}(0℃)。

3. 用混合溶剂重结晶三苯甲醇

称取 2g 粗三苯甲醇,置于 100mL 圆底烧瓶中,加入混合溶剂(2:1 的石油醚-95%乙醇)约 5mL,加入几粒石英砂,装上回流冷凝管,水浴回流。待沸腾片刻后若粗三苯甲醇未完全溶解,从冷凝管顶端加入混合溶剂,每次加入 1～2mL,继续煮沸至完全溶解(共需 3～5mL),停止加热。若溶液颜色较深,则需脱色处理。待溶液稍冷后于圆底烧瓶中加入活性炭(0.3～0.5g)继续水浴回流 5～10min,停止加热,趁热过滤,然后进行结晶、洗涤、干燥、称量等,步骤同上。测定产品熔点。

三苯甲醇的熔点为 164.2℃。

【数据记录及处理】

1. 用水重结晶乙酰苯胺

称量的乙酰苯胺质量:_____g,重结晶后乙酰苯胺质量:_____g;

乙酰苯胺提纯率计算：_____；熔点：_____℃。

2. 用乙醇重结晶萘

称量的萘质量：_____g，重结晶后萘质量：_____g；

萘提纯率计算：_____；熔点：_____℃。

3. 用混合溶剂重结晶三苯甲醇

称量的三苯甲醇质量：_____g，重结晶后三苯甲醇质量：_____g；

三苯甲醇提纯率计算：_____；熔点：_____℃。

【注意事项】

(1) 溶剂的选择。被提纯的化合物，在不同溶剂中的溶解度与化合物本身性质和溶剂性质有关，通常是极性化合物易溶于极性溶剂，反之，非极性化合物则易溶于非极性溶剂。借助资料、手册也可以了解已知化合物在某种溶剂中的溶解度。所选溶剂必须具备以下条件：① 不与被提纯化合物发生化学反应。② 温度高时，化合物在溶剂中溶解度大；在室温或低温下溶解度很小，而杂质的溶解度应该非常大或非常小，这样可使杂质留在母液中，不随提纯物析出；或使杂质在热滤时滤出。③ 溶剂沸点较低，易挥发，易与被提纯物分离除去。④ 价格便宜，毒性小，回收容易，操作安全。

(2) 混合溶剂的选择。一些化合物，在许多溶剂中，不是溶解度太大，就是很小，很难选择一种合适的溶剂。这时，可考虑用混合溶剂。选用一对能互相溶解的溶剂，样品易溶于其中之一，而难溶或几乎不溶于另一种。查阅资料，将两种溶剂按比例预先混合好。

(3) 溶解产品时，保持溶剂沸腾下，逐渐加入溶剂，使溶剂量刚好将全部产品溶解，此时再使其过量约 20%，以免热过滤时因温度的降低和溶剂的挥发，结晶在滤纸上析出而造成损失。但溶剂过量太多，会使结晶析出量太少或根本不能析出，遇此情况，需将过多溶剂蒸出。如遇较多产品不溶时，先将热溶液倾出或过滤，于剩余物中再加溶剂加热溶解，或回流让其全部溶解。

(4) 当重结晶的产品带有颜色时，可加入适量的活性炭脱色。活性炭脱色效果和溶液的极性、杂质的多少有关，活性炭在水溶液及极性有机溶剂中脱色效果较好，而在非极性溶剂中效果则不甚显著。活性炭用量一般为固体的 1%~5%，不可过多。加活性炭时，应待产品全部溶解后，溶液稍冷再加，切不可趁热加入活性炭，以免暴沸，严重时甚至会有溶液冲出的危险。

(5) 重结晶溶液是一种热的饱和溶液，需要进行趁热抽滤。所用的漏斗必须事先用沸水浴加热。热抽滤动作要快，以免结晶析出。

(6) 将滤液室温放置冷却，使其慢慢析出结晶。切不可将滤液置于冷水中迅速冷却，因为这样形成的结晶较细，而且容易夹有杂质。有时，滤液虽经冷却仍无结晶析出，可用玻璃棒摩擦瓶壁促使晶体形成，或加入少许晶种，加入后不要搅动溶液，以免很快析出结晶，影响产品纯度。如果溶剂太多，可浓缩后再结晶。

(7) 析出结晶的溶液和结晶的混合物必须冷却彻底后才能进行抽滤。

(8) 为了保证产品的纯度,需要把溶剂除去。若产品不吸水,可以在空气中放置,使溶剂自然挥发;不易挥发的溶剂,可根据产品性质(熔点高低、吸水性等)采用红外灯烘干或用真空恒温干燥器干燥。

【思考与讨论题】

(1) 加热溶解待重结晶的粗产物时,为什么加入溶剂的量要比计算量略少?然后逐渐添加至恰好溶解,最后再加入少量的溶剂,为什么?

(2) 用活性炭脱色为什么要待固体物质完全溶解后才加入?为什么不能在溶液沸腾时加入活性炭?

(3) 使用有机溶剂重结晶时,哪些操作容易着火?怎样才能避免?

(4) 用水重结晶乙酰苯胺,在溶解过程中有无油珠状物出现?如有油珠出现应如何处理?

(5) 使用布氏漏斗过滤时,如果滤纸大于布氏漏斗瓷孔面时,有什么不好?

(6) 停止抽滤时,如不先打开安全瓶活塞就关闭水泵,会有什么现象产生?为什么?

(7) 在布氏漏斗上用溶剂洗涤滤饼时应注意什么?

(8) 如何鉴定经重结晶纯化后产物的纯度?

本实验约需 6h。

3.28 肉桂酸的制备

【实验目的】

(1) 掌握肉桂酸的制备原理和方法。

(2) 了解肉桂酸的特性和应用。

(3) 掌握水蒸气蒸馏操作。

【实验原理】

肉桂酸是生产冠心病药物心可安的重要中间体。其衍生物是配制香精和食品香料的重要原料。它在农用塑料和感光树脂等精细化学产品的生产中也有着广泛的应用。

芳香醛与羧酸酐在弱碱催化下生成 α, β-不饱和酸的反应称为珀金(Perkin)反应,所用催化剂一般是该酸酐所对应的羧酸的钾盐或钠盐,也可以使用碳酸钾或叔胺作催化剂。

本实验反应方程式如下:

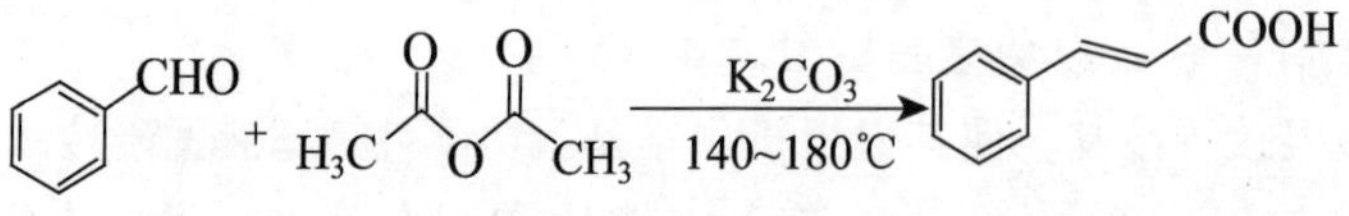

【试剂及仪器】

苯甲醛(AR),乙酸酐(AR),K_2CO_3(AR)。

圆底三口烧瓶,水蒸气蒸馏装置,循环水减压抽滤泵。

【操作步骤】

分别量取 1.5mL 新蒸馏过的苯甲醛和 4mL 新蒸馏过的乙酸酐加入 100mL 三口烧瓶中，并加入 2.2g 研碎的无水碳酸钾。用电热套加热回流(参照图 1-2 中的回流滴加装置)约 30min，由于有二氧化碳放出，初期有泡沫产生。

反应结束，冷却反应物，在反应物中加入 10mL 温水，改为水蒸气蒸馏装置(参照图 1-2 中的水蒸气蒸馏装置)，蒸馏出未反应完的苯甲醛。再将烧瓶冷却，加入 10mL 10%的 NaOH 溶液，使所有肉桂酸转换成钠盐而溶解。减压抽滤去除杂质，将滤液倒入 250mL 烧杯，冷却至室温，用 HCl 酸化至使刚果红试纸变蓝。冷却，待晶体全部析出后抽滤，并以少量冷水洗涤沉淀，抽干后，粗产品晾干、称量。粗产品可用体积比为 3:1 的水-乙醇溶液重结晶。产品熔点为 135～136℃。

【数据记录及处理】

记录肉桂酸产量：_____g，计算产率。

计算理论产率；将实验产率与理论产率进行比较、评价。

【注意事项】

(1) 久置的苯甲醛会自动氧化生成苯甲酸，混入产品中不易去除，影响产品纯度，因此使用前应事先蒸馏除去苯甲酸。

(2) 久置的乙酸酐会吸潮水解而生成乙酸，因此使用前应事先蒸馏。

(3) 实验开始时加热不要过猛，以防乙酸酐受热分解或挥发。

(4) 水蒸气蒸馏装置比较复杂，操作又有一定的难度，需要严格按照操作要求进行。

【思考与讨论题】

(1) 本实验中，需要用酸酸化，可否用 H_2SO_4？为什么？

(2) 本实验采用水蒸气蒸馏的目的是什么？如何判断蒸馏终点？

(3) 珀金反应的反应机理是什么？

(4) 为何苯甲醛和乙酸酐使用前要先蒸馏？

本实验约需 6h。

3.29　贝克曼重排

【实验目的】

(1) 验证贝克曼重排反应，学习贝克曼重排实验操作。

(2) 了解重排反应的应用、意义。

【实验原理】

脂肪酮和芳香酮可以和羟胺作用生成肟。肟在酸作用下，分子结构发生重排的反应，称为贝克曼(Beckmann)重排反应，反应是通过缺电子的氮原子进行的。

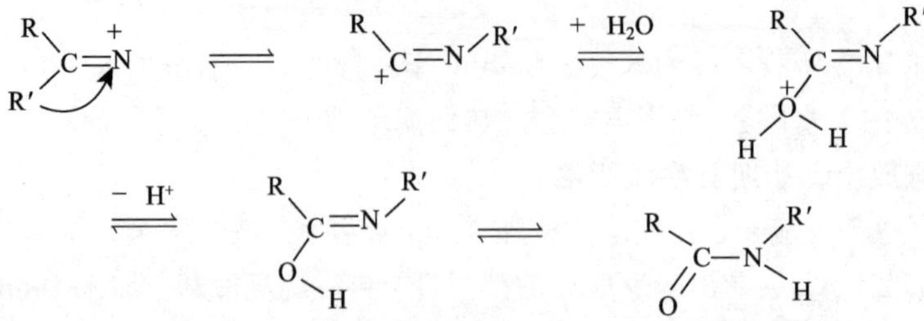

在这个重排反应中，R′的迁移与离去基团可能是协同进行的。重排的结果：羟基和它处于反位的基团发生对换(反式位移)。

贝克曼重排不但可以用来测定酮的结构，而且在合成上也有使用价值。例如，环己酮肟经贝克曼重排生成己内酰胺；后者经开环聚合可得到聚己内酰胺(尼龙)。它是一种性能优良的高分子材料。

如果迁移基团是手性碳原子，则在迁移前后其构型不变，例如：

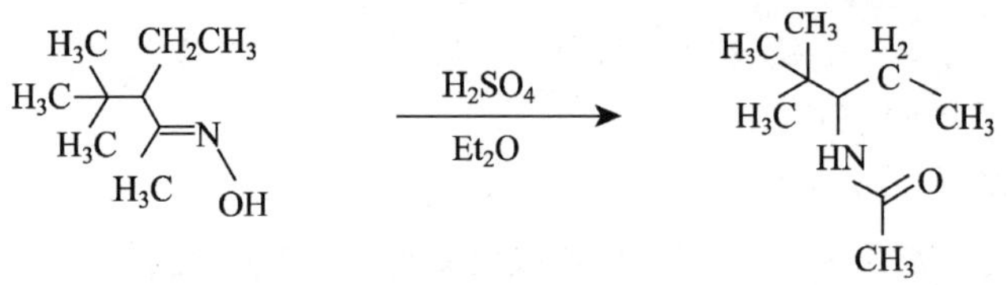

【试剂及仪器】

环己酮(AR)，羟胺盐酸盐(AR)，NaAc(AR)，$NH_3 \cdot H_2O$(20%)，H_2SO_4(85%)，$MgSO_4$(AR)，冰。

锥形瓶(250mL)，抽滤瓶，布氏漏斗，分液漏斗，循环水减压蒸馏装置。

【操作步骤】

本实验采用环己酮制备环己酮肟，然后重排得到己内酰胺，反应式如下：

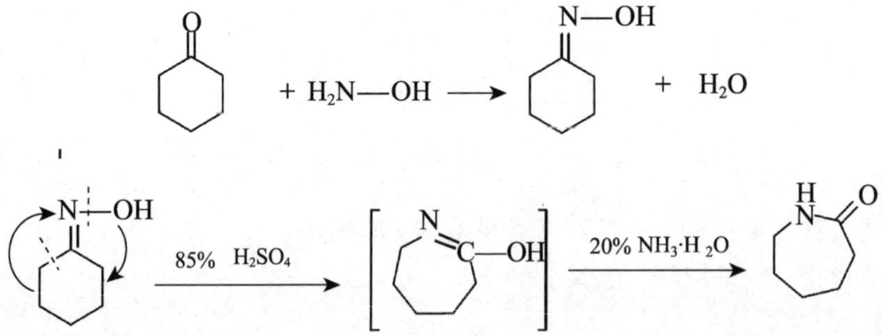

1. 环己酮肟的制备

在 250mL 三角烧瓶中，加入 9.8g 羟胺盐酸盐和 14g 结晶乙酸钠，加 30mL 水溶解。用热水浴加热溶液至 35～40℃，分批加入(每次 2mL)10.5mL 环己酮，边加边振荡，即有固体析出。加完后，用橡皮塞塞紧瓶口，剧烈振荡 2～3min，白色粉状结晶析出表明反应完全。

冷却后，抽滤，用少量水洗涤。抽干后在滤纸上挤压，干燥后得白色环己酮肟结晶，熔点为89~90℃，产量 8g。

2. 环己酮肟重排制备己内酰胺

在 800mL 烧杯中放置 10g 环己酮肟和 20mL 85％硫酸，旋动烧杯使二者充分混溶。烧杯内放一支 200℃温度计，用小火加热烧杯，当开始有气泡时(约 120℃)，立即移去火源，此时反应剧烈放热，温度很快上升到 160℃。反应几秒钟内便可完成，稍冷后，将此溶液倒入 250mL 三口烧瓶中，三口烧瓶需要使用冰盐水浴冷却，分别装上搅拌器、温度计和滴液漏斗。当溶液温度下降至 0~5℃时，在搅拌下，小心滴加 60mL 20％氨水溶液(约 1h 加完)。控制反应温度在 20℃以下，以免己内酰胺在较高温度下发生水解。反应直至石蕊试纸呈碱性为止。

粗产物倒入分液漏斗中，分出水层，油层转入 25mL 三角烧瓶中，加 1g 硫酸镁干燥剂干燥。转移到 25mL 克氏烧瓶中进行减压蒸馏(参照图 1-2 中的减压蒸馏装置)。收集 127~133℃/0.93kPa(7mmHg)、137~140℃/1.6kPa(12mmHg)或者 140~144℃/1.86kPa(14mmHg)的馏分。馏出物在接收瓶中固化成无色结晶。熔点为 69~70℃，产量 5~6g，己内酰胺易吸潮，应储存于密闭容器中。

3. 测定己内酰胺熔点

用熔点仪测定。

【数据记录及处理】

(1) 记录每个实验中每步操作条件、方法及观察到的现象、新发现的问题。

(2) 记录实验产量，计算产率，并与理论产量比较，分析原因。

【注意事项】

(1) 在环己酮肟的制备过程中，当加完后，用橡皮塞塞紧瓶口，剧烈振荡 2~3min 后，如环己酮肟呈白色小球珠，表明反应尚未完全，需继续剧烈振荡。也可采用下列加料方式：先将羟胺盐酸盐溶于 30mL 水中，加入 10.5mL 环己酮，再用 10.5mL 水溶解 14g 结晶乙酸钠，将乙酸钠溶液滴加到上述溶液中，边加边振荡便得粉末环己酮肟产物。

(2) 因重排反应进行得很剧烈，故需使用大烧杯以利于散热，使反应缓和，环己酮肟的纯度对反应有影响。

(3) 由环己酮肟重排制备己内酰胺时，当温度很快上升到 160℃后，反应液变成一棕色略稠液体。

(4)将固定温度计的塞子割一个切口，以便通气。必须使用滴液漏斗以利于观察液滴滴加速度。

(5) 用氨水中和时，开始要加得很慢，因为此时溶液较黏，反应又放热，如加得过快，温度突然升高，有利于产物水解，影响产率。滴加氨水约需 1h。

(6) 己内酰胺也可用重结晶方法提纯：将粗产物转入分液漏斗，每次用 10mL 四氯化碳萃取，萃取 3 次，合并萃取液，用无水硫酸钠干燥后，滤入一干燥的锥形瓶。加入石英砂后在水浴中蒸去大部分溶剂，直到剩下 8mL 左右为止。小心向溶液中加入石油醚(30～60℃)，到恰好出现浑浊为止。将锥形瓶置于冰浴中冷却结晶，抽滤，用少量石油醚洗涤结晶。如果加入的石油醚量超过原液的 4～5 倍仍未出现浑浊，说明开始时剩下的四氯化碳量太多。需要加入石英砂后重新蒸去大部分溶剂，直至剩下很少量的四氯化碳时，重新加入石油醚进行结晶。

【思考与讨论题】

(1) 制备环己酮肟时，为什么要加乙酸钠？

(2) 如果迁移基团是手性碳原子，则在迁移后为何构型保持不变？

本实验需 8～10h。

3.30　乙酸水溶液的萃取

【实验目的】

(1) 掌握萃取的原理及使用分液漏斗萃取的操作技术。

(2) 了解萃取的应用以及操作中的注意事项。

【实验原理】

萃取是分离和提纯有机化合物常用的操作之一。应用萃取可从固态或液态混合物中提取出需要的物质，也可以用来洗去混合物中的少量杂质。从液体中萃取常用分液漏斗，分液漏斗的使用是基本操作之一。

萃取是利用物质在两种不互溶或微溶溶剂中溶解度或分配比的不同达到分离、提纯或纯化目的的一种操作。

设溶液由有机化合物 X 溶解于溶剂 A 而成，如要从其中萃取 X，可选择一种对 X 溶解度极好且与溶剂 A 不相混溶和不起化学反应的溶剂 B。把溶液放入分液漏斗中，加入溶剂 B，充分振荡。静置后，由于 A 与 B 不相混溶，故分成两层。此时 X 在 A、B 两相间的浓度比在一定温度下为一常数，称为分配系数，以 K 表示，这种关系称为分配定律。用公式来表示为

$$K(分配系数) = \frac{X在溶剂A中的浓度}{X在溶剂B中的浓度}$$

注意：分配定律是假定所选用的溶剂 B 不与 X 起化学反应时才适用的。

依照分配定律，要节省溶剂而提高提取效率，用一定分量的溶剂一次加入溶液中萃取，则不如把这个分量的溶剂分成几份作多次萃取好，现在用算式来说明。

第一次萃取：设 $V =$ 被萃取溶液的体积(mL)(因溶质量不多，故其体积可看作与溶剂 A 体积相等)；$W_0 =$ 被萃取溶液中溶质(X)的总含量(g)；$S =$ 第一次萃取时所用溶剂 B 的体积(mL)；$W_1 =$ 第一次萃取后溶质(X)在溶剂 A 的剩余量(g)。故

$$W_0 - W_1 = 第一次萃取后溶质(X)在溶剂 B 中的含量(g)$$

$$W_1/V = 第一次萃取后溶质(X)在溶剂 A 中的浓度(g \cdot mL^{-1})$$

$$(W_0-W_1)/S = 第一次萃取后溶质(X)在溶剂 B 中的浓度(g \cdot mL^{-1});$$

故 $\dfrac{\dfrac{W_1}{V}}{\dfrac{(W_0-W_1)}{S}}=K$，整理后得

$$W_1=W_0\left(\frac{KV}{KV+S}\right)$$

第二次萃取：$V=$ 被萃取溶液的体积(mL)；$W_2=$ 第二次萃取后溶质(X)在溶剂 A 的剩余量(g)；$S=$ 第二次萃取时所用溶剂 B 的体积(mL)。故

$W_1-W_2=$ 第二次萃取后溶质(X)在溶剂 B 中的含量(g)

$W_2/V=$ 第二次萃取后溶质(X)在溶剂 A 中的浓度($g\cdot mL^{-1}$)

$(W_1-W_2)/S=$ 第二次萃取后溶质(X)在溶剂 B 中的浓度($g\cdot mL^{-1}$)

故 $\dfrac{\dfrac{W_2}{V}}{\dfrac{(W_1-W_2)}{S}}=K$，整理后得

$$W_2=W_1\left(\frac{KV}{KV+S}\right)$$

将 $W_1=W_0\left(\dfrac{KV}{KV+S}\right)$ 代入上式，得

$$W_2=W_0\left(\frac{KV}{KV+S}\right)^2$$

依次类推，每次萃取所用溶剂 B 的体积均为 S，经过 n 次萃取后，溶质(X)在溶剂 A 中的剩余量为

$$W_n=W_0\left(\frac{KV}{KV+S}\right)^n$$

例如，在 15℃时，4g 正丁酸溶于 100mL 水，用 100mL 苯萃取正丁酸。15℃时正丁酸在水中与苯中的分配系数为 $K=1/3$，若一次用 100mL 苯萃取正丁酸，萃取后正丁酸在水溶液中的剩余量为

$$W_1=4\times\frac{\dfrac{1}{3}\times100}{\dfrac{1}{3}\times100+100}=1.0(g)$$

萃取效率为 $\dfrac{4-1}{4}\times100\%=75\%$。

若用 100mL 苯分成三次萃取，即每次用 33.33mL 苯来萃取，经过第三次萃取后正丁酸在水溶液中的剩余量为

$$W_3=4\times\left(\frac{\dfrac{1}{3}\times100}{\dfrac{1}{3}\times100+33.33}\right)^3=0.5\,(g)$$

萃取效率为 $\dfrac{4-0.5}{4}\times100\%=87.5\%$。

从上面的计算可知,用同一分量的溶剂,分多次用少量溶剂来萃取,其效率较高于一次用全量溶剂来萃取。

【试剂及仪器】

乙酸(AR),乙醚(AR),NaOH($0.2\text{mol}\cdot\text{L}^{-1}$),水。

分液漏斗(100mL),锥形瓶(50mL),移液管(10mL)。

【操作步骤】

本实验用乙醚从乙酸水溶液中萃取乙酸。

1. 一次萃取法

用移液管准确量取 10mL 乙酸与水的混合液(乙酸与水以 1:19 的体积比混合),放入分液漏斗中。用 30mL 乙醚萃取,注意近旁不能有火,否则易引起火灾。加入乙醚后,先用右手食指的末节将漏斗上端玻璃塞顶住,再用大拇指及食指和中指握住漏斗。这样漏斗转动时可用左手的食指和中指蜷握在活塞的柄上,使振摇过程中(图 3-15)玻璃塞和活塞均夹紧,上下轻轻摇振分液漏斗,每隔几秒钟将漏斗倒置(活塞朝上),小心打开活塞,以解除分液漏斗内的压力,这是因为乙醚的沸点低、易挥发,所以要及时释放乙醚气体,平衡内外压力,重复操作 2~3 次,然后再用力振摇相当时间,使乙醚与乙酸水溶液两不相溶的液体充分接触,提高萃取率,振摇时间太短则影响萃取率。

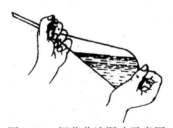

图 3-15　振荡分液漏斗示意图

将分液漏斗置于铁圈上,当溶液分成两层后,小心旋开活塞,放出下层水溶液于 50mL 锥形瓶内,加入 2~3 滴酚酞作指示剂,用 $0.2\text{mol}\cdot\text{L}^{-1}$ NaOH 标准溶液滴定,记录用去 NaOH 的毫升数。计算:① 留在水中的乙酸量及质量分数;② 留在乙醚中的乙酸量及质量分数。

2. 多次萃取法

准确量取 10mL 冰醋酸与水的混合液于分液漏斗中,用 10mL 乙醚如上法萃取,分去乙醚层溶液。水溶液再用 10mL 乙醚萃取,再分出乙醚层溶液后,水溶液仍用 10mL 乙醚萃取。如此操作三次。最后将用乙醚第三次萃取后的水溶液放入 50mL 的锥形瓶内,用 $0.2\text{mol}\cdot\text{L}^{-1}$ NaOH 溶液滴定,计算:① 留在水中的乙酸量及质量分数;② 留在乙醚中的乙酸量及质量分数。

根据上述两种不同步骤所得数据,比较萃取乙酸的效率(乙酸 $d=1.049$)。

【数据记录及处理】

萃取相关数据记录于表 3-34 中。

表 3-34 实验数据

萃取次数	$V_{乙醚}$/mL	V_{NaOH}/mL	水层中乙酸含量/%	乙醚中乙酸含量/%
一次				
三次				

【注意事项】

(1) 常用的分液漏斗有球形、锥形和梨形三种，在有机化学实验中，分液漏斗主要应用于：① 分离两种分层而不起作用的液体；② 从溶液中萃取某种成分；③ 用水或碱或酸洗涤某种产品；④ 用来滴加某种试剂(代替滴液漏斗)。

在使用分液漏斗前必须检查：① 分液漏斗的玻璃塞和活塞有没有用橡皮圈绑住；② 玻璃塞和活塞紧密否。如有漏水现象，应及时按下述方法处理：脱下活塞，用纸或干布擦净活塞及活塞孔道的内壁，然后用玻璃棒蘸取少量凡士林，先在活塞近把手的一端抹上一层凡士林，注意不要抹在活塞的孔中，再在活塞两边也抹上一圈凡士林，然后插上活塞，反时针旋转至透明时，即可使用。

分液漏斗用后，应用水冲洗干净。玻璃塞用薄纸包裹后塞回去，使用分液漏斗时应注意：① 不能把活塞上附有凡士林的分液漏斗放在烘箱内烘干；② 不能用手拿住分液漏斗的下端；③ 不能用手拿住分液漏斗进行分离液体；④ 玻璃塞打开后才能开启活塞；⑤ 上层的液体不要由分液漏斗下口放出。

(2) 使用分液漏斗来萃取或洗涤液体，一般可按此操作进行，效率较高。但如果由于大力振摇以致乳化，静置又难分层时，则应改变操作方法，可用右手按住漏斗口上端玻璃塞，左手挡住下端活塞平放漏斗，做前后振摇数次，然后斜置漏斗使下端朝上，旋开活塞放出气体。

(3) 不能将醚层从分液漏斗下部放出，也不能将水层留于分液漏斗内。在水层放出后，需等待片刻，观察是否还有水层出现，如有，应将此水层再放入三角烧瓶内。总之，放出下层液体时，注意不要使它流得太快，待下层液体流出后，关上活塞，等待片刻，再观察有无水层分出，若还有，应将水层放出，而上层液体则应从分液漏斗上口倾入另一容器中。

对于在两液相中分配系数 K 较大的物质，一般使用分液漏斗萃取 3~4 次便足够了，而对于 K 值接近 1 的物质，必须经多次萃取，最好是使用连续萃取的方法。液体连续萃取所用的仪器随所使用溶剂的密度不同而异。

【思考与讨论题】

(1) 影响萃取法萃取效率的因素有哪些?怎样选择合适的萃取溶剂?

(2) 使用分液漏斗的目的何在? 使用分液漏斗时要注意哪些事项?

(3) 两种不相溶的液体同时在分液漏斗中，请问相对密度大的在哪一层? 下层的液体从哪里放出来? 放出液体时为了不要流得太快，应该怎样操作?留在分液漏斗中的上层液体应从何处放入另一容器中?

本实验约需 4h。

3.31　蒸馏和沸点的测定

【实验目的】

(1) 了解蒸馏的意义，掌握常量法测定沸点的基本操作方法。

(2) 掌握蒸馏的原理、装置安装、实验操作注意事项。

【实验原理】

蒸馏是将液体加热沸腾变为蒸气，然后冷凝为液体的过程。在通常情况下，纯液体表面在某一温度下有一定的蒸气压，蒸气压随着温度的升高而增大，当蒸气压和大气压或所给压力相等时，液体开始沸腾，此时的温度就是液体的沸点。沸点的高低随液面所受外界压力的改变而改变。纯液态有机物在一定压力下有一定的沸点。如果液体在蒸馏过程中，沸点发生变动，则说明液体不纯。蒸馏除测定物质的沸点外，还可以定性地检验物质的纯度。但一些有机物能和其他组分形成二元或三元共沸混合物，它们也有固定的沸点，所以不能说沸点一定的物质就是纯物质。

蒸馏是有机化学实验中最重要的基本操作之一，在实验室和工业生产中都有广泛的应用。其主要应用如下：

(1) 分离沸点相差较大(通常要求相差 30℃以上)且不能形成共沸物的液体混合物。

(2) 提纯，除去液体中的少量低沸点或高沸点杂质。

(3) 测定液体的沸点。

(4) 根据沸点变化情况粗略鉴定液体的种类和纯度。

【试剂及仪器】

乙醇(95%)，石英砂。

圆底烧瓶(50mL)，蒸馏头，接引管，直形冷凝管，温度计(100℃)，量筒，橡皮管，电热套，温度计。

【操作步骤】

1. 蒸馏的仪器和装置

实验室中常用的蒸馏装置(参照图 1-2 中的蒸馏装置)。蒸馏瓶的大小是根据蒸液体的量选择的，通常装入液体的体积不超过蒸馏瓶容积的 2/3，也不少于 1/3。装料过多，沸腾剧烈时液体可能冲出；装料太少，则容易烧干。

温度计的量程选择应高于被蒸馏物的沸点至少 30℃。冷凝管也根据被蒸馏物的沸点选择，被蒸馏物沸点在 130℃以下，一般选用直形冷凝管；在 130℃以上则选用空气冷凝管；若被蒸馏物沸点很低时，可选用蛇形冷凝管。

接收瓶可选用圆底瓶或锥形瓶，其大小取决于馏出液的体积。接收瓶应干净、干燥，并事先称量，贴上标签，以便在接收液体后计算液体的质量。

装置的安装顺序应按照按自下而上、自左至右的方法。高度以加热装置为基准。各固定的铁夹位置应使蒸馏头自然与冷凝管连接成一直线，铁夹不要太紧也不要太松，以免损坏仪器。各仪器磨口处要用凡士林密封，整个装置安装好后要做到端正准确，不论从正面或侧面观察，全套仪器的各部分皆在同一平面内。

2. 蒸馏操作

(1) 加料。将待蒸馏液体(本实验用 30mL 工业级乙醇)通过长颈漏斗倒入蒸馏烧瓶中，再加入 3～5 粒石英砂(或素瓷片)，插上温度计，检查装置是否搭建正确，仪器间是否漏气。

(2) 加热。先开通冷凝水，再开始加热，加热方式根据液体性质可选择电热套、水浴、油浴等。开始加热时用小火，以免烧瓶局部过热而破裂，之后可大火加热，使温度上升稍快，开始沸腾后，蒸气上升，温度计读数上升，记录第一滴馏出液进入接收瓶时的温度。此时调节热源，使水银球上始终保持被冷凝的液滴润湿，并与周围蒸气达成平衡，此时的温度即为液体的沸点。

(3) 测定沸点，收集馏出液。液体沸腾后，控制加热，使馏出速度为每秒钟 1～2 滴为宜。当温度计读数稳定时，另换一干燥的接收瓶收集所需温度范围的馏出液。当保持原加热程度的情况下，不再有馏出液且温度突然下降时，应立即停止加热，不能将残液蒸干，否则易发生事故。记录最后一滴液体进入接收器时的温度。关闭冷凝水，计算产率。

3. 拆洗仪器

停止蒸馏时，应先停止加热，后关冷凝水。与安装时相反的顺序拆卸装置，洗净，收好。

【数据记录及处理】

记录蒸馏乙醇的初馏分温度、沸点温度。计量初馏分、乙醇、后馏分体积，计算乙醇的含量。

【注意事项】

(1) 石英砂起气化中心的作用，防止液体暴沸，使沸腾液体保持平稳。终止加热后再进行加热时应补加新的石英砂。若事先忘加石英砂，绝对不能在液体已加热中途或沸腾时加入，否则会引起剧烈的暴沸，发生危险。应该等液体冷却到接近室温后再补加。

(2) 接引管的支管应保持与大气畅通，否则会造成密闭系统而发生危险。在蒸馏易燃或有毒液体时，应在尾接管的支管上连接橡皮管，导入水槽。如果蒸馏系统需避免潮气浸入，则应在支管上加置干燥管。

(3) 任何情况下，都不要将蒸馏瓶中的液体蒸干，以免蒸馏瓶炸裂或发生其他意外事故。

【思考与讨论题】

(1) 什么是蒸馏？蒸馏的目的、意义和原理是什么？

(2) 蒸馏装置的安装和拆卸装置的顺序各是什么？冷凝水的进出方向是如何要求的？为什么？

(3) 为什么蒸馏时要加入石英砂？其作用是什么？使用时有何注意事项？

(4) 蒸馏时，溜出液的速度以多少为宜？

(5) 蒸馏时温度计的水银球应处于什么位置？为什么？

本实验约需 4h。

3.32　环己烯的制备

【实验目的】

(1) 学习以 H_3PO_4 催化环己醇脱水制取环己烯的原理和方法。

(2) 掌握分馏和水浴蒸馏的基本操作技能。

【实验原理】

环己醇脱水制备环己烯一般采用 H_3PO_4 或 H_2SO_4 作为脱水剂，磷酸的用量必须是硫酸的一倍以上，但它却比硫酸有明显的优点：一是不生成炭渣；二是不产生难闻气体。故本实验采用 H_3PO_4 作为脱水剂。

【试剂及仪器】

环己醇(AR)，　H_3PO_4(AR)，$CaCl_2$(AR)，NaCl(AR)，Na_2CO_3(AR)，石英砂。

蒸馏装置，分馏柱，分液漏斗，温度计(100℃)。

【操作步骤】

1. 环己烯的制备

在 50mL 干燥的圆底烧瓶中加入 10g 环己醇、4mL H_3PO_4 和几粒石英砂，充分摇振使之混合均匀。烧瓶上装一短分馏柱(或分馏头)，接上冷凝管，接收瓶浸在冷水中冷却(参照图 1-2 中的分馏装置)。用小火缓缓加热至沸腾，控制分馏柱顶部的馏出温度不超过 90℃，慢慢蒸出生成的环己烯和水，馏出液为带水的浑浊液。至无液体馏出时，可把火加大，当烧瓶中只剩下很少量残液并出现阵阵白雾时，即可停止分馏，全部分馏时间约需 1h。

2. 环己烯的洗涤分离

馏出液加入约 1g 食盐使之饱和，然后加 3～4mL 5％碳酸钠溶液中和微量的酸。将液体转移到 125mL 分液漏斗中，振摇后静置分层。分出有机相(哪一层，如何取)，转入干燥的小三角烧瓶中，加入 1～2g $CaCl_2$ 干燥。

3. 环己烯的纯化

将干燥后的粗产品滤入 50mL 蒸馏烧瓶中，加入石英砂，用水浴加热蒸馏，收集 80～85℃的馏分，若产物浑浊，必须重新干燥后再蒸馏。产量 3.8～4.6g。

纯环己烯为无色液体，沸点为 82.98℃，n_D^{20} 为 1.4465。

【数据记录及处理】

(1) 记录实验现象、相关操作。

(2) 反应原料用量：＿＿＿＿g；粗环己烯产量：＿＿＿＿g。

(3) 环己烯产量：_____g；产率：_____。

【注意事项】

(1) 环己醇常温下是比较黏稠的液体，用量筒量取时，要注意转移时的损失，可以用称取质量的方法代替。

(2) 烧瓶受热要均匀，控制加热速度，使馏出的速度缓慢均匀，以减少未反应环己醇的蒸发。反应过程中会形成以下三种共沸物：① 烯-水共沸物，沸点 70.8℃，含水 10%；② 烯-醇共沸物，沸点 64.9℃，含水 30.5%；③ 醇-水共沸物，沸点 97.8℃，含水 80%。其中①和②是需要移出反应区的，③ 则是希望不被蒸出的，故应将柱顶温度控制在 90℃ 以下。

(3) $CaCl_2$ 除起干燥作用外，还兼有除去部分未反应的环己醇的作用。干燥应充分，否则在蒸馏过程中残留的水分与产品形成共沸物，从而使一部分产品损失在前馏分中。如果已经出现了前馏分(80℃以下的馏分)过多的情况，则应将该前馏分重新干燥并蒸馏，以收回其中的环己烯。

【思考与讨论题】

(1) 在制备环己烯的过程中为什么要控制柱顶温度？如果不控制，会有什么情况？

(2) 在粗产物环己烯中，加入食盐使水层饱和的目的何在？

(3) 在制备环己烯时反应后期出现的阵阵白雾是什么？

(4) 用磷酸作脱水剂比用 H_2SO_4 作脱水剂有什么优点？

本实验约需 4h。

3.33　茶叶中咖啡因的提取

【实验目的】

(1) 学习提取天然有机化合物的原理及方法。

(2) 掌握索氏(Soxhlet)提取器的使用。

(3) 掌握升华的基本操作技能。

【实验原理】

茶叶中含有多种生物碱，咖啡因是茶叶中主要的生物碱，对中枢神经具有兴奋作用，质量分数为 1%～5%。茶叶中还含有少量茶碱、可可碱、茶多酚、有机酸、蛋白质、色素和纤维素等成分。咖啡因的化学名称是 1,3,7-三甲基-2,6-二氧嘌呤，其结构式如下：

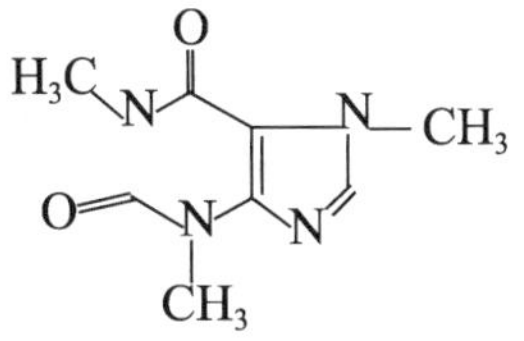

含结晶水的咖啡因($C_8H_{10}O_2N_4$)为无色针状结晶，味苦，具有弱碱性，能溶于冷水和乙醇，易溶于热水、$CHCl_3$ 等。提取茶叶中的咖啡因，可以用乙醇为溶剂，在索氏提取器中连续抽提，然后蒸出溶剂；也可将茶叶与水一起充分煮沸后，再将茶汁浓缩，即得粗咖啡因。

升华是将具有较高蒸气压的固体物质加热到熔点以下，不经过熔融状态就直接变成蒸气，蒸气变冷后，又直接变为固体的过程。升华是精制一些固体化合物的方法之一。能用升华方法精制的物质，必须满足以下两个条件：

(1) 被精制的固体要有较高的蒸气压，在不太高的温度下应具有高于 67kPa(20mmHg) 的蒸气压。

(2) 杂质的蒸气压应该与被纯化的固体化合物的蒸气压之间有显著的差异。

升华方法制得的产品通常纯度较高，但损失也较大。含结晶水的咖啡因加热至 100℃时失去结晶水，开始升华，120℃时显著升华，至 176℃时迅速升华。无水咖啡因的熔点为 235℃，因此可用升华的方法提纯咖啡因粗品。

索氏提取器由烧瓶、提取筒、回流冷凝管 3 部分组成。索氏提取器是利用溶剂的回流及虹吸原理，使固体物质每次都被纯的热溶剂萃取，减少了溶剂用量，缩短了提取时间，因而效率较高。萃取前，应先将固体物质研细，以增加溶剂浸溶面积。然后将研细的固体物质装入滤纸筒内，再装在已有溶剂的烧瓶中，并与抽提筒相连，抽提筒索氏提取器上端接冷凝管。溶剂受热沸腾，其蒸气沿抽提筒侧管上升至冷凝管，冷凝为液体，滴入滤纸筒中，并浸泡筒中样品。当液面超过虹吸管最高处时，即虹吸流回烧瓶，从而萃取出溶于溶剂的部分物质。如此多次重复，把要提取的物质富集于烧瓶内。提取液经浓缩除去溶剂后，即得产物，必要时可用其他方法进一步纯化。

【试剂及仪器】

乙醇(95%), $CaCl_2$(AR), 茶叶(优级)。

索氏提取器，电热套，酒精灯，漏斗，蒸发皿。

【操作步骤】

1. 萃取

装配好仪器(参照图 1-2 中的索氏提取、升华装置)，折好滤纸套筒，称取 10g 茶叶碾碎，滤纸筒上口塞一团脱脂棉，放入索氏提取器的滤纸套筒中。在烧瓶中加入 120mL 95%的乙醇和两粒石英砂，用电热套加热，调节温度，回流速度不宜过快。连续抽提 2.5～3h，待冷凝液恰好虹吸下去时，停止加热。冷却后，把液体转移到 150mL 烧瓶中。

2. 浓缩

蒸馏抽提液，若溶液较多，开始加热速度不可太快，否则液体有可能暴沸。蒸去大部分乙醇(约 100mL)，剩下 10mL 左右时，停止加热，用余热再蒸出部分乙醇。

3. 焙炒

残液及石英砂趁热倒入蒸发皿中，再在蒸发皿中加入研磨成粉末的 4g 氧化钙，用酒精灯小火加热，赶尽乙醇和水分。酒精灯灯焰离蒸发皿底部要有一定的距离，至少 5cm，否则容易暴沸，甚至引起蒸发皿中的酒精燃烧。温度不能过高，否则产物升华。焙炒直至残液全部变成干燥的固体后，冷却，用滤纸擦干净沾在蒸发皿边缘上的粉末，以免下一步升华时污染产物。

4. 升华

升华操作是本实验的关键所在。在蒸发皿上倒扣一个干燥的玻璃漏斗,漏斗的颈部塞有蓬松的棉花。蒸发皿和漏斗之间用滤纸相隔,其直径稍大于漏斗,滤纸上用针刺数个小孔。蒸发皿用酒精灯缓慢加热。此时,若漏斗内有蒸气,或者漏斗内部壁上有液珠出现,应立即停止加热,稍冷后,揭开漏斗,用纸巾擦去水汽。正常升华时,透过漏斗应该可以看到滤纸上白色针状晶体,小心控制温度,不能过高,否则产物炭化。当出现棕色烟雾时,停止加热。冷却后小心揭开漏斗和滤纸,仔细地把附在纸上及器皿周围的咖啡因晶体刮下,称量。

【数据记录及处理】

(1) 记录实验现象、相关操作。

(2) 萃取原料用量:＿＿＿＿g;提取产量:＿＿＿＿＿g。

(3) 升华产量:＿＿＿＿g;产率:＿＿＿＿%。

【注意事项】

(1) 滤纸筒的直径要略小于抽提筒的内径,其高度一般要超过虹吸管,但是样品不得高于虹吸管。如无现成的滤纸筒,可自行制作。其方法为:取脱脂滤纸一张,卷成圆筒状 (其直径略小于抽提筒内径),底部折起而封闭(必要时可用线扎紧),装入样品,上口盖脱脂棉,以保证回流液均匀地浸透被萃取物。

(2) 索氏提取器的虹吸管极易折断,装置和取拿时必须特别小心。

(3) 焙炒过程中,生石灰起中和及吸水作用。如提取物里留有少量水分,升华开始时,将产生一些烟雾,污染器皿和产品。

(4) 蒸发皿上覆盖刺有小孔的滤纸是为了避免已升华的咖啡因回落入蒸发皿中,纸上的小孔应保证蒸气通过。漏斗颈塞棉花,以防止咖啡因蒸气逸出。

(5) 在升华过程中必须始终严格控制加热温度,温度太高,将导致被烘物和滤纸炭化,一些有色物质也会被带出来,影响产品的质和量。进行再升华时,加热温度也应严格控制。

【思考与讨论题】

(1) 索氏提取器的工作原理是什么? 其优点是什么?

(2) 对索氏提取器中滤纸筒的基本要求是什么?

(3) 为什么要将固体物质(茶叶)研细成粉末?

(4) 生石灰的作用是什么? 为什么必须除净水分?

(5) 升华装置中,为什么要在蒸发皿上覆盖刺有小孔的滤纸? 漏斗颈为什么塞棉花? 为什么必须严格控制温度?

本实验约需 5h。

3.34　黄连中黄连素的提取

【实验目的】

(1) 了解黄连的资源以及药用价值。

(2) 学习从黄连中提取黄连素的方法及原理。

【实验原理】

黄连为我国名产药材之一，黄连中所含的黄连素是一种重要的生物碱，是我国应用很久的中药，具有显著的抑菌作用。常用的 HCl 黄连素又称 HCl 小檗碱(berberine)，黄连素能对抗病原微生物，对多种细菌(如痢疾杆菌、结核杆菌、肺炎球菌、伤寒杆菌及白喉杆菌等)都有抑制作用，其中对痢疾杆菌作用最强，常用来治疗急性结膜炎、口疮、细菌性胃肠炎、痢疾等消化道疾病。临床主要用于治疗细菌性痢疾和肠胃炎，并且无抗药性和副作用。

生产中传统提取黄连中小檗碱的主要方法是溶剂提取法。此法是从中草药中提取有效成分的常用方法，通过浸渍、渗漉、回流等方式将药材组织进行溶解、萃取。实验室常用索氏提取法。近年来，发展了微波协助提取技术，是一种新型萃取技术，该技术具有选择性高、耗时少、能耗低、排污量少等优点。超声波法是利用超声波产生的强烈振动、空化效应、搅拌作用等可以加速植物有效成分进入溶剂提取的。在这些方法中，要根据实际情况进行方法的选择。

随着野生和栽培及产地的不同，黄连中黄连素的含量为 4%～10%。含黄连素的植物很多，如黄柏、三颗针、伏牛花、白屈菜、南天竹等均可作为提取黄连素的原料，但以黄连和黄柏含量最高。黄连素存在下列三种互变异构体：

醇式　　　　　　　　　醛式　　　　　　　　　季铵碱式

在自然界中黄连素多以季铵碱的形式存在。

黄连素是黄色的针状结晶，微溶于水和乙醇，较易溶于热水和热乙醇中，几乎不溶于乙醚。黄连素盐酸盐难溶于水，但易溶于热水，而其硫酸盐则易溶于水，本实验就是利用这些性质来提取黄连素的。

实验室常用索氏提取法。先将固体物质适当研碎，以增加固液接触的面积。然后将固体物质放在滤纸套筒内，置于索氏提取器中，索氏提取器的下端与盛有溶剂的圆底烧瓶相连，上接回流冷凝管。加热圆底烧瓶，使溶剂沸腾，蒸气通过索氏提取器的支管上升，被冷凝后滴入提取器中，溶剂和固体接触进行萃取，当溶剂面超过虹吸管的最高处时，含有萃取物的溶剂虹吸回烧瓶，因而萃取出一部分物质，如此重复，使固体物质不断被纯的溶剂萃取，将萃取出的物质富集在烧瓶中。

【试剂与仪器】

黄连(选优质黄连，磨成粉末状，过 100 目筛)，乙醇(95%)，HCl(AR)，乙酸(1%)，丙酮(AR)，冰块。

粉碎机，高速球磨机，电加热套，蒸发皿(100mL)，温度计(200℃)，循环水减压抽滤泵，量筒(100mL)，滤纸(15cm×15cm)，索氏提取器(125mL)，蒸馏装置，台秤，滤纸，试管，水浴锅，pH 试纸。

【操作步骤】

1. 黄连素的抽提

称取 10g 已磨细的黄连粉末，装入滤纸筒内包好，放入索氏提取器内，注意滤纸包低于虹吸管出口高度，烧瓶中加入 100mL 95％的乙醇和几粒石英砂，装好索氏提取器，接通冷凝水，水浴加热连续抽提 1～1.5h，待冷凝液刚刚虹吸下去时，立即停止加热，冷却。

2. 回收乙醇

将提取装置改为蒸馏装置，水浴加热蒸馏，回收大部分乙醇(沸点 78℃)，直至残留物呈棕红色糖浆状。

3. 黄连素盐酸盐的制备

向残留物中加入 1％乙酸 30mL，加热溶解，趁热抽滤，以除去不溶物，再向溶液中滴加浓 HCl，至溶液浑浊为止(约需 10mL)，放置冷却(最好用冰水)，即有黄色针状体的黄连素盐酸盐析出。抽滤，结晶用冰水洗涤两次，再用丙酮洗涤一次，即得黄连素盐酸盐粗品。如果晶形不好，可用水重结晶一次。称量，计算提取率。

【数据记录及处理】

(1) 黄连的来源、质量级别、外观等。

(2) 黄连素抽提的提取率、晶形、颜色等。

(3) 记录实验中的现象、出现的问题。

【思考题】

(1) 从黄连中提取黄连素的原理是什么？

(2) 索氏提取器中滤纸筒为什么要紧贴器壁？为什么被提取物高度不能超过虹吸管，被提取物也不能漏出滤纸筒？

本实验约需 6h。

3.35　葡萄糖酸锌的制备

【实验目的】

(1) 了解葡萄糖酸锌的制备及提纯方法。

(2) 熟练掌握蒸发、浓缩、过滤、重结晶等操作。

【实验原理】

锌存在于众多的酶系中，如碳酸酐酶、呼吸酶、乳酸脱氢酸、超氧化物歧化酶、碱性磷酸酶、DNA 和 RNA 聚中酶等，为核酸、蛋白质、碳水化合物的合成和维生素 A 的利用所必需。锌具有促进生长发育、改善味觉的作用。锌缺乏时出现味觉、嗅觉差，厌食，生长与智力发育低于正常。

葡萄糖酸锌为补锌药，具有见效快、吸收率高、副作用小等优点。主要用于儿童及老年人、妊娠妇女因缺锌引起的生长发育迟缓、营养不良、厌食症、复发性口腔溃疡、皮肤痤疮等。葡萄糖酸锌由葡萄糖酸直接与锌的氧化物或盐制得。本实验采用葡萄糖酸钙与硫酸锌直接反应：

$$[CH_2OH(CHOH)_4COO]_2Ca+ZnSO_4 \Longrightarrow [CH_2OH(CHOH)_4COO]_2Zn+CaSO_4\downarrow$$

这是一个复分解反应，Zn^{2+}替代葡萄糖酸钙 $Ca(C_6H_{11}O_7)_2$ 配合物中的 Ca^{2+}生成葡萄糖酸锌 $Zn(C_6H_{11}O_7)_2$ 配合物。由于反应体系中有硫酸钙沉淀的生成，反应进行得较为完全。过滤除去 $CaSO_4$ 沉淀，溶液经浓缩很难直接得到无色或白色葡萄糖酸锌结晶。因为葡萄糖酸锌在水中的溶解度太大，因此要加入无水乙醇使其溶解度降低，促使葡萄糖酸锌固体生成。葡萄糖酸锌无味，易溶于水，极难溶于乙醇。

【试剂和仪器】

葡萄糖酸钙，$ZnSO_4(AR)$，乙醇(95%)。

恒温水浴加热装置，循环水减压抽滤泵，烧杯(250mL)，蒸发皿。

【操作步骤】

1. 葡萄糖酸锌的制备

量取 30mL 蒸馏水置于150mL 烧杯中，加热至 85℃，加入 6.7g $ZnSO_4 \cdot 7H_2O$ 使其完全溶解，将烧杯放在 85℃的恒温水浴中，再逐渐加入葡萄糖酸钙 10g，并不断搅拌。在 85℃水浴上保温 30min 后趁热抽滤(滤渣为 $CaSO_4$，弃去)，滤液移至蒸发皿中，在沸水浴上蒸发浓缩至黏稠状(体积约为 10mL，如浓缩液有沉淀，需过滤掉)。滤液冷至室温，加 95%乙醇10mL 并不断搅拌，此时有大量的胶状葡萄糖酸锌析出。充分搅拌后，用倾析法除去乙醇液。再在沉淀上加 95%乙醇20mL，充分搅拌后，沉淀慢慢转变成晶体状，抽滤至干，即得粗品，称量，母液回收。

2. 重结晶

将粗品加水 10mL，加热至溶解，如果不溶，再补加 5mL 水，至刚溶解，趁热抽滤，滤液冷至室温，加 95%乙醇 20～30mL 充分搅拌，结晶析出后，抽滤至干，即得精品，在50℃下烘干，称量并计算产率。

【数据记录及处理】

(1) 粗产品产量：＿＿g；产率：＿＿＿ %。

(2) 纯产品产量：＿＿g；产率：＿＿＿%。

(3) 记录主要实验现象。

【注意事项】

(1) 反应需在 90℃恒温水浴中进行。这是因为温度过高，葡萄糖酸锌会分解；温度过低，则反应速率降低。

(2) 用乙醇为溶剂进行结晶时，开始有大量胶状葡萄糖酸锌析出，可用竹棒代替玻璃棒进行充分搅拌。

(3) 滤液需在沸水中浓缩。

【思考与讨论题】

(1) 查阅相关资料，了解微量元素锌在人体中有怎样的重要作用。

(2) 设计葡萄糖酸锌制备的流程图。

(3) 为什么葡萄糖酸钙和硫酸锌的反应需要保持在 90℃的恒温水浴中？

(4) 葡萄糖酸锌可以用哪几种方法进行结晶？

本实验约需 4h。

3.36　葡萄糖酸锌中锌含量的测定

【实验目的】

(1) 熟悉测定锌盐浓度的方法以及原理。

(2) 掌握配位滴定的技术以及数据处理。

【实验原理】

由于 EDTA 与大多数金属离子形成稳定的 1:1 型配合物，很多金属离子的浓度可以利用这种配位反应进行定量测定。本实验中，锌离子和 EDTA 的反应如下：

$$Zn^{2+}+H_2Y^{2-} \Longrightarrow ZnY^{2-}+2H^+$$

滴定终点可以通过指示剂铬黑 T 颜色的变化进行判断：

$$ZnIn^-(紫红色)+H_2Y^{2-} \Longrightarrow ZnY^{2-}+HIn^{2-}(纯蓝色)+H^+$$

上述两个反应中，锌-EDTA 配合物的稳定性要比锌-指示剂配合物的稳定性高。可用下式计算锌的含量：

$$Zn\% = \frac{c_{EDTA} \times V_{EDTA} \times M_{Zn}}{W_{样品} \times 1000} \times 100\%$$

式中，c_{EDTA} 为 EDTA 溶液的浓度($mol \cdot L^{-1}$)；V_{EDTA} 为 EDTA 溶液的体积(mL)；$W_{样品}$ 为样品的质量(g)；M_{Zn} 为锌的摩尔质量($g \cdot mol^{-1}$)。

【试剂与仪器】

葡萄糖酸锌，EDTA 标准溶液($0.05mol \cdot L^{-1}$)，铬黑 T 指示剂。

氨-氯化铵缓冲溶液(pH=10，取 5.4g 氯化铵加 20mL 蒸馏水溶解后，加浓氨水 35mL，定容至 100mL)。

滴定管，移液管，锥形瓶，量筒。

【操作步骤】

准确称取 0.45g 葡萄糖酸锌于锥形瓶中，加 20mL 蒸馏水(必要时可加热)溶解。再加入 10mL 氨-氯化铵缓冲溶液和 2～3 滴铬黑 T 指示剂，用 $0.05mol \cdot L^{-1}$ EDTA 标准溶液进行滴定，溶液的颜色由紫色变为纯蓝，即为终点。平行做 3 次。

【数据记录及处理】

表 3-35　实验记录

编号	1	2	3
葡萄糖酸锌质量/g			
V_{EDTA} 终读数/mL			
V_{EDTA} 初读数/mL			
EDTA 消耗体积/mL			
Zn 含量/%			
平均 Zn 含量/%			
相对平均偏差/%			

【思考与讨论题】

(1) 在滴定时，为什么要加入氨-氯化铵缓冲溶液？

(2) 根据《中华人民共和国药典》(2010 年版)中对葡萄糖酸锌的规定，计算葡萄糖酸锌的含量，结果若不符合规定，可能由哪些原因引起？

本实验约需 3h。

3.37　薄层色谱法分离荧光黄和亚甲基蓝

【实验目的】

(1) 学习薄层色谱法的原理，了解薄层色谱法的用途。学习毛细管点样技术。

(2) 掌握薄层色谱实验操作方法，了解实验中的注意事项。

(3) 理解如何用 R_f 值判别薄层色谱分离效果。

【实验原理】

薄层色谱法(thin layer chromatography, TLC)是一种快速分离和定性分析方法，在多个领域广泛应用。常用的是在玻璃板上均匀铺上一层吸附剂，制成薄层板，用毛细管将样品点在起点处，把此薄层板置于盛有溶剂的容器中，待溶液到达薄层板的前沿后取出，晾干，显色，测定斑点的位置。

薄层色谱法是一种物理分离方法，利用混合物中各组分的物理化学性质不同，使各组分以不同程度分布在两个不相溶的相中，其中一相为固定相(薄板上的硅胶或氧化铝等吸附剂)，另一相为流动相(展开剂)，并使各组分以不同速度移动，达到分离。

例如，在硅胶板薄层中，硅胶是固定相，展开剂是流动相，硅胶对混合物中各成分吸附能力有大有小，展开剂流过硅胶板上点的各混合物成分时，在板上吸附得较牢的成分较难被展开剂解吸(较难被展开剂从吸附剂上溶解下来)，吸附得较弱的成分较易被展开剂解吸。因此，各成分在展开过程中，在吸附剂上反复进行着多次吸附和解吸过程。吸附时，成分进入固定相，解吸时，成分进入流动相，吸附得较弱的成分，移动速度就较大，吸附得较牢的成分，移动速度较小，这样，各成分的移动速度产生了差别，从而达到分离效果。

1. 吸附剂

最常用的是硅胶(silica gel)和氧化铝。在硅酸钠的溶液中加入盐酸可以得到一种胶状沉淀——缩水硅酸($SiO_2 \cdot xH_2O$)。这种沉淀部分脱水时形成一种多孔性物质称为硅胶。常用的商品薄层层析硅胶为:

硅胶 H ——不含黏合剂和其他添加剂的层析用硅胶。

硅胶 G ——含煅烧过的石膏($CaSO_4 \cdot 1/2H_2O$)作黏合剂的层析硅胶和其他添加剂的层析用硅胶。

HF_{254} ——含荧光物质层析用硅胶,可用于 254nm 的紫外光下观察荧光。

硅胶 GF_{254} ——含煅烧石膏、荧光物质层析用硅胶。

氧化铝有中性氧化铝(pH 7~7.5)、碱性氧化铝(pH 9)、酸性氧化铝(pH 3.5~4.5)。

2. 制备薄层载板

玻璃板(厚约 2.5mm)切割成所需尺寸,一般为 150mm×30mm×2.5mm 或 100mm×30mm×2.5mm 的载玻片,水洗、干燥。也可用铝箔代替玻璃板。

3. 薄层板的制备和活化方法

(1) 平铺法。用薄层涂布器制作,适合较大量薄板的制作。

(2) 浸涂法。把硅胶在不断搅拌下加入盛有 $CHCl_3$ 或 $CHCl_3$-乙醇(体积比 2:1)溶液的瓶中混合(硅胶: $CHCl_3$ 为 1g : 3mL),盖紧,用力振摇,使之成均匀糊状,将两个载玻片紧贴在一起,浸入盛有浆料的容器中,浆料高度约为载玻片长度的 5/6,并取出多余的浆料任其自动滴下,直至大部分溶剂蒸发后,将两块板分开,放在水平板上晾干。

(3) 倾注法(见操作步骤)。

【试剂及仪器】

硅胶 G,羧甲基纤维素钠(CMC,0.3%~0.5%),荧光黄和亚甲基蓝的乙醇溶液(1:1),乙醇(AR 或工业级)。

普通毛细管(内径小于 1mm),载玻片,层析缸,碘缸,镊子。

【操作步骤】

1. 制备浆料

在 100mL 烧杯中加入 0.3%~0.5% 羧甲基纤维素钠溶液 9~10mL,称取 3g 硅胶 G,在搅拌下慢慢加入 0.3%~0.5% 羧甲基纤维素钠溶液中,充分搅拌至浆料均匀、不带团块、黏稠适当为止。

2. 倾注法制薄层板

将调好的浆料在充分搅拌后,沿载玻片长端一头开始倒浆料至另一头,用手左右、前后倾斜载玻片,使浆液流动占满载玻片,并使浆液表面光滑。然后,将做好的薄板放于已校正水平面的平板上晾干。

3. 薄层板的活化

吸附剂颗粒表面为多孔结构，有吸附他物的能力，也能可逆地吸附水分，如果吸附了水分，吸附能力降低，把吸附的部分水分烘烤出去的过程称为活化。硅胶板于 105～110℃ 烘 30min，氧化铝板于 160～110℃烘 4h，可得到活化的薄板，置于干燥器中待用。

4. 点样

在距离薄层板长端边缘 8～10mm 处用铅笔(不可以用圆珠笔等)画一条线，计划好点样位置(点与点之间、点与边缘之间的距离为 1.5～2cm)，用毛细管吸取样品溶液，用食指压住毛细管的另一端，垂直轻轻接触薄层的起点线上计划点样的位置上，所点样品点的直径不大于 2～3mm(可先在滤纸上练习好点样的技术)。样品浓时，点一次即可。如果溶液太稀，待第一次点样干后，再在原位置点样，依次操作，可点样多次。但每次点样应在同一圆心上，一般点 2～5 次。

5. 展开

薄层的展开需要在密闭的容器中进行，先将展开剂乙醇或工业乙醇放入层析缸中，注意展开剂不得高于薄板点样点高度，盖好层析缸使其内部空气饱和 5～10min，用镊子将点好试样的薄层板垂直放入展开剂中展开，点样点的位置必须略高于展开剂液位，当展开剂上升到薄层的前沿(离顶端 5～10mm)或组分已明显分开时，取出薄板晾干，对着光观察，用铅笔或小针画出展开剂前沿的位置和可看见的样品斑点形状，并标出颜色。

6. 显色

如果样品本身无色，将薄板放入碘缸中显色 3～5min 后，取出，迅速画出斑点形状。许多化合物都能和碘形成黄棕色斑点，但当碘蒸气挥发后，黄棕色斑点消失。如果薄层板带有荧光，可将其放入紫外线下，观察，并画出样品斑点形状，标出颜色。也可在溶剂蒸发前用显色剂喷雾显色。

【数据记录及处理】

(1) 制备浆料、铺板以及点样的注意事项。

(2) 样品斑点颜色、大小、距原点的距离，展开剂前沿距原点的距离，样品展开后的形状。

(3) 计算各样品的 R_f 值。

【注意事项】

(1) 制板操作中必须充分搅拌浆料，直至均匀、无块状物、无气泡、浆料透明光滑。铺板时，小心适当倾斜板面，使浆液占满整个板面，并均匀。

(2) 点样：要事先练习点样方法，掌握操作要领。斑点中心要落在原点线上，点样量不能太多。

(3) 点好试样的薄板必须待其充分干燥后，再用展开剂展开，否则展开时斑点易向周围扩散，影响分离效果。

(4) 样品展开时要密闭器皿，使其大部分被溶剂蒸气饱和；注意尽量不要使溶剂液体波动，否则被分离物不集中；展开时间必须充分，待展开剂前沿接近薄板上端前沿或明显分开时，方可取出。

(5) 显色之前，必须使薄板干燥后才能进行。

【思考与讨论题】

(1) 为什么有的学生制的薄层板中间有凹陷部分？有的薄层板上面有许多小孔？有的薄层板一边厚另一边薄？

(2) 为什么点样时，毛细管另一端要用食指压着，并且要垂直轻点？如果不是按照要求操作，会出现什么问题？

(3) 在同一个点上重复点样时，如果不在同一圆心、第一次样点未干就点第二次会出现什么结果？为什么？

(4) 薄层板展开时，展开剂的液位如果高于所点的样品点，会有什么结果？在展开途中，移动了层析缸或拿起来观测后放回原处，展开结果会如何？为什么有的学生的薄层板展开后各组分点扩散小，斑点比较集中？而另一些学生的薄层板展开后各组分点扩散大，甚至没有形状？

(5) 为什么点样时要求样品点与点之间、点与边缘之间的距离为 1.5～2cm？否则会有什么情况出现？

本实验约需 3h。

3.38　分子筛柱色谱法制备无水乙醇

【实验目的】

(1) 学习柱色谱法的原理及操作方法，了解柱色谱法的用途。

(2) 掌握用分子筛制取无水乙醇的原理和方法。

【实验原理】

在有机合成中，溶剂纯度对反应速率及产率有很大影响。一些反应必须在绝对干燥条件下进行。在反应产物的最后纯化过程中，为了避免某些产物生成水合物，也需要较纯的有机溶剂。通过柱色谱提纯是一种方法，本实验用分子筛柱色谱法。在柱内装有活性固体(固定相)石英砂分子筛，含水乙醇从柱顶部加入，流经吸附柱时水被吸附在固定相中，使流出的乙醇不含水分，成为无水乙醇。

石英砂分子筛法是利用某种分子筛只吸附像水那样的小分子，而不吸附像乙醇那样较大的分子，可用来干燥乙醇、乙醚、丙酮、苯、四氯化碳、环己烷等液体溶剂，干燥后的液体中含水量一般小于 0.01%。应用最广泛的分子筛是石英砂分子筛。它是一种含硅酸盐的结晶，具有快速、高效能选择吸附能力。其结构形成许多与外部相通的均一微孔，可使比此孔径小的分子通入孔道中，比此孔径大的分子留在孔道外部以达到筛分混合物的效果。分子筛有 A 型、X 型、Y 型，常用的有 3A 型、4A 型、5A 型，本实验用 3A 型，化学组成是

$[K_9Na_3(AlO_2)_{12}(SiO_2)_{12}]\cdot 27H_2O$，孔径 0.3nm，吸水量约 25%，还可吸附 N_2、O_2 等，不吸附乙烯、乙炔、二氧化碳、氨和更大的分子。新分子筛使用前应先活化脱水，温度 150～300℃，烘 2～5h，放入干燥器中备用。

【试剂及仪器】

乙醇(95%)，$CuSO_4$(AR)，$CaCl_2$(AR)，脱脂棉。

色谱柱(长 30cm，内径 1.5cm)，漏斗(直径 7cm)，有机中量制备仪，小试管，3A 型分子筛(已活化过)。

【操作步骤】

1. 装柱及洗脱

装置参照图 1-2 中的柱色谱分离装置，用 3A 型分子筛装好柱子，从色谱柱上端加入 25mL 95%乙醇，装干燥管，静置干燥 1h 后打开下端活塞，先弃去 3mL 乙醇，之后将柱中乙醇全部接入干燥的蒸馏烧瓶中。

2. 蒸馏

将装有洗脱液乙醇的蒸馏烧瓶在水浴上加热蒸馏，用干燥的锥形瓶作接收器，接收无水乙醇，称量，计算无水乙醇的回收率。

3. 检验乙醇水分含量

取一支干燥试管，加入制得的无水乙醇 2mL，加入少量 $CuSO_4$ 粉末，硫酸铜不变色，表示乙醇中无水。如果硫酸铜变为蓝色，表示乙醇中有水。

无水乙醇的沸点为 78.5℃，n_D^{20} 为 1.3611，d 为 0.8404。

【数据记录及处理】

(1) 实际取 95%乙醇：_____mL、_____g；空锥形瓶加塞质量：_____g。

(2) 锥形瓶 B 加塞加无水乙醇质量：____g；无水乙醇质量：____g；无水乙醇的回收率：_____。

【注意事项】

(1) 本实验所用仪器均需彻底干燥。无水乙醇具有很强的吸水性，在操作过程中和存放时要防止吸潮。

(2) 在实验过程中，每一操作要求准备充分，操作要快，尽量减少在空气中的暴露时间。

(3) 蒸馏时必须先加入石英砂，后加热，否则可能导致暴沸。

(4) 装柱时，轻轻敲打柱子，使分子筛吸附剂层面平整后，在上面覆盖一层砂子。

(5) 在用柱层析分离整个过程中，必须保持溶液的液位高于固定相。

【思考与讨论题】

(1) 本实验过程中，为何要接氯化钙干燥管？

(2) 本实验过程中，理论上处理 25mL 95%乙醇应该用 3A 型分子筛多少克？实际用了多少克？应该用多少克比较合适？

(3) 无水乙醇的回收率为多少? 纯度如何? 并分析讨论。

(4) 通过本实验, 如何操作可以装好柱子?

(5) 如果所装的柱子中有气泡或填料不均匀, 将给分离造成什么样的结果? 如何避免?

本实验约需 4h。

【知识拓展】

1. 柱色谱

柱色谱是利用化合物在液相和固相之间的分配不同进行分离化合物的, 属于固-液吸附层析。装置参照图 1-2 中的柱色谱分离装置。

在柱内装有活性固体(固定相), 如氧化铝、硅胶、石英砂分子筛等。液体样品从柱顶部加入, 流经吸附柱时被吸附在柱的上端, 然后从柱顶部加入洗脱剂洗脱, 由于固定相对各组分吸附能力不同, 以不同速度沿柱下移, 形成若干色带。再用不同极性溶剂洗脱, 吸附能力最弱的组分随溶剂首先流出, 吸附能力强的组分后流出, 依次分别收集各组分, 逐个鉴定。若各组分是有色物质, 则在柱上可直接看到色带, 若是无色物质, 可用紫外线照, 一些物质呈现荧光, 以利于检验。

吸附剂。常用的吸附剂有氧化铝、硅胶、氧化镁、碳酸钙、活性炭和石英砂分子筛、聚酰胺等。多数吸附剂都能强烈吸水, 而且水不易被其他化合物置换, 活性降低, 且降低的程度与含水量有关, 也与吸附剂粒度大小有关。因此, 吸附剂在使用前, 一般需要活化, 即在一定温度下烘烤, 使其脱水。例如, 硅胶使用前在 120℃烘 24h 活化; 氧化铝在 400℃左右烘 6h, 一般在 350～400℃烘 3h 即可活化; 分子筛在 150～300℃烘 2～5h 即可; 聚酰胺颗粒物在 80℃烘干。活化后的吸附剂放在干燥器中备用。

化合物的结构和吸附能力。化合物的吸附性和它们的极性成正比, 化合物分子中含有极性较大基团的吸附性较强。氧化铝对各种化合物的吸附性按照下列顺序递减:酸、碱 > 醇、胺、硫醇 > 酯、醛、酮 > 芳香族化合物 > 卤代物、醚 > 烯 > 饱和烃。

洗脱剂(或溶剂)。样品吸附在吸附剂上, 用合适的溶剂洗脱, 这种溶剂称为洗脱剂。在实际操作中,常使用一系列极性渐次增大的溶剂。为了逐渐提高溶剂的洗脱能力和分离效果, 也可用混合溶剂作为过渡洗脱剂, 但要先用薄层选择适宜的溶剂比例, 常用洗脱剂的极性按以下次序递增:己烷、石油醚 < 环己烷 < 四氯化碳 < 三氯乙烯 < 二硫化碳 < 甲苯 < 苯 < 二氯甲烷 < 三氯甲烷 < 乙醚 < 乙酸乙酯 < 丙酮 < 丙醇 < 水 < 吡啶 < 乙酸。

2. 氧化钙法

在 50mL 圆底烧瓶中, 加入 25mL 95%乙醇, 放入 4g 氧化钙、0.1g NaOH、几粒海砂, 装上回流装置、氯化钙干燥管, 水浴回流 0.5～1h。回流完毕, 稍冷后, 改水浴蒸馏装置, 再加入几粒海砂, 接引管上支管接氯化钙干燥管, 迅速用干燥的锥形瓶作接收器, 因仪器中可能有少量水, 另外最初乙醇馏分中也可能含有少量水, 待蒸出 3mL 左右时, 换已称量的锥形瓶作接收器, 继续蒸馏, 接收无水乙醇, 待无液体流出时, 停止加热, 取下锥形瓶, 迅速用干燥的标口塞密封瓶, 称量, 计算无水乙醇的回收率。检验乙醇水分含量。

3.39　威廉姆逊法制备苯乙醚

【实验目的】

(1) 掌握威廉姆逊合成法制备苯乙醚(phenetole)的原理，了解威廉姆逊合成法的应用机理。

(2) 学习本实验涉及的相关操作技术。

【实验原理】

由卤代烷或硫酸酯(如硫酸二甲酯、硫酸二乙酯)与醇钠或酚钠反应制备醚的方法称为威廉姆逊(Williamson)合成法。它既可以合成单醚，也可以合成混合醚。反应机理是烷氧(酚氧)负离子对卤代烷或硫酸酯的亲核取代反应(S_N2)。本实验首先用苯酚和 NaOH 反应生成酚的钠盐，酚的钠盐再和溴乙烷反应生成苯乙醚。总反应式为

$$C_6H_5OH \ + \ CH_3CH_2Br \ \xrightarrow{\quad NaOH \quad} \ C_6H_5OCH_2CH_3$$

由于烷氧负离子是较强的碱，在与卤代烷反应时总伴随有卤代烷的消除反应产物烯烃，而三级卤代烷主要生成烯烃。因此，用威廉姆逊法制备醚，不能用三级卤代烷，而主要用一级卤代烷。对烷氧负离子而言，其亲核能力随烷基的结构不同也有所差异，即三级 > 二级 > 一级。

直接连在芳环上的卤素不容易被亲核试剂取代，因此由芳烃和脂肪烃组成的醚，不用卤代芳烃和脂肪醇钠制备，而用相应的酚和相应脂肪卤代烃制备。酚是比水强的酸，因此酚的钠盐可以用酚和 NaOH 制备。

$$C_6H_5OH + NaOH \ \rightleftharpoons \ C_6H_5OHNa + H_2O$$

而醇的酸性比水弱，因此制备醇钠必须用金属钠和干燥的醇制备。

$$2ROH + 2Na \longrightarrow 2RONa + H_2$$

在酸存在下，两分子醇进行分子间脱水反应。此法适用于制备对称的醚，即单醚。反应是通过质子和醇先形成镁盐，使碳氧键的极性增强，烷基中的碳原子带有部分正电荷，另一分子醇羟基与之发生亲核取代，生成二烷基镁盐离子，然后失去质子得醚。这是平衡反应：

$$ROH \underset{H^+}{\rightleftharpoons} R\!-\!\overset{H}{\underset{}{\mathrm{O}}}\!-\!H \xrightarrow{ROH-H_2O} R\!-\!\overset{R}{\underset{}{\mathrm{O}}}\!-\!H \xrightarrow{-H^+} R\!-\!O\!-\!R$$

为了使反应向右进行，采取增加原料或反应过程中蒸出产物醚的方法。反应产物与温度的关系很大，在 90℃以下醇和酸失水生成硫酸酯。在较高温度(140℃左右)下，两个醇分子之间失水生成醚。在更高温度(大于 170℃)下，醇分子内脱水生成烯。因此，要获得哪种产物主要依靠控制反应条件。当然无论哪种条件下，副产物总不可避免。

对于一级醇的分子间失水是双分子亲核取代反应(S_N2)。二级、三级醇一般按单分子亲核取代(S_N1)机理进行反应。不同结构的醇发生消除反应的倾向性为：三级醇 > 二级醇 > 一级醇。因此，用醇失水法制醚时，最好是一级醇，获得的产率较高。

【试剂及仪器】

苯酚(AR)，NaOH(AR)，溴乙烷(AR)，乙醚(AR)，$CaCl_2$(AR)，NaCl(AR)。

有机中量制备仪。

【操作步骤】

1. 苯乙醚的制备

在装有搅拌器、回流冷凝管和滴液漏斗的 100mL 三口烧瓶中(参照图 1-2 中的机械搅拌装置)，加入 7.5g 苯酚、5g NaOH 和 4mL 水，开动搅拌，水浴加热使固体全部溶解，调节水浴温度为 80～90℃，开始慢慢滴加 8.5mL 溴乙烷，约 1h 可滴加完毕，继续保温搅拌 2h，然后降至室温。

2. 苯乙醚的分离

加适量水(10～20mL)使固体全部溶解。把液体转入分液漏斗中，分出水相，有机相用等体积饱和食盐水洗两次(若出现乳化现象，可减压过滤)，分出有机相，合并两次的洗涤液，用 15mL 乙醚萃取一次，萃取液与有机相合并，用 $CaCl_2$ 干燥。

3. 苯乙醚的提纯

水浴蒸出乙醚，再减压蒸馏(参照图 1-2 中的减压蒸馏装置)，参照表 3-36 中苯乙醚沸点温度与压力的关系，收集产品，也可以进行常压蒸馏(参照图 1-2 中的蒸馏装置)，收集 171～183℃的馏分。产品为无色透明液体，产量 5～6g。

表 3-36　苯乙醚的压力与沸点关系表

压力/mmHg	1	5	10	20	40	60	100	200	400	760
沸点/℃	18.1	43.7	56.4	70.3	86.6	95.4	108.4	127.9	149.8	172

注：1mmHg = 133.322Pa。

4. 苯乙醚的鉴定

将所得苯乙醚进行红外鉴定，参照图 3-16 比较分析。

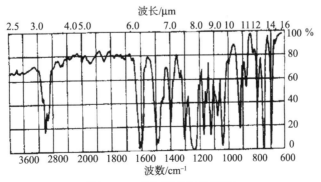

图 3-16　苯乙醚的红外图谱

【数据记录及处理】

(1) 记录溴乙烷的滴加速度、滴加时间及反应现象、水浴温度。

(2) 记录进行蒸馏收集产品的温度、颜色、产量，计算产率。

【注意事项】

(1) 本实验操作比较复杂，要按照规范操作进行实验。

(2) 乙醚萃取、萃取液体浓缩、减压蒸馏要注意安全。

乙醚易挥发、易燃，与空气长期接触会发生自氧化反应，生成过氧化物。过氧化醚具有爆炸性，久储乙醚有可能发生如下反应，故使用时需先检验有无过氧化物(参照附录 2 中的无水乙醚)。

$$n\text{CH}_3\text{CH}_2\text{OCH}_2\text{CH}_3 \longrightarrow n\underset{\underset{\text{O—OH}}{|}}{\text{CH}_3\text{CHOCH}_2\text{CH}_3} \longrightarrow n\underset{\underset{\text{O—O}^-}{|}}{\overset{+}{\text{CH}_3\text{CH}}} \longrightarrow \left[\underset{\underset{\text{CH}_3}{|}}{\overset{\text{CH—O—O}}{|}}\right]_n$$

【思考与讨论题】

(1) 反应过程中，回流的液体是什么？出现的固体是什么？为什么保温到后期回流不太明显了？

(2) 用饱和食盐水洗涤的目的是什么？

(3) 若制备乙基三级丁基醚，需要什么原料？能否采用三级氯丁烷和乙醇钠？为什么？

本实验需 4～5h。

3.40　乙酸乙酯的制备

【实验目的】

(1) 掌握蒸馏、萃取、液体有机物干燥等基本操作。

(2) 学习酯化反应的基本原理及方法。

【实验原理】

羧酸与醇直接反应是制备酯的重要途径。酯化反应的特点是速率慢、可逆平衡和酸性催化，常用的催化剂有 H_2SO_4、盐酸、磺酸、强酸性阳离子交换树脂等。由于酯化反应是一个典型的可逆反应，为了使平衡向右移动、提高产率，通常采取的方法有两种：一是增加反应物的浓度，通常使价格较低的或易于分离的原料过量；二是设法减少生成物的浓度，如蒸去易挥发的酯或共沸除去生成的水，或者两种方法同时使用。

乙酸乙酯是应用最广泛的脂肪酸类酯之一，制备方法有乙酸酯化法、乙醛缩合法、乙烯加成法和乙醇脱氢法。乙酸酯化法是实验室常用的传统的乙酸乙酯生产方法，在浓 H_2SO_4催化剂存在下，乙酸和乙醇发生酯化反应。为了提高酯的产量，本实验采取加入过量乙醇及不断把反应生成的酯和水蒸出的方法。在工业生产中，一般采用加入过量的乙酸，以便使乙醇转化完全，避免由于乙醇和水及乙酸乙酯形成二元或三元共沸物给分离带来困难。本实验反应方程式如下：

主反应

$$\text{CH}_3\text{COOH} + \text{C}_2\text{H}_5\text{OH} \xrightarrow{\text{浓H}_2\text{SO}_4,120\sim140℃} \text{CH}_3\text{COOC}_2\text{H}_5 + \text{H}_2\text{O}$$

副反应

$$2C_2H_5OH \longrightarrow C_2H_5OC_2H_5 + H_2O$$

【试剂及仪器】

冰醋酸(AR)，乙醇(95%，AR)，H_2SO_4(AR)，Na_2CO_3(饱和溶液)，$CaCl_2$(饱和溶液)，NaCl(饱和溶液)，$MgSO_4$(AR)，pH 试纸。

有机中量制备仪，温度计(150℃)，恒压滴液漏斗，分液漏斗，水浴锅，电加热套。

【操作步骤】

1. 安装装置

在 100mL 三口烧瓶一侧口插入温度计(水银球要被加入的液体浸没，又不能接触烧瓶)，中间口安装恒压滴液漏斗，另一侧口连接蒸馏装置(蒸馏头、温度计及直形冷凝管)，冷凝管末端连接接引管及锥形瓶，锥形瓶用冰水浴冷却。

2. 反应

在一小锥形瓶内放入 3mL 乙醇，一边摇动，一边慢慢地加入 3mL H_2SO_4，混合均匀后将此溶液倒入三口烧瓶中，并加入几粒分子筛。配制 20mL 乙醇和 14.3mL 冰醋酸的混合溶液，倒入滴液漏斗中，先向瓶内滴入 3～4mL。用加热套缓缓加热烧瓶，使烧瓶内温度逐渐达到 110～125℃，开始逐滴滴加乙醇和冰醋酸的混合溶液。开始反应后，蒸馏装置尾部即有液体馏出，调节加料速度，使滴加速度和馏出速度相当，维持反应温度不变，记录滴加原料所用时间(滴加时间为 70min 左右)。滴加完毕后，继续加热约 10min，直到不再有液体馏出为止。

3. 分离

反应完毕后，将饱和碳酸钠溶液很缓慢地加入馏出液中，直到无二氧化碳逸出为止，饱和碳酸钠要少量分批地加入，并要不断地摇动接收器(为什么?)。把混合液倒入分液漏斗中，静置，放出下面的水层，用石蕊检验酯层，如果显酸性，再用饱和碳酸钠溶液洗涤，直到酯层不显酸性为止。然后用等体积的饱和食盐水洗涤(为什么?)，再用等体积的饱和氯化钙溶液洗涤两次(去除什么?)，放出下层废液，从分液漏斗上口将乙酸乙酯倒入干燥的小锥形瓶中，加入无水 $MgSO_4$ 干燥，放置约 30min，在此期间要间歇振荡锥形瓶。

4. 纯化

通过长颈漏斗(漏斗上放折叠式滤纸)把干燥的粗乙酸乙酯滤入 60mL 蒸馏烧瓶中，装配蒸馏装置，在水浴上加热蒸馏，收集 74～80℃的馏分(若馏出成分在 73℃以下，应重新干燥后再蒸馏)，称量并计算产率。

纯乙酸乙酯是具有果香味的无色液体，沸点为 77.2℃，d_4^{20} 为 0.901，n_D^{20} 为 1.3723。

【数据记录及处理】

(1) 记录实验操作过程中观察到的现象。

(2) 粗产品质量：____g；分离纯化后产品质量：____g；产率：____%。

【注意事项】

(1) 碳酸钠必须洗去，否则下一步用饱和氯化钙溶液洗乙醇时，会产生絮状碳酸钙沉淀，造成分离的困难。为减少酯在水中的溶解度(每 17 份水溶解 1 份乙酸乙酯)，此处用饱和食盐水洗。

(2) 由于水与乙醇、乙酸乙酯形成二元或三元共沸物，故在未干燥前已是清亮透明溶液，因此，不能以产品是否透明作为是否干燥好的标准，而应以干燥剂加入后吸水情况而定，并放置 30min，其间要不时摇动。若洗涤不净或干燥不够，会使沸点降低，影响产率。

(3) 乙酸乙酯与水或醇形成二元和三元共沸物的组成及沸点见表 3-37。

表 3-37 共沸物的组成及沸点

沸点/℃	组成/%		
	乙酸乙酯	乙醇	水
70.2	82.6	8.4	9.0
70.4	91.9		8.1
71.8	69.0	31.0	

【思考与讨论题】

(1) 在酯化反应中，用作催化剂的浓 H_2SO_4 的用量通常只是乙醇质量的 3%，这里为何用了 3mL？

(2) 酯化反应有何特点？本实验如何创造条件使反应尽量向右进行？

(3) 在纯化过程中饱和 Na_2CO_3 溶液、饱和 NaCl 溶液、饱和 $CaCl_2$ 溶液、$MgSO_4$ 粉末分别除去什么杂质？

本实验需 4～5h。

3.41 乙酰乙酸乙酯的制备

【实验目的】

(1) 了解并掌握制备乙酰乙酸乙酯的原理和方法，加深对克莱森酯缩合反应原理的理解和认识。

(2) 掌握减压蒸馏的原理、装置的安装及实验操作技能。

【实验原理】

酯缩合反应是缩合反应中的一种。含有 α-H 的酯在碱性试剂的作用下会失去质子而产生碳负离子，碳负离子与另一分子酯中的羰基发生亲核加成，失去一分子醇，得到 β-羰基酸酯，这一反应就是克莱森(Claisen)酯缩合反应。

乙酸乙酯发生克莱森酯缩合反应生成乙酰乙酸乙酯的基本历程如下：

$$CH_3COOC_2H_5 + C_2H_5O^- \Longleftrightarrow {}^-CH_2COOC_2H_5 + C_2H_5OH$$

$$CH_3COOC_2H_5 + {}^-CH_2COOC_2H_5 \Longleftrightarrow CH_3\overset{O^-}{\underset{OC_2H_5}{\overset{|}{\underset{|}{C}}}}CH_2COOC_2H_5 \Longleftrightarrow CH_3\overset{O}{\overset{||}{C}}CH_2COOC_2H_5 + C_2H_5O^-$$

$$CH_3\overset{OH}{\underset{|}{C}} = CHCOOC_2H_5 \Longleftrightarrow CH_3\overset{O}{\overset{||}{C}}CH_2COOC_2H_5 \xleftarrow{H^+} CH_3\overset{-}{\overset{|}{C}}CHCOOC_2H_5 + C_2H_5OH$$

本实验以无水乙酸乙酯和金属钠为原料，以过量的乙酸乙酯为溶剂，通过克莱森酯缩合制备乙酰乙酸乙酯。

【试剂及仪器】

金属钠，Na_2CO_3(AR)，乙酸乙酯(AR，也可用前一个实验制备的乙酸乙酯)，乙酸(50%)，二甲苯(AR)。

有机中量制备仪，分液漏斗。

【操作步骤】

1. 钠粒的制备

在干燥的 25mL 三口圆底烧瓶中加入 0.5g(约 0.22mol)已切去表面氧化物的金属钠，擦掉磨口处的屑片，然后加入 2.5mL 二甲苯，装上冷凝管，加热使钠全部熔化。稍冷，拆去冷凝管，将烧瓶用塞子塞紧，沿垂直方向用力振荡使金属钠成灰色细粒状钠珠，倾斜旋转烧瓶，尽量将壁上附着的钠珠转移到二甲苯液体中，以免氧化。

2. 缩合和酸化

稍经放置，钠珠沉于瓶底，将二甲苯倾倒于二甲苯回收瓶中(切勿倒入水槽或废物缸，以免着火)。迅速向瓶中加入 5.5mL 乙酸乙酯(经过干燥)，重新装上冷凝管，并在其顶端装氯化钙干燥管。反应随即开始，并有氢气泡逸出。如反应很慢时，可稍加温热。待反应过后，置反应瓶于加热套上小火加热，保持微沸状态，直至所有金属钠全部作用完为止。反应约需 0.5h。此时生成的乙酰乙酸乙酯钠盐为橘红色透明溶液(有时析出黄白色沉淀)。待反应物稍冷后，在摇荡下加入 50%乙酸溶液，直至反应液呈弱酸性(约需 3mL)。此时，所有的固体物质均已溶解。

3. 盐析和干燥

将溶液转移到分液漏斗中，加入等体积的饱和 NaCl 溶液，用力摇振片刻。静置后，乙酰乙酸乙酯分层析出。分出上层粗产物，用无水硫酸钠干燥后滤入蒸馏瓶，并用少量乙酸乙酯洗涤干燥剂，一并转入蒸馏瓶中。

4. 蒸馏和减压蒸馏

先常压蒸出乙酸乙酯(110℃左右)，然后将剩余液移入 5mL 圆底烧瓶中，用减压蒸馏装置(参照图 1-2 中的减压蒸馏装置)进行减压蒸馏。减压蒸馏时需缓慢加热，待残留的低沸点物质蒸出后，再升高温度，收集 179~181℃的馏分，乙酰乙酸乙酯产量约 1.1g(产率 40%)。

【数据记录及处理】

(1) 记录实验操作过程中观察到的现象、出现的问题。

(2) 粗产品质量：_____g；产率：_____%。

【注意事项】

(1) 所用的仪器及试剂均需彻底干燥。空心塞、冷凝管及烧瓶磨口部分均要涂抹凡士林，以免玻璃腐蚀。

(2) 摇制是制备钠粒的关键，钠粒的制作过程中间不能停，若经振摇无法制得合格的钠粒，可重新加热熔融，重摇。

(3) 倾出的二甲苯要用干燥的锥形瓶接收，并倒入指定的回收瓶中，严禁倒入水槽，以免引起火灾，发生意外。

(4) 一定要等金属钠全部反应完全才能加乙酸中和，否则发生燃烧危险。

(5) 乙酸不能多加，否则会造成乙酰乙酸乙酯的溶解损失。若酸度过高，会促使副产物"去水乙酸"的生成，从而降低产量。

【思考与讨论题】

(1) 为什么使用二甲苯作溶剂，而不用苯、甲苯？

(2) 为什么要制作钠珠？

(3) 为什么用乙酸酸化，而不用稀盐酸或稀硫酸酸化？为什么要调至弱酸性，而不是中性？

(4) 加入饱和食盐水的目的是什么？

(5) 中和过程开始析出的少量固体是什么？

(6) 乙酰乙酸乙酯沸点并不高，为什么要用减压蒸馏的方式？

(7) 本实验以哪种物质为基准计算产率？为什么？

本实验需 5~6h。

3.42　三苯甲醇的制备

【实验目的】

(1) 了解格氏试剂的制备、应用和进行反应的条件。

(2) 掌握磁力搅拌器的用法。

(3) 熟练回流、萃取、蒸馏(包括低沸点物的蒸馏)等操作。

【实验原理】

有机金属化合物与羰基化合物、羧酸及其衍生物的加成是制备多种一级、二级、三级醇的重要方法。有机金属化合物中，以格氏试剂的应用最为广泛。实验室中制备醇的重要途径之一是以羰基化合物为原料与格氏试剂加成制醇，这其中以醛最活泼，其次是酮和酯。

格氏试剂是由卤代烷与金属镁在无水乙醚中作用生成，所得的烷基卤化镁 $RMgX$ 即被称为格氏试剂。格氏反应的应用范围极其广泛，大多数醇都可以通过格氏反应来制备。在格氏反应中需用无水乙醚，这是因为格氏试剂可与多种含酸性氢的化合物，如 H_2O、ROH、RSH、$RCOOH$、RNH_2、$RCONH_2$、$RC \equiv CH$、RSO_3H 等发生反应。例如，与 H_2O 的反应为

$$RMgX + H_2O \longrightarrow RH + XMgOH$$

因此，在格氏试剂的合成中，反应体系内要绝对无水，即便只有痕量的水，反应也会受到影响。

镁与许多脂肪族卤代烃、芳香族卤代烃都可反应生成格氏试剂，其中从碘到氯活泼性降低，碘代烃反应速率最快，但它比相应的溴化物与氯化物的产率要低，这是因为最活泼的碘代烃最易发生偶合副反应；氯代烃一般与镁较难反应。乙醚是该反应最好的溶剂，如需在较高温度下反应时，可选用丙醚、异丙醚、丁醚、苯甲醚、四氢呋喃等，某些情况下四氢呋喃也是极好的溶剂。

镁应使用细小镁屑或镁粉，先在 60～80℃干燥 30min，再经真空干燥器干燥，保存在干燥密闭的玻璃容器中。必要时，可活化镁，即将理论计算量的镁和少量碘放入反应瓶，小火加热至瓶内充满碘蒸气，待冷却后，再加入反应所需其他试剂即可进行反应。

本实验从溴苯出发，制备三苯甲醇，具体实验原理如下：

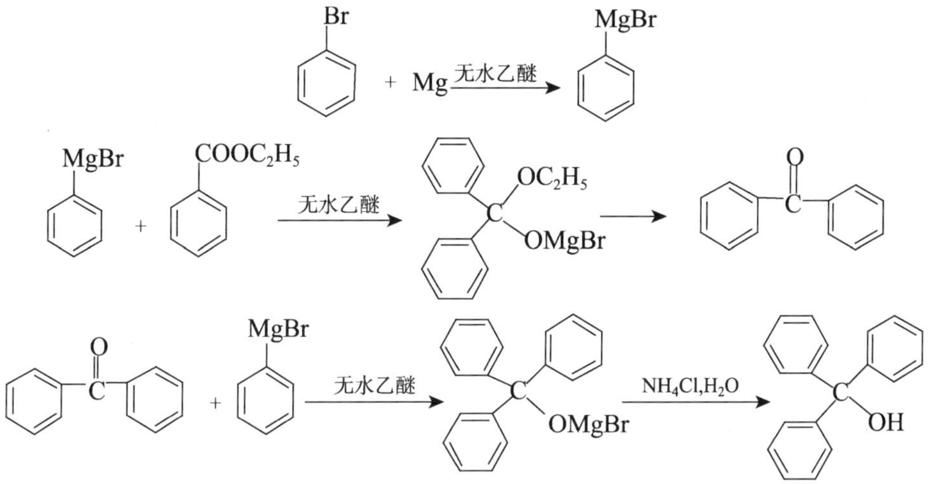

在具体实验过程中，可以根据需要，如果已有二苯甲酮，也可以直接从二苯甲酮出发制备三苯甲醇。

【试剂及仪器】

镁带，溴苯(AR)，无水乙醚(AR)，碘(AR)，苯甲酸乙酯(AR)，NH_4Cl(AR)。

有机中量制备仪。

【操作步骤】

1. 安装装置

在 100mL 三口烧瓶上装回流冷凝管(上方加干燥管)、恒压滴液漏斗，另一口用塞子塞紧(可参照图 1-2 中的回流滴加装置)。

2. 三苯甲醇的制备

反应瓶中加入 0.75g 剪碎的镁带，取 2.8mL 溴苯溶于 15mL 无水乙醚中，将其 1/3 由恒压滴液漏斗滴加到反应瓶中,用手温热反应瓶,使反应尽快发生。若反应仍不能发生,加一粒碘诱发反应。当反应较为平稳后,将剩余的溶液慢慢滴入反应瓶(保持微沸)。滴加完毕后,继续将反应瓶置于 40℃水浴上保持微沸,回流使镁几乎完全溶解。用冷水冷却反应瓶,搅拌下将 2mL 苯甲酸乙酯与 5mL 无水乙醚混合液逐滴加入其中。滴加完毕继续搅拌 5min,使反应完全。

3. 分离纯化

反应物稍冷后向其中慢慢加入 15mL NH_4Cl 配成饱和水溶液,滴加完后继续搅拌数分钟,然后水浴蒸出乙醚,析出大量黄色固体。再将残余物进行水蒸气蒸馏(参照装置图 1-2 中的水蒸气蒸馏装置),直至馏出液中不再有黄色油珠为止。瓶中剩余物冷却后凝为固体,抽滤,用水洗涤 3 次,烘干,称量。

纯的三苯甲醇为无色菱形晶体,熔点为 162.4℃,沸点高于 360℃。

【数据记录及处理】

(1) 记录实验操作过程中出现的问题。

(2) 粗产品质量:_____g;产率:_____%。

【注意事项】

(1) 格氏试剂非常活泼,操作中应严格控制水汽进入反应体系,所使用的仪器均需干燥。

(2) 本实验的关键:无水操作、发挥乙醚蒸气赶走烧瓶内空气的作用、除尽镁带氧化膜、控制加料速度和反应温度。

(3) 反应不可过于剧烈,否则乙醚会从冷凝管上口冲出。

【思考与讨论题】

(1) 制备格氏试剂需要注意什么问题?

(2) 本实验有哪些可能的副反应?如何避免?

(3) 分离纯化过程中饱和 NH_4Cl 溶液和水蒸气蒸馏分别除去什么杂质?为什么要除去?

本实验需 4～5h。

3.43　呋喃甲酸和呋喃甲醇的制备

【实验目的】

(1) 学习呋喃甲醛在浓碱条件下进行坎尼扎罗反应制得相应的醇和酸的原理和方法。

(2) 了解芳香杂环衍生物的性质。

【实验原理】

在浓的强碱作用下,不含 α 活泼氢的醛类可以发生分子间自身氧化还原反应,一分子醛被氧化成酸,而另一分子醛则被还原为醇,此反应称为坎尼扎罗 (Cannizzaro) 反应。反应实质是羰基的亲核加成。反应涉及羟基负离子对一分子不含 α-H 的醛的亲核加成,加成物的负氢向另一分子醛的转移和酸碱交换反应,其反应机理表示如下:

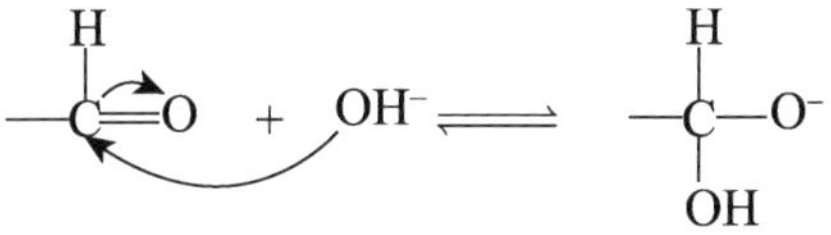

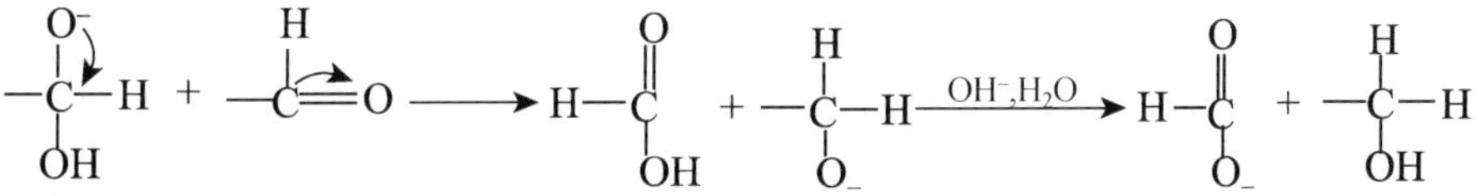

在坎尼扎罗反应中，通常使用 50% 的浓碱，其中碱的物质的量比醛的物质的量多一倍以上，否则反应不完全，未反应的醛与生成的醇混在一起，通过一般蒸馏很难分离。

本实验反应方程式为

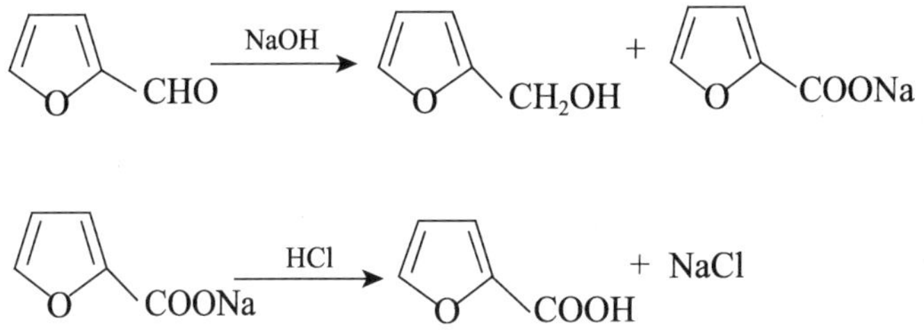

【试剂及仪器】

呋喃甲醛(AR)，NaOH(33 %)，乙醚(25%)，HCl(AR)，MgSO$_4$(AR)。

磁力搅拌器，分液漏斗，圆底烧瓶(100mL)，直形冷凝管，接收管，温度计(250℃)，油浴(或电热套)。

【操作步骤】

1. 呋喃甲醇和呋喃甲酸的制备

在 100mL 三口烧瓶中，加入 12.6g(11mL，0.13mol)呋喃甲醛，装上搅拌器，开动搅拌(参照图 1-2 中的机械搅拌装置)，冰浴冷却至 8℃左右。在搅拌下滴加 12mL 33％ NaOH 溶液，维持反应温度为 8～12℃，因反应是在两相进行的，应充分搅拌。NaOH 滴加完后，室温搅拌 30min，得一黄色浆状物，加适量水(约 12mL)，使沉淀刚好完全溶解。本实验控制温度是关键。

2. 呋喃甲醇的提取

把溶液移入分液漏斗中，每次用 10mL 乙醚萃取 3 次，合并萃取液(水层保留待用)，用 MgSO$_4$ 干燥乙醚萃取液。将干燥后的溶液进行蒸馏，先水浴蒸去乙醚(收集的乙醚倒入指定的回收瓶中)，改用空气冷凝管蒸馏呋喃甲醇，收集 169～172℃的馏分。称量，产量为 4～5g。

纯呋喃甲醇为无色透明液体，沸点为 171℃。

3. 呋喃甲酸的提纯

乙醚萃取后的水溶液用 25％盐酸酸化至刚果红试纸变蓝或 pH 为 2～3(约需 20mL)，冷却使呋喃甲酸析出完全，抽滤，用少量水洗。粗产品用水重结晶(约需 25mL)，得白色针状或叶片状晶体，产品在 80℃干燥 15min 后称量，回收。

文献值熔点为 133～134℃，产量约 5g。

【数据记录及处理】

(1) 记录实验操作过程中观察到的现象、问题。

(2) 粗产品质量：_____g；分离纯化后产品质量：_____g；产率：_____%。

【注意事项】

(1) 反应在两相间进行，必须充分搅拌。

(2) 反应温度的控制：温度低于 8℃，则反应太慢；若高于 12℃，则反应温度极易上升难于控制，反应物会变成深红色。

(3) 溶解固体时，加水应适量。

(4) 酸化时盐酸的用量，酸要加够，以保证 pH=3 左右，使呋喃甲酸充分游离出来，这是影响呋喃甲酸回收率的关键。

(5) 呋喃甲醇也可用减压蒸馏收集 88℃/4.666kPa 的馏分。

(6) 本实验用完仪器要趁热拆卸开、洗涤，否则会粘连在一起，拆不开。不及时趁热洗就洗不干净。

【思考与讨论题】

(1) 乙醚萃取后的水溶液用盐酸酸化，为什么要用刚果红试纸检验？如不用刚果红试纸，怎样知道酸化是否恰当？

(2) 本实验根据什么原理来分离呋喃甲酸和呋喃甲醇？

本实验需 4～5h。

3.44 1,4-二苯基-1,3-丁二烯的制备

【实验目的】

(1) 掌握惟悌希反应原理，了解该反应在合成烯烃中的应用。

(2) 学习 1,4-二苯基-1,3-丁二烯的制备方法，了解其结构及在化工生产中的应用。

【实验原理】

维蒂希(Wittig)反应和醇醛缩合反应相类似，是利用四级鏻盐在强碱作用下，失去一分子卤化氢，形成稳定的叶立德(Ylide)。叶立德分子中碳和磷的 p、d 轨道重叠形成的 π 键，具有很强的极性，可以和醛羰基、酮羰基进行亲核加成，反应的结果是把叶立德的碳原子和醛、酮的氧原子进行交换，产生烯烃，是合成烯烃的重要方法。

1,4-二苯基-1,3-丁二烯(1,4-diphenyl-1,3-butadiene，DPB)是有机合成的中间体，用维蒂希反应合成。操作简便，时间短，温度低，适用于在实验室进行合成，所得产品主要为反型，可用于与顺丁烯二酸酐的双烯合成反应。反应式：

$$(C_6H_5)_3P+ClCH_2C_6H_5 \longrightarrow (C_6H_5)_3\overset{+}{P}CH_2C_6H_5Cl^-$$

$$(C_6H_5)_3\overset{+}{P}CH_2C_6H_5Cl^- +NaOH \longrightarrow (C_6H_5)_3P{=\!\!=}CHC_6H_5+H_2O+NaCl$$

$$(C_6H_5)_3P=CHC_6H_5 + C_6H_5CH=CHCHO \longrightarrow C_6H_5CH=CHCH=CH\ C_6H_5 + (C_6H_5)_3PO$$

【试剂及仪器】

苯甲醛(AR)，乙醛(40%)，乙醇(95%)，乙醚(AR)，NaOH(AR)， NaCl(AR)，Na$_2$SO$_4$(AR)，三苯基膦(AR)，氯化苄(AR)，CHCl$_3$(AR)，二甲苯(AR)，鏻盐(自制)，肉桂醛(AR)。

有机中量制备仪。

【操作步骤】

1. 肉桂醛的制备

在装有搅拌器和温度计的 500mL 三口烧瓶中，依次加入 300mL 1% NaOH 水溶液、500mL 乙醇、12.5g 苯甲醛和 12.5g 40%乙醛。在剧烈搅拌下，于室温反应 3～4h。反应完毕，加入 NaCl 至饱和。用 90mL 乙醚分三次提取，合并乙醚提取液，用无水 Na$_2$SO$_4$ 干燥。在水浴上蒸出乙醚，前馏分主要为未反应的苯甲醛(约 112℃/100mmHg)。残余物减压蒸馏。肉桂醛的沸程为 128～130℃/20mmHg，n_D^{20} 为 1.619 5。产品质量为 5g，为浅黄色油状液体。

2. 苄基三苯基膦氯化物的制备

在 50mL 圆底烧瓶中加入 4g 三苯基膦(有毒)，用 25mL CHCl$_3$ 溶解后，再加入 2g 氯化苄，装上带有干燥管的冷凝管，在水浴上回流 3h。反应完后改为蒸馏装置，蒸出 CHCl$_3$，于烧瓶中加入 5mL 二甲苯，充分振荡混匀。减压过滤，用少量二甲苯洗涤结晶，于 110℃ 烘箱中干燥 1h，得鏻盐 5g，产品为无色结晶，熔点为 310～312℃，储存于干燥器中备用。

3. 1,4-二苯基-1,3-丁二烯的制备

取 2g 上述制备的鏻盐放入 100mL 锥形瓶中，加入 25mL 乙醇使其溶解，然后加入 0.75g 肉桂醛。搅拌下，于室温逐滴加入 3mL 25% NaOH 水溶液，开始反应液变为淡橙色，随后溶液出现浑浊，并逐渐有白色沉淀生成。继续搅拌 1.5～2h，滤出沉淀，并用少量乙醇洗涤。干燥后得粗品 0.9g。可用乙醇重结晶，得鳞片状结晶 0.7g，熔点为 150～151℃(反型)，产率约 70% (滤液用少量水稀释后还可回收少量产品)。

【数据记录及处理】

(1) 记录各个反应产品产量，计算重结晶后的回收率，测定熔程。

(2) 记录各反应过程中的现象等。

【注意事项】

(1) 本实验涉及的操作技术项目多，必须在实验前认真预习并阅读相关操作技术及仪器使用要求，达到能较好进行操作的要求。

(2) 本实验用到易燃物乙醚、有毒物三苯基膦等，注意安全预防。

【思考与讨论题】

(1) 三苯基亚甲基膦能与水起反应，三苯基亚苄基膦则在水存在下可与肉桂醛反应，并主要生成二烯，试比较二者的亲核活性，从结构上说明。

(2) 维蒂希反应制得烯，一般以反式为主，如何理解这一反应的立体选择性?

(3) 写出 DPB 的立体异构体，并说明何者适用于双烯合成反应。

本实验需 12～15h。

3.45　苯乙酮的制备

【实验目的】

(1) 掌握芳环上傅-克酰基化反应制备芳族酮的原理和方法。

(2) 掌握无水操作有机合成法，回流冷凝装置及干燥管的使用方法，电动搅拌器及无水三氯化铝的使用方法，空气冷凝管的使用条件，恒压滴液漏斗的设计原理及使用方法。

(3) 熟练掌握回流、萃取和干燥等基本操作，以及有毒气体的处理方法。

【实验原理】

芳烃在催化剂作用下与烷基化试剂(卤代烷)或酰基化试剂(如酸酐)等作用，芳环上的氢原子被烷基或酰基取代的反应统称为傅-克烷基化反应，后者又称为傅-克酰基化反应。

酰基化反应是合成芳香酮的重要方法之一。

在无水三氯化铝存在下(催化剂)，苯(无水)用乙酸酐酰化得苯乙酮。

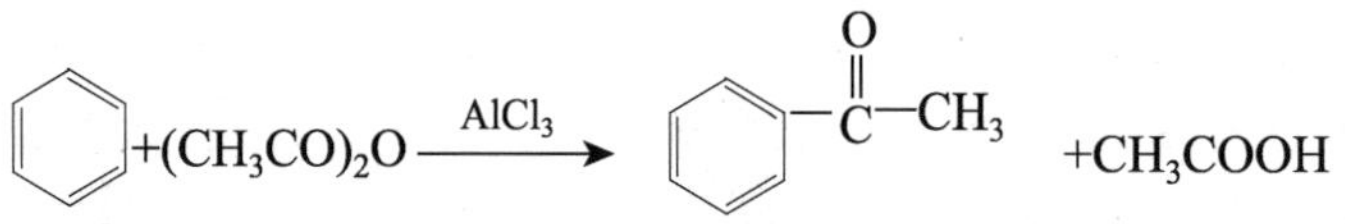

具体反应过程：

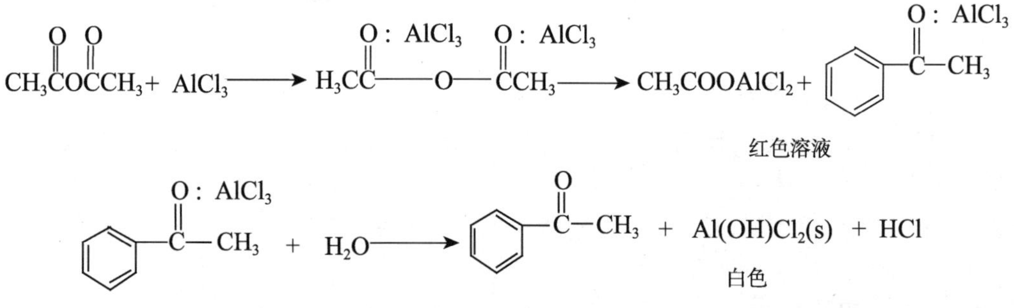

$$CH_3COOAlCl_2 + H_2O \longrightarrow Al(OH)Cl_2 + CH_3COOH \text{ (放热)}$$

$$Al(OH)Cl_2 + HCl \longrightarrow AlCl_3 + H_2O$$

由于芳香酮与三氯化铝可形成配合物，与烷基化反应相比，酰基化反应的催化剂用量要大得多。

【试剂及仪器】

乙酸酐(AR)，无水苯(AR)，$AlCl_3$(AR)，HCl(AR)，NaOH(5%)，$MgSO_4$(AR)，$CaCl_2$(AR)。

有机中量制备仪，分液漏斗，干燥管。

【操作步骤】

1. 装置安装

在 50mL 三口烧瓶中,分别装置冷凝管和滴液漏斗,冷凝管上端装一无水 $CaCl_2$ 干燥管,干燥管再与氯化氢气体吸收装置相连(参照图 1-2 中的回流滴加装置)。

2. 苯乙酮制备

迅速称取 20g 经研细的无水 $AlCl_3$,加入三口烧瓶中,再加入 30mL 无水苯,塞住另一瓶口。自滴液漏斗慢慢滴加 7mL 乙酸酐,控制滴加速度勿使反应过于剧烈,以三口烧瓶稍热为宜。边滴加边摇荡三口烧瓶,10~15min 滴加完毕。加完后,在沸水浴上回流 15~20min,直至不再有氯化氢气体逸出为止。

3. 萃取

将反应物冷却至室温,在搅拌下倒入盛有 50mL HCl 和 50g 碎冰的烧杯中进行分解(在通风橱中进行)。当固体完全溶解后,将混合物转入分液漏斗,分出有机层,水层每次用 10mL 苯萃取两次。合并有机层和苯萃取液,依次用等体积的 5% NaOH 溶液和水洗涤一次,用无水 $MgSO_4$ 干燥。

4. 蒸馏

将干燥后的粗产物先在水浴上蒸去苯,再在石棉网上蒸去残留的苯,当温度上升至 140℃ 左右时,停止加热,稍冷却后改换为空气冷凝装置,收集 198~202℃的馏分,产量为 5~6g。

【数据记录及处理】

(1) 总结实验操作过程中出现的问题。

(2) 产品质量:_____g;产率:_____%。

【注意事项】

(1) 本实验所用仪器和试剂均需充分干燥,否则影响反应顺利进行,装置中凡是和空气相通的部位,应装置干燥管。

(2) 无水 $AlCl_3$ 的质量是实验成败的关键之一,研细、称量及投料均需迅速,避免长时间暴露在空气中(可在带塞的锥形瓶中称量)。

(3) 由于最终产物不多,宜选用较小的蒸馏瓶,苯溶液可用分液漏斗分批加入蒸馏瓶中。为了减少产品损失,可用一根长 2.5cm、外径与支管相仿的玻璃管代替,玻璃管与支管可借医用橡皮管连接。

(4) 也可用减压蒸馏。苯乙酮在不同压力下的沸点如表 3-38 所示。

表 3-38　苯乙酮沸点

压力/mmHg	4	5	6	7	8	9	10	25
沸点/℃	60	64	68	71	73	76	78	98

压力/mmHg	30	40	50	60	100	150	200
沸点/℃	102	109.4	115.5	120	133.6	146	155

注：1mmHg = 133.322Pa。

【思考与讨论题】

(1) 水或潮气对本实验有何影响？在仪器装置和操作中应注意哪些事项？为什么要迅速称取无水三氯化铝？

(2) 反应完成后为什么要加入 HCl 和冰水的混合物？

(3) 在烷基化和酰基化反应中，三氯化铝的用量有何不同？为什么？

(4) 下列试剂在无水三氯化铝存在下相互作用，应得到什么产物？

① 过量苯+ClCH₂CH₂Cl；② 氯苯和丙酸酐；③ 甲苯和邻苯二甲酸酐；④ 溴苯和乙酸酐。

本实验需 4~5h。

3.46　苯胺的制备

【实验目的】

(1) 掌握由硝基苯还原为苯胺的方法和原理。

(2) 掌握水蒸气蒸馏的原理及其应用。

(3) 认识水蒸气蒸馏的主要仪器，掌握水蒸气蒸馏的装置及其操作方法。

【实验原理】

芳香族硝基化合物在酸性介质中还原，可以得到芳香族伯胺。常用的还原体系有 Fe-HCl、Fe-HAc、Sn-HCl、Zn-HCl 等。本实验由硝基苯和铁粉在酸性条件下制备苯胺，具体反应原理如下：

$$4C_6H_5NO_2 + 9Fe + 4H_2O \xrightarrow{H^+} 4C_6H_5NH_2 + 3Fe_3O_4$$

水蒸气蒸馏是将水蒸气通入不溶于水的有机物中或使有机物与水经过共沸而蒸出的操作过程。水蒸气蒸馏是分离和纯化与水不相混溶的挥发性有机物常用的方法。适用于：

(1) 从大量树脂状杂质或不挥发性杂质中分离有机物。

(2) 除去不挥发性的有机杂质。

(3) 从固体多的反应混合物中分离被吸附的液体产物。

水蒸气蒸馏常用于蒸馏那些沸点很高且在接近或达到沸点温度时易分解、变色的挥发性液体或固体有机物，除去不挥发性的杂质。但是对于那些与水共沸腾会发生化学反应的或在 100℃ 左右时，必须具有一定的蒸气压(至少在 0.67~1.33kPa，即 5~10mmHg)的物质，如果蒸气压小于 5mmHg，不能用水蒸气蒸馏，但可通入过热蒸气，一般也可以获得较满意的结果。根据分压定律：当水与有机物混合共热时，其总蒸气压为各组分分压之和，即 $p_总 = p_{H_2O} + p_A$，当总蒸气压 $p_总$ 与大气压力相等时，则液体沸腾。有机物可在比其沸点低得多的温度下沸腾，而且在低于 100℃ 的温度下随蒸气一起蒸馏出来。

馏出液组分的计算：假定两组分是理想气体，则根据 $pV = nRT = \dfrac{w}{M}RT$ 得

$$\frac{w_A}{w_{H_2O}} = \frac{M_A p_A}{M_{H_2O} p_{H_2O}}$$

【试剂及仪器】

硝基苯(AR)，还原铁粉(40～100 目)，冰醋酸(AR)，乙醚(AR)，NaCl(AR)，NaOH(AR)。

回流装置，水蒸气蒸馏装置，水浴蒸馏装置，空气冷凝管，锥形瓶。

【操作步骤】

1. 苯胺的制备

在 250mL 圆底烧瓶中，放置 13.5g 还原铁粉、25mL 水及 1.5mL 冰醋酸，振荡使其充分混合。装上回流冷凝管，用电热套加热煮沸约 10min。稍冷后，从冷凝管顶端分批加入 7.7mL 硝基苯，每次加完后要用力摇振，使反应物充分混合。由于反应放热，当每次加入硝基苯时，均有一阵剧烈的反应发生。加完后，将反应物加热回流 0.5h，并不时摇动，使还原反应完全，此时，冷凝管回流液应不再呈现硝基苯的黄色。

2. 水蒸气蒸馏

将反应瓶改为水蒸气蒸馏装置(参照图 1-2 中的水蒸气蒸馏装置)，进行水蒸气蒸馏，至馏出液变清，再多收集 10mL 馏出液，共约需收集 75mL。将馏出液转入分液漏斗，分出有机层，水层用食盐饱和后(需 15～20g 食盐)，每次用 10mL 乙醚萃取 3 次。合并苯胺层和醚萃取液，用粒状 NaOH 干燥，得约 5mL 粗产品。

将干燥后的苯胺醚溶液用分液漏斗分批加入 25mL 干燥的蒸馏瓶中，先在水浴上蒸去乙醚，残留物用空气冷凝管蒸馏，收集 180～185℃的馏分，产量 4.5～5g。

纯粹苯胺的沸点为 184.4℃，折射率 n_D^{20} 为 1.5863。

【数据记录及处理】

(1) 室温：_____℃；大气压力：_____Pa。

(2) 粗产品质量：_____g；产率：_____%。

(3) 分离纯化后产品质量：_____g；纯化后回收率：_____%。

【注意事项】

(1) 苯胺有毒，操作时应避免与皮肤接触或吸入其蒸气。若不慎触及皮肤时，先用水冲洗，再用肥皂和温水洗涤。

(2) 硝基苯为黄色油状物，如果回流液中黄色油状物消失而转变成乳白色油珠(由游离苯胺引起)，表示反应已经完成。还原作用必须完全，否则残留在反应物中的硝基苯，在以下提纯过程中很难分离，因而影响产品纯度。

(3) 反应完后，圆底烧瓶壁上黏附的黑褐色物质，可用 1:1(体积比)盐酸水溶液温热除去。

(4) 在 20℃时，每 100mL 水可溶解 3.4g 苯胺，为了减少苯胺损失，根据盐析原理，加入精盐使馏出液饱和，原来溶于水中的绝大部分苯胺就成油状物析出。

(5) 纯苯胺为无色液体，但在空气中由于氧化而呈淡黄色，加入少许锌粉重新蒸馏，可去掉颜色。

(6) 所用试剂的物理参数见表 3-39。

表 3-39　试剂的物理参数

名称	相对分子质量	性状	n_D^{20}	相对密度	熔点/℃	沸点/℃	溶解度/[g·(100mL 溶剂)$^{-1}$]		
							水	醇	醚
苯胺	93.13	无色油状液	1.5863	1.022	−6	184.4	3.6(18℃)	∞	∞

【思考与讨论题】

(1) 如果以盐酸代替乙酸，则反应后要加入饱和碳酸钠至溶液呈碱性后，才进行水蒸气蒸馏，这是为什么？本实验为何不进行中和？

(2) 水蒸气蒸馏用于分离和纯化有机物时，被提纯物质应该具备什么条件？本实验为何选择水蒸气蒸馏法把苯胺从反应混合物中分离出来？

(3) 蒸馏瓶所装液体体积应为瓶容积的多少？蒸馏中需停止蒸馏或蒸馏完毕后的操作步骤是什么？在水蒸气蒸馏完毕时，先撤去加热源，再打开 T 形管下端弹簧夹，这样可以吗？为什么？

(4) 如果最后制得的苯胺中含有硝基苯，应如何加以分离提纯？

本实验约需 6h。

3.47　硝基苯的制备

【实验目的】

(1) 掌握芳香族化合物发生亲电取代的机理和规律。

(2) 熟悉用苯制备硝基苯的主要操作方法。

(3) 掌握萃取、空气冷凝等基本操作。

【实验原理】

由 HNO_3 和苯在 H_2SO_4 催化下硝化制取硝基苯：

$$\text{\benzene} + HNO_3(\text{浓}) \xrightarrow[50\sim55℃]{H_2SO_4(\text{浓})} \text{\benzene}{-NO_2} + H_2O$$

硫酸的作用是提供强酸性的介质，有利于硝酰阳离子(NO_2^+)的生成，它是真正的亲电试剂，硝化反应通常在较低的温度下进行，在较高的温度下由于硝酸的氧化作用往往导致原料的损失。

【试剂及仪器】

苯(AR)，HNO_3(AR)，H_2SO_4(AR)，NaOH (5%)，$CaCl_2$(AR)。

锥形瓶(100mL，干燥)，圆底三口烧瓶(250mL)，玻璃管，橡皮管，温度计(300℃、100℃)，磁力搅拌器，磁力搅拌子，量筒(20mL，干燥)，滴液漏斗(50 mL，干燥)，圆底烧瓶(50mL，干燥)，分液漏斗(100mL)，空气冷凝蒸馏装置，石棉，大烧杯，铁台，铁圈，加热装置，石棉网。

【操作步骤】

1. 硝基苯的制备

在 100mL 锥形瓶中，加入 18mL HNO_3，在冷却和摇荡下慢慢加入 20mL H_2SO_4 制成混合酸备用。在 250mL 圆底三口烧瓶内放置 18mL 苯及 1 粒磁力搅拌子，三颈口分别装置温度计(水银球伸入液面下)、滴液漏斗及冷凝管，冷凝管上端连一橡皮管并通入水槽。开动磁力搅拌器搅拌，自滴液漏斗滴入上述制好的冷的混合酸。控制滴加速度使反应温度维持在 50～55℃，勿超过 60℃，必要时可用冷水冷却，此滴加过程约需 1h。滴加完毕后，继续搅拌约 15min。

2. 硝基苯的分离与提纯

在冷水浴中冷却反应混合物，然后将其移入 100mL 分液漏斗。放出下层(混合酸)，并在通风橱中小心地将它倒入废液回收桶中。有机层依次用等体积(约 20mL)的水、5% NaOH 溶液、水洗涤后，将硝基苯移入内含 2g $CaCl_2$ 的 50mL 锥形瓶中，旋摇至浑浊消失。将干燥好的硝基苯滤入 50mL 干燥圆底烧瓶中，接空气冷凝管，在石棉网上加热蒸馏，收集 205～210℃的馏分，产量约 18g。

纯硝基苯为淡黄色的透明液体，沸点为 210.8℃，n_D^{20} 为 1.5562。

【数据记录及处理】

(1) 粗产品质量：_____g；产率：_____%。

(2) 分离纯化后产品质量：_____g；纯化后回收率：_____%。

【注意事项】

(1) 硝基化合物对人体有较大的毒性，吸入大量蒸气或被皮肤接触吸收，均会引起中毒。所以，处理硝基苯或其他硝基化合物时，必须谨慎小心，如不慎触及皮肤，应立即用少量乙醇擦洗，再用肥皂及温水洗涤。

(2) 一般工业 HNO_3 的相对密度为 1.52，用此酸反应时，极易得到较多的二硝基苯。为此可用 3.3mL 水、20mL H_2SO_4 和 18mL 工业 HNO_3 组成的混合酸进行硝化。

(3) 硝化反应是一放热反应，温度若超过 60℃时，有较多的二硝基苯生成，也有部分硝酸和苯挥发逸去。

(4) 洗涤硝基苯时，特别是用 NaOH 溶液洗涤时，不可过分用力摇荡，否则使产品乳化而难以分层。若遇此情况，可加入固体氯化钙或 NaCl 饱和，或加数滴乙醇，静置片刻，即可分层。

(5) 高沸点的蒸气易在蒸馏头部位冷凝而无法蒸馏出来，因此应在蒸馏头周围加石棉保温，以使蒸馏顺利进行。另外，因残留在烧瓶中的二硝基苯在高温时易发生剧烈分解，故蒸馏时不可蒸干或使蒸馏温度超过 140℃。

(6) 所用硝酸必须是浓的，否则硝化反应不会发生。HNO_3 是过量的，因为反应有水生成。

【思考与讨论题】

(1) 本实验为什么要控制反应温度在 50～55℃？温度过高有什么不好？

(2) 硫酸在本实验中起什么作用？

(3) 粗产物依次用水、碱液、水洗涤的目的是什么？

本实验约需 4h。

第4章　物质化学性质实验

4.1　配位化合物的生成、性质及应用

【实验目的】

(1) 掌握配合物的组成，比较配离子与简单离子的区别，解释配离子的稳定性。

(2) 掌握配位解离平衡与其他平衡之间的关系以及相互转化规律。

(3) 熟悉配合物的性质以及应用领域。

【试剂及仪器】

$CuSO_4(0.1mol\cdot L^{-1})$，$BaCl_2(0.1mol\cdot L^{-1})$，$HCl(1:1)$，$NH_3\cdot H_2O(6mol\cdot L^{-1})$，$NaOH(0.1mol\cdot L^{-1}$、$6mol\cdot L^{-1})$，$KI(0.1mol\cdot L^{-1})$，$KBr(0.1mol\cdot L^{-1})$，$K_3[Fe(CN)_6](0.1mol\cdot L^{-1})$，$K_4[Fe(CN)_6](0.1mol\cdot L^{-1})$，$NH_4Fe(SO_4)_2(0.1mol\cdot L^{-1})$，$KSCN(0.1mol\cdot L^{-1})$，$H_2SO_4(1:1)$，$CoCl_2(0.2mol\cdot L^{-1})$，$FeCl_3(0.1mol\cdot L^{-1})$，$NaCl(0.1mol\cdot L^{-1})$，$Na_2S(0.1mol\cdot L^{-1})$，$NH_4SCN(0.1mol\cdot L^{-1}$，饱和)，$(NH_4)_2C_2O_4$(饱和)，$AgNO_3(0.1mol\cdot L^{-1})$，$Na_2S_2O_3(1mol\cdot L^{-1})$，$NH_4F(2mol\cdot L^{-1})$，$FeCl_3(0.1mol\cdot L^{-1})$，$Ni^{2+}$试液$(0.1mol\cdot L^{-1})$，$Fe^{3+}$和$Co^{2+}$混合试液，$EDTA(0.02mol\cdot L^{-1})$溶液，二乙酰二肟(1%)，$Zn^{2+}$溶液$(0.1mol\cdot L^{-1})$，二苯硫代卡巴腙(1%)，乙醇(95%)，石蕊试纸，淀粉溶液(5%)。

小烧杯，滴管，试管，离心试管，离心机，玻璃棒，滴定板，试管架，洗瓶。

【操作步骤】

1. 配合物的生成和组成

取 10mL $0.1mol\cdot L^{-1}$ $CuSO_4$，逐滴加入 $6mol\cdot L^{-1}$ $NH_3\cdot H_2O$，直至最初生成的碱式盐沉淀 $Cu_2(OH)_2SO_4$ 又溶解成深蓝色$[Cu(NH_3)_4]^{2+}$溶液(注意：氨水不能过量太多)。试解释此过程中的有关现象，写出相关的反应方程式。

在两支试管中分别加入上步实验生成的 4 滴深蓝色溶液，在另两支试管中分别加入 4 滴 $0.1mol\cdot L^{-1}$ $CuSO_4$ 溶液，在深蓝色溶液和 $CuSO_4$ 溶液中分别加入 $0.1mol\cdot L^{-1}$ $BaCl_2$ 溶液和 2 滴 $0.1mol\cdot L^{-1}$ $NaOH$ 溶液，观察现象，写出离子方程式。

在一支干净试管中加入 20 滴 $[Cu(NH_3)_4]^{2+}$深蓝色溶液，加入 2mL 95%乙醇(以降低配合物在溶液中的溶解度)，观察析出的深蓝色硫酸四氨合铜晶体。

2. 配合物与复盐、盐的区别

(1) 各取 0.5mL $0.1mol\cdot L^{-1}$ $K_3[Fe(CN)_6]$、$0.1mol\cdot L^{-1}$ $NH_4Fe(SO_4)_2$ 和 $0.1mol\cdot L^{-1}$ $FeCl_3$ 溶液，然后各自加入 2 滴 $0.1mol\cdot L^{-1}$ $KSCN$ 溶液，观察溶液呈现何颜色。

(2) 取两支试管各加入 0.5mL 0.1mol·L^{-1} NH$_4$Fe(SO$_4$)$_2$，在第一支试管中加入 0.1mol·L^{-1} NaOH 溶液数滴，由石蕊试纸证明溶液中 NH$_4^+$ 存在，在另一支试管中加入数滴 0.1mol·L^{-1} BaCl$_2$ 溶液，观察现象。

综合比较以上两个实验的结果，讨论配位化合物与复盐、单盐的区别。

3. 配合物解离平衡的移动

1) 酸度对配位平衡的影响

在两支试管中加 0.5mL 0.1mol·L^{-1} FeCl$_3$ 溶液，再加入 2mol·L^{-1} NH$_4$F 溶液至溶液为无色，然后在其中一支试管中加入 6mol·L^{-1} NaOH，在另外一支试管中加入 1:1 H$_2$SO$_4$ 溶液，观察现象，写出有关的反应方程式。

2) 浓度对配位平衡的影响

在一支试管中加入 3 滴 0.2mol·L^{-1} CoCl$_2$ 溶液，滴加 1:1 HCl，观察溶液颜色的变化，再逐滴加水稀释，观察现象并解释。

3) 生产沉淀对配位平衡的影响

在试管中加入 4 滴自制的 [Cu(NH$_3$)$_4$]$^{2+}$ 深蓝色溶液，再加入 0.1mol·L^{-1} Na$_2$S，观察现象并解释。

4) 氧化还原反应对配位平衡的影响

在一支试管中加入 5 滴 0.1mol·L^{-1} KI 溶液，再加入 5 滴 0.1mol·L^{-1} FeCl$_3$ 溶液，加入 1 滴淀粉溶液振荡试管，观察溶液颜色的变化。再逐滴加入饱和 (NH$_4$)$_2$C$_2$O$_4$ 溶液，溶液颜色有什么变化？写出反应方程式并解释现象。

4. 配离子的稳定性及其转化

(1) 取 2 滴 0.1mol·L^{-1} FeCl$_3$ 溶液加入一试管中，再滴加 0.1mol·L^{-1} NH$_4$SCN 溶液数滴，观察有何现象发生。然后再逐滴加入饱和 (NH$_4$)$_2$C$_2$O$_4$ 溶液，仔细观察其溶液颜色的变化，请写出有关的反应方程式，并比较 Fe^{3+} 的两种配离子的稳定性大小。

(2) 在装有 1mL 0.1mol·L^{-1} AgNO$_3$ 溶液的试管中，加入 1mL 0.1mol·L^{-1} NaCl 溶液，微热，在离心机上分离，除去上层清液，然后在该试管中对保留的固体按下列的次序进行实验：① 逐步滴加入 6mol·L^{-1} 氨水，边滴边摇动试管，至沉淀刚好溶解；② 再加入 10 滴 0.1mol·L^{-1} KBr 溶液，观察现象，观察有何种沉淀生成，离心除去上清液后，供下一步实验；③ 向试管中固体滴加 1mol·L^{-1} Na$_2$S$_2$O$_3$ 溶液至沉淀溶解；④ 再滴加 0.1mol·L^{-1} KI 溶液，观察现象，有何沉淀生成。

写出以上各反应的方程式，并根据实验现象比较：① [Ag(NH$_3$)$_2$]$^+$、[Ag(S$_2$O$_3$)]$^{3-}$ 的稳定性大小；② AgCl、AgBr、AgI 的 K_{sp} 值大小。

(3) 在 1mL 碘水中，逐滴加入 0.1mol·L^{-1} K$_4$[Fe(CN)$_6$] 溶液，观察有何现象发生，并写出反应式。根据其实验现象和结果，试比较 $E^{\ominus}$(Fe^{3+}/Fe^{2+}) 与 $E^{\ominus}$([Fe(CN)$_6$]$^{3-}$/[Fe(CN)$_6$]$^{4-}$) 的大小，并根据两电极电势的大小，比较 [Fe(CN)$_6$]$^{3-}$ 与 [Fe(CN)$_6$]$^{4-}$ 的稳定性。

5. 配合物的一些应用

1) 定性鉴定 Ni^{2+}

在白色滴定板上滴加 1 滴 Ni^{2+}试液、1 滴 $6mol \cdot L^{-1}$ 氨水和 1 滴 1%的二乙酰二肟(丁二酮肟)，有鲜红色螯合物沉淀生成表示有 Ni^{2+}存在。

由于二乙酰二肟是弱酸，其解离的 H^+浓度会使 Ni^{2+}生成沉淀。同时，OH^-浓度也不宜太大，否则会生成 $Ni(OH)_2$沉淀。合适的酸度是 pH=5～10。

2) 掩蔽干扰离子

在分析化学中，常遇到干扰离子影响定性鉴定结果的问题，利用形成配合物的方法把干扰离子掩蔽起来，可消除影响。例如，Co^{2+}的鉴定，可利用其与 SCN^-反应生成$[Co(SCN)_4]^{2-}$，该配离子易溶于有机溶剂(上层)呈现蓝绿色。若 Co^{2+}溶液中含有 Fe^{3+}，由于 Fe^{3+}遇 SCN^-生成红色的配离子而产生干扰。此时可利用 Fe^{3+}与 F^-形成更稳定的无色$[FeF_6]^{3-}$，将 Fe^{3+}掩蔽起来，从而避免其干扰。

取 Fe^{3+}与 Co^{2+}混合试液 0.5mL 加入一试管中，再加 1mL 饱和 NH_4SCN 溶液，观察其有何现象产生。再逐滴加入 $2mol \cdot L^{-1} NH_4F$ 溶液，并不断摇动试管，观察有何现象发生。最后加入 1mL 戊醇，振荡后静置，观察戊醇层的颜色。

3) 定性鉴定 Zn^{2+}

Zn^{2+}与二苯硫代卡巴腙作用，在 pH = 4.5～5，生成紫红色配合物。

取 2mL Zn^{2+}溶液，加入一试管中，再加 1%二苯硫代卡巴腙溶液，摇动试管，观察有何现象产生。

【数据记录及处理】

相关实验现象、反应方程式、解释列于表 4-1 中。

表 4-1 实验记录

实验内容	实验现象	解释现象
1. 配合物的生成和组成		
2. 配合物与复盐、盐的区别		
3. 配合物解离平衡的移动		
4. 配离子的稳定性及其转化		
5. 配合物的一些应用		

【注意事项】

(1) 在配合物的应用中，应注意掩蔽干扰离子。

(2) 在实验中，如果现象不明显，可在热水浴上加热后再观察。

(3) 充分查阅资料，写出全部相关的化学反应方程式。

【思考与讨论题】

(1) 衣服上沾有铁锈时，常用草酸去洗，试说明原理。

(2) 可运用哪些不同类型的反应使 $FeSCN^{2+}$ 的红色褪去？

(3) 在印染业的染浴中，常因某些离子(如 Fe^{3+}、Cu^{2+}等)使染料颜色改变，加入 EDTA 便可纠正此弊，试说明原理。

(4) 请用适当的方法将下列各组化合物逐一溶解：

① $AgCl$、$AgBr$、AgI。

② $Mg(OH)_2$、$Zn(OH)_2$、$Al(OH)_3$。

③ CuC_2O_4、CuS。

本实验约需 3h。

4.2　卤素及其化合物的性质

【实验目的】

(1) 掌握卤素-卤离子的氧化性和还原性。

(2) 熟悉应用反应方程解释卤素离子的鉴定现象。

(3) 掌握液体和固体分离的基本操作。

【试剂与仪器】

$H_2SO_4(1mol\cdot L^{-1})$，$HCl(2mol\cdot L^{-1})$，$HNO_3(6mol\cdot L^{-1})$，$NH_3\cdot H_2O(2mol\cdot L^{-1})$，$NaOH(2mol\cdot L^{-1})$，$NaCl(0.1mol\cdot L^{-1})$，$Na_2S_2O_3(0.1mol\cdot L^{-1})$，$KBr(0.1mol\cdot L^{-1}, s)$，$KI(0.1mol\cdot L^{-1})$，$AgNO_3(0.1mol\cdot L^{-1})$，银氨溶液，氯水，溴水，碘水，$Cl^-$、$Br^-$、$I^-$的混合溶液(1:1:1)，未知溶液($K^+$、$Mg^+$、$Ba^{2+}$、$Cl^-$、$Br^-$、$I^-$均 1:1 混合)，淀粉碘化钾试纸，乙酸铅试纸等。

离心机，离心试管。

【操作步骤】

1. 卤素氧化性的比较

(1) 氯与溴的氧化性的比较。在盛有 1mL $0.1mol\cdot L^{-1}$ KBr 溶液的试管中，逐滴加入氯水，振荡，观察有何现象发生。再加入 0.5mL CCl_4，充分振荡，观察又有何现象发生。试解释，并比较氯和溴的氧化性强弱。

(2) 溴和碘的氧化性的比较。在装有 1mL $0.1mol\cdot L^{-1}$ KI 溶液的试管中，逐滴加入溴水，振荡，观察有何现象发生。再加入 0.5mL CCl_4，充分振荡，观察又有何现象发生。试解释，并比较溴和碘的氧化性强弱。

通过上面两个实验，排出氯、溴和碘的氧化性大小规律，并用有关电对的电极电势值予以说明。

2. 卤素离子还原性的比较

(1) 向盛有少量 NaCl 固体的试管中加入 1mL 浓 H_2SO_4，有何现象？用玻璃棒蘸一些浓

$NH_3 \cdot H_2O$，移近试管口以检验气体产物，写出反应式并加以解释。

(2) 向装有少量 KBr 固体的试管中加入 1mL 浓 H_2SO_4，有何现象？用湿的淀粉碘化钾试纸移近试管口以检验气体产物，写出反应式并加以解释。

(3) 往盛有少量 KI 固体的试管中加入 1mL 浓 H_2SO_4，有何现象？把湿的乙酸铅试纸移近管口，以检验气体产物，写出反应式并加以解释。

综合上述三个实验，说明氯、溴和碘离子的还原性强弱的变化规律。

3. 卤素的歧化反应

(1) 取一支试管，向其中加入 5 滴溴水，观察颜色。再滴加 $2mol \cdot L^{-1}$ NaOH 溶液数滴，振荡，观察有何现象发生。待溶液褪色后再滴加 $2mol \cdot L^{-1}$ HCl 溶液至酸性，溶液颜色有无变化？试解释，并写出有关的反应式。

(2) 另取一支试管，用碘水代替溴水。重复上述实验，观察并解释所发生的实验现象。

4. 卤素离子的鉴定

1) 卤化银的溶解度

在分别盛有 0.5mL 浓度均为 $0.1mol \cdot L^{-1}$ 的 NaCl、KBr、KI 溶液的三支试管中，滴加 $0.1mol \cdot L^{-1}$ $AgNO_3$ 溶液 0.5mL，观察并比较反应产物的颜色和状态。微加热后离心分离，弃去溶液。在沉淀中分别滴加 $2mol \cdot L^{-1}$ $NH_3 \cdot H_2O$，有何现象？对沉淀不能溶解的试管再进行离心分离，弃去溶液，在沉淀中滴加 $0.1mol \cdot L^{-1}$ $Na_2S_2O_3$ 溶液，充分振荡，有何现象？写出反应方程式。

根据以上实验，说明能否根据卤化银的颜色和溶解性鉴定卤素离子。

2) Cl^-、Br^-、I^- 混合离子溶液的分离和鉴定

从可形成银盐的阴离子来看，除一些弱酸根离子(如 PO_4^{3-}、CO_3^{2-}、SO_3^{2-}、S^{2-}等)外，就是卤素离子，而这些弱酸根离子和 Ag^+ 形成的沉淀可以溶于 HNO_3，而 AgCl、AgBr、AgI 不溶于 HNO_3，所以 Cl^-、Br^- 和 I^- 的初步检验条件是在稀 HNO_3 酸性溶液中加热，加 $AgNO_3$ 溶液。加热既可排除 S^{2-} 干扰，又可促使卤化银凝聚。另外，AgCl 在稀 $NH_3 \cdot H_2O$ 中可溶，而 AgBr 在浓度较大的 $NH_3 \cdot H_2O$ 中可部分溶解，为了使 AgCl 和 AgBr 分离完全，可利用银氨溶液($AgNO_3$ 的氨溶液)代替纯氨水。在银氨溶液中，存在着下列平衡：

$$Ag^+ + 2NH_3 \rightleftharpoons [Ag(NH_3)_2]^+$$

由于未化合的氨浓度较小，而溶液中又有一定量的 $[Ag(NH_3)_2]^+$ 和 Ag^+，这样就可使 AgCl、AgBr、AgI 混合沉淀存在，而 Cl^- 则进入溶液中。

实验：取 Cl^-、Br^-、I^- 混合试液 2～3 滴，滴加 1 滴 $6mol \cdot L^{-1}$ HNO_3 溶液将其酸化，加 $0.1mol \cdot L^{-1}$ $AgNO_3$ 溶液至沉淀完全，水浴加热 2min 后离心分离(沉淀沉降后，在上层清液中再加入 1 滴 $AgNO_3$ 以检查卤素离子是否已沉淀完全，如还有沉淀产生，则需再加 $AgNO_3$ 溶液，直至无沉淀产生为止)。弃去溶液，沉淀中加入银氨溶液 5～10 滴，剧烈搅拌，并温热 1min，离心沉降。溶液按方法 1)操作，沉淀按方法 2)操作。

根据上述实验，写出分析简表。

Cl⁻的鉴定：溶液用 6mol·L⁻¹ HNO₃ 溶液酸化，若白色沉淀又出现，则表示有 Cl⁻存在(形成的 AgCl 沉淀，加 NH₃·H₂O 沉淀溶解，再加 HNO₃ 酸化，沉淀重新出现的方法同样可用来鉴定 Ag⁺的存在)。

Br⁻、I⁻的鉴定：向沉淀中加入 5～8 滴 1mol·L⁻¹ H₂SO₄ 溶液及少许锌粉，并充分搅拌，加热至沉淀颗粒都变为黑色，离心沉降，弃去沉淀。

向清液中加入 1mol·L⁻¹ H₂SO₄ 溶液使其酸化，加入 0.5mL CCl₄ 后逐滴加入氯水，不断振荡。若 CCl₄ 层呈紫色，表示有 I⁻存在。继续滴加氯水，边加边振荡，如果 CCl₄ 层紫色褪去而变为橙黄色或黄色，则表示有 Br⁻存在。

5. 未知物的鉴定

领取未知溶液一份，其中可能含有 K^+、Mg^{2+}、Ba^{2+}、Cl^-、Br^-、I^-中的某些离子，但不超过这些离子中的三种，请用简便方法鉴定未知溶液中所含的离子。

【数据记录及处理】

表 4-2　实验记录

实验内容	实验现象	解释现象
卤素氧化性的比较		
(1) 在盛有 1mL 0.1mol·L⁻¹ KBr 溶液的试管中，逐滴加入氯水，振荡		
(2) 在装有 1mL 0.1mol·L⁻¹ KI 溶液的试管中，逐滴加入溴水，振荡		
卤素离子还原性的比较		
(1) 向盛有少量 NaCl 固体的试管中加入 1mL 浓 H₂SO₄		
(2) 往盛有少量 KBr 固体的试管中加入 1mL 浓 H₂SO₄		
(3) 向盛有少量 KI 固体的试管中加入 1mL 浓 H₂SO₄		
卤素的歧化反应		
(1) 在小试管中加入 5 滴溴水，观察其颜色，并滴加 2mol·L⁻¹ NaOH 溶液数滴，振荡		
(2) 另取一支试管，用碘水代替溴水。重复上述实验		
卤素离子的鉴定		
(1) 卤化银的溶解度		
① 在各有 0.5mL 浓度均为 0.1mol·L⁻¹ 的 NaCl、KBr、KI 溶液的三支试管中，滴加 0.1mol·L⁻¹ AgNO₃ 溶液 0.5mL		
② 微热后离心分离，弃去溶液。向沉淀中滴加 2mol·L⁻¹ NH₃·H₂O		
③ 对试管中不能溶解的沉淀再进行离心分离，弃去溶液，在沉淀中滴加 0.1mol·L⁻¹ Na₂S₂O₃ 溶液，充分振荡		
(2) Cl⁻、Br⁻、I⁻混合离子溶液的分离和鉴定		
未知物的鉴定		

【注意事项】

(1) 在卤素离子的鉴定和卤化银的溶解性测定时，应微热后离心分离。

(2) Cl⁻、Br⁻和 I⁻的初步检验条件是在稀 HNO₃ 酸性溶液中加热，再加入 AgNO₃ 溶液。注意要加热，因为加热既可排除 S^{2-}干扰，又可促使卤化银凝聚。

【思考与讨论题】

(1) 在鉴定 Br^- 和 I^- 的混合液时，滴加氯水，先出现什么颜色？为什么？写出 Cl^-、Br^-、I^- 混合离子的分离鉴定中有关反应方程式。

(2) 下列两组物质：

① Cl_2、Br_2、I_2 的水溶液；

② Cl^-、Br^-、I^- 的水溶液。

你能用什么方法将它们分别鉴定出来？依据的原理是什么？

(3) 在 Cl^-、Br^-、I^- 混合离子的分离和鉴定的手续中，用锌粉与 $AgBr$、AgI 沉淀反应时，为什么要加 $1mol·L^{-1}$ H_2SO_4？

(4) 现有十瓶无标签的溶液，其浓度均为 $0.1mol·L^{-1}$，已知它们是 $(NH_4)_2SO_4$、HNO_3、Na_2CO_3、$BaCl_2$、$NaOH$、$CaCl_2$、$MgSO_4$、KBr、$Ba(OH)_2$、H_2SO_4，能否在仅提供 pH 试纸而不用其他任何试剂的情况下，将它们一一识别出来？

本实验约需 3h。

4.3 溶液中 Ag^+、Cu^{2+}、Cr^{3+}、Ni^{2+}、Ca^{2+} 的分离与鉴定

【实验目的】

(1) 通过对金属阳离子混合物的分离和检出，掌握混合离子的分离技术和检出条件，学习应用相关理论分析、判断实验结果，得出结论。

(2) 熟悉各种离子有关的物理和化学性质。

【试剂与仪器】

Ag^+、Cu^{2+}、Cr^{3+}、Ni^{2+}、Ca^{2+} 试液(含阳离子 $10g·L^{-1}$)，$HCl(0.2mol·L^{-1}$、$2mol·L^{-1}$、$6mol·L^{-1})$，$HNO_3(6mol·L^{-1})$，$NH_4Cl(0.3mol·L^{-1}$、$3mol·L^{-1})$，$HAc(6mol·L^{-1})$，$NaOH(6mol·L^{-1})$，$NH_3·H_2O(2mol·L^{-1}$、$6mol·L^{-1})$，$(NH_4)_2CO_3(2mol·L^{-1})$，硫代乙酰胺(5%)，$H_2O_2(3\%)$，丁二酮肟(1%的乙醇溶液)，$K_4[Fe(CN)_6](0.1mol·L^{-1})$，$Pb(NO_3)_2$ $(0.1mol·L^{-1})$，$(NH_4)_2C_2O_4$(饱和)，红色及蓝色石蕊试纸等。

离心机，离心试管。

【操作步骤】

将 Ag^+、Cu^{2+}、Cr^{3+}、Ni^{2+}、Ca^{2+} 试液按体积比 1:1:2:2:2 取出，混合均匀组成混合试液(预备室事先准备)，按以下操作步骤进行分离和检出。

1. Ag^+ 与其他离子的分离

取 $0.5\sim1$ mL 混合试液，滴加 $2mol·L^{-1}$ HCl 溶液 4 滴，水浴加热，离心沉降，再加入 2 滴 $2mol·L^{-1}$ HCl 溶液，微热，直至沉淀完全，离心分离，用 $0.2mol·L^{-1}$ HCl 洗涤沉淀，洗涤液并入离心液中。

2. Ag^+ 的鉴定

取步骤 1 的 $AgCl$ 沉淀鉴定 Ag^+。先向试管中的沉淀加入少量水，搅拌混匀，取 2 滴该

含 Ag^+ 的溶液，加 2 滴 $2mol \cdot L^{-1}$ HCl 溶液，混匀，水浴加热，沉淀明显出来，离心分离，在沉淀上加 4 滴 $6mol \cdot L^{-1}$ $NH_3 \cdot H_2O$，沉淀溶解，再加 $6mol \cdot L^{-1}$ HNO_3 溶液酸化，白色沉淀又重出现，表示有 Ag^+。

3. Cu^{2+} 与其他离子的分离

取步骤 1 的离心液，用 $2mol \cdot L^{-1}$ $NH_3 \cdot H_2O$ 将试液调至碱性，再用 $6mol \cdot L^{-1}$ HCl 溶液使试液恰好呈酸性，加入等于溶液总体积 1/5 的 $2mol \cdot L^{-1}$ HCl 溶液，此时溶液的 pH 为 1～2。加入 5 滴硫代乙酰胺，搅匀，沸水浴加热 5min，离心沉降，再加 2 滴硫代乙酰胺，加热，直至沉淀完全。离心分离，用 $2mol \cdot L^{-1}$ HCl 洗涤沉淀，弃去洗液，离心液按步骤 5 处理。

4. Cu^{2+} 的鉴定

将步骤 3 的沉淀用水洗涤两次后，滴加 6 滴 $6mol \cdot L^{-1}$ HNO_3 溶液，水浴加热，从溶液的颜色可作初步判断，并做 Cu^{2+} 的证实实验。

5. Cr^{3+}、Ni^{2+} 与 Ca^{2+} 的分离

在步骤 3 的离心液中，加入 $6mol \cdot L^{-1}$ $NH_3 \cdot H_2O$ 至碱性后再多加 2 滴，加 2 滴 $3mol \cdot L^{-1}$ NH_4Cl 和 5 滴硫代乙酰胺，水浴加热 5min，离心沉降。在离心液再滴加 2 滴硫代乙酰胺，加热，直至沉淀完全。离心分离，沉淀用 $0.3mol \cdot L^{-1}$ NH_4Cl 洗涤 1～2 次，洗涤液并入离心液中，离心液按步骤 9 处理。

6. Ni^{2+} 与 Cr^{3+} 的分离

在步骤 5 的沉淀中加入 6 滴 $6mol \cdot L^{-1}$ NaOH 及 4 滴 H_2O_2，搅拌后水浴加热，直至多余的 H_2O_2 分解，冷却后离心分离。

7. Cr^{3+} 的鉴定

从步骤 6 所得的离心液为黄色，可预示 CrO_4^{2-} 的存在，从而证实 Cr^{3+} 的存在。

8. Ni^{2+} 的鉴定

在步骤 6 的沉淀中，加 2 滴 $6mol \cdot L^{-1}$ HNO_3，加热溶解，离心分离，弃去硫，用离心液鉴定 Ni^{2+}。

9. Ca^{2+} 的沉淀

将步骤 5 的溶液转移到蒸发皿中，加 $6mol \cdot L^{-1}$ HAc 酸化，水浴加热，蒸发至原有体积的 1/2，如有硫析出，离心分离，弃去硫，将离心液蒸干，灼烧除去大部分铵盐，冷却后滴加 5 滴 $2mol \cdot L^{-1}$ HCl 溶解残渣，并加入 $6mol \cdot L^{-1}$ $NH_3 \cdot H_2O$ 使其呈碱性，继续加热，加入 $2mol \cdot L^{-1}$ $(NH_4)_2CO_3$ 溶液至沉淀完全，离心分离。

10. Ca^{2+} 的鉴定

将步骤 9 中分离所得的沉淀用水洗涤 1 次，加 2 滴 $6mol \cdot L^{-1}$ HAc 使其溶解，鉴定 Ca^{2+}。

11. 未知阳离子混合液的分析

从数种阳离子(K^+、NH_4^+、Ca^{2+}、Ba^{2+}、Ag^+、Hg^{2+}、Cu^{2+}、Ni^{2+}、Mn^{2+}、Al^{3+}、Zn^{2+})中选 3～4 种组成一组混合液，试写出分析方案，并进行分析测定。

【数据记录及处理】

表 4-3　实验记录

实验内容	实验现象	解释现象
Ag^+的鉴定		
Cu^{2+}的鉴定		
Cr^{3+}的鉴定		
Ni^{2+}的鉴定		
Ca^{2+}的鉴定		

【注意事项】

(1) 应预先准备体积比为 1:1:2:2:2 的 Ag^+、Cu^{2+}、Cr^{3+}、Ni^{2+}、Ca^{2+} 混合试液。

(2) Cu^{2+} 与其他离子的分离操作中，取出的离心液应使用 $2mol \cdot L^{-1}$ 的 $NH_3 \cdot H_2O$ 将试液调至碱性。

(3) 实验之前，根据实验内容，查阅理论课本，写出实验对应的化学反应方程式。

【思考与讨论题】

(1) 从离子混合液中沉淀 Cu^{2+} 时，为什么要控制溶液的酸度至 pH 为 1～2？如何控制？控制酸度用 HCl 还是 HNO_3？为什么？

(2) 在做 Ca^{2+} 的鉴定实验之前，能否用 HCl 代替 HAc 溶解碳酸钙？

本实验约需 4h。

4.4　常见无机阴离子的分离与鉴定

【实验目的】

(1) 熟知常见的阴离子及其有关性质，掌握相关阴离子的鉴定反应。

(2) 通过实验培养观察能力和现象分析能力。

【试剂与仪器】

HCl($2mol \cdot L^{-1}$、$3mol \cdot L^{-1}$、$6mol \cdot L^{-1}$)，H_2SO_4($2mol \cdot L^{-1}$、$3mol \cdot L^{-1}$、$6mol \cdot L^{-1}$)，HNO_3($2mol \cdot L^{-1}$、$6mol \cdot L^{-1}$)，HAc($6mol \cdot L^{-1}$)，NaOH($2mol \cdot L^{-1}$、$6mol \cdot L^{-1}$)，$NH_3 \cdot H_2O$($2mol \cdot L^{-1}$、$6mol \cdot L^{-1}$)，$AgNO_3$($0.1mol \cdot L^{-1}$)，$SrCl_2$($2mol \cdot L^{-1}$)，$BaCl_2$($0.1mol \cdot L^{-1}$)，$Sr(NO_3)_2$($0.1mol \cdot L^{-1}$)，$(NH_4)_2MoO_4$($0.1mol \cdot L^{-1}$)，$(NH_4)_2CO_3$(饱和)，NaCl($0.1mol \cdot L^{-1}$)，NaBr($0.1mol \cdot L^{-1}$)，KI($0.1mol \cdot L^{-1}$)，Na_2S($0.1mol \cdot L^{-1}$)，Na_2SO_3($0.1mol \cdot L^{-1}$)，$Na_2S_2O_3$($0.1mol \cdot L^{-1}$)，H_2O_2(3%)，$Ba(OH)_2$($0.1mol \cdot L^{-1}$)，$KMnO_4$($0.01mol \cdot L^{-1}$)，

$Na_2SO_4(0.01mol\cdot L^{-1})$，$Na_3PO_4(0.01mol\cdot L^{-1})$，$Na_2Fe(CN)_5(0.1mol\cdot L^{-1})$，氯水，碘水，淀粉溶液(0.2%)，锌粉，pH 试纸，阴离子混合溶液(已知、未知)。

试管，烧杯，离心机，酒精灯。

【操作步骤】

1. 阴离子试液的制备

(1) 试样可溶于水。取 0.1～0.2g 试样，用少量水溶解，加入 1mL 饱和 Na_2CO_3 溶液，如有沉淀，加热，离心。继续加少量 Na_2CO_3 检验沉淀是否完全。将沉淀与溶液分离，溶液留作阴离子分析用。

(2) 试样微溶于水。称取 0.1～0.2g 试样，加 1mL 饱和 Na_2CO_3 溶液共煮，使试样中的阴离子转入溶液。每次煮 5min 左右，离心抽去溶液。再加 0.5～1mL Na_2CO_3 溶液共煮，如此 2～3 次，各次溶液合并，用作阴离子分析试液。沉淀留供检查某些难溶化合物之用。

2. S^{2-}、SO_3^{2-}、$S_2O_3^{2-}$ 混合液的分析

(1) S^{2-} 的检出。取 1 滴制备溶液，放在点滴板上，加 1 滴 $Na_2Fe(CN)_5$ 溶液，显出特殊的红紫色，表示有 S^{2-}。

(2) S^{2-} 的除去。取 10 滴制备溶液，滴入离心管中，加入少量固体 $CdCO_3$ 搅动，离心分离，弃去沉淀，用 $Na_2Fe(CN)_5$ 检验沉淀是否完全。除去 S^{2-} 后的溶液，按(3)、(4)检查 SO_3^{2-} 和 $S_2O_3^{2-}$。

(3) $S_2O_3^{2-}$ 的检出。取 2 滴除去 S^{2-} 的溶液滴入离心管中，加 1～2 滴 $3mol\cdot L^{-1}$ HCl，加热，出现白色浑浊，表示有 $S_2O_3^{2-}$。

(4) SO_3^{2-} 的检出。在除去 S^{2-} 后剩余的溶液中，加 $2mol\cdot L^{-1}$ $SrCl_2$ 至不再有沉淀析出。加热约 3min，放置 10min 后，离心沉降。沉淀用水洗涤，用数滴 $3mol\cdot L^{-1}$ HCl 处理。如果沉淀不完全溶解，离心分离，弃去残渣，清液中加碘淀粉溶液，若蓝紫色褪去，表示有 SO_3^{2-}。

3. Cl^-、Br^-、I^- 混合液的定性分析

(1) 卤族离子的沉淀。取 5 滴制备溶液，滴入离心管中，用硝酸酸化，然后滴加 3～4 滴 $6mol\cdot L^{-1}$ HNO_3，加入 $AgNO_3$ 至沉淀完全。加热 2min，离心分离，弃去清液。沉淀用水洗两次，然后按(2)处理。

(2) Cl^- 的检出。在沉淀上加 1mL 饱和的 $(NH_4)_2CO_3$，搅动，离心分离。沉淀用水洗过后，按(3)处理。转移溶液于另一支离心管中，滴加 KBr 溶液，出现浓厚的浑浊，表示有 Cl^-。

(3) AgBr、AgI 的分解和 Br^-、I^- 的检出。在(2)的沉淀上加 5 滴水和少量锌粉，搅动 2～3min，离心分离，弃去沉淀。溶液用 $2mol\cdot L^{-1}$ H_2SO_4 酸化，加 4 滴 CCl_4，然后加入氯水，不断摇动，若 CCl_4 层显示紫红色，表示有 I^-。继续滴加氯水，摇动，CCl_4 层紫红色消失，并显棕黄色，表示有 Br^-。

4. SO_4^{2-}、PO_4^{3-}、Cl^-、SO_3^{2-}、NO_3^- 同时存在时的鉴定

(1) SO_4^{2-} 的检出。取 2 滴制备溶液，滴入离心管中，用 $6mol \cdot L^{-1}$ HCl 酸化后再多加 1 滴，加 2 滴 $0.1mol \cdot L^{-1}$ $BaCl_2$，析出 $BaSO_4$ 白色沉淀，表示有 SO_4^{2-}。

(2) PO_4^{3-} 的检出。取 2 滴制备溶液，滴入离心管中，用 $6mol \cdot L^{-1}$ HNO_3 酸化后再多加 1 滴，滴加 8 滴钼酸铵溶液，加热到 $60 \sim 70℃$，静置约 5min，析出黄色沉淀，表示有 PO_4^{3-}。

(3) Cl^- 的检出。取 2 滴制备溶液，滴入离心管中，用 $6mol \cdot L^{-1}$ HNO_3 酸化后再多加 1 滴，加 $1 \sim 3$ 滴 $0.1mol \cdot L^{-1}$ $AgNO_3$，析出白色凝乳状沉淀。加热 2min，离心分离，弃去清液。在沉淀上滴加 $6mol \cdot L^{-1}$ 氨水使沉淀溶解，用 HNO_3 酸化时重新析出 AgCl 沉淀，表示有 Cl^-。

(4) NO_3^- 的检出。当 NO_2^- 不存在时，可取 3 滴制备溶液，用 $6mol \cdot L^{-1}$ HAc 酸化后再多加 2 滴，加少许锌粉，搅动，使溶液中的 NO_3^- 还原为 NO_2^-，加对氨基苯磺酸溶液和α-萘酚溶液各 1 滴，生成红色化合物，表示有 NO_3^-。

【数据记录及处理】

表 4-4　实验记录

实验内容	实验现象	解释现象
S^{2-}、SO_3^{2-}、$S_2O_3^{2-}$ 混合液的分析		
(1) S^{2-} 的检出		
(2) S^{2-} 的除去		
(3) $S_2O_3^{2-}$ 的检出		
(4) SO_3^{2-} 的检出		
Cl^-、Br^-、I^- 混合液的定性分析		
(1) 卤族离子的沉淀		
(2) Cl^- 的检出		
(3) AgBr、AgI 的分解和 Br^-、I^- 的检出		
SO_4^{2-}、PO_4^{3-}、Cl^-、SO_3^{2-}、NO_3^- 同时存在时的鉴定		
(1) SO_4^{2-} 的检出		
(2) PO_4^{3-} 的检出		
(3) Cl^- 的检出		
(4) NO_3^- 的检出		

【注意事项】

(1) 为避免由试剂、蒸馏水、容器、反应条件、操作方法等因素引起的误检和漏检现象，应进行空白实验和对照实验。

(2) 对于溶液中同时存在多种阴离子的体系，在进行混合离子的分离检测时，必须排除离子之间的干扰。在同一体系中，很多阴离子不能同时共存。例如，具有氧化性的 MnO_4^-、NO_3^- 和 ClO_3^- 等离子不能与具有还原性的 S^{2-}、SO_3^{2-}、AsO_4^{3-} 等离子共存。根据离子的物化性质和化学反应的差异性，例如，阴离子的钡盐和银盐的溶解性的不同，以及阴离子的氧化

还原性的不同，可进行阴离子的消去反应；又如，加入试剂 $AgNO_3$、$BaCl_2$ 等。根据氧化性反应和还原性反应，再结合溶液的酸碱性，可得出初步的检验结果。之后再选择恰当的鉴别方法对可能存在的阴离子进行确证。为避免误检和漏检，可按同样的操作步骤，用蒸馏水做空白实验或用已知试液做对照实验。

(3) 鉴定混合阴离子反应的常用方法(供参考)。

① 为避免生成的气体逸出、发生氧化还原反应、价态的变化，通常将试样制成碱性溶液。将试样与 Na_2CO_3 共热，通过复分解反应，使阴离子转入溶液中，使重金属离子生成氢氧化物、碳酸盐、碱式碳酸盐沉淀而除去。但应注意：某些两性氢氧化物会部分溶解而带入金属离子；某些难溶试样中的阴离子转化不完全。由于样品处理中已加入 Na_2CO_3，故鉴定 CO_3^{2-} 时必须取原溶液。

② 与稀 H_2SO_4 作用。在试液中加稀 H_2SO_4，并加热，有气泡产生，根据气泡的性质，可以初步判断含有哪些阴离子。

a. CO_2：无色、无味气体，可使 $Ba(OH)_2$ 溶液变浑，可能含有 CO_3^{2-}。

b. SO_2：有刺激性气味，能使 $K_2Cr_2O_7$ 溶液变为绿色，可能含有 SO_3^{2-} 或 $S_2O_3^{2-}$。

c. H_2S：臭鸡蛋味，并使湿润的 $Pb(Ac)_2$ 试纸变黑，可能含有 S^{2-}。

d. NO_2：红棕色气体，能使 KI 析出 I_2，可能含有 NO_2^-。

e. HCN：剧毒气体，有苦杏仁味，能使苦味酸试纸产生红斑，可能含有 CN^-。

注意：若试样为液体，虽含有上述阴离子，但加酸后不一定有气泡产生。

③ 与 $BaCl_2$ 作用。在中性或弱碱性溶液中，生成白色沉淀，表示有 SO_4^{2-}、SO_3^{2-}、PO_4^{3-}、SiO_3^{2-} 等，$S_2O_3^{2-}$ 浓度较大($>4.5g\cdot L^{-1}$)时才有沉淀。

④ 与 $AgNO_3$ 和 HNO_3 作用。在试液中加 $AgNO_3$，生成白色沉淀，然后用稀 HNO_3 酸化，仍有沉淀，表示可能有 S^{2-}、Cl^-、Br^-、I^-、$S_2O_3^{2-}$ 等。

⑤ 加氧化性阴离子。在酸化的试液中加 1 滴 $0.02mol\cdot L^{-1}$ $KMnO_4$，若紫色褪去，表明有 S^{2-}、SO_3^{2-}、Br^-、I^-、$S_2O_3^{2-}$、NO_2^- 等。

⑥ 加还原性阴离子。在酸化的试液中加 KI 溶液和 CCl_4。若振荡后 CCl_4 层显紫色(I_2)，则有氧化性阴离子生成。

某些阴离子的特性：CO_3^{2-} 与酸作用会产生挥发性气体(CO_2)；NO_3^-、NO_2^-、SO_4^{2-} 等具有氧化性，S^{2-}、I^-、SO_3^{2-} 具有还原性；PO_4^{3-}、$S_2O_3^{2-}$、CN^-、I^- 等可与一些阳离子形成配合物。

【思考与讨论题】

(1) 通过做 S^{2-}、SO_3^{2-}、$S_2O_3^{2-}$ 混合液的分析实验，总结操作中的关键步骤，分析影响因素。

(2) 在进行混合离子的分离检测时，必须排除离子之间的干扰。你是如何做到的？如果不能彻底排除离子之间的干扰，会有什么情况？

(3) 通过本实验，谈谈你对收获和存在的问题，提出进一步提高的想法。

本实验约需 3h。

4.5　醇、酚的性质

【实验目的】

(1) 通过本实验，进一步熟悉醇、酚、醚类有机化合物的一般性质。

(2) 比较醇、酚、醚之间化学性质的差别，了解相关应用。

(3) 认识羟基和烃基的互相影响关系。

【试剂与仪器】

金属钠，甲醇(AR)，乙醇(AR)，丁醇(AR)，辛醇(AR)，酚酞(AR)，仲丁醇(AR)，叔丁醇(AR)，ZnCl₂(AR)，HCl(AR)，KMnO₄(1%)，异丙醇(AR)，NaOH(AR)，CuSO₄(AR)，乙二醇(10%)，1,3-丙二醇(10%)，甘油(10%)，苯酚(1%)，对苯二酚(1%)，pH 试纸，溴水(饱和)，KI(1%)，苯(AR)，H₂SO₄(AR)，HNO₃(AR)，Na₂CO₃(5%)，KMnO₄(0.5%)，FeCl₃(1%)。

恒温水浴锅，试管。

【操作步骤】

1. 醇的性质

1) 比较醇的同系物在水中的溶解度

在 4 支试管中各加入 2mL 水，然后分别滴加甲醇、乙醇、丁醇、辛醇各 10 滴，振摇并观察溶解情况，如已溶解则再加 10 滴样品，观察，从而可得出什么结论？

2) 醇钠的生成与水解

在一干燥试管中加入 1mL 无水乙醇，投入一米粒大小的用滤纸擦干的金属钠，观察有何现象产生。待金属钠全部作用后(若金属钠未作用完，再加适量乙醇使其分解)，于试管中加入 4mL 水混合，用 pH 试纸检验溶液酸碱性。

3) 醇的氧化反应

取 3 支试管，各加入 5 滴 0.5%KMnO₄溶液和 5 滴 5%Na₂CO₃溶液，然后分别加入 5 滴正丁醇、仲丁醇、叔丁醇。摇动试管。观察溶液颜色有何变化。

4) 卢卡斯实验

取 3 支干燥试管，分别加入 0.5mL 正丁醇、仲丁醇、叔丁醇，然后各加入 1mL 卢卡斯试剂，用棉花团塞住试管口，摇动后静置。溶液立即出现浑浊，静置后分层者为叔丁醇。如不见浑浊则在水浴中温热数分钟，振荡后静置，溶液慢慢出现浑浊，最后分层者为仲丁醇，不起作用者为正丁醇。

5) 多元醇与 Cu(OH)₂ 作用

取 3 支试管，分别加入 3 滴 5%CuSO₄溶液和 3 滴 2%NaOH溶液，然后分别加入 5 滴 10%乙二醇、10%1,3-丙二醇和 10%甘油水溶液，摇动试管，有何现象？再在每支试管中加 1 滴 HCl，观察溶液颜色有何变化，说明什么？

2. 酚的性质

1) 苯酚的酸性

在试管中盛放苯酚的饱和水溶液 10mL，用玻璃棒蘸取 1 滴于 pH 试纸上检验其酸性。将上述苯酚饱和溶液一分为二，一份做空白对照，于另一份中逐滴滴入 5%NaOH 溶液，边加边振荡，直至溶液呈清亮为止，通入 CO_2 到酸性，又有何现象产生？

2) 苯酚与溴水作用

取苯酚饱和水溶液 2 滴，用水稀释至 2mL，逐滴滴入饱和溴水，至淡黄色，将混合物煮沸 1~2min，冷却，再加入数滴 1%KI 溶液及 1mL 苯，用力振荡，观察现象。

3) 三氯化铁实验

取 2 支试管，分别加入 0.5mL 1%苯酚水溶液和 0.5mL 1%对苯二酚水溶液，再分别加入 1%三氯化铁水溶液 1~2 滴，观察颜色变化情况。

4) 苯酚的硝化

取苯酚 0.5g 置于干燥的试管中，滴加 1mL 浓 H_2SO_4 摇匀，在沸水浴中加热 5min，并不断振荡，冷却后加水 3mL，小心地逐滴加入 2mL HNO_3，振荡均匀，置于沸水浴上加热至溶液呈黄色，取出试管，冷却，观察有无黄色结晶析出，这是什么物质？

5) 苯酚的氧化

取苯酚的饱和溶液 3mL 置于试管中，加 5%Na_2CO_3 0.5mL 及 0.5%$KMnO_4$ 溶液 1 mL，随加振荡，观察现象。

【数据记录及处理】

表 4-5　实验记录

实验内容	实验现象	解释现象
醇的性质		
(1)比较醇的同系物在水中的溶解度		
(2)醇钠的生成和水解		
(3)醇的氧化反应		
(4)伯醇、仲醇、叔醇的鉴别——卢卡斯实验		
(5)与氢氧化铜的反应		
酚的性质		
(1)苯酚的酸性		
(2)溴代反应		
(3)与 $FeCl_3$ 作用		
(4)苯酚的硝化		
(5)苯酚的氧化		

【注意事项】

(1) 醇钠的生成与水解实验，试管必须干燥，否则金属钠与水剧烈反应，不安全。所取金属钠粒要按要求大小，不能太大。

(2) 在实验中每一步操作后，要仔细观察实验现象并记录。取试剂量不要多，便于操作，观察到现象即可。

【思考与讨论题】

(1) 卢卡斯实验中，水多了行不行？为什么？氯化锌在实验中起什么作用？

(2) 用卢卡斯试剂检验伯、仲、叔醇的实验成功的关键是什么？对于六个碳以上的伯、仲、叔醇是否都能用卢卡斯试剂进行鉴别？

(3) 与氢氧化铜反应产生绛蓝色是邻羟基多元醇的特征反应，此外，还有什么试剂能起类似的作用？

本实验约需 3h。

4.6　醛、酮化合物的性质

【实验目的】

(1) 通过本实验练习，进一步加深对醛、酮化学性质的认识。

(2) 掌握鉴别醛、酮的化学方法以及理论依据。熟悉实验操作中的注意事项以及对实验结果的影响。

【试剂与仪器】

2,4-二硝基苯肼(AR)，甲醛(AR)，乙醛(AR)，庚醛(AR)，丙酮(AR)，苯乙酮(AR)，苯甲醛(AR)，3-戊酮(AR)，正丁醛(AR)，乙醇(AR)，$NaHSO_3$(AR)，$AgNO_3$(AR)，$NH_3 \cdot H_2O$(AR)，I_2(AR)，KI(AR)，NaOH(AR)，NaAc(AR)，对品红盐酸盐(AR)。

恒温水浴锅，试管。

【操作步骤】

1. 醛、酮的亲核加成反应

1) 2,4-二硝基苯肼实验

取 3 支试管，各加入 1mL 2,4-二硝基苯肼试剂，然后分别加入 2 滴乙醛水溶液、丙酮及苯乙酮。振荡后静置片刻。若无沉淀生成，可微热半分钟再振荡，冷却后有何现象？

2) 与饱和 $NaHSO_3$ 溶液加成

取 4 支试管，分别加入 2mL 刚配制的 $NaHSO_3$ 溶液，分别滴加 1mL 试样，振荡置于冰水中冷却数分钟，观察沉淀析出的相对速度。

试样：苯甲醛、乙醛、丙酮、3-戊酮。

3) 缩氨脲的制备

将 0.5g 氨基脲盐、1.5g NaAc 溶于 5mL 蒸馏水中，然后分装入 4 支试管中，各加入 3 滴试样和 1mL 乙醇，摇匀，将 4 支试管置于 70℃左右的水浴中加热 15min，然后各加入 2mL 水，移去灯焰，在水浴中再放 10min，待冷却后将其放入冰水中，用玻璃棒摩擦试管壁，至结晶完全。

试样：丙酮、苯乙酮、3-戊酮、庚醛。

2. 醛、酮的 α-H 活泼性(碘仿实验)

取 3 支试管,分别加入 3 滴正丁醛、丙酮、乙醇,再各加 0.5mL 10%NaOH。然后边振荡边滴加碘溶液,直到溶液中刚有碘存在(溶液呈红棕色)为止。观察有无黄色碘仿晶体析出。若没有黄色碘仿晶体析出,则将试管放入 60℃的温水浴中,再滴加碘溶液至有晶体析出,或刚产生的碘的棕色不再褪色(约 2min)为止。哪些试管有黄色晶体产生?

3. 醛、酮的区别

1) 土伦实验

取一支洁净的试管,加入 2mL 5%AgNO₃ 溶液和 0.5mL 10%NaOH 溶液,试管里立即有棕黑色的沉淀出现,振荡使反应完全。然后边振荡边滴加 2mol·L⁻¹ 氨水,直至生成的沉淀恰好溶解(不宜加多,否则影响实验的灵敏度),即得土伦(Tollen)试剂。

将此溶液均分于 3 支洁净试管中,编号后分别加入 2 滴乙醛、丙酮、苯甲醛(勿摇动)。置于温水浴中加热 2~3min,观察现象,有银镜出现者为醛类化合物。

2) 席夫实验

取 3 支试管,各加入 1mL 品红醛试剂(席夫试剂),再分别加 2 滴丙酮、甲醛、乙醛。放置数分钟,观察其颜色变化。然后各加 4 滴 H₂SO₄,溶液颜色有何变化?

3) 费林实验

取 4 支试管,编号。各加入 0.5mL 费林 I 和 0.5mL 费林 II 溶液,混合均匀后,分别加 3 滴甲醛、乙醛、丙酮、苯甲醛。在沸水中加热数分钟,若有砖红色沉淀(Cu₂O)生成,表明试样为脂肪醛类化合物。

4) 班氏实验

用班氏试剂(铜离子与柠檬酸盐生成的配合物)代替费林试剂(铜离子与酒石酸盐生成的配合物)重复上述实验。

【数据记录及处理】

表 4-6　实验记录

实验内容	实验现象	解释现象
醛、酮的亲核加成反应		
(1) 2,4-二硝基苯肼实验		
(2) 与饱和 NaHSO₃ 溶液加成		
(3) 缩氨脲的制备		
醛、酮的 α-H 活泼性(碘仿实验)		
醛、酮的区别		
(1) 土伦实验		
(2) 席夫实验		
(3) 费林实验		
(4) 班氏实验		

【注意事项】

(1) 与饱和 NaHSO$_3$ 溶液加成，冰水中冷却数分钟如无沉淀，可用玻璃棒摩擦试管或加 2～3mL 乙醇并摇匀，静置后观察。

(2) 实验报告中，写全相关的化学反应方程式，并要有文字解释。

【思考与讨论题】

(1) 土伦实验和费林实验的反应为什么不能在酸性溶液中进行？

(2) 为什么乙醇和 2-丙醇可以发生碘仿反应？乙酸分子式含有结构 C═O，能发生碘仿反应吗？

(3) 可以和醛酮发生亲核加成反应的亲核试剂有哪些？如何选择应用？

(4) 土伦试剂为什么要在临用时才配制？土伦实验完毕后，应该加入硝酸少许，立刻煮沸洗去银镜，为什么？

本实验约需 3h。

4.7　糖类化合物的性质

【实验目的】

(1) 了解各类糖的化学性质与其结构之间的关系。

(2) 掌握各类糖的鉴别方法，明白相关理论依据。

【试剂与仪器】

α-萘酚(10%)，乙醇(95%)，葡萄糖(5%)，果糖(5%)，麦芽糖(5%)，蔗糖(5%)，淀粉溶液(1%)，间苯二酚盐酸溶液(5%)，班氏试剂，土伦试剂，苯肼试剂，苯肼盐酸盐溶液(10%)，NaAc(15%)，NaOH(10%)，I$_2$-KI(1%)，乙醇，乙醚(1:3)，H$_2$SO$_4$(AR)，HCl(AR)。

恒温水浴锅，试管。

【操作步骤】

1. 莫利希实验

取 5 支试管，编号后分别加入 5%葡萄糖、果糖、麦芽糖、蔗糖和淀粉溶液各 1mL，再滴入 2 滴 10%α-萘酚的 95% 乙醇溶液，振摇均匀后，将各试管倾斜 45° 角，沿管壁徐徐加入 1mL H$_2$SO$_4$(勿摇动试管)，静置片刻，硫酸在下层，试液在上层，观察上下两液层界面处的颜色变化。稍加振荡试管，观察硫酸层现象。

2. 间苯二酚实验

取 4 支试管，编号，各加入 1mL 间苯二酚盐酸溶液，再分别加入 5 滴 5% 葡萄糖、果糖、麦芽糖和蔗糖溶液，摇匀后，将试管放入沸水浴中煮沸 1～2min，观察各试管中的颜色变化。加热 20min 后，再观察，比较结果。

3. 班氏实验

取 5 支试管，编号，各加入 1mL 班氏试剂，再分别滴加 5 滴 5%葡萄糖、果糖、蔗糖、麦芽糖溶液和 1%淀粉溶液，摇匀后将各试管同时置沸水浴中加热 3～5min，观察颜色变化及沉淀的生成。

4. 糖的成脲反应与鉴定

取 5 支试管，编号后分别加入 2% 葡萄糖、果糖、麦芽糖、乳糖和蔗糖溶液各 20 滴，再各加入 10 滴 10% 苯肼盐酸盐溶液和 10 滴 15% 乙酸钠溶液(或 20 滴苯肼试剂)，混合均匀，用棉花塞住管口。再将各试管同时浸入沸水浴中加热(注意随加振荡)，记录各种糖脲形成的时间。30min 后，若结晶析出不明显，可取出试管自然冷却，并用玻璃棒摩擦管壁以帮助结晶。最后用玻璃棒取糖脲结晶少许于载玻片上，在低倍(80～100 倍)显微镜下观察其结晶形状。

5. 糖类物质的水解

1) 蔗糖的水解

取两支试管，各加入 5% 蔗糖溶液 1mL，在甲试管中加 2 滴 HCl，在乙试管中加 2 滴蒸馏水，摇匀，两支试管同时放入沸水浴中加热 3～5min，取出冷却，甲管用 10% NaOH 溶液中和至红色石蕊试纸呈碱性反应。向两支试管中各加入 1mL 班氏试剂，摇匀后，同时置沸水浴中加热 2～3min，观察并分析所发生的现象。

2) 淀粉的水解

在试管中加入 3mL 1% 淀粉溶液，再加 0.5mL 1:5 硫酸，于沸水浴中加热 5min，冷却后用 10% NaOH 溶液中和至中性。取 5 滴与 1mL 班氏试剂作用，在沸水浴中加热 3～5min，观察现象。

6. 淀粉与碘作用

取 1 支试管加入 5 滴 1% 淀粉溶液和 2mL 蒸馏水，然后加 1 滴 1% 碘液；将试管放入沸水浴中加热 5～10min，取出试管冷却。观察并分析每步操作中所发生的现象。

【数据记录及处理】

表 4-7　莫利希实验

试剂	现象	解释现象
5% 葡萄糖溶液		
5% 果糖溶液		
5% 蔗糖溶液		
1% 淀粉溶液		

表 4-8　间苯二酚反应

试剂	现象	解释现象
5% 葡萄糖溶液		
5% 果糖溶液		
5% 蔗糖溶液		
5% 麦芽糖溶液		

表 4-9　班氏实验

试液	现象	解释现象
5％葡萄糖溶液		
5％果糖溶液		
5％蔗糖溶液		
1％淀粉溶液		

表 4-10　成脎反应与鉴定

	葡萄糖	果糖	麦芽糖	乳糖	蔗糖
糖脎颜色					
成脎时间					

表 4-11　糖类物质的水解

	现象	解释现象
蔗糖的水解		
淀粉的水解		

表 4-12　淀粉与碘作用

试液	现象	解释现象
1％　碘液		

【注意事项】

(1) 滴加莫利希试剂时，试剂勿与管壁接触，否则加 H_2SO_4 时与莫利希试剂生成绿色，影响实验结果。

(2) 成脎反应要在低倍(80～100 倍)显微镜下观察其结晶形状，所以要事先了解显微镜的使用及注意事项和保养。

【思考与讨论题】

(1) 为什么所有的糖都与莫利希试剂作用而显色？

(2) 是否所有的糖都能还原班氏试剂？为什么？

(3) 为什么葡萄糖和果糖的糖脎、晶形都是相同的？

本实验约需 3h。

【知识拓展】

(1) 苯肼盐酸盐与乙酸经复分解反应生成苯肼乙酸盐，这种弱酸与弱碱形成的盐在水中容易水解成苯肼。

$$C_6H_5NHNH_2 \cdot HCl + CH_3COONa \longrightarrow C_6H_5NHNH_2 \cdot CH_3COOH + NaCl$$

$$C_6H_5NHNH \cdot CH_3COOH \longrightarrow C_6H_5NHNH_2 + CH_3COOH$$

苯肼试剂也可用2份苯肼盐酸盐与3份乙酸钠混合研匀供用，用时取适量与糖溶液混合即可。

(2) 苯肼毒性很大，操作时，应避免触及皮肤，如不慎触及，应先用 5％乙酸冲洗，再用肥皂洗涤，为防止苯肼蒸气中毒，要用棉花堵塞管口，以减少苯肼蒸气逸出。

(3) 各种糖脎的颜色、熔点、析出时间和比旋光度见表 4-13。

表 4-13　各种糖脎的颜色、熔点、析出时间和比旋光度

名称	糖脎颜色	糖脎熔点/℃	析出糖脎所需时间/min	比旋光度/(°)
果糖	深黄色结晶	204	2	−92
葡萄糖	深黄色结晶	204	4～5	+47.7
麦芽糖	–	–	冷后析出	+129.0
蔗糖	黄色结晶	–	30(转化析出)	+66.5
木糖	橙黄色结晶	160	7	+18.7
半乳糖	橙黄色结晶	196	15～19	+80.2

(4) 自然冷却有利于获得较大的结晶，便于用显微镜观察。麦芽糖和乳糖更是如此。

4.8　氨基酸和蛋白质的性质

【实验目的】

(1) 掌握验证氨基酸和蛋白质的某些重要化学性质以及检验方法。

(2) 了解氨基酸和蛋白质的主要用途及生理作用。

【试剂与仪器】

清蛋白，$CuSO_4$(AR)，$Pb(Ac)_2$(AR)，$HgCl_2$(AR)，$(NH_4)_2SO_4$(AR)，HAc(5%)，苦味酸(AR)，鞣酸(AR)，茚三酮(AR)，甘氨酸(1%)，酪氨酸(1%)，色氨酸(1%)，鸡蛋白(1%)，HNO_3(AR)，NaOH(20%)，$CuSO_4$(饱和)，$Hg(NO_3)_2$(1%)，NaOH(30%)，$Pb(NO_3)_2$(10%)。

恒温水浴锅，试管。

【操作步骤】

1. 蛋白质的沉淀

(1) 用重金属盐沉淀蛋白质。取 3 支试管，编号后分别盛 1mL 清蛋白溶液，各试管中分别加入饱和 $CuSO_4$、$Pb(Ac)_2$、$HgCl_2$ 试样 2～3 滴，观察现象。

(2) 蛋白质的可逆沉淀。在盛有 2mL 清蛋白的试管中加入 2mL 饱和$(NH_4)_2SO_4$溶液。振荡观察有无絮状沉淀析出。取此浑浊液加入 1～3mL 水振荡，观察蛋白质沉淀是否溶解。

(3) 蛋白质与生物碱反应。在 2 支盛有 0.5mL 蛋白质液的试管中加入 5%HAc 至呈酸性，分别加入饱和苦味酸和鞣酸溶液，观察有无沉淀现象。

2. 蛋白质的颜色反应

(1) 与茚三酮反应。在 4 支试管(标明号码)中分别加入 1%甘氨酸、1%酪氨酸、1%色氨酸、1%鸡蛋白各 1mL，加入茚三酮试剂 2～3 滴，沸水浴中加热 10～15min，观察现象。

(2) 黄蛋白反应。在试管中加入 1mL 清蛋白和 1mL 浓 HNO_3，加热煮沸，观察现象。

(3) 蛋白质的二缩脲反应。在盛有 1mL 清蛋白和 1mL 20%NaOH 溶液的试管中，滴加几滴 $CuSO_4$ 溶液共热，观察现象。取 1%甘氨酸做对比实验，观察现象。

(4) 蛋白质与硝酸汞试剂作用。在盛有 2mL 清蛋白的试管中，加入硝酸汞试剂 2～3 滴，观察现象，小心加热，观察现象。用酪氨酸重复上述过程，现象如何。

3. 用碱分解蛋白质

取 1～2mL 清蛋白放入试管中，加入 2～4mL 30％NaOH，煮沸 2～3min，析出沉淀，继续沸腾，观察现象。用湿润的红石蕊试纸放在试管口检验颜色变化。上述热浴液加入 1mL10％ $Pb(NO_3)_2$，煮沸，观察现象。

【数据记录及处理】

表 4-14　重金属离子沉淀蛋白质

试样	现象	解释现象
$CuSO_4$		
$Pb(Ac)_2$		
$HgCl_2$		

表 4-15　蛋白质的可逆沉淀

管号	现象	解释现象
球蛋白溶液		
清蛋白溶液		

表 4-16　蛋白质与生物碱反应

	现象	解释现象
蛋白质溶液加生物碱		

表 4-17　蛋白质的颜色反应

管号	现象	解释现象
茚三酮反应		
黄蛋白反应		
二缩脲反应		
硝酸汞试剂		

表 4-18　碱分解蛋白质

试样	现象	解释现象
清蛋白加 30％NaOH		
热浴液加入 1mL 10％$Pb(NO_3)_2$		

【注意事项】

(1) 重金属在浓度很小时就能沉淀蛋白质，因此蛋白质是许多重金属中毒时的解毒剂，且这种沉淀是不可逆的。

(2) 做盐析实验时，用硫酸铵弱酸性或中性溶液均能使蛋白质沉淀，而其他盐需使溶液呈酸性才行。

【思考与讨论题】

(1) 怎样区分蛋白质的可逆沉淀和不可逆沉淀？

(2) 在蛋白质的二缩脲反应中，为什么要控制硫酸铜溶液的加入量？过量的硫酸铜会导致什么结果？

本实验约需 2h。

4.9　一些杂环化合物和生物碱的性质

【实验目的】

(1) 掌握吡啶、喹啉和烟碱的主要性质。

(2) 了解杂环化合物和生物碱的主要应用。

【试剂与仪器】

吡啶，喹啉，$FeCl_3$(1%)，$KMnO_4$(0.5%)，Na_2CO_3(5%)，苦味酸(饱和溶液)，单宁酸(10%)，KI(5%)，$HgCl_2$(5%)，HCl(AR)，烟碱试液(5%)，红色石蕊试纸。

【操作步骤】

取 3 支试管，分别加入 1mL 吡啶、喹啉、烟碱，各加入 5mL 水，摇匀，闻其气味，并做下列实验，注意互相比较。

(1) 各取一滴试液在红色石蕊试纸上，观察颜色有什么变化。

(2) 各取 0.5mL 试液，分置于 3 支试管中，各加入 1mL 1%$FeCl_3$溶液，观察有无沉淀析出。

(3) 各取 0.5mL 试液，分别加入 0.5%$KMnO_4$溶液、5%Na_2CO_3溶液各 0.5mL，摇匀，观察颜色有何变化。加热煮沸，混合物有什么变化？

(4) 各取 0.5mL 试液，分别加入盛有 2mL 饱和苦味酸溶液的试管中，5～10min 后观察有无沉淀析出。加入过量试液，沉淀是否溶解？

(5) 取 3 支试管，各加入 2mL 10%单宁酸的乙醇溶液，再分别加入 0.5mL 试液，摇匀，观察有无白色沉淀生成。若有沉淀是什么？

(6) 取 0.5mL 吡啶、喹啉试液，分别置于 2 支试管中，各加入同体积 5%$HgCl_2$(小心有毒)，观察有无松散的白色沉淀生成。加 1～2mL 水后，结果怎样？再加入 0.5mL HCl，沉淀是否溶解？试解释。

另取 0.5mL 烟碱试液，滴入 1 滴 20%乙酸溶液和数滴碘化汞钾溶液，观察有无黄色沉淀生成。

【数据记录及处理】

按照实验项目和顺序，将实验结果记录于表 4-19 中。

表 4-19 实验结果

实验操作	现象	解释现象
吡啶		
喹啉		
烟碱		

【注意事项】

碘化汞钾的配制方法：把 5％$HgCl_2$ 溶液逐滴加入 5％KI 溶液中，加至初生成的红色沉淀完全溶解为止。

【思考与讨论题】

(1) 吡啶、喹啉和烟碱为什么具有碱性？哪一个碱性强些？为什么？氯化铁的实验说明什么？

(2) 什么是生物碱试剂？它是指哪些试剂？

(3) 能否从烟草中提取烟碱？怎样提取？

本实验约需 3h。

4.10　单多相离子平衡的性质

【实验目的】

(1) 提高本实验练习，加强对电力平衡理论的理解。

(2) 掌握溶度积规则和同离子效应。

(3) 学习缓冲溶液的配制并了解其缓冲作用的原理。

(4) 掌握试管加热液体、试管反应、固体取样等基本操作。

(5) 巩固 pH 的概念，学习酸度计测试溶液 pH 的基本方法。

【试剂和仪器】

HAc($1.0mol·L^{-1}$、$0.1mol·L^{-1}$)，HCl($2mol·L^{-1}$、$0.1mol·L^{-1}$)，NaOH($0.1mol·L^{-1}$)，$NH_3·H_2O$($6.0mol·L^{-1}$、$0.1mol·L^{-1}$)，$NaHCO_3$($0.5mol·L^{-1}$)，$Al_2(SO_4)_3$($0.1mol·L^{-1}$)，NH_4Cl($0.1mol·L^{-1}$)，$Pb(NO_3)_2$($0.5mol·L^{-1}$)，NaCl($0.1mol·L^{-1}$)，KI($0.01mol·L^{-1}$)，$AgNO_3$($0.1mol·L^{-1}$)，KCl($0.1mol·L^{-1}$、$0.01mol·L^{-1}$)，$BiCl_3$($0.1mol·L^{-1}$)，K_2CrO_4($0.1mol·L^{-1}$)，$CuSO_4$($0.1mol·L^{-1}$)，NaAc($1.0mol·L^{-1}$、$0.1mol·L^{-1}$)，NH_4Cl，$FeCl_3$，甲基橙指示剂，酚酞指示剂。

酸度计，量筒，烧杯，试管。

【操作步骤】

1. 同离子效应

(1) 在两支试管中分别加入 2mL 0.1mol·L^{-1}HAc、1～2 滴甲基橙指示剂摇匀，观察溶液的颜色，然后在其中一支试管加少量固体 NaAc，振摇溶解后观察溶液颜色的变化，并比较两试管溶液颜色的异同，说明原因。

(2) 在两支试管中分别加入 2mL 0.1mol·L^{-1} NH$_3$·H$_2$O、1～2 滴酚酞指示剂摇匀，观察溶液的颜色，然后在其中一支试管加少量固体 NH$_4$Cl，振摇溶解后观察溶液颜色的变化，并比较两试管溶液颜色的异同，说明原因。

2. 盐类的水解

(1) 取少量固体 FeCl$_3$，用蒸馏水溶解后，观察溶液的颜色并分成三份，第一份加数滴 2mol·L^{-1} HCl，第二份加热至沸腾，分别观察溶液的颜色变化并且与第三份比较，说明原因。

(2) 在试管中加入 3 滴 0.1mol·L^{-}1 BiCl3 溶液，用滴管加水稀释，观察现象，并用 pH 试纸检验溶液的酸碱性，再逐滴加入 2mol·L^{-}1 HCl 溶液至溶液澄清(酸量不可加入过多)，再加水稀释，观察并解释现象。

3. 缓冲溶液

(1) 缓冲溶液的配制。按照表 4-20 中数据配制缓冲溶液于烧杯中，先用 pH 试纸测定其 pH，再用酸度计测定缓冲溶液的 pH，并与其计算值比较。

(2) 缓冲溶液的性质。按表 4-20 中用量分别取甲、乙、丙缓冲溶液，摇匀，分别用酸度计测定溶液的 pH。

分别取甲、乙、丙缓冲溶液 20mL 摇匀，按表 4-20 中用量分别加入去离子水、HCl 溶液、NaOH 溶液，用酸度计测定溶液的 pH。

4. 沉淀的形成与转化

(1) 取两支试管分别加入 5 滴 0.5mol·L^{-1} Pb(NO$_3$)$_2$ 溶液，在第一支试管中加入 5 滴 0.001mol·L^{-1} KCl 溶液，在第二支试管中加入 5 滴 0.1mol·L^{-1} KCl 溶液，观察现象，在两支试管中分别加入 0.01mol·L^{-1} KI 溶液，观察现象，写出离子反应方程式。

(2) 在试管中加入 3 滴 0.1mol·L^{-1} NaCl 溶液和 3 滴 0.1mol·L^{-1} K$_2$CrO$_4$ 溶液，再加入 1mL 去离子水，摇匀后，边摇动边加入 0.1mol·L^{-1} AgNO$_3$ 溶液，直至出现明显砖红色为止，写出离子反应方程式，并解释现象。

(3) 在试管中加入 0.5mL 0.1mol·L^{-1} CuSO$_4$ 溶液，再加 1mL 0.1mol·L^{-1} NaOH 溶液，观察现象，再加入过量 6mol·L^{-1} NH$_3$·H$_2$O，观察现象并解释。

【实验结果和处理】

(1) 在缓冲溶液配制的实验中,应先将根据公式计算的缓冲溶液的 pH 记录于表 4-20 中,再将 pH 试纸和酸度计测出的 pH 计入表 4-20 中。

表 4-20　缓冲溶液的 pH

缓冲溶液	酸	弱酸盐	计算 pH	实测 pH	
				pH 试纸	酸度计
甲	10mL HAc(1.0mol·L⁻¹)	10mL NaAc(1.0mol·L⁻¹)			
乙	10mL HAc(0.1mol·L⁻¹)	10mL NaAc(0.1mol·L⁻¹)			
丙	18mL HAc(0.1mol·L⁻¹)	2mL NaAc(0.1mol·L⁻¹)			

(2) 在缓冲溶液性质的实验中，将酸度计测定的 pH 记录于表 4-21 中，并计算 ΔpH。

表 4-21　缓冲溶液的性质

实验内容	待测溶液							
	甲		乙		丙		去离子水	
	pH	ΔpH	pH	ΔpH	pH	ΔpH	pH	ΔpH
加入 0.5mL 去离子水								
加入 0.5mL 0.1 mol·L⁻¹ HCl								
加入 2.5mL 0.1 mol·L⁻¹ NaOH								

【注意事项】

1. 数据处理

将表 4-21 中测得的 pH 数据与原始 pH 相比较，求出 ΔpH，总结影响缓冲溶液缓冲容量的因素。记录实验现象及说明。

2. 本实验相关理论及计算(供参考)

(1) 弱电解质的电离平衡：

$$AB(aq) \rightleftharpoons A^+(aq) + B^-(aq)$$

电离常数为

$$K^\ominus = \frac{c(A^+)/c^\ominus \cdot c(B^-)/c^\ominus}{c(AB)/c^\ominus}$$

在已建立平衡的弱电解质中，加入与其含有相同离子的另一种强电解质时，使弱电解质电离度降低的效应称为同离子效应。

(2) 盐类水解平衡。

盐类的水解是酸碱中和的逆反应，水解后溶液的酸碱性取决于盐的类型。盐类水解反应使溶液呈酸性或碱性，升高温度或稀释溶液都可使盐类的水解度加大。

(3) 缓冲溶液。

基本概念：在一定程度上能抵抗外加少量酸、碱或稀释，而保持溶液 pH 基本不变的作用称为缓冲作用。具有缓冲作用的溶液称为缓冲溶液。

缓冲溶液组成及计算公式：缓冲溶液一般是由共轭酸碱对组成的，如弱酸和弱酸盐或弱碱和弱碱盐。

缓冲溶液计算公式：

$$pH = pK_a^{\ominus} + \lg \frac{c(弱酸盐)/c^{\ominus}}{c(弱酸)/c^{\ominus}}$$

式中，$K_a^{\ominus}$ 为弱酸的电离常数；c(弱酸盐)、c(弱酸)分别为弱酸盐、弱酸的浓度。

(4) 利用溶度积规则判断沉淀的生成与溶解。

难溶电解质 A_mB_n 在饱和溶液中存在下列平衡：

$$A_mB_n(s) \rightleftharpoons mA^{n+}(aq) + nB^{m-}(aq)$$

在一定温度下 A_mB_n 的溶度积 $K_{sp}^{\ominus}$ 是一常数，则

$$K_{sp}^{\ominus} = \left(c_{A^{n+}} / c^{\ominus} \right)^m \left(c_{B^{m-}} / c^{\ominus} \right)^n$$

式中，$c_{A^{n+}}$、$c_{B^{m-}}$ 指平衡时 A^{n+} 和 B^{m-} 的浓度($mol \cdot L^{-1}$)。

根据溶度积可以判断沉淀的生成和溶解。难溶电解质各对应离子浓度幂的乘积为

$$Q = \left(c_{0,A^{n+}} / c^{\ominus} \right)^m \left(c_{0,B^{m-}} / c^{\ominus} \right)^n$$

式中，$c_{0,A^{n+}}$、$c_{0,B^{m-}}$ 指 A^{n+} 和 B^{m-} 的起始浓度($mol \cdot L^{-1}$)。

$Q > K_{sp}^{\ominus}$，过饱和状态，将有沉淀生成；$Q = K_{sp}^{\ominus}$，处于动态平衡；$Q < K_{sp}^{\ominus}$，不饱和状态，无沉淀析出。

使一种难溶电解质转化为另一种难溶电解质的反应过程称为沉淀的转化。一般来说，溶解度较大的难溶电解质容易转化为溶解度较小的难溶电解质。若溶液中含有两种或两种以上的离子都能与加入的某种离子(称为沉淀剂)反应生成沉淀，则产生沉淀需要沉淀剂离子浓度较小的离子先沉淀，需要沉淀剂离子浓度较大的后沉淀，这种先后沉淀的现象称为分步沉淀。

在多相离子平衡体系中，若加入某种试剂能与组成难溶电解质的阴离子或阳离子反应，则该离子浓度减少，溶解-沉淀平衡向沉淀溶解的方向移动，甚至能使沉淀完全溶解。

【思考与讨论题】

(1) 什么是同离子效应？试举 1~2 例说明同离子效应在实际工作中的应用。

(2) 盐类水解是怎样产生的？如何防止盐类的水解？

(3) 什么是缓冲溶液？缓冲溶液的缓冲容量受哪些因素影响？

本实验约需 4h。

4.11 沉淀平衡的性质

【实验目的】

(1) 学习离心分离操作，了解离心机的工作原理以及使用注意事项。

(2) 掌握沉淀平衡、同离子效应和溶度积规则的应用。

(3) 熟悉沉淀溶解和沉淀转化的原理及操作。

【试剂及仪器】

Pb(NO₃)₂(0.1mol·L⁻¹、0.001mol·L⁻¹), NaCl(1mol·L⁻¹、0.1mol·L⁻¹), K₂CrO₄(0.5mol·L⁻¹、0.05mol·L⁻¹), PbI₂(饱和溶液), KI(0.1mol·L⁻¹、0.001 mol·L⁻¹), BaCl₂(0.5mol·L⁻¹), (NH₄)₂C₂O₄(饱和溶液), HCl(6mol·L⁻¹), AgNO₃(0.1mol·L⁻¹), Na₂SO₄(饱和溶液), Na₂S(1mol·L⁻¹、0.1mol·L⁻¹), HNO₃(6mol·L⁻¹), NH₃·H₂O(6mol·L⁻¹)。

离心试管(10mL), 离心机, 试管, 烧杯。

【操作步骤】

1. 沉淀平衡

在离心试管中加入 10 滴 0.1mol·L⁻¹ Pb(NO₃)₂ 溶液, 然后加 5 滴 1mol·L⁻¹ NaCl 溶液, 振荡离心试管, 待沉淀完全后, 在离心机上离心分离。将离心液倒入另一试管中, 滴入 2~3 滴 0.5mol·L⁻¹ K₂CrO₄ 溶液, 观察有什么现象出现, 解释为什么。

2. 同离子效应

在试管中加入 1mL 饱和 PbI₂ 溶液, 滴加 5 滴 0.05mol·L⁻¹ KI 溶液, 振荡试管, 观察有什么现象出现并解释。

3. 溶度积规则的应用

(1) 在试管中加入 1mL 0.1mol·L⁻¹ Pb(NO₃)₂ 溶液, 再加入 1mL 0.1mol·L⁻¹ KI 溶液, 振荡试管, 观察有无沉淀生成。试用溶度积规则解释, 并写出化学反应方程式。

(2) 在试管中加入 1mL 0.001 mol·L⁻¹ Pb(NO₃)₂ 溶液, 再加入 1mL 0.001mol·L⁻¹ KI 溶液, 振荡试管, 观察有无沉淀生成。试用溶度积规则解释, 并写出化学反应方程式。

(3) 在试管中加入 1mL 0.1mol·L⁻¹ NaCl 溶液, 再加入 1mL 0.05mol·L⁻¹ K₂CrO₄ 溶液, 然后边振荡试管边逐滴滴入 0.1mol·L⁻¹ AgNO₃ 溶液, 观察沉淀的颜色变化, 试用溶度积规则解释。

4. 分步沉淀

在试管中滴入 2 滴 0.1mol·L⁻¹ Na₂S 溶液和 5 滴 0.1mol·L⁻¹ K₂CrO₄ 溶液, 用水稀释至 5mL, 滴入 0.1mol·L⁻¹ Pb(NO₃)₂ 溶液, 观察首先生成沉淀的颜色。待沉淀沉降后, 继续向清液中滴加 Pb(NO₃)₂ 溶液, 出现什么颜色的沉淀? 根据有关溶度积数据说明。

5. 沉淀的溶解

(1) 在试管中滴入 5 滴 0.5mol·L⁻¹ BaCl₂ 溶液, 滴入 3 滴(NH₄)₂C₂O₄ 饱和溶液, 观察沉淀的生成, 离心分离, 弃去溶液, 在沉淀物上滴 6mol·L⁻¹ HCl 溶液, 有什么现象? 写出化学反应方程式, 说明为什么。

(2) 在试管中滴入 10 滴 0.1mol·L⁻¹ AgNO₃ 溶液, 滴入 3~4 滴 1mol·L⁻¹ NaCl 溶液, 观察发生的现象, 再逐滴滴入 6mol·L⁻¹ NH₃·H₂O, 观察有什么现象。写出化学反应方程式, 说明为什么。

(3) 在试管中滴入 10 滴 0.1mol·L^{-1} AgNO$_3$ 溶液，滴入 3～4 滴 1mol·L^{-1} Na$_2$S 溶液，观察发生的现象。离心分离，弃去溶液，在沉淀物上滴 6mol·L^{-1} HNO$_3$ 溶液少许，加热，有什么现象？写出化学反应方程式，说明为什么。

小结沉淀溶解的条件。

6. 沉淀的转化

在离心试管中滴入 5 滴 Pb(NO$_3$)$_2$ 溶液，滴入 3 滴 1mol·L^{-1} NaCl 溶液，振荡离心试管，待沉淀完全后，在离心机上离心分离。弃去溶液，沉淀用蒸馏水洗涤一次。在沉淀物中滴 3 滴 0.1mol·L^{-1} KI 溶液，振荡试管，观察沉淀的转化、颜色的变化。按上述操作依次先后滴入 5 滴 Na$_2$SO$_4$ 饱和溶液、0.5mol·L^{-1} K$_2$CrO$_4$ 溶液、1mol·L^{-1} Na$_2$S 溶液，每加入一种新溶液后，都必须观察沉淀的转化、颜色的变化。

用上述生成物溶解度的数据解释本实验中出现的各种现象。小结沉淀转化的条件。

【数据记录及处理】

表 4-22　实验记录

实验内容	实验现象	解释现象
1. 沉淀平衡		
2. 同离子效应		
3. 溶度积规则的应用		
(1)		
(2)		
(3)		
4. 分步沉淀		
5. 沉淀的溶解		
(1)		
(2)		
(3)		
6. 沉淀的转化		

【注意事项】

(1) 本实验中生成的沉淀物溶液必须加热，促使沉淀颗粒增大、沉淀完全，便于分离完全。

(2) 本实验需多次使用离心机进行离心分离，以便沉淀彻底。在离心时，离心试管要对称放入，使离心机高速旋转时处于平衡状态。离心时需盖好机盖后再开机，并要等在旁边，离心好后取出。

【思考与讨论题】

(1) 在 Ag$_2$CrO$_4$ 沉淀中加入 NaCl 溶液，将会产生什么现象？与实验操作 2 中的(3)的实验现象能否得到一致的结论？

(2) 什么是分步沉淀，试把实验操作 2 中的(3)设计成一个说明分步沉淀的实验。根据溶度积计算判断实验中沉淀的先后次序。

(3) 在沉淀转化实验中能否用比较 PbCl$_2$、PbI$_2$、PbSO$_4$、PbCrO$_4$、PbS 的 $K_{sp}^{\ominus}$ 值说明有

关沉淀转化的原因？并说明理由。

(4) 欲利用含有 $PbCl_2$ 和其他金属杂质 Fe^{2+}、Cu^{2+} 的氯化物制取 $Pb(Ac)_2$，如何设计一个合理的工艺流程？

本实验约需 4h。

4.12　电解质溶液与解离平衡

【实验目的】

(1) 通过实验，加深对电离平衡、同离子效应、盐类水解等理论的理解。

(2) 掌握缓冲溶液的配制方法及其性质。

(3) 了解沉淀平衡及溶度积规则的应用。

(4) 掌握盐类水解反应并会用平衡移动的原理解释实验现象。

【试剂及仪器】

HAc ($0.1mol \cdot L^{-1}$、$2mol \cdot L^{-1}$)，HCl ($0.1mol \cdot L^{-1}$、$2mol \cdot L^{-1}$、$6mol \cdot L^{-1}$)，H_2S($0.1mol \cdot L^{-1}$)，NaOH ($0.1mol \cdot L^{-1}$、$2mol \cdot L^{-1}$)，$NH_3 \cdot H_2O$($0.1mol \cdot L^{-1}$、$2mol \cdot L^{-1}$)，Na_2SO_4($0.1mol \cdot L^{-1}$、饱和)，$FeCl_3$($0.1mol \cdot L^{-1}$)，NaCl($0.1mol \cdot L^{-1}$)，K_2CrO_4 ($0.1mol \cdot L^{-1}$)，$AgNO_3$($0.1mol \cdot L^{-1}$)，NaAc(s，$0.1mol \cdot L^{-1}$)，$Pb(NO_3)_2$($0.1mol \cdot L^{-1}$)，NH_4Ac($0.1mol \cdot L^{-1}$)，$BiCl_3$($0.1mol \cdot L^{-1}$)，$(NH_4)_2C_2O_4$(饱和)，$CaCl_2$ ($0.1mol \cdot L^{-1}$)，$MgCl_2$($0.1mol \cdot L^{-1}$)，Na_2CO_3($0.1mol \cdot L^{-1}$)，NH_4Cl($0.1mol \cdot L^{-1}$，饱和)，$NaHCO_3$($0.1mol \cdot L^{-1}$)，$Al_2(SO_4)_3$ ($0.1mol \cdot L^{-1}$)，Na_2S($0.1mol \cdot L^{-1}$)，NH_4Cl(s)，$Fe(NO_3)_3 \cdot 9H_2O$(s)，$BiCl_3$(s)，pH 试纸，甲基橙指示剂，酚酞指示剂，$Pb(Ac)_2$ 试纸，锌粒。

酸度计，离心机，离心试管，量筒，烧杯。

【操作步骤】

1. 强电解质和弱电解质

1) 比较盐酸和乙酸的酸性

(1) 在两支试管中，分别滴入 5 滴 $0.1mol \cdot L^{-1}$ HCl 和 $0.1mol \cdot L^{-1}$ HAc，再各滴 1 滴甲基橙指示剂，观察溶液的颜色。

(2) 分别用玻璃棒蘸 1 滴 $0.1mol \cdot L^{-1}$ HCl 和 $0.1mol \cdot L^{-1}$ HAc 溶液于两片 pH 试纸上，观察 pH 试纸的颜色并判断 pH。

(3) 在两支试管中分别加入 2mL $0.1mol \cdot L^{-1}$ HCl 和 HAc，再各加 1 粒锌粒并加热试管，比较两支试管中反应的快慢。

比较两者酸性有何不同，为什么？

2) 酸碱溶液的 pH

用 pH 试纸测定下列溶液的 pH，并与计算结果相比较。

① $0.1mol \cdot L^{-1}$ NaOH；② $0.1mol \cdot L^{-1}$ $NH_3 \cdot H_2O$；③ $0.1mol \cdot L^{-1}$ H_2S；④ $0.1mol \cdot L^{-1}$ HAc。

2. 同离子效应和电离平衡

(1) 取 2mL $0.1mol \cdot L^{-1}$ HAc 溶液，加入 1 滴甲基橙指示剂，摇匀，溶液是什么颜色?再加入少量 NaAc 固体,振动试管使其溶解后,溶液的颜色又有何变化? 解释原因。

(2) 取 2mL 0.1mol·L^{-1} NH$_3$·H$_2$O 溶液,加 1 滴酚酞指示剂,摇匀,观察溶液的颜色。再加入少量 NH$_4$Cl 固体,振荡试管,使其溶解后,观察溶液的颜色有何变化。为什么?

(3) 取 2mL 0.1mol·L^{-1} H$_2$S 溶液放入试管中,检查试管口有没有 H$_2$S 气体逸出(用什么方法检查?)。向试管加入数滴 2mol·L^{-1} NaOH 溶液,使管内溶液显碱性,检查有没有 H$_2$S 逸出。再向试管中加入 6mol·L^{-1} HCl 溶液,使管内溶液显酸性,还有没有 H$_2$S 气体产生?解释这些现象,写出化学反应方程式。

综合上述三个实验,讨论电离平衡的移动理论。

3. 缓冲溶液的性质

(1) 往两支试管中各加入 5mL 蒸馏水,用 pH 试纸测其 pH,再分别滴入 5 滴 0.1mol·L^{-1} HCl 和 0.1mol·L^{-1} NaOH 溶液,测定它们的 pH,并与蒸馏水的 pH 比较,记录 pH 的改变。

(2) 在一支试管中放入 5mL 0.1mol·L^{-1} HAc 和 5mL 0.1mol·L^{-1} NaAc 溶液,摇匀后,用试纸测其 pH。将溶液分成两份,一份加 5 滴 0.1mol·L^{-1} HCl,另一份加 5 滴 0.1mol·L^{-1} NaOH,分别再用试纸测它们的 pH,与上步实验比较,由此可得出什么结论?

(3) 欲配制 pH 为 4.1 的缓冲溶液 20 mL,现有 0.1mol·L^{-1} HAc 和 0.1mol·L^{-1} NaAc 溶液,应各取多少毫升? 计算并配制后,用精密 pH 试纸测定所配溶液的 pH,同时验证其有无缓冲能力。

4. 盐类的水解

(1) 用精密 pH 试纸测定浓度为 0.1mol·L^{-1} 下列各溶液的 pH,并解释它们的 pH 为什么不同:NaCl、NH$_4$Cl、Na$_2$S、NH$_4$Ac、Na$_2$CO$_3$、NaH$_2$PO$_4$、Na$_2$HPO$_4$。

(2) 试管中加入少量 Fe(NO$_3$)$_3$·9H$_2$O 固体,加水溶解后,观察溶液的颜色,把溶液分成三份,第一份留作比较用;第二份加 1 滴 6mol·L^{-1} HNO$_3$ 溶液,摇匀;第三份试液小火加热。比较三份溶液的颜色有何不同,试解释。

(3) 在试管中加少量 BiCl$_3$ 固体,再加少量水,摇匀后,观察现象。用 pH 试纸测定溶液的 pH,然后往试管中滴加 6mol·L^{-1} HCl 至溶液变成澄清为止(恰好溶解),再用水稀释这一溶液,又有什么变化? 用平衡原理解释上面的现象,并说明如何防止盐类水解。

(4) 分别取 1mL 0.1mol·L^{-1} Al$_2$(SO$_4$)$_3$ 和 1mL 0.1mol·L^{-1} NaHCO$_3$ 溶液于小试管中,并用 pH 试纸测出它们的 pH,写出它们的水解反应方程式。然后将 NaHCO$_3$ 倒入 Al$_2$(SO$_4$)$_3$ 中,观察有何现象。试从水解的移动解释。

5. 沉淀溶解平衡

1) 沉淀的生成和溶解

(1) 在两支离心试管中均加入 0.5mL 饱和(NH$_4$)$_2$C$_2$O$_4$ 溶液和 0.5mL 0.1mol·L^{-1} CaCl$_2$ 溶液,观察沉淀的颜色。离心分离,弃去溶液,在沉淀物上分别滴入 2mol·L^{-1} HCl 和 2mol·L^{-1} HAc 溶液,有什么现象? 写出化学反应方程式,说明为什么。

(2) 取 $0.1mol \cdot L^{-1}$ $AgNO_3$ 溶液 10 滴，加入 $0.1mol \cdot L^{-1}$ NaCl 溶液 10 滴，离心分离，弃去溶液，在沉淀上滴加 $2mol \cdot L^{-1}$ 氨水溶液，有什么现象产生？写出方程式。

(3) 取 5 滴 $0.1mol \cdot L^{-1}$ $AgNO_3$ 溶液，滴入 10 滴 $0.1mol \cdot L^{-1}$ Na_2S 溶液，观察现象，离心分离，弃去溶液，在沉淀上滴入 $6mol \cdot L^{-1}$ HNO_3 溶液少许，加热，有何现象？写出化学方程式，说明为什么。小结沉淀溶解的条件。

2) 氢氧化物的溶解度

(1) 分别取约 0.5mL $0.1mol \cdot L^{-1}$ $CaCl_2$、$MgCl_2$ 和 $FeCl_3$ 溶液倒入试管中，各加入 $2mol \cdot L^{-1}$ NaOH 溶液数滴，观察并记录三支试管中有无沉淀生成。

(2) 分别取约 0.5mL $0.1mol \cdot L^{-1}$ $CaCl_2$、$MgCl_2$ 和 $FeCl_3$ 溶液倒入试管中，各加入 $2mol \cdot L^{-1}$ $NH_3 \cdot H_2O$ 溶液数滴，观察并记录三支试管中有无沉淀生成。

(3) 分别取约 0.5mL $0.1mol \cdot L^{-1}$ $CaCl_2$、$MgCl_2$ 和 $FeCl_3$ 溶液倒入试管中，分别加入 0.5mL 饱和 NH_4Cl 和 $2mol \cdot L^{-1}$ $NH_3 \cdot H_2O$ 混合溶液(体积比为 1∶1)，观察并记录三支试管中有无沉淀产生。

通过上述三个实验比较 $Ca(OH)_2$、$Mg(OH)_2$ 和 $Fe(OH)_3$ 溶解度的相对大小，并加以解释。

3) 分步沉淀

在离心试管中加入 0.5mL $0.1mol \cdot L^{-1}$ Na_2S 溶液和 2 滴 $0.1mol \cdot L^{-1}$ K_2CrO_4 溶液，混匀后，一面振荡试管，一面滴加 $0.1mol \cdot L^{-1}$ $Pb(NO_3)_2$ 溶液，观察沉淀的生成与颜色；然后离心分离，在清液中再继续滴加 $0.1mol \cdot L^{-1}$ $Pb(NO_3)_2$ 溶液，会出现什么颜色的沉淀？写出反应方程式，并用有关溶度积的数据加以解释。

4) 沉淀的转化

在试管中加入 0.5mL $0.1mol \cdot L^{-1}$ NaCl 溶液和数滴 $0.1mol \cdot L^{-1}$ $AgNO_3$ 溶液，振荡试管，观察沉淀的生成与颜色；然后再滴加数滴 $0.1mol \cdot L^{-1}$ Na_2S 溶液，观察沉淀颜色有何变化。解释实验现象，并写出反应式。

【数据记录及处理】

记录本实验各化学反应的实验现象，并写出反应方程式，统计于表 4-23 中。

表 4-23　实验数据记录

实验操作	现象	反应方程式	解释	结论
1. 强电解质和弱电解质				
2. 同离子效应和电离平衡				
3. 缓冲溶液的性质				
4. 盐类的水解				
5. 沉淀溶解平衡				

【注意事项】

(1) 进行本实验时，凡是生成沉淀的步骤，沉淀量要少，即到刚生成沉淀为宜。凡是使沉淀溶解的步骤，加入溶液量越少越好，即让沉淀刚溶解为宜。因此溶液必须逐滴加入，且边滴边摇。若试管中溶液量太多，可在生成沉淀后，将上层清液吸去，再继续实验。

(2) 相关理论(供参考)。

电解质溶液中的离子反应和离子平衡是化学变化和化学平衡的一个重要方面。无机化学反应大多数是在水溶液中进行的，参与这些反应的物质主要是酸、碱、盐，它们都是电解质，在水溶液中能够电离成带电的离子。因此，酸、碱、盐之间的反应实质上是离子反应，它遵循化学移动的一般规律。当平衡条件(如温度、压力、浓度)发生改变时，平衡就会相应发生移动直至达到新的平衡状态。

电解质一般可分为强电解质和弱电解质，在水溶液中能完全电离的电解质称为强电解质；在水溶液中仅能部分电离的电解质称为弱电解质。弱电解质在水溶液中存在下列电离平衡。例如，一元弱酸解离平衡式：

$$HAc \rightleftharpoons H^+ + Ac^-$$

解离平衡常数表示为

$$K_i = \frac{[H^+][Ac^-]}{[HAc]}$$

同离子效应：在弱电解质溶液中，加入与该弱电解质有共同离子的强电解质时，使弱电解质的电离度降低的现象。例如，在 HAc 溶液中加入 NaAc 增加$[Ac^-]$，平衡向左移动，使 HAc 电离度降低。同理，在氨水溶液中加入氯化铵，增加 $[NH_4^+]$，可使电离度降低，$[OH^-]$降低。

缓冲溶液：弱酸及弱酸盐(或弱碱及弱碱盐)的混合溶液对外来的少量酸、碱或水有缓冲作用，可以在一定范围内保持溶液的 pH 基本不变。这种溶液称为缓冲溶液。

缓冲溶液的 pH 取决于 pK_a (或 pK_b)及 $\frac{c_{酸}V}{c_{盐}V}$ 或 $\frac{n_{酸}}{n_{盐}}$。

当 $c_{酸} = c_{盐}$时，pH = pK_a。所以配制一定 pH 的缓冲溶液时，可选其 pK_a 与 pH 相近的弱酸及其盐，pK_b 与 pH、pOH 接近的弱碱及其盐。

盐类的水解反应是由组成盐的离子和水电离出来的 H^+或 OH^-作用，生成弱酸或弱碱的反应过程，水解反应往往使溶液显酸性或碱性。

弱酸强碱所生成的盐进行水解，生成弱酸和 OH^-，使溶液呈碱性。

强酸弱碱所生成的盐进行水解，生成弱碱和 H^+，使溶液呈酸性。

弱酸弱碱所生成的盐进行水解，生成弱酸和弱碱，溶液的酸碱性视弱酸与弱碱的相对强度而定。

通常，水解后生成的酸或碱越弱，则盐的水解越剧烈。水解是中和反应的逆反应，是吸热反应，所以温度升高可以使平衡向水解方向移动。在水解平衡中增加或减少反应物或生成物的量也能使平衡移动。

沉淀溶解平衡：在难溶电解质的饱和溶液中，溶解后形成的离子和未溶解的固体之间存在多相离子平衡：

$$A_nB_m(s) \rightleftharpoons nA^{m+} + mB^{n-}$$

$$K_{sp} = [A^{m+}]^n[B^{n-}]^m$$

K_{sp} 表示在难溶电解质饱和溶液中，难溶电解质离子浓度幂的乘积，称为溶度积。溶度积大小与难溶电解质的溶解有关，它反映了物质的溶解能力。

浓度积可以作为沉淀与溶解的准则，对于难溶电解质 A_nB_m，若

$[A^{m+}]^n \cdot [B^{n-}]^m > K_{sp}$ 时，沉淀析出；

$[A^{m+}]^n \cdot [B^{n-}]^m = K_{sp}$ 时，溶液饱和；

$[A^{m+}]^n \cdot [B^{n-}]^m < K_{sp}$ 时，溶液未饱和，无沉淀析出。

若溶液中的几种离子都能与加入的某种试剂(沉淀剂)反应生成沉淀，当逐滴加入沉淀剂时出现各种离子依先后次序沉淀的现象，称为分步沉淀。分步沉淀的次序为：需要沉淀剂浓度较小的难溶电解质先析出沉淀，需要沉淀剂浓度大的后析出沉淀。

使一种难溶电解质转化为另一种难溶电解质，即把一种沉淀转化为另一种沉淀的过程称为沉淀的转化。一般来说，溶度积大的难溶电解质容易转化为溶度积小的难溶电解质。

【思考与讨论题】

(1) 已知 H_3PO_4、NaH_2PO_4、Na_2HPO_4 和 Na_3PO_4 四种溶液的物质的量浓度相同，它们依次分别显酸性、弱酸性、弱碱性和碱性。试解释之。

(2) 将 $10mL$ $0.2mol \cdot L^{-1}$ HAc 和 $10mL$ $0.1mol \cdot L^{-1}$ NaOH 混合，所得到的溶液是否有缓冲作用？这个溶液的 pH 在什么范围内？

(3) 若在体系中有过量的 CrO_4^{2+}，由 AgCl 转化为 Ag_2CrO_4 容易，还是 Ag_2CrO_4 转化为 AgCl 容易？为什么？在实验中怎样才能保证 CrO_4^{2-} 不过量？

(4) 沉淀氢氧化物是否一定要在碱性条件下进行？是不是溶液的碱性越强(加的碱越多)，氢氧化物就沉淀得越完全？

(5) 同离子效应对弱电解质的电离度及难溶电解质的溶解度各有什么影响？

(6) 沉淀的溶解和转化的条件各有哪些？

(7) 盐类水解是怎样产生的？怎样防止盐类发生水解？

本实验约需 3h。

4.13　物质性质与周期性

【实验目的】

(1) 验证周期表中元素及其化合物某些性质的递变规律。

(2) 了解某些氧化物的酸碱性和某些化合物的氧化还原性。

(3) 了解原子核外电子排布对元素性质的影响。

【试剂与仪器】

锂、钠、钾金属，镁条，NaOH ($2mol \cdot L^{-1}$)，NaOH ($6mol \cdot L^{-1}$)，HCl ($2mol \cdot L^{-1}$、$6mol \cdot L^{-1}$)，H_2SO_4 ($1mol \cdot L^{-1}$)，HNO_3(浓，5%)，HNO_3(AR)，H_3PO_4($1mol \cdot L^{-1}$、$8mol \cdot L^{-1}$)，$MgSO_4$ ($0.1mol \cdot L^{-1}$)，$Al_2(SO_4)_3$ ($0.1mol \cdot L^{-1}$)，KBr ($0.1mol \cdot L^{-1}$)，KI ($0.1mol \cdot L^{-1}$)，CCl_4，Na_2SiO_3 (20%)，Bi_2O_3，Sb_2O_3，As_2O_3(s)，白磷，氯水，溴水，Ti、Fe、Cu 片，Cu、Ag、Au 碎屑。

镊子，小刀，滤纸，小烧杯，砂纸，酒精灯。

【操作步骤】

1. 金属性强弱的比较

(1) 用镊子拿出存放在煤油中的钠，用刀切下绿豆大小的一块，用滤纸擦干表面的煤油，投入装有半杯水的小烧杯中，有何现象？反应完后，于小烧杯中滴入 2 滴酚酞，有何现象？

在一支试管中加入 5mL 去离子水，取一小段用砂纸擦净的镁条，用刀刻划，比较与钠的硬度差异。然后把镁条投入试管，静置 2min，观察现象。再加热试管，再观察。最后再滴入 2 滴酚酞。与钠对比反应现象，比较金属性强弱。

(2) 用镊子分别取米粒大小的锂、钠、钾金属(不可多取，否则有可能爆炸)，用滤纸擦去锂表面的蜡，钠、钾表面的煤油，分别投入三个装有半杯水的小烧杯中，观察与水反应的剧烈程度。反应完后，于每个小烧杯中滴入 2 滴酚酞，有何现象？

由本实验总结周期表中从左到右、从上到下各元素金属性的递变规律。

2. 氧化物及其水合物酸碱性的比较

(1) 在 2 支试管中各加入 1mL $MgSO_4$ 溶液，再加入 $2mol \cdot L^{-1}$ NaOH 直到产生 $Mg(OH)_2$ 白色沉淀。然后在一支试管中加 2mL $2mol \cdot L^{-1}$ HCl，另一支加入 $2mol \cdot L^{-1}$ NaOH，观察溶解情况的不同。用 $Al_2(SO_4)_3$ 再做同样实验，把实验结果与镁比较。

(2) 在一支试管中加入 10 滴 20% Na_2SiO_3 溶液，再逐滴加入 $8mol \cdot L^{-1}$ H_3PO_4 溶液，观察现象，比较硅酸与磷酸的酸碱性。

(3) 在 2 支试管中各加入 2mL $1mol \cdot L^{-1}$ H_3PO_4 与 $1mol \cdot L^{-1}$ H_2SO_4，再各加入一小段镁条，由反应快慢比较 H_3PO_4 与 $1mol \cdot L^{-1}$ H_2SO_4 的酸碱性。

(4) 在 3 支试管中各加入 0.1g As_2O_3 固体(注意：As_2O_3 剧毒)，分别加入 2mL 去离子水、$6mol \cdot L^{-1}$ NaOH、$6mol \cdot L^{-1}$ HCl，充分振荡，比较溶解性的不同。再以 Bi_2O_3、Sb_2O_3 做同样的实验，比较它们的氧化物及其水合物的酸碱性。

由本实验总结周期表中从左到右、从上到下各元素氧化物及其水合物酸碱性的递变规律。

表 4-24　金属氧化物的本质

氧化物的化学式	在水中的相对溶解度	在 $6mol \cdot L^{-1}$ HCl 的相对溶解度	在 $6mol \cdot L^{-1}$ NaOH 的相对溶解度	结论(氧化物的本质：酸性、碱性、两性)
As_2O_3				
Bi_2O_3				
Sb_2O_3				

3. 卤素的氧化还原性比较

(1) 取 0.5mL $0.1mol \cdot L^{-1}$ KI 溶液于试管中，再往试管中加 5 滴 CCl_4，然后逐滴滴入氯水并振荡，观察 CCl_4 层的颜色变化，解释现象。

取 0.5mL $0.1mol \cdot L^{-1}$ KBr 溶液于试管中，再往试管中加 5 滴 CCl_4，然后逐滴滴入氯水并振荡，观察 CCl_4 层的颜色变化，解释现象。

取 0.5mL 0.1mol·L^{-1} KI 溶液于试管中，再往试管中加 5 滴 CCl_4，然后逐滴滴入溴水并振荡，观察 CCl_4 层的颜色变化，解释现象。

(2) 自行设计实验，比较硫和氯的氧化还原性强弱。由本实验总结周期表中元素氧化还原性的递变规律。

4. 副族元素活泼性的比较

(1) 把 Ti、Fe、Cu 元素的小片分别投入 2mol·L^{-1} HCl 溶液中，观察反应的剧烈程度，从而判断活泼性。

(2) 把 Cu、Ag、Au 元素的碎屑分别投入 5%HNO_3 和浓、热 HNO_3 中，比较活泼性。

由本实验总结周期表中副族元素活泼性的递变规律。

【数据记录及处理】

记录实验中元素及其化合物的递变规律，并记录实验现象。

表 4-25　实验结果记录

实验操作	现象	反应方程式	解释	结论
1. 金属性强弱的比较				
2. 氧化物及其水合物酸碱性的比较				
3. 卤素的氧化还原性比较				
4. 副族元素活泼性的比较				

【注意事项】

(1) 做金属性强弱实验时，注意取金属的量要合适。

(2) 观察现象要仔细、认真。

(3) 本实验理论(供参考)。

元素的性质随原子序数的增加呈现周期性变化，其本质原因是核外电子层结构的周期性变化。在周期表中，同一周期从左到右，各元素原子电子内层排布相同，最外层电子数依次递增；在同一族中从上到下，各元素原子电子最外层相同，但电子层数依次递增。这种电子层结构的周期性变化，决定了元素性质的周期性变化，如密度、熔点、沸点、金属性、电负性、电离能、极化作用强弱等。而在组成化合物的元素中，各元素性质的相互作用，决定了化合物的性质，所以化合物性质也随之呈周期性变化，如氧化物及其水合物的酸碱性、卤化物的熔点、含氧酸盐的分解等。随着核外电子数的减少及电子层数的增加，元素原子易失去电子，还原性增强，显出较强的金属性；反之，随着核外电子数的增加及电子层数的减少，元素原子易得到电子，氧化性增强，显出较强的非金属性。当典型的金属与非金属相遇时，所形成的化合物以离子键结合，熔点、沸点高，导电性好；当一方的金属性或非金属性相对减弱时，化合物成键的共价成分增多，熔点、沸点及导电性有所降低。元素 R 氧化物的水合物可用 ROH 表示，可发生 RO—H 电离及 R—OH 电离而表现出一定的酸、碱性。当 R 的金属性强，与 O 之间的键离子成分多，容易电离，则其水合物显碱性。当 R 的非金属性强，与 O 之间的键共价成分多，不容易电离，则 H 电离，其水合物显酸性。在副族元素中，元素性质的周期性递变与主族不同。除ⅡB族外，副族元素同周期中随原子序数增加活泼性减弱，同族中随原子序数增加活泼性也减弱。

【思考与讨论题】

(1) 氧化物的酸碱性和一些化合物的氧化还原性是否呈周期性？

(2) 元素性质变化的周期性与元素原子中的电子排布有什么关系？

本实验约需 4h。

4.14　氧化还原反应和电化学的性质

【实验目的】

(1) 了解测定电极电势的原理和方法，掌握氧化还原反应的本质。

(2) 熟悉几种常见的氧化剂、还原剂及其反应。

(3) 了解反应物浓度、酸度对电极电势及氧化还原反应方向、速率的影响。

【试剂与仪器】

H_2SO_4 (2mol·L^{-1})，HCl(1mol·L^{-1}、浓)，NaOH(6mol·L^{-1})，H_2O_2 (3%)，$CuSO_4$(0.1mol·L^{-1}、1mol·L^{-1})，$ZnSO_4$(1mol·L^{-1})，Pb(NO$_3$)$_2$(0.1mol·L^{-1})，硫代乙酰胺(5%)，$FeSO_4$(饱和)，$KMnO_4$(0.01mol·L^{-1})，KI(0.1mol·L^{-1})，KBr(0.1mol·L^{-1})，$K_2Cr_2O_7$(0.1mol·L^{-1})，$Na_2S_2O_3$(0.5mol·L^{-1})，Na_3AsO_3(0.1mol·L^{-1})，浓氨水，碘水(饱和)，氯水，溴水，淀粉溶液，四氯化碳，KI-淀粉试纸。

烧杯，量筒，离心机，离心试管，伏特计，盐桥(U形管)，铜片，锌片，导线。

【操作步骤】

1. 原电池实验

(1) 在两只 100mL 烧杯中各加入 50mL 1mol·L^{-1} CuSO$_4$溶液及 1mol·L^{-1} ZnSO$_4$溶液，然后在 CuSO$_4$溶液内加入铜片，ZnSO$_4$溶液内放入锌片，并用饱和 KCl 盐桥连接两烧杯。将锌片与铜片通过导线分别与伏特计的负极和正极相接，组成原电池(图 4-1)。观察伏特计指针的偏转。

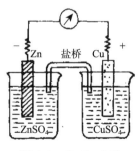

图 4-1　Cu-Zn 电池

(2) 在 CuSO$_4$溶液中加浓氨水至生成的沉淀溶解，此时 Cu^{2+}与 NH$_3$·H$_2$O 配位，观察此时的电位差有何变化，解释原因。

(3) 在 $ZnSO_4$ 溶液中加浓氨水至生成的沉淀溶解，此时 Zn^{2+} 与 $NH_3 \cdot H_2O$ 配位，观察此时的电位差有何变化，解释原因。

总结浓度对电极电势的影响。

2. 常见氧化剂和还原剂的性质

1) $K_2Cr_2O_7$ 的氧化性

在试管中加入 5 滴 $0.1mol \cdot L^{-1}$ $K_2Cr_2O_7$ 溶液，加 5 滴 $2mol \cdot L^{-1}$ H_2SO_4 酸化，再加饱和 $FeSO_4$ 溶液 10 滴，观察溶液颜色的变化，写出反应方程式。

2) H_2O_2 的氧化还原性

(1) H_2O_2 的氧化性。在离心试管中加入 $0.1mol \cdot L^{-1}$ $Pb(NO_3)_2$ 溶液 10 滴，滴加 10 滴 5%硫代乙酰胺溶液，振荡，在水浴中加热，观察现象。然后离心分离，弃去上层清液，在沉淀中加入 3% H_2O_2 数滴，微热，观察现象(氧化产物为 $PbSO_4$)。

(2) H_2O_2 的还原性。在试管中加入 3% H_2O_2 溶液，加 $2mol \cdot L^{-1}$ H_2SO_4 酸化，逐滴加入 $0.01mol \cdot L^{-1}$ $KMnO_4$ 溶液(等第一滴 $KMnO_4$ 溶液褪色后再加第二滴)，边加边振荡，有什么现象产生？写出相应的反应方程式。

3) I_2 的氧化性和 I^- 的还原性

(1) 在试管中加入 $0.1mol \cdot L^{-1}$ KI 溶液 2 滴，加入 $2mol \cdot L^{-1}$ H_2SO_4 酸化，加水 10 滴，然后滴入 $0.01mol \cdot L^{-1}$ $KMnO_4$ 溶液 2 滴，此时溶液有什么颜色？观察溶液颜色的变化。

(2) 在上步的溶液中滴入 $0.5mol \cdot L^{-1}$ $Na_2S_2O_3$ 溶液数滴，观察溶液颜色的变化。写出相应的反应方程式。

3. 浓度对氧化还原反应的影响

在 2 支离心试管中分别加入浓 HCl 和 $1mol \cdot L^{-1}$ HCl 各 1mL，分别加入 $0.1mol \cdot L^{-1}$ $K_2Cr_2O_7$ 溶液 4 滴，水浴加热，观察颜色变化，检验有无氯气产生，写出反应方程式。

4. 酸度对氧化还原反应的影响

(1) 介质的酸碱性对 $KMnO_4$ 氧化作用的影响。在 3 支试管中各加入 $0.01mol \cdot L^{-1}$ $KMnO_4$ 溶液 5 滴。在第一支试管中加入 $2mol \cdot L^{-1}$ H_2SO_4 10 滴，第二支试管中加蒸馏水 10 滴，第三支试管中加 $6mol \cdot L^{-1}$ NaOH 数滴。然后在每支试管中加入 $0.5mol \cdot L^{-1}$ $Na_2S_2O_3$ 溶液 5～6 滴，观察反应产物有何不同。介质对 $KMnO_4$ 的氧化还原反应有何影响？写出相应的氧化还原反应方程式(注意：在碱性条件下，碱溶液用量不宜过少，为什么？)。

(2) 介质酸度对氧化还原反应方向的影响。在试管中加入饱和碘水 2～3 滴，观察溶液的颜色。然后逐滴加入 $0.5mol \cdot L^{-1}$ $Na_2S_2O_3$ 溶液至溶液刚变为无色(每加入一滴都应振荡试管)，再加入淀粉溶液 3 滴，观察溶液的颜色。最后加入浓 HCl 10～15 滴，溶液的颜色有何变化？写出反应方程式，说明介质对氧化还原反应方向的影响。

5. 沉淀生成对氧化还原反应的影响

在试管中加入 10 滴 $0.1mol·L^{-1}CuSO_4$ 溶液，再加入 10 滴 $0.1mol·L^{-1}$ KI 溶液，观察沉淀的生成。然后加入 15 滴 CCl_4 溶液，充分振荡，观察 CCl_4 层的颜色有何变化。写出反应方程式。

6. 卤素的氧化性和卤素离子的还原性

(1) 在试管中加入 $0.1mol·L^{-1}$ KBr 溶液 1 滴、CCl_4 8 滴，然后边振荡边滴加饱和氯水，观察现象。

(2) 在试管中加入 $0.1mol·L^{-1}$ KI 溶液 1 滴、CCl_4 8 滴，然后边振荡边滴加饱和氯水，观察水层与四氯化碳层颜色。再加入过量氯水，振荡，观察水层与四氯化碳层的颜色变化。

(3) 在试管中加入 $0.1mol·L^{-1}$ KI 溶液 1 滴、CCl_4 8 滴，然后边振荡边滴加溴水，观察现象。根据 CCl_4 层的颜色变化，比较卤素氧化能力的大小，写出有关反应方程式。

(4) 在试管中加入 $0.1mol·L^{-1}$ KBr 溶液 5 滴和 $0.1mol·L^{-1}$ KI 溶液 1 滴，再加入 CCl_4 10 滴，然后逐滴加入氯水(每加一滴即振摇试管)，至 CCl_4 层呈紫红色为止。然后往其中一支试管继续滴加氯水，至 CCl_4 层褪色为止。说明哪种卤素离子先被置换出来。根据实验结果比较卤素离子还原能力的大小(用标准电极电势来判断上述氧化还原反应的次序)。已知 $E^\ominus(Cl_2/Cl^-)=1.358V$；$E^\ominus(Br_2/Br^-)=1.065V$；$E^\ominus(I_2/I^-)=0.538V$；$E^\ominus(IO_3^-/I_2)=1.20V$。

【数据记录及处理】

根据各种实验条件下相应的实验现象，写出反应方程式，并分析原因。

表 4-26　实验结果记录

实验操作	现象	反应方程式	解释	结论
1.原电池实验				
2.常见氧化剂和还原剂的性质				
3.浓度对氧化还原反应的影响				
4.酸度对氧化还原反应的影响				
5.沉淀的生成对氧化还原反应的影响				
6.卤素的氧化性和卤素离子的还原性				

【注意事项】

(1) 本实验必须严格控制氧化剂、还原剂及酸、碱的用量、浓度及加入的先后次序，因为它们对氧化还原反应的产物、方向、现象等都会产生影响。

(2) 盐桥是一支装有琼胶和 KCl 饱和溶液的 U 形管，为保证其导电性，U 形管内应无气泡。用毕应将其浸在 KCl 饱和溶液中。

(3) 注意原电池的正、负极。

(4) 相关理论(供参考)。

氧化还原平衡是无机化学四大平衡之一。氧化还原反应是物质之间发生电子转移的一类重要反应。氧化剂在反应中得到电子，还原剂失去电子，其得、失电子能力的大小，或者说氧化、还原能力的强弱，可用它们电极电势的相对高低来衡量。一个电对的电极电势越高，其氧化态的氧化能力越强，则还原态的还原能力越弱；反之亦然。所以根据电对的标准电极电势($E^\ominus$)的相对大小，可以判断氧化还原反应进行的方向和程度，即计算氧化还原反应的标准平衡常数。标准电极电势是处于标准状态的电对相对于标准氢电极的电极电势，规定标准氢电极的电极电势$E^\ominus(H^+/H_2)=0.0000V$。电对的电极电势不仅取决于电对的本性，还取决于电对平衡式中各物种的浓度和温度。对水溶液中任一电对(假设均为离子)平衡：

$$a\text{氧化型}+n\mathrm{e}\Longleftrightarrow b\text{还原型}$$

其电对的电极电势与浓度和温度的关系可以用能斯特方程来表示：

$$E=E^- + \frac{RT}{nF}\ln\frac{c^a_{\text{氧化型}}}{c^b_{\text{还原型}}}$$

当温度为 25℃时，能斯特方程可写为

$$E=E^- + \frac{0.0592V}{n}\ln\frac{c^a_{\text{氧化型}}}{c^b_{\text{还原型}}}$$

氧化型的离子浓度越大或还原型的离子浓度越小，氧化型获得电子变成还原型的倾向越大，其电极电势越高。影响溶液中离子浓度的因素(如形成配合物和沉淀)，同样影响电对的电极电势，从而影响氧化还原反应。

以含氧酸根离子作氧化剂时，其电极电势随着溶液中 H^+ 浓度的增大而增大，即介质的酸度也是影响 E 值的因素之一。

单独的电极电势是无法测量的，只能从实验中测量两个电对组成的原电池的电动势，如果原电池中有一个电对的电极电势是已知的，则能算出另一电对的相对电极电势。如果两个电极都是金属电极，则一般较活泼的金属为负极，较不活泼的金属作正极。

【思考与讨论题】

(1) 影响电极电势的因素有哪些？如何影响？

(2) 考虑如何将反应：

$$2KMnO_4+5Na_2SO_3+3H_2SO_4\longrightarrow 2MnSO_4+K_2SO_4+5Na_2SO_4+3H_2O$$

设计为一原电池。

(3) 为什么 $K_2Cr_2O_7$ 能氧化 HCl 但不能氧化 NaCl 溶液？

(4) 两电对间的电极电势差值越大，是否反应进行得越快？

(5) Fe^{3+} 能把 Cu 氧化成 Cu^{2+}，而 Cu^{2+} 又能将 Fe 氧化成 Fe^{2+}，两者有无矛盾？为什么？

本实验约需 4h。

4.15　金属阳离子的分离与鉴定

【实验目的】

(1) 学习纸色谱法的一般原理及其操作方法。

(2) 学习用纸色谱法分离阳离子溶液及鉴定未知液中的离子组成。

【试剂及仪器】

展开剂(按体积比，丙酮:HCl:水=19:4:2)，Fe^{3+}(1%)，Cu^{2+}(1%)，Co^{2+}(2%)，Mn^{2+}(2%)，Fe^{3+}、Cu^{2+}、Co^{2+}、Mn^{2+}混合液，未知试液(可能含 Fe^{3+}、Cu^{2+}、Co^{2+}、Mn^{2+}中的一种或两种)，氨水(AR)。

层析滤纸，点样毛细管，层析缸。

【操作步骤】

1. 点样

把层析滤纸裁成约 11cm×16cm 大小，离底边 1~1.5cm 处用铅笔画一直线，为原点线。把原点线八等分，在中间六段用点样毛细管分别点上 Fe^{3+}溶液、Cu^{2+}溶液、Co^{2+}溶液、Mn^{2+}溶液、混合液和未知试液(图 4-2)。点好后置于通风处干燥。然后将滤纸卷成圆柱形，并用透明胶带把左上角和右上角贴在一起，使滤纸的两条短边相互平行，而不相交，立于台面时柱体应垂直于台面(图 4-3)。

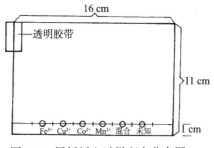

图 4-2　层析纸上试样斑点分布图　　　图 4-3　层析滤纸围成圆柱形

2. 展开

在 600mL 烧杯中倒入 15mL 展开剂，将滤纸原点线一端向下放入烧杯，注意展开剂液面一定要在原点线之下，滤纸不要碰到杯壁。然后用塑料薄膜密封烧杯。

展开剂沿滤纸自下而上均匀展开，注意观察，当展开剂前沿到达滤纸顶边近 2cm 处时，取出滤纸，用铅笔标出展开剂前沿，动作要迅速，以免展开剂挥发。

3. 显色

将滤纸用吹风机吹干，展开。在干燥器底部加入约 10mL 浓氨水，将滤纸平放在干燥器瓷板上，熏 5min 左右，显出各种离子的斑点。

【数据记录及处理】

(1) 记录 Fe^{3+}、Cu^{2+}、Co^{2+}、Mn^{2+}显色后斑点的颜色，测出各离子的 R_f 值。

(2) 记录未知试样显色后斑点的颜色，测出 R_f 值，判断未知试样的阳离子组分。

【注意事项】

(1) 画原点线一定要用铅笔，不可用钢笔或圆珠笔。

(2) 点样时斑点中心要落在原点线上，斑点直径不要超过 3mm。

(3) 氨很呛，用氨气熏点样纸时，注意别吸入气管。

(4) 实验理论(供参考)。

纸色谱属于分配色谱的一种。它的分离作用不是靠滤纸的吸附作用，而是以滤纸作为惰性载体，以吸附在滤纸上的水或有机溶剂作为固定相，流动相是被水饱和过的有机溶剂(展开剂)。利用样品中各组分在两相中分配系数的不同达到分离的目的。纸上层析用滤纸作为载体，因为纤维和水有较大的亲和力，对有机溶剂则较差。在滤纸的一定部位点上样品，当有机相沿滤纸流动经过原点时，即在滤纸上的水与流动相间连续发生多次分配，结果在流动相中具有较大溶解度的物质随溶剂移动的速度较快，而在水中溶解度较大的物质随溶剂移动的速度较慢，这样便能把混合物分开。

纸色谱的优点是操作简便、价格便宜，所得色谱图可以长期保存。其缺点是展开时间较长，因为溶剂上升的速度随着高度的增加而减慢。

纸色谱法所选用滤纸的厚薄应均匀，无折痕，滤纸纤维松紧适宜。通常做定性实验时，可采用新华 1 号展开滤纸，滤纸大小可根据需要自行选择。

展开剂的选择十分重要，应根据被分离物质的不同，选用合适的展开剂。展开剂应对待分离物质有一定的溶解度，溶解度太大，待分离物质会随展开剂跑到前沿；太小，则会留在原点附近，使分离效果不好。

通常用比移值(R_f)表示物质移动的相对距离。

$$R_f = \frac{溶质移动的距离}{溶液移动的距离}$$

如图 4-4 所示，A、B 离子的 R_f 值为

$$R_f(A) = \frac{a}{c} \qquad\qquad R_f(B) = \frac{b}{c}$$

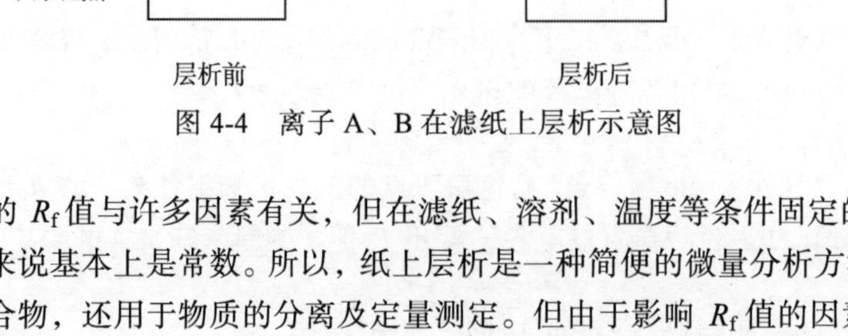

图 4-4　离子 A、B 在滤纸上层析示意图

各种物质的 R_f 值与许多因素有关，但在滤纸、溶剂、温度等条件固定的情况下，R_f 值对某一种物质来说基本上是常数。所以，纸上层析是一种简便的微量分析方法，它可以用来鉴定不同的化合物，还用于物质的分离及定量测定。但由于影响 R_f 值的因素很多，实验数

据重复性较差, 因而在一般定性分析时, 常采用与纯组分在同一张滤纸上点样作为对照来做未知物的鉴定。

【思考与讨论题】

(1) 为什么纸色谱点样的直径不得超过 3mm? 斑点过大或点样量过大有什么弊病? 为什么?

(2) 画原点线时, 为什么一定要用铅笔而不用钢笔或圆珠笔?

(3) 展开剂液面为什么一定要在原点线之下?

(4) 为什么展开容器必须尽量密封? 如不密封, 测得的 R_f 值有什么不同? 为什么?

本实验约需 3h。

主要参考文献

《大学化学实验》编委会. 2006. 大学化学实验. 南京：南京大学出版社.

北京大学化学学院. 2002. 物理化学实验. 4 版. 北京：北京大学出版社.

陈秉坰，朱志良，刘艳生，等. 2002. 普通无机化学实验. 2 版. 上海：同济大学出版社.

大连理工大学无机化学教研室. 2004. 无机化学实验. 北京：高等教育出版社.

邓珍灵. 2002. 现代分析化学实验. 长沙：中南大学出版社.

复旦大学，庄继华等. 2004. 物理化学实验. 3 版. 北京：高等教育出版社.

傅献彩，沈文霞，姚天扬. 2005. 物理化学. 5 版. 北京：高等教育出版社.

韩喜江，张天云. 2004. 物理化学实验. 哈尔滨：哈尔滨工业大学出版社.

合肥工业大学工科化学教学组. 2004. 大学化学实验. 合肥：合肥工业大学出版社.

华东理工大学分析化学教研组和四川大学工科化学基础课程教学基地. 2009. 分析化学. 北京：高等教育出版社.

华中师范大学，东北师范大学，陕西师范大学，等. 2015. 分析化学实验. 4 版. 北京：高等教育出版社.

淮阴师范学院化学系. 2003. 物理化学实验. 2 版. 北京：高等教育出版社.

金丽萍，邬时清，陈大勇. 2005. 物理化学实验. 上海：华东理工大学出版社.

李吉海. 2007. 有机化学实验. 北京：化学工业出版社.

李铭岫. 2002. 无机化学实验. 北京：北京理工大学出版社.

李清禄. 2004. 实验化学. 北京：中国林业出版社.

罗澄源. 2002. 物理化学实验. 3 版. 北京：高等教育出版社.

马全红，邱凤仙. 2009. 分析化学实验. 南京：南京大学出版社.

南京大学. 2005. 无机及分析化学实验. 4 版. 北京：高等教育出版社.

南京大学《无机及分析化学实验》编写组. 2006. 无机及分析化学实验. 北京：高等教育出版社.

孙才英，于朝生. 2003. 有机化学实验. 大连：东北林业大学出版社.

孙尔康. 2002. 物理化学实验. 南京：南京大学出版社.

王福来. 2001. 有机化学实验. 武汉：武汉大学出版社.

武汉大学. 2011. 分析化学实验(上册). 5 版. 北京：高等教育出版社.

武汉大学化学与分子科学学院. 2002. 物理化学实验. 武汉：武汉大学出版社.

武汉大学化学与分子科学学院. 2004. 普通化学实验. 武汉：武汉大学出版社.

杨善中. 2002. 有机化学实验. 合肥：合肥工业大学出版社.

曾昭琼. 2002. 有机化学实验. 2 版. 北京：高等教育出版社.

张师愚，杨惠森. 2002. 物理化学实验. 北京：科学出版社.

张勇. 2005. 现代化学基础实验. 2 版. 北京：科学出版社.

周建峰. 2002. 有机化学实验. 武汉：华东理工大学出版社.

宗汉兴. 2000. 化学基础实验. 杭州：浙江大学出版社.

附　录

附录 1　常用元素的相对原子质量(1997 年)

元素		相对原子质量	元素		相对原子质量	元素		相对原子质量
银	Ag	107.8682	氢	H	1.007 94	磷	P	30.973 761
铝	Al	26.981 538	汞	Hg	200.59	铅	Pb	207.2
溴	Br	79.904	碘	I	126.904 47	钯	Pd	106.42
碳	C	12.0107	钾	K	39.0983	铂	Pt	195.078
钙	Ca	40.078	镁	Mg	24.3050	硫	S	32.066
氯	Cl	35.4527	锰	Mn	54.938 049	硅	Si	28.0855
铬	Cr	51.9961	氮	N	14.006 74	锡	Sn	118.710
铜	Cu	63.546	钠	Na	22.989 770	锌	Zn	65.39
氟	F	18.9984	镍	Ni	58.6934			
铁	Fe	55.845	氧	O	15.9994			

附录 2　常用试剂的配制

无水乙醇：沸点 78.5℃，折射率(n_D^{20})1.3611，相对密度(d_4^{20})0.7893。检验乙醇是否含有水分，常用的方法有：① 取一支干净的试管，加入无水乙醇 2mL，随即加入少量的 $CuSO_4$ 粉末，如果乙醇中含有水分，则 $CuSO_4$ 变为蓝色硫酸铜；② 另取一支干净的试管，加入无水乙醇 2mL，随即加入几粒干燥的高锰酸钾，若乙醇中含有水分，则呈紫红色溶液。

无水乙醚：沸点 34.51℃，折射率(n_D^{20})1.3526，相对密度(d_4^{20})0.7138。制备无水乙醚的步骤：取少量乙醚和等体积的 2%碘化钾溶液，加入数滴稀盐酸，振摇，如能使淀粉溶液呈蓝色或紫色，为正反应。然后把乙醚置于分液漏斗中加入相当乙醚体积 1/5 的新配的硫酸亚铁溶液(取 100mL 水，慢慢加入 6mL H_2SO_4，再加入 60g 硫酸亚铁溶解而成)，剧烈振荡后，分去水层。干燥剂可用 H_2SO_4 及金属钠或 $CaCl_2$-P_2O_5。

丙酮：沸点 56.2℃，折射率(n_D^{20})1.3288，相对密度(d_4^{20})0.7899。市售的丙酮往往含有甲醇、乙醛、水等杂质，不可能利用简单蒸馏把这些杂质分离开。若含有上述杂质的丙酮，不能作为格氏反应等的试剂，必须经过处理才能使用。常用的方法是在 100mL 丙酮中加入 0.5g $KMnO_4$ 进行回流，若紫色很快褪去，再加入少量 $KMnO_4$，继续回流，直到紫色不再褪去时，停止回流，将丙酮蒸出，用无水碳酸钠干燥 1h 后，蒸馏，收集 55～56.5℃的馏出液。

苯：沸点 80.1℃，折射率(n_D^{20})1.5011，相对密度(d_4^{20})0.8765。普通苯中可能含有少量噻吩，可用等体积 15%H_2SO_4 洗涤数次，直至酸层为无色或浅黄色。再分别用水、10% Na_2CO_3 溶液、水洗涤后，用 $CaCl_2$ 干燥过夜，过滤，蒸馏。

甲苯：沸点 110.6℃，折射率(n_D^{20})1.4961，相对密度(d_4^{20})0.8669。一般甲苯可能含少量甲基噻吩，用甲苯:H_2SO_4=10:1(体积比)液体摇荡 30min(温度不要超过 30℃)。分液除去酸层，用水、10% Na_2CO_3 溶液、水洗涤，用 $CaCl_2$ 干燥过夜，过滤，蒸馏。

饱和亚硫酸氢钠溶液的配制：在 100mL 40%亚硫酸氢钠溶液中，加入 25mL 不含醛的无水乙醇。混合后，如有少量的亚硫酸氢钠结晶析出，必须滤去，或倾泻上层清液，此溶液不稳定，容易被氧化和分解。因此，不能保存很久，实验前新配制为宜。

2,4-二硝基苯肼试剂：取 2,4-二硝基苯肼 3g，溶于 15mL H_2SO_4，将此酸性溶液慢慢加入 70mL 95%乙醇中，再加蒸馏水稀释到 100mL，过滤。滤液保存于棕色瓶中。

碘-碘化钾溶液：2g 碘和 5g 碘化钾溶于 100mL 水中。

费林试剂：费林试剂 A：溶解 3.5g 硫酸铜晶体($CuSO_4·5H_2O$)于 100mL 水中，浑浊时过滤。费林试剂 B：溶解酒石酸钾钠晶体 17g 于 15～20 mL 热水中，加入 20 mL 20%的 NaOH，稀释至 100mL。此两种溶液要分别储藏，使用时才取等量试剂 A 及试剂 B 混合。由于氢氧化铜是沉淀，不易与样品作用，因此有酒石酸钾钠存在时，氢氧化铜沉淀溶解，形成深蓝色的溶液。

席夫试剂：溶解 0.2g 对品红盐酸盐于 100mL 热水中，冷却后，加入 2g 亚硫酸氢钠和 2mL HCl，最后用蒸馏水稀释至 200mL。

氯化亚铜氨溶液：取 1g 氯化亚铜，加入 1～2 mL 浓氨水和 10mL 水，用力摇动后，静置片刻，倾出溶液，并投入一块铜片(或一根铜丝)，储存备用。

氯化锌-盐酸(卢卡斯试剂)：将 34g 熔化过的无水氯化锌溶于 23mL 纯 HCl 中，同时冷却以防氯化氢逸出，约得 35mL 溶液，放冷后，存于玻璃瓶中，塞紧。

土伦试剂：加 20mL 5% $AgNO_3$ 溶液于一干净烧杯内，加入 1 滴 10% NaOH 溶液，然后滴加 2%氨水，随摇，直至沉淀刚好溶解。化学变化如下：

$$AgNO_3+NaOH \rule[0.5ex]{2em}{0.4pt} AgOH+NaNO_3$$
$$2AgOH \rule[0.5ex]{2em}{0.4pt} Ag_2O+H_2O$$
$$Ag_2O+4NH_3+H_2O \rule[0.5ex]{2em}{0.4pt} 2[Ag(NH_3)_2]^+OH^-$$

配制土伦试剂时应防止加入过量的氨水，否则将生成雷酸银(Ag—O—NC)，受热后将引起爆炸，试剂本身还将失去灵敏性。土伦试剂久置后将析出黑色的氮化银(Ag_3N)沉淀，它受振动时分解，发生剧烈爆炸，有时潮湿的氮化银也能引起爆炸。因此土伦试剂必须现用现配。

班氏试剂：在 400mL 烧杯中溶解 20g 柠檬酸钠和 11.5g 无水碳酸钠于 100mL 热水中。在不断搅拌下把含 2g 硫酸铜结晶的 20mL 水溶液慢慢地加到此柠檬酸钠和碳酸钠溶液中。此混合液应十分清澈。否则需过滤，班氏试剂在放置时不易变质，也不必像费林试剂那样配成 A、B 液，分别保存，所以比费林试剂使用方便。

α-萘酚乙醇试剂：取 α-萘酚 10g 溶于 95%乙醇内，再用 95%乙醇稀释至 100mL，用前才配制。

间苯二酚-盐酸试剂：间苯二酚 0.05g 溶于 50mL HCl 中，再用水稀释至 100mL。

附录 3　水的饱和蒸气压

温度/℃	蒸气压/Pa	温度/℃	蒸气压/Pa	温度/℃	蒸气压/Pa	温度/℃	蒸气压/Pa
1	6.57×10^2	26	3.36×10^3	51	1.29×10^4	76	4.02×10^4
2	7.06×10^2	27	3.56×10^3	52	1.36×10^4	77	4.19×10^4
3	7.58×10^2	28	3.78×10^3	53	1.43×10^4	78	4.36×10^4
4	8.13×10^2	29	4.0×10^3	54	1.49×10^4	79	4.55×10^4
5	8.72×10^2	30	4.24×10^3	55	1.57×10^4	80	4.73×10^4
6	9.35×10^2	31	4.49×10^3	56	1.65×10^4	81	4.93×10^4
7	1.0×10^3	32	4.75×10^3	57	1.73×10^4	82	5.13×10^4
8	1.07×10^3	33	5.03×10^3	58	1.81×10^4	83	5.34×10^4
9	1.15×10^3	34	5.32×10^3	59	1.9×10^4	84	5.56×10^4
10	1.23×10^3	35	5.62×10^3	60	1.99×10^4	85	5.78×10^4
11	1.31×10^3	36	5.94×10^3	61	2.08×10^4	86	6.01×10^4
12	1.4×10^3	37	6.23×10^3	62	2.18×10^4	87	6.25×10^4
13	1.5×10^3	38	6.62×10^3	63	2.28×10^4	88	6.49×10^4
14	1.6×10^3	39	6.99×10^3	64	2.39×10^4	89	6.75×10^4
15	1.7×10^3	40	7.37×10^3	65	2.49×10^4	90	7.0×10^4
16	1.81×10^3	41	7.78×10^3	66	2.61×10^4	91	7.28×10^4
17	1.94×10^3	42	8.2×10^3	67	2.73×10^4	92	7.56×10^4
18	2.06×10^3	43	8.64×10^3	68	2.86×10^4	93	7.85×10^4
19	2.2×10^3	44	9.09×10^3	69	2.98×10^4	94	8.14×10^5
20	2.34×10^3	45	9.58×10^3	70	3.12×10^4	95	8.45×10^4
21	2.49×10^3	46	1.01×10^4	71	3.25×10^4	96	8.77×10^4
22	2.64×10^3	47	1.06×10^4	72	3.39×10^4	97	9.09×10^4
23	2.81×10^3	48	1.12×10^4	73	3.54×10^4	98	9.42×10^4
24	2.98×10^3	49	1.17×10^4	74	3.69×10^4	99	9.77×10^4
25	3.17×10^3	50	1.23×10^4	75	3.85×10^4	100	1.013×10^5

附录 4　水 的 密 度

温度/℃	$\rho/(g \cdot mL^{-1})$	温度/℃	$\rho/(g \cdot mL^{-1})$	温度/℃	$\rho/(g \cdot mL^{-1})$
0	0.999 87	20	0.998 23	45	0.990 25
3.98	1.000 00	25	0.997 07	50	0.988 07
5	0.999 99	30	0.995 67	55	0.985 73
10	0.999 73	35	0.994 06	60	0.983 24
15	0.999 13	38	0.992 99	65	0.980 59
18	0.998 62	40	0.992 24	70	0.977 81

续表

温度/℃	$\rho/(g \cdot mL^{-1})$	温度/℃	$\rho/(g \cdot mL^{-1})$	温度/℃	$\rho/(g \cdot mL^{-1})$
75	0.974 89	85	0.968 65	95	0.961 92
80	0.971 83	90	0.965 34	100	0.958 38

摘自：Weast R C. Handbook of Chemistry and Physics. 63th ed. 1982~1983。

附录 5　常用缓冲溶液的配制

缓冲溶液组成	pK_a	缓冲溶液 pH	缓冲溶液配制方法
氨基乙酸-HCl	2.35 (pK_{a1})	2.3	氨基乙酸 150g 溶于 500mL 水中后，加 HCl 80mL，用水稀释至 1L
H_3PO_4-柠檬酸盐		2.5	取 $Na_2HPO_4 \cdot 12H_2O$ 113g 溶于 200mL 水后，加柠檬酸 387g，溶解，过滤后稀释至 1L
一氯乙酸-NaOH	2.86	2.8	200g 一氯乙酸溶于 200 mL 水中，加 NaOH 40g，溶解后稀释至 1L
邻苯二甲酸氢钾-HCl	2.95 (pK_{a1})	2.9	500g 邻苯二甲酸氢钾溶于 500mL 水中，加 HCl 80mL，稀释至 1L
甲酸-NaOH	3.76	3.7	95g 甲酸和 NaOH 40g 溶于 500mL 水中，溶解稀释至 1L
NaAc-HAc	4.74	4.7	无水 NaAc 83g 溶于水中，加冰醋酸 60mL，稀释至 1L
NaAc-HAc	4.74	5.0	无水 NaAc 83g 溶于水中，加冰醋酸 60mL，稀释至 1L
NH_4Ac-HAc		4.5	77g NH_4Ac 溶于水中，加 59mL 冰醋酸，稀释至 1L
NH_4Ac-HAc		5.0	250g NH_4Ac 溶于水中，加 60mL 冰醋酸，稀释至 1L
NH_4Ac-HAc		6.0	600g NH_4Ac 溶于水中，加 20mL 冰醋酸，稀释至 1L
NaAc-H_3PO_4 盐		8.0	50g 无水 NaAc 和 50g $Na_2HPO_4 \cdot 12H_2O$ 溶于水中，稀释至 1L
六亚甲基四胺-HCl	5.15	5.4	六亚甲基四胺 40g 溶于 200mL 水中，加 HCl 10mL，稀释至 1L
Tris-HCl	8.21	8.2	取 25g Tris 试剂溶于水中，加 HCl 8mL，稀释至 1L
NH_3-NH_4Cl	9.26	9.2	取 NH_4Cl 54g 溶于水中，加浓氨水 63mL，稀释至 1L
NH_3-NH_4Cl	9.26	9.5	取 NH_4Cl 54g 溶于水中，加浓氨水 126mL，稀释至 1L
NH_3-NH_4Cl	9.26	10.0	取 NH_4Cl 54g 溶于水中，加浓氨水 350mL，稀释至 1L

注：① 缓冲溶液配制后可用 pH 试纸检查。如 pH 不对，可用共轭酸或碱调节。pH 欲调节精确时，可用酸度计调节。

② 若需增加或减少缓冲溶液的缓冲容量时，可相应增加或减少共轭酸碱对物质的量，再调节之。

附录 6　弱电解质的电离常数

(近似浓度 0.01~0.003mol·L^{-1}，温度 298K)

化学式	电离常数(K)	pK	化学式	电离常数(K)	pK
HAc	1.75×10^{-5}	4.756	$H_2C_2O_4$	$K_1 = 5.89 \times 10^{-2}$	1.23
H_2CO_3	$K_1 = 4.37 \times 10^{-7}$	6.36		$K_2 = 6.46 \times 10^{-5}$	4.19
	$K_2 = 4.68 \times 10^{-11}$	10.33	HNO_2	7.24×10^{-4}	3.14

续表

化学式	电离常数(K)	pK	化学式	电离常数(K)	pK
H_3PO_4	$K_1=7.08\times10^{-3}$	2.15	H_2O_2	2.24×10^{-12}	11.65
	$K_2=6.31\times10^{-8}$	7.20	$NH_3\cdot H_2O$	1.79×10^{-5}	4.75
	$K_3=4.17\times10^{-13}$	12.38	NH_4^+	5.56×10^{-10}	9.25
SO_2+H_2O	$K_1=1.29\times10^{-2}$	1.89	HClO	2.88×10^{-8}	7.54
	$K_2=6.16\times10^{-8}$	7.21	HBrO	2.06×10^{-9}	8.69
H_2SO_4	1.02×10^{-2}	1.99	HIO	2.3×10^{-11}	10.64
H_2S	$K_1=1.07\times10^{-7}$	6.97	$Pb(OH)_2$	9.6×10^{-4}	3.02
	$K_2=1.26\times10^{-13}$	12.90	AgOH	1.1×10^{-4}	3.96
HCN	6.17×10^{-10}	9.21	$Zn(OH)_2$	9.6×10^{-4}	3.02
H_2SO_3	$K_1=1.7\times10^{-2}$	1.89	NH_2OH	1.07×10^{-8}	7.97
	$K_2=6.0\times10^{-8}$	7.205	$NH_2\cdot NH_2$	1.7×10^{-6}	5.77
H_2CrO_4	$K_1=9.55$	−0.98	CH_3NH_2	4.2×10^{-4}	3.38
	$K_2=3.16\times10^{-7}$	6.50	$C_6H_5NH_2$	4.2×10^{-10}	9.40
HF	6.61×10^{-4}	3.18	$(CH_2)_6N_4$	4.2×10^{-9}	8.85

摘自：Dean J A. Lange's Handbook of Chemistry. 13th ed. 1985。

附录 7　标准电极电势(298.2K)

电极还原反应	$E^{\ominus}$/V	电极还原反应	$E^{\ominus}$/V
$Li^++e \Longequal Li$	−3.045	$AgCN+e \Longequal Ag+CN^-$	−0.017
$Ca(OH)_2+2e \Longequal Ca+2OH^-$	−3.020	$2H^++2e \Longequal H_2$	0.000
$Rb^++e \Longequal Rb$	−2.925	$AgBr+e \Longequal Ag+Br^-$	0.0713
$K^++e \Longequal K$	−2.924	$Sn^{4+}+2e \Longequal Sn^{2+}$	0.150
$Cs^++e \Longequal Cs$	−2.923	$Cu^{2+}+e \Longequal Cu^+$	0.158
$Ba^{2+}+2e \Longequal Ba$	−2.912	$ClO_4^-+H_2O+2e \Longequal ClO_3^-+2OH^-$	0.360
$Sr^{2+}+2e \Longequal Sr$	−2.890	$SO_4^{2-}+4H^++2e \Longequal H_2SO_3+H_2O$	0.170
$Na^++e \Longequal Na$	−2.713	$AgCl+e \Longequal Ag+Cl^-$	0.222
$Mg^{2+}+2e \Longequal Mg$	−2.375	$Cu^{2+}+2e \Longequal Cu$	0.223
$AlF_6^{3-}+3e \Longequal Al+6F^-$	−2.232	$Ag_2O+H_2O+2e \Longequal 2Ag+2OH^-$	0.340
$Be^{2+}+2e \Longequal Be$	−1.847	$ClO_2^-+H_2O+2e \Longequal ClO^-+2OH^-$	0.342
$Al^{3+}+3e \Longequal Al(0.1mol\cdot L^{-1} NaOH)$	−1.706	$O_2+2H_2O+4e \Longequal 4OH^-$	0.350
$MnO_2+2H_2O+2e \Longequal Mn(OH)_2+2OH^-$	−0.0514	$[Fe(CN)_6]^{3-}+e \Longequal [Fe(CN)_6]^{4-}$	0.401
$ZnO_2^{2-}+2H_2O+2e \Longequal Zn+4OH^-$	−1.216	$Hg_2^{2+}+2e \Longequal 2Hg$	0.690
$Zn^{2+}+2e \Longequal Zn$	−0.763	$Ag^++e \Longequal Ag$	0.792
$Mn^{2+}+2e \Longequal Mn$	−1.170	$2NO_3^-+4H^++2e \Longequal N_2O_4+2H_2O$	0.7996
$Sn(OH)_6^-+3e \Longequal HSnO_2^-+H_2O+3OH^-$	−0.960	$Hg^{2+}+2e \Longequal 2Hg$	0.810
$2H_2O+2e \Longequal H_2+2OH^-$	−0.8277	$ClO^-+H_2O+2e \Longequal Cl^-+2OH^-$	0.851
$Cr^{3+}+3e \Longequal Cr$	−0.744	$2Hg^{2+}+2e \Longequal 2Hg_2^{2+}$	0.900
$Ni(OH)_2+2e \Longequal Ni+2OH^-$	−0.720	$Br_2(1)+2e \Longequal 2Br^-$	0.907

电极还原反应	$E^{\ominus}$/V	电极还原反应	$E^{\ominus}$/V
$Fe(OH)_3 + e \Longrightarrow Fe(OH)_2 + OH^-$	-0.560	$MnO_2 + 4H^+ + 2e \Longrightarrow Mn^{2+} + 2H_2O$	1.087
$2CO_2(g) + 2H^+ + 2e \Longrightarrow H_2C_2O_4$	-0.490	$O_2 + 4H^+ + 4e \Longrightarrow 2H_2O$	1.208
$NO_2^- + H_2O + e \Longrightarrow NO + 2OH^-$	-0.460	$Pb^{2+} + 2e \Longrightarrow Pb$	1.229
$Cr^{3+} + e \Longrightarrow Cr^{2+}$	-0.740	$Cr_2O_7^{2-} + 14H^+ + 6e \Longrightarrow 2Cr^{3+} + 7H_2O$	1.330
$Fe^{2+} + 2e \Longrightarrow Fe$	-0.409	$I_2 + 2e \Longrightarrow 2I^-$	0.538
$Fe^{3+} + 3e \Longrightarrow Fe$	-0.036	$MnO_4^- + e \Longrightarrow MnO_4^{2-}$	0.564
$Ni^{2+} + 2e \Longrightarrow Ni$	-0.250	$MnO_4^- + 4H^+ + 3e \Longrightarrow MnO_2 + 2H_2O$	1.695
$2SO_4^{2-} + 4H^+ + 2e \Longrightarrow S_4O_6^{2-} + 2H_2O$	-0.200	$O_2(g) + 4H^+ + 4e \Longrightarrow 2H_2O$	1.229
$Sn^{2+} + 2e \Longrightarrow Sn$	-0.136	$O_3 + 2H^+ + 2e \Longrightarrow O_2 + H_2O$	2.070
$Pb^{2+} + 2e \Longrightarrow Pb$	-0.126	$MnO_4^- + 8H^+ + 5e \Longrightarrow Mn^{2+} + 4H_2O$	1.510

附录 8　　液体的折射率(25℃)

名称	折射率	名称	折射率	名称	折射率
甲醇	1.326	乙酸乙酯	1.370	甲苯	1.494
水	1.332 52	正己烷	1.372	苯	1.498
乙醚	1.352	1-丁醇	1.397	苯乙烯	1.545
丙酮	1.357	$CHCl_3$	1.444	溴苯	1.557
乙醇	1.359	四氯化碳	1.459	苯胺	1.583
乙酸	1.370	乙苯	1.493	溴仿	1.587

摘自: Weast R C. Handbook of Chemistry and Physics. 63th ed. 1982~1983。

附录 9　　常见离子和化合物的颜色

常见无色离子	Ag^+, Cd^{2+}, K^+, Ca^{2+}, As^{3+}, Pb^{2+}, Zn^{2+}, Na^+, Sr^{2+}, As^{5+}, Hg_2^{2+}, Bi^{3+}, NH_4^+, Ba^{2+}, Sb^{2+}或Sb^{5+}, Hg^{2+}, Mg^{2+}, Al^{3+}, Sn^{2+}, Sn^{4+}, SO_4^{2-}, PO_4^{3-}, F^-, SCN^-, $C_2O_4^{2-}$, MoO_4^{2-}, WO_4^{2-}, $S_2O_3^{2-}$, $B_4O_7^{2-}$, Br^-, NO_2^-, ClO_3^-, VO_3^-, CO_3^{2-}, SiO_4^{2-}, I^-, Ac^-, BrO_3^-
常见有色离子	Mn^{2+}浅玫瑰色,稀溶液无色;$[Fe(H_2O)_6]^{3+}$淡紫色;Fe^{3+}盐溶液黄色或红棕色;Fe^{2+}浅绿色,稀溶液无色;Cr^{3+}绿色或紫色;Co^{2+}玫瑰色;Ni^{2+}绿色;Cu^{2+}浅蓝色;$Cr_2O_4^{2-}$橙色;CrO_4^{2-}黄色;MnO_4^-紫色;$Fe(CN)_4^{2-}$黄绿色;$Fe(CN)_6^{3-}$黄棕色
黑色化合物	CuO, NiO, FeO, Fe_3O_4, MnO_2, FeS, CuS, Ag_2S, NiS, CoS, PbS, $NiO(OH)$
蓝色化合物	$CuSO_4·5H_2O$, $Cu(NO_3)_2·6H_2O$, 多水合铜盐, 无水 $CoCl_2$
绿色化合物	镍盐, 亚铁盐, 铬盐, 某些铜盐(如 $CuCl_2·2H_2O$), $Ni(OH)_2$苹果绿色
黄色化合物	CdS, PbO, 碘化物(如 AgI), 铬酸盐(如 $BaCrO_4$、K_2CrO_4), $Zu_2[Fe(CN)_6]$黄褐色
红色化合物	Fe_2O_3, Cu_2O, HgO, HgS, Pb_3O_4, $Ni(DMG)_2$, $Cu_2[Fe(CN)_6]$红棕色, HgI_2金红色
粉红色化合物	$MnSO_4·7H_2O$ 等锰盐, $CoCl_2·6H_2O$
紫色化合物	亚铬盐, 高锰酸盐

附录 10　有机化合物密度

下列几种有机化合物密度可用方程式：$\rho_t = \rho_0 + 10^{-3}\alpha(t-t_0) + 10^{-6}\beta(t-t_0)^2 + 10^{-9}\gamma(t-t_0)^3$ 来计算。式中，ρ_0 为 $t=0℃$ 时的密度$(g \cdot cm^{-3})$；$1g \cdot cm^{-3} = 10^3 kg \cdot m^{-3}$。

化合物	ρ_0	α	β	γ	温度范围/℃
四氯化碳	1.63255	−1.9110	−0.690	−	0～40
氯仿	1.52643	−1.8563	−0.5309	−8.81	−53～55
乙醚	0.73629	−1.1138	−1.237	−	0～70
乙醇	0.78506	−0.8591	−0.56	−5	−
	$(t_0=25℃)$				
乙酸	1.0724	−1.1229	0.0058	−2.0	9～100
丙酮	0.81248	−1.100	−0.858	−	0～50
乙酸乙酯	0.92454	−1.168	−1.95	20	0～40
环己烷	0.79707	−0.8879	−0.972	1.55	0～60

摘自：Hull C. International Critical Tables of Numerical Data, Physics, Chemistry and Technology. Ⅲ：28。

附录 11　配离子的稳定常数
(温度 293~298K，离子强度 $\mu \approx 0$)

配离子	稳定常数($K_稳$)	lg$K_稳$	配离子	稳定常数($K_稳$)	lg$K_稳$
$[Ag(NH_3)_2]^+$	1.11×10^7	7.05	$[Zn(CN)_4]^{2-}$	5.01×10^{16}	16.7
$[Cd(NH_3)_4]^{2+}$	1.32×10^7	7.12	$[Ag(Ac)_2]^-$	4.37	0.64
$[Co(NH_3)_6]^{2+}$	1.29×10^5	5.11	$[Cu(Ac)_4]^{2-}$	1.54×10^3	3.20
$[Co(NH_3)_6]^{3+}$	1.59×10^{35}	35.2	$[Pb(Ac)_4]^{2-}$	3.16×10^8	8.50
$[Cu(NH_3)_4]^{2+}$	2.09×10^{13}	13.32	$[Al(C_2O_4)_3]^{3-}$	2.00×10^{16}	16.30
$[Ni(NH_3)_6]^{2+}$	5.50×10^8	8.74	$[Fe(C_2O_4)_3]^{3-}$	1.58×10^{20}	20.20
$[Zn(NH_3)_4]^{2+}$	2.88×10^9	9.46	$[Fe(C_2O_4)_3]^{4-}$	1.66×10^5	5.22
$[Zn(OH)_4]^{2-}$	4.57×10^{17}	17.66	$[Zn(C_2O_4)_3]^{4-}$	1.41×10^8	8.15
$[CdI_4]^{2-}$	2.57×10^5	5.41	$[Cd(en)_3]^{2+}$	1.23×10^{12}	12.09
$[HgI_4]^{2-}$	6.76×10^{29}	29.83	$[Co(en)_3]^{2+}$	8.71×10^{13}	13.94
$[Ag(SCN)_2]^-$	3.72×10^7	7.57	$[Co(en)_3]^{3+}$	4.90×10^{48}	48.69
$[Co(SCN)_4]^{2-}$	1.00×10^3	3.00	$[Fe(en)_3]^{2+}$	5.01×10^9	9.70
$[Hg(SCN)_4]^{2-}$	1.70×10^{21}	21.23	$[Ni(en)_3]^{2+}$	2.14×10^{18}	18.33
$[Zn(SCN)_4]^{2-}$	41.7	1.62	$[Zn(en)_3]^{2+}$	1.29×10^{14}	14.11
$[AlF_6]^{3-}$	6.92×10^{19}	19.84	$[Aledta]^-$	1.29×10^{16}	16.11
$[AgCl_2]^-$	1.10×10^5	5.04	$[Baedta]^{2-}$	6.03×10^7	7.78
$[CdCl_4]^{2-}$	6.31×10^2	2.80	$[Caedta]^{2-}$	1.00×10^{11}	11.00
$[HgCl_4]^{2-}$	1.17×10^{15}	15.07	$[Cdedta]^{2-}$	2.51×10^{16}	16.40
$[PbCl_3]^-$	1.70×10^3	3.23	$[Coedta]^-$	1.00×10^{36}	36
$[AgBr_2]^-$	2.14×10^7	7.33	$[Cuedta]^{2-}$	5.01×10^{18}	18.70

续表

配离子	稳定常数($K_稳$)	lg$K_稳$	配离子	稳定常数($K_稳$)	lg$K_稳$
[Ag(CN)$_2$]$^-$	1.26×10^{21}	21.10	[Feedta]$^{2-}$	2.14×10^{14}	14.33
[Au(CN)$_2$]$^-$	2.00×10^{38}	38.30	[Feedta]$^-$	1.70×10^{24}	24.23
[Cd(CN)$_4$]$^{2-}$	6.03×10^{18}	18.78	[Hgedta]$^{2-}$	6.31×10^{21}	21.80
[Cu(CN)$_4$]$^{2-}$	2.00×10^{30}	30.30	[Mgedta]$^{2-}$	4.37×10^8	8.64
[Fe(CN)$_6$]$^{4-}$	1.00×10^{35}	35	[Mnedta]$^{2-}$	6.31×10^{13}	13.80
[Fe(CN)$_6$]$^{3-}$	1.00×10^{42}	42	[Niedta]$^{2-}$	3.63×10^{18}	18.56
[Hg(CN)$_4$]$^{2-}$	2.51×10^{41}	41.4	[Pbedta]$^{2-}$	2.00×10^{18}	18.30
[Ni(CN)$_4$]$^{2-}$	2.00×10^{31}	31.3	[Znedta]$^{2-}$	2.51×10^{16}	16.40

摘自：Dean J A. Lange's Handbook of Chemistry. 13th ed. 1985。

en 表示乙二胺；edta 表示 EDTA 的阴离子配位体。

附录 12　溶度积常数(298K)

化合物	溶度积(K_{sp})	化合物	溶度积(K_{sp})	化合物	溶度积(K_{sp})
AgAc	1.94×10^{-3}	*SrCrO$_4$	2.2×10^{-53}	PbSO$_4$	1.82×10^{-8}
AgBr	5.35×10^{-13}	*AgOH	2.0×10^{-8}	SrSO$_4$	3.44×10^{-7}
AgCl	1.77×10^{-10}	*Al(OH)$_3$(无定形)	1.3×10^{-33}	Ag$_2$S	6.69×10^{-50}
AgI	8.51×10^{-17}	*Be(OH)$_2$(无定形)	1.6×10^{-22}	CdS	1.40×10^{-29}
BaF$_2$	1.84×10^{-7}	Ca(OH)$_2$	4.68×10^{-6}	CoS	2.0×10^{-25}
CaF$_2$	1.46×10^{-10}	Cd(OH)$_2$(无定形)	5.27×10^{-15}	Cu$_2$S	2.26×10^{-48}
CuBr	6.27×10^{-9}	Co(OH)$_2$(无定形)	1.09×10^{-15}	CuS	1.27×10^{-36}
CuCl	1.72×10^{-7}	*Co(OH)$_3$	1.6×10^{-44}	FeS	1.59×10^{-19}
CuI	1.27×10^{-12}	*Cr(OH)$_2$	2×10^{-16}	HgS	6.44×10^{-53}
Hg$_2$I$_2$	5.33×10^{-29}	*Cr(OH)$_3$	6.3×10^{-31}	MnS	4.65×10^{-14}
PbBr$_2$	6.60×10^{-6}	*Cu(OH)$_2$	2.2×10^{-20}	NiS	1.07×10^{-21}
PbCl$_2$	1.17×10^{-5}	Fe(OH)$_2$	4.87×10^{-17}	PbS	9.04×10^{-29}
PbF$_2$	7.12×10^{-7}	Fe(OH)$_3$	2.64×10^{-39}	SnS	3.25×10^{-28}
PbI$_2$	8.49×10^{-9}	Mg(OH)$_2$	5.61×10^{-12}	ZnS	2.93×10^{-25}
SrF$_2$	4.33×10^{-9}	Mn(OH)$_2$	2.06×10^{-13}	*Ag$_3$PO$_4$	8.88×10^{-17}
Ag$_2$CO$_3$	8.45×10^{-12}	*Ni(OH)$_2$(无定形)	2.0×10^{-15}	AlPO$_4$	6.3×10^{-19}
BaCO$_3$	2.58×10^{-9}	*Pb(OH)$_2$	1.2×10^{-15}	CaHPO$_4$	1×10^{-7}
CaCO$_3$	4.96×10^{-9}	Sn(OH)$_2$	5.45×10^{-25}	Ca$_3$(PO$_4$)$_2$	2.07×10^{-33}
CdCO$_3$	6.18×10^{-12}	Sr(OH)$_2$	9×10^{-4}	Cd$_3$(PO$_4$)$_2$	2.53×10^{-33}
*CuCO$_3$	1.4×10^{-10}	Zn(OH)$_2$	6.86×10^{-17}	Cu$_3$(PO$_4$)$_2$	1.39×10^{-37}
FeCO$_3$	3.07×10^{-11}	Ag$_2$C$_2$O$_4$	5.4×10^{-12}	FePO$_4\cdot$2H$_2$O	9.92×10^{-29}
Hg$_2$CO$_3$	1.45×10^{-18}	BaC$_2$O$_4\cdot$2H$_2$O	1.2×10^{-7}	*MgNH$_4$PO$_4$	2.5×10^{-13}
MgCO$_3$	6.82×10^{-6}	*CaC$_2$O$_4$	4×10^{-9}	Mg$_3$(PO$_4$)$_2$	9.86×10^{-25}
MnCO$_3$	2.24×10^{-11}	CuC$_2$O$_4$	4.43×10^{-10}	*Pb$_3$(PO$_4$)$_2$	8.0×10^{-43}
NiCO$_3$	1.42×10^{-7}	*FeC$_2$O$_4\cdot$2H$_2$O	3.2×10^{-7}	*Zn$_3$(PO$_4$)$_2$	9.0×10^{-33}

续表

化合物	溶度积(K_{sp})	化合物	溶度积(K_{sp})	化合物	溶度积(K_{sp})
$PbCO_3$	1.46×10^{-33}	$Hg_2C_2O_4$	1.75×10^{-13}	*$[Ag(CN)_2]^-$	7.2×10^{-11}
$SrCO_3$	5.6×10^{-10}	$MgC_2O_4\cdot2H_2O$	4.83×10^{-6}	$AgSCN$	1.03×10^{-12}
$ZnCO_3$	1.19×10^{-10}	$MnC_2O_4\cdot2H_2O$	1.70×10^{-7}	$CuSCN$	1.77×10^{-13}
Ag_2CrO_4	1.12×10^{-12}	PbC_2O_4	8.51×10^{-10}	*$Cu_2[Fe(CN)_6]$	1.3×10^{-16}
*$Ag_2Cr_2O_7$	2.0×10^{-7}	*$SrC_2O_4\cdot H_2O$	1.6×10^{-7}	*$Ag_3[Fe(CN)_6]$	1.6×10^{-41}
$BaCrO_4$	1.17×10^{-10}	$ZnC_2O_4\cdot2H_2O$	1.37×10^{-9}	*$K_2Na[C_O(NO_2)_6]\cdot H_2O$	2.2×10^{-11}
*$CaCrO_4$	7.1×10^{-4}	$AgSO_4$	1.20×10^{-5}	*$Na(NH_4)_2\cdot[Co(NO_2)_6]$	4×10^{-12}
*$CuCrO_4$	3.6×10^{-6}	$BaSO_4$	1.07×10^{-10}	$Cu(IO_3)_2\cdot H_2O$	6.94×10^{-8}
*Hg_2CrO_4	2.0×10^{-9}	*$CaSO_4$	9.1×10^{-6}		
*$Pb\,CrO_4$	2.8×10^{-13}	Hg_2SO_4	7.99×10^{-7}		

*摘自：Weast R C. Handbook of Chemistry and Physics.B 207—208. 69th ed. 1988～1989；

Dean J A. Lange's Handbook of Chemistry. 13th ed. 1985。

附录 13　常用酸碱的质量分数和相对密度(d_{20}^{20})

质量分数/%	相对密度						
	HCl	HNO_3	H_2SO_4	CH_3COOH	NaOH	KOH	NH_3
4	1.0197	1.0220	1.0269	1.0056	1.0446	1.0348	0.9828
8	1.0395	1.0446	1.0541	1.0111	1.0888	1.0709	0.9668
12	1.0594	1.0679	1.0821	1.0165	1.1329	1.1079	0.9519
16	1.0796	1.0921	1.1114	1.0218	1.1771	1.1456	0.9378
20	1.1000	1.1170	1.1418	1.0269	1.2214	1.1839	0.9245
24	1.1205	1.1426	1.1735	1.0318	1.2653	1.2231	0.9118
28	1.1411	1.1688	1.2052	1.0365	1.3087	1.2632	0.8996
32	1.1614	1.1955	1.2375	1.0410	1.3512	1.3043	
36	1.1812	1.2224	1.2707	1.0452	1.3926	1.3468	
40	1.1999	1.2489	1.3051	1.0492	1.4324	1.3906	
44			1.3410	1.0529		1.4356	
48			1.3783	1.0564		1.4817	
52			1.4174	1.0596			
56			1.4584	1.0624			
60			1.5013	1.0648			
64			1.5443	1.0668			
68			1.5902	1.0687			
72			1.6367	1.0695			
76			1.6840	1.0699			
80			1.7303	1.0699			
84			1.7724	1.0692			
88			1.8054	1.0677			

续表

质量分数/%	相对密度						
	HCl	HNO₃	H₂SO₄	CH₃COOH	NaOH	KOH	NH₃
92			1.8272	1.0648			
96			1.8388	1.0597			
100			1.8337	1.0496			

摘自：Weast R C. Handbook of Chemistry and Physics. 69th ed. 1988~1989。

附录 14　不同温度下水的表面张力 σ

$T/\text{℃}$	$\sigma/(10^3\text{N·m}^{-1})$	$T/\text{℃}$	$\sigma/(10^3\text{N·m}^{-1})$	$T/\text{℃}$	$\sigma/(10^3\text{N·m}^{-1})$	$T/\text{℃}$	$\sigma/(10^3\text{N·m}^{-1})$
0	75.64	17	73.19	26	71.82	60	66.18
5	74.92	18	73.05	27	71.66	70	64.42
10	74.22	19	72.90	28	71.50	80	62.61
11	74.07	20	72.75	29	71.35	90	60.75
12	73.93	21	72.59	30	71.18	100	58.85
13	73.78	22	72.44	35	70.38	110	56.89
14	73.64	23	72.28	40	69.56	120	54.89
15	73.59	24	72.13	45	68.74	130	52.84
16	73.34	25	71.97	50	67.91		

引自：Dean J A. Lange's Handbook of Chemistry. 11th ed. 1973。

附录 15　一些离子在水溶液中的摩尔离子电导(无限稀释)(25℃)

离子	$\Lambda_+/(10^{-4}$ $\text{S·m}^2\text{·mol}^{-1})$	离子	$\Lambda_+/(10^{-4}$ $\text{S·m}^2\text{·mol}^{-1})$	离子	$\Lambda_+/(10^{-4}$ $\text{S·m}^2\text{·mol}^{-1})$	离子	$\Lambda_+/(10^{-4}$ $\text{S·m}^2\text{·mol}^{-1})$
Ag^+	61.9	K^+	73.5	ClO_4^-	67.9	NO_2^-	71.8
Ba^{2+}	127.8	La^{3+}	208.8	CN^-	78	NO_3^-	71.4
Be^{2+}	108	Li^+	38.69	CO_3^{2-}	144	OH^-	198.6
Ca^{2+}	118.4	Mg^{2+}	106.12	CrO_4^{2-}	170	PO_4^{3-}	207
Cd^{2+}	108	NH_4^+	73.5	$Fe(CN)_6^{4-}$	444	SCN^-	66
Ce^{3+}	210	Na^+	50.11	$Fe(CN)_6^{3-}$	303	SO_3^{2-}	159.8
Co^{2+}	106	Ni^{2+}	100	HCO_3^-	44.5	SO_4^{2-}	160
Cr^{3+}	201	Pb^{2+}	142	HS^-	65	Ac^-	40.9
Cu^{2+}	110	Sr^{2+}	118.92	HSO_3^-	50	$C_2O_4^{2-}$	148.4
Fe^{2+}	108	Tl^+	76	HSO_4^-	50	Br^-	73.1
Fe^{3+}	204	Zn^{2+}	105.6	I^-	76.8	Cl^-	76.35
H^+	349.82	F^-	54.4	IO_3^-	40.5		
Hg^+	106.12	ClO_3^-	64.4	IO_4^-	54.5		

摘自：Dean J A. Lange's Handbook of Chemistry. 12th. 1979：6-34。

附录 16　常用有机溶剂极性顺序

极性顺序	类别	结构通式	常用溶剂
极性从上到下依次减小	水	H_2O	水
	羧酸	RCOOH	乙酸
	酰胺	$RCONH_2$	N,N-二甲基甲酰胺(LF)
	醇	ROH	正丙醇，甲醇，乙醇
	胺	RNH_2	三乙胺，吡啶
	醛、酮	RCOR′ (H)	丙酮
	酯	RCOOR′	乙酸乙酯，乙酸甲酯
	卤代烃	RX	三氯甲烷，二氯甲烷，四氯化碳，三氯乙烯
	醚	ROR′	乙醚，四氢呋喃，二噁烷
	芳烃	ArH	苯，甲苯
	烷烃	RH	己烷，石油醚